高等学校规划教材

材料概论

（普及版）

张金升　陈　敏　甄玉花　魏长宝　编著

化学工业出版社

·北京·

《材料概论》是材料科学与工程专业的先行必修课教材。针对教学中师生共同反映以往的《材料概论》概念多、偏学术化、不易懂、有些内容专业性太强、记不住、难以掌握等情况，本书采取通俗易懂的撰写方法，尽量写成一本普及型教材，不求全求深，而是将日常生活中最基本的材料介绍给学生，便于学生接受和理解，以最大程度地达到《材料概论》使学生认识材料的教学目的。在编排上本书分为各自独立的上下两编，上编主要从材料发展史的角度认识各种材料及其在各历史阶段中的重要作用，下编围绕使学生进一步了解和认识材料的目的，以材料的性能、生产及应用为主线，分别介绍金属材料、无机非金属材料、有机高分子材料、复合材料以及各类新材料。上下两编基本相互独立，根据教学需要，可以两编都讲，也可以只讲其中的任意一编。

目前越来越多的行业认识到了解材料知识对于材料运用的重要性，因此，在高校里与材料相关的专业都乐于开设介绍材料知识的课程。由于以往的教材理论性偏强，材料专业的低年级学生都难以全面接受，因此对其他相关专业更不适宜，本教材不求理论深度，通俗易懂，适用于高等学校各类材料专业，也可适用于使用材料生产相关产品的专业、使用材料进行相关工程建设的专业等。

图书在版编目（CIP）数据

材料概论(普及版)/张金升等编著．—北京：化学工业出版社，2016.9（2023.7重印）
高等学校规划教材
ISBN 978-7-122-27654-4

Ⅰ.①材⋯　Ⅱ.①张⋯　Ⅲ.①材料科学-高等学校-教材　Ⅳ.①TB3

中国版本图书馆 CIP 数据核字（2016）第 165275 号

责任编辑：窦　臻　　　　　　　　　　文字编辑：王　琪
责任校对：王素芹　　　　　　　　　　装帧设计：王晓宇

出版发行：化学工业出版社（北京市东城区青年湖南街 13 号　邮政编码 100011）
印　　装：高教社（天津）印务有限公司
787mm×1092mm　1/16　印张 21½　字数 551 千字　2023 年 7 月北京第 1 版第 6 次印刷

购书咨询：010-64518888　　　　　　　售后服务：010-64518899
网　　址：http://www.cip.com.cn
凡购买本书，如有缺损质量问题，本社销售中心负责调换。

定　　价：56.00 元

序

对于材料科学与工程相关专业的学生来说，尽早接触和了解材料专业大有益处。第一，可以及早了解自己的专业、了解在未来的大学生活中需要学习什么，不至于迷失方向；第二，增加专业认同感，强化专业意识，这对提高今后的学习效率非常重要；第三，尽早搭建学生和专业老师之间联系的桥梁，这对学生学习和老师后续的教学均有益处；第四，低年级学生参与校内外知识技能大赛的积极性较高，若尽早掌握一定的专业基础知识，可提高竞赛水平，增强竞赛信心，有利于培养创造力。

尽早了解专业最便捷的途径就是通过"材料概论"课程的学习，若"材料概论"课程开设较晚，将失去该课程的基本意义，因此建议一般在大学一年级开设，最迟不晚于大学二年级上学期开设为好。较早开设"材料概论"课程，就需要通俗易懂的教材。

统观目前图书市场上有关材料概论类的教材，不乏一些精品的著述，但也存在一个共同的局限，就是专业概念太多太深，某些地方理论性太强，而对最基本的有关各类材料的基本特性特征、基本生产工艺、基本生产生活应用、各类材料发展历史及其与人们生活的关系等方面的知识介绍欠缺。概言之，即以往的材料概论教材，往往专业性太强，普及性不足，不适合材料专业的初学者。因此造成在专业老师看来很简单而有趣的专业知识介绍，但对学生来说却显得枯燥乏味，某些概念不能理解，某些理论叙述更是云里雾里，因而使课堂教学效果大打折扣。

山东交通学院材料科学与工程学院张金升教授等人，根据多年来讲授"材料概论"课程的经验，本着《材料概论》教材应该通俗易懂，又要起到引领入门作用的原则，从一种全新的角度撰写了这本《材料概论》教材，该教材的特点主要有：①充分考虑低年级学生的特点，以日常生活中的材料基本知识为主线；②坚持科普性，不片面追求高、精、尖、深、全；③注重材料发展史的介绍，通过对材料发展过程的学习，引领学生回顾历史，再现材料与人类文明生活的密切关系；④深入浅出，通俗易懂；⑤基本知识介绍较全面，而对专业性较强的部分一带而过，留待后续课程学习；⑥注重基础实践性和生活性，基本不涉及艰深的科学研究和理论介绍；⑦该教材还有一个特点就是，概念叙述注重科学性和严密性，知识编排注意基础性和实用性。该教材比较适合于大学低年级"材料概论"课程的教学，张金升教授在这方面进行了有益的尝试，因此推荐各院校材料专业教学时选用。同时，希望有更多的普及性《材料概论》教材出版。

材料运用越来越受到各行各业的重视，材料与各门类工业和技术的发展也建立了越来越密切的联系，因此，不但材料专业本身，其他许多专业，要想掌握好和运用好专业技术知识，了解相关的材料知识，都是很有必要的，基于这一点，"材料概论"课程，不但材料类相关专业有必要开设，其他理工类相关专业也有必要开设，只不过其他专业开设"材料概论"课程应在大学高年级。张金升教授等撰写的这一通俗性《材料概论》，无疑也是其他非材料类专业开展通识教育和普及性教学的适宜教材。

希望这部《材料概论》的出版，对材料类相关专业和非材料类相关专业的教学，都能起到良好的促进作用。

尹衍升

长江学者　博士生导师　教授

上海海事大学　山东大学　中国海洋大学

2016 年 6 月

"材料概论"这门课程虽然看似简单，但学生普遍反映接受困难。多年来我们一直在寻找一本比较适用的《材料概论》教材，就是对学生来讲容易接受且能够消化吸收更多材料信息的教材，这个目的没有达到，学生总是反映"材料概论"课程概念多、不易懂、有些内容专业性太强、记不住、难以掌握。为什么看起来非常简单的课程，学生反而掌握不了其基本内容呢？后来我们发现，原因还是出在教材上。

现有的《材料概论》教材，编著者大多是一些资深的学者、教授或有多年教学经验和理论知识的教师，他们编写的教材不能说不系统、不全面，但往往忽视了一个问题，就是授课对象问题。"材料概论"的授课对象固然主要是材料专业的学生，但更值得注意的应该是低年级的学生。我们的观点，授课对象应该是大学一年级的学生，最好是刚入校的学生，而材料专业高年级开设"材料概论"，其启蒙意义已经大打折扣（对于非材料专业的学生，各年级开课均可，以高年级开设作为知识拓展的课程为佳）。

尽早开设"材料概论"课程，有利有弊。"利"在于学生可以尽早接触专业，以便了解自己的专业，强化专业意识，更好地规划自己的大学生活，不至于入学伊始就松松垮垮。尤其是当今大学生，进入大学生活后容易产生迷惘和懈怠，若再对自己的专业缺乏认识和及时的了解，就更容易失去目标而松懈下来。尽早开设"材料概论"课程，还提供了使学生尽早接触专业老师的机会，事实证明，专业老师尽早参与学生教学工作，对学生的教育作用往往非常重要，特别是低年级学生更是如此（从这个意义上讲，还应提倡专业老师适当参与学生管理和指导等）。较早开设"材料概论"课程，也有不利的方面，低年级有大量的基础课需要学习以备后续课程之用，"材料概论"的介入可能加剧课程拥挤；低年级学生对材料知识了解甚少，突然给他们呈现如此密集的专业概念，尤其是对他们来说这些概念基本都是全新的概念，因此接受起来比较困难，这也是学生反映"材料概论"课程比较难学的主要原因。高年级学生经过几年的耳闻目染，潜移默化地接触了一些专业知识，学起该课程来就要容易些。

综合考察，我们认为，尽早开设"材料概论"课程，收益远远大于不足，而且开设越早，收益越大。

目前的《材料概论》教材，之所以不太适合教学要求，尤其不适合低年级学生，原因就在于编著者大多是把《材料概论》当作一部学术著作来编写，或者揉入了太多的理论成分，求全求深求透。殊不知，这与教学要求是不吻合的，与学生尤其是低年级学生的接受能力是不匹配的。理论性很深而实践性不强，往往把那些最基本的、初学者或普通人最关心的、最应该掌握和了解的材料知识忽略了，甚至只顾追求高精深，而使一些最基本的知识出现一些舛误，说到底，就是"不接地气"。其实，研究工作开展到较高层次并要解决实际问题时，人们才发现，我们最缺乏的还是那些最基本的东西。

编教材难，编著好的教材更难。关键要把握的一点，还是以学生为本，充分考虑授课对象（当然，某些教材需要照顾到较宽广的读者群）。我们认为，由于材料科学的复杂性和涵盖的广泛性，对于《材料概论》教材，不应将其作为一部学术著作编写，甚或不可一味将其作为专业教材编写，应该将其作为一部科普著作编写，这样学生才能更易接受，我们的教学目的才能达到。基于这种考虑，我们不避鄙陋，以全新的角度撰写了这部简明易懂的《材料概论》，不但适于课堂教学，同时适于科普自学。教材不去追求理论的深度和逻辑的连续，而是以日常生活中的基本知识为主线，将散见的材料方面知识集中起来并进行适当提升和深化，以此展现给学生，再加上专业老师的临场发挥，学生容易接受，更易实现本课程的教学目标，并能对后续课程的学习起到引领作用，这便是我们的初衷。

本书编写的目的是为了做好普及工作，即基础工作。而实际上普及工作是不好做的，一方面要具有深入浅出的功夫，另一方面当前大部分做理论研究或深入研究工作的学者，往往对基础的工作比较忽视，所以，虽然研究工作做得有声有色，但普及工作却做不来，或没有精力去做，而做好普及工作必须具备深厚的理论功底，同时要下大功夫。要写一本深入浅出的教材殊非易事，必须把各种知识吃得很透，尤其是《材料概论》，涉及材料种类繁多，更需要做很多深入细致的工作。本书在"深入浅出"上并不一定做得很好，但至少是一次有益的尝试。

材料学科涵盖极广，门类愈分愈细，各类材料之间虽有联系但差距甚大，诸如金属、有机高分子、无机非金属等材料，从结构、性能到原理、工艺等差别很大，以一人之力而讲授多种材料，恐难发挥到极致。建议在有条件的情况下，"材料概论"课程可由不同材料方向的多名教师授课，一是可更好地展现材料之美，二是让学生在第一时间接触更多的专业老师，让更多的专业老师参与到低年级学生的培养教育中，三是专业老师还可以藉此更好地开展教研活动和学术交流。一般"材料概论"课程的课时量较少，多名教师参与授课时，也可采取讲座形式，而以教材作参照。

本书主要按照金属材料、有机高分子材料、无机非金属材料、复合材料的分类系统进行编排撰写，对各类新材料做集中扼要介绍。在编排体例上，分为上下两编。上编以材料历史和发展为主线，结合材料在人类文明发展和生产生活中的作用，使读者对材料有纵向的了解，同时概述了"材料学"和"材料科学与工程"的基本内容，并对高校中的"材料专业"进行了简单介绍。目的是使学生对"材料"有一个基本了解。下编围绕使学生进一步了解和认识材料的目的，以材料的性能、生产及应用为主线，分别介绍金属材料、无机非金属材料、高分子材料、复合材料以及各类新材料。目的是使学生掌握生产生活中常用材料的基本知识。上下两编基本相互独立，根据教学需要，可以两编都讲，也可以只讲其中的任意一编。

本书主要适用于高等学校各类材料专业，也可适用于使用材料生产相关产品的专业、使用材料进行相关工程建设的专业等。本教材不求理论深度，而以科普形式撰写，因此不单适用于材料专业教学，同样会受到相关专业的欢迎。

我们希望达到这样的目的，为高等学校材料类专业的学生，提供一本比较容易接受的、能够消化吸收最多信息的材料知识普及教材。作者学力不逮，斗胆惶恐，虽有力不胜任之感，然为教学所需，故勉力为之。因学识有限，书中不当之处在所难免，作为抛砖引玉之作，一方面希冀业内同行不吝赐教，另一方面也希望有更多更好更简明适用的《材料概论》方面的著作问世。

本书由山东交通学院材料科学与工程学院张金升教授、山东大学陈敏博士、中国石油大学（华东）甄玉花博士、山东交通学院魏长宝老师负责撰写，从立意到撰写完成历时3年多，撰写过程中参阅了大量国内外技术资料和成果，并得到许多专家教授的热心帮助和指导，在这里谨向书中提及和未提及的专家学者表示衷心的感谢。

编著者　谨识

2016 年 4 月

目 录 Contents

上编 材料总论

下编　材料各论

上编
材料总论

现代社会把材料、能源和信息列为新一轮技术革命的三大基础、重点和支柱，其中材料的地位至关重要，人类的发展离不开材料，材料的发展是人类进步的里程碑，时代的发展需要材料，而材料又推动时代的发展，所以人们把材料视为现代文明的支柱之一，世界各国都把新材料的发展放在国家科技经济战略的最重要位置。

材料是人类文明和技术进步的标志，是人类赖以生存和发展壮大的重要物质基础。从某种意义上讲，材料是一切文明和科学的基础。材料无所不在，无处不有，它与人类及其赖以生存的社会、环境存在着紧密而有机的联系。

我们经常提到材料，可以说我们所处的这个物质世界就是材料的世界。那么什么是材料呢？要说清楚这个问题却并不那么简单。《现代汉语词典》中对材料的描述是：可以直接制作成成品的东西；在制作等过程中消耗的东西，如建筑材料。著名材料学家肖纪美院士给出的定义是：以人类社会可接受的方式可经济地制造有用的物件的物质。但当人们把材料大体分为金属材料、无机非金属材料、有机高分子材料、复合材料四大类时，当人们按照用途把材料分为结构材料和功能材料时，当人们指着一个传统的饭碗说这是陶瓷材料时，上述定义就显得不准确，因为"复合材料"等概念大多指的是一类成品材料或物件，而"陶瓷饭碗"更是一种实用的最终产品或成品物件。另外，上述材料定义也不符合材料学界一致公认的"材料科学四要素"（化学组成、组织结构、制作工艺和使用性能）。专家学者给出的定义看似很严谨，但却不能涵盖我们实际生产生活和科学研究中对材料的描述。因此一些学者在谈到材料研究时，把材料描述为："所谓材料，是指经过某种加工，具有一定结构、成分和性能，并具有一定用途的物质。"其实，上述各种材料定义都仅仅是描述了某一范畴中的材料。

第一章
材料概念及其范畴

当人们提到"材料"概念时，实际上是和它使用的具体范畴相联系的。人们在提到制造物品所使用的"材料"时，一般指的是原材料，其中也包括一些半成品；人们在提到作为生产生活工具而使用的"材料"时，一般指的是具体的物品，即具体应用的材料，包括成品和半成品，前者是词典和许多教科书中给出的"材料"概念，后者主要指的是材料研究工作中所使用的"材料"概念。

以往专家学者给出的"材料"概念已为人们所熟知和接受，但需要指出的是，它们都有自己应用的特定范畴。本书试图从另一全新的角度对"材料"概念做出描述。

第一节 构造（原）材料

本节中给出的材料定义，是大多数教科书中或在大多数场合讲的，也是为大多数材料研究人员所认可的定义，是通用的"材料定义"。我们在学习和使用"材料"概念时，一般情况下，也以此定义为标准。

一、材料定义

材料是可为人类社会接受的、能经济地用于制造有用物品的物质。这里所说的"有用物品"，指的是生产生活中使用的物品、器件、构件、机器和其他各种满足多种需要的产品。

作为材料的物质，一般是指固态的、可用于工程上的物质；作为材料科学研究对象的构造材料，则主要是那些制造器件或物品的人造物质。

按此定义，材料的概念是指构造物品、构成物品、构建物品、制造物品、制成物品、组成物品、组建物品、组造物品、组制物品、组构物品的物质，或者说是作为物品组分和原料的物质。

材料定义中的"物品"，广义上包括食品、衣物和器件，若将"物品"用"器件"置换，便是狭义的定义。

讨论：此定义严格来讲是"构造材料"或"原材料"的描述，它不能涵盖我们在某些场合把有用的物质产品描述为"某某材料"的意义。一些学者认为，材料的现代定义应该只涉及器件，而将食品和衣物排除在外，这是值得商榷的，因为无论从任何角度考察，都不应将制造食品的玉米、小麦、糖、盐、香精等，以及制造衣物的麻、蚕丝、化纤、颜料等，排除在材料概念之外。

二、材料定义的内涵

1. 有用性

材料的一大特点就是能为人类使用。也就是说，世界上的物质，能被人类用来制造物品的，并且制造的物品对人类有用，这样的物质才具备人们所称的"材料"的特征。

材料的有用性，除了使用价值外，还体现在需要具有一定的性质，如物理性质、化学性质和力学性质等，藉此区别具有同样用途或近似用途而性质不同的材料。

2. 经济性

材料的另一大特点则是经济性。比如金刚石，硬度在自然界中是最高的，一般硬度越高的材料越耐磨，金刚石也是最耐磨的材料，但由于它的稀有性和昂贵性，实际生产生活中就不适宜作为耐磨材料。某些物质可以用于制造某类物品，但从经济性上考察缺乏可行性，或者说用这些物质制造出来的物品在生产生活中"用不起"，这样的物质也不能作为生产某类物品的材料。其实，经济上是否可行也是相对的，随着科技的进步，原来不能被经济地用作材料的物质，可能成为可以经济地制造有用物品的物质，该种物质就由"非材料"的物质变为"材料"。另外，"经济性"是随着人们的需求而变化的，人们的需求强烈时，可接受的成本和价格就高些，需求减弱时，低成本的物品也变得不经济。

3. 范畴

材料还是所制造出的物品的组成部分，或者所制造物品中含有某种材料所提供的成分。一般来讲，工具、易耗品、催化剂等不在此范围。

物品可以是单件的器件和元件，可以是组装的机器与仪器，也可以是集成的系统。同样，构成"物品"的，可以是原材料，也可以是半成品，甚至当集成系统作为物品概念时，机器与仪器、可以单独作为成品的某些器件都可以算作构成物品的材料。

另外，按此节对材料所下的定义，虽然涉及物品或成品，但材料的概念显然不包含物品或成品。其实，材料和物品，也是具有相对意义的两个概念，一些"物品"，可以作为构成另一类"物品"的材料；一些"材料"，当以不同的角度观察和使用时，它又可以作为具有实用价值的物品。

讨论：关于材料的"有用性"，是相对的，今天不具备"有用性"的物质，明天可能会变为有用的物质，今天的"废料"，明天可能会变成有用的原料，反之，今天有用的材料，明天可能失去利用价值或不再使用，因而会变成废料；关于制造出的物品的"有用性"，也是一个相对的概念，今天"没用的"发明，明天可能会有用，因此有了科学家和研究者对物品（材料）前瞻性的研究、探索和制造；关于材料制造的"经济性"，除了上述经济性的相对意义以外，为了某些特殊的需要，人们制造物品（材料）时，往往是不计成本的，例如国防用品、航空航天用品等的研制。

三、材料与物质

按照上述材料的定义，材料是物质，但不是所有物质都可以成为材料。如燃料和化学原料、工业化学品、食物和药物，一般都不算材料。但是这个定义并不那么严格，如炸药、固体火箭推进剂，有人便称之为"含能材料"。就类型而言，金属、陶瓷、半导体、超导体、聚合物（塑料）、玻璃、介电材料、纤维、木材、沙子、石块等，还有许多复合材料都属于材料的范畴，因为它们可以作为组件构成有用的物品。有人从自然与人类联系的角度认为，如果将人体看成一部机器、结构或器件，那么与人有关的食品、药物、生物物质、肥料等均可包括在材料的范畴之内，但现在习惯于把它们列入生命科学与农业科学。这样，尽管矿物、燃料、水、空气等也被看作广义的材料，但通常还是被归入其他领域，这也是由其研究特点与通常的材料不同所决定的。

讨论：广义上讲，燃料在某些产品的制造过程中是必不可少的，燃料产生热量，提供产生化学反应的条件。尽管提供热量可以用不同种类的燃料，甚至不用燃料而用电源等其他形式的能量，但无论如何在产品制造过程中是有用的，因此广义上讲燃料也是物件具体制备过程中的要素，因此具有材料的某些特征。况且，某些燃料除作能源使用外，还可以直接用作制造工业产品的原料。例如，煤炭可以制造焦炭、活性炭、碳化钙和煤焦油，焦炭用于冶金和还原，活性炭用于化工吸附和催化，煤焦油制作化工产品、沥青代用品用于公路建设等；石油除以各种形式用作能源外，还可生产诸多化工产品，如润滑油和润滑脂、沥青和石油焦、溶剂和石油化工产品等。按此理解，氧气（空气）在某些制造过程中是必不可少的，同样具有材料的某些特征；催化剂虽不是最终产品中的组成物质，但它也是某些制造过程中必不可少的；工具、易耗品、研磨材料、劳保用品、办公用品等消耗品在生产制造过程中使用，但都不构成物品，然而它们都具备材料的某些特征；天然矿物是重要的资源，是工业生产的基础，更没有理由把它排除在材料定义之外。虽然理论上我们不把它们称为材料，但在使用习惯上，我们通常也称它们为材料。

第二节　成品（具体应用）材料

上节中提到的材料定义为许多学者所接受和引用，它主要强调的是在制造"物品"过程中，某些被使用的物质所具有的属性，强调的是构成材料的有用性，这是从源头性上着眼的。人们在利用物质时，还可以从使用物质过程的终端角度考察，这就有了另外的材料定义（与上节材料定义不同）。

所谓材料，是指经过某种加工，具有一定结构、成分和性能，并具有一定用途的物质。

这个定义的第一个特征同样是有用性，但强调的是"材料"的实际使用性能，这种材料，大多数情况下是一种成品或物品，某些情况下也指半成品，但初始的原料不包含在此"材料"定义之内。

此材料定义的第二个特征是加工性或工艺性。"材料"必须是经过加工的，它也不包括初始的原料。不同的加工工艺将赋予材料不同的用途或不同的材料性能。

此处所指的材料，还应具有一定的结构、成分和性能。材料的结构、成分和性能都应该是确定的或者说是固定的，三者之中任一个发生变化（不确定），都会影响材料的使用性能，影响到材料的用途，这样就会形成不同的材料。

对于材料科学工作者来讲，使用更多的还是本节"成品（半成品）材料"的概念。上节提到的"材料"概念，更多的是从物理角度考察的，因此上节所定义的"材料"，在材料工作者眼里仅仅是"原材料"，并不是材料研究中所要制造的"材料"。材料学家的主要工作，就是通过研究材料的组成和结构，使材料具备某种性能和功能，以满足人们对材料的使用要求；材料学家还十分重视对加工工艺的研究，因为加工工艺是使材料具备所要求的使用功能的重要条件。从这个意义上讲，"成品（半成品）材料"的概念，更加符合材料工作者的工作范畴。

实际生产生活中，在提到材料概念时，人们对其定义的界定不是很严格，既有本节所指，又有上节所提，还包括其他广义的能为人类所用的其他物质。普通人的意识中，"材料"

不仅指"原材料"，更多的是指经过加工制备的"成品（半成品）材料"。科学概念的定义不能仅由科学家或专家学者来决定，还必须考虑大众的意识和约定俗成，因为大众意识里面有科学因素，而科学家的思维有时容易走极端。

本节中给出的材料定义，是从材料科学的角度描述的，代表材料学家的观点，上节提出的材料定义是从语言学的角度描述的，教科书（教材）中采用上节定义多些，材料学方面的学术著作中多采用本节定义。我们认为，二者均有一定局限，语言学家的说法局限更大一些，因为它不符合材料工作的研究和实践。人们更多地用"制备材料""制备新材料""研发新材料"等概念来描述材料生产和研究工作者的实践活动，因而，所谓"材料"，大多数情况下指的是"成品材料""半成品材料"，而不是"原材料"，大多数教科书上给出的定义，即"制造有用器件的物质"正是指的"原材料"，这是极不准确，或者说极不科学的。

第三节　物质材料

一般教科书谈到材料和物质时认为，这是两个既紧密联系又含义不同的概念。这种描述是正确的，但前提是，这里所说的"材料"是一定特指范畴内的材料，或者为制备物品所需的原材料，或者为人们生产实践活动中所直接使用的应用材料。而广义的材料，则包含这两类材料，其中也包括了含能材料和生命科学中的物质，并且，不但包含看得见、摸得着的有实体的物质，也包含着看不见、摸不着无一定形状的物质，如空气等；既包含着目前可以被人类直接利用的物质，也包含着具有潜在利用价值的物质以及目前虽然不能被直接利用，但不能否认将来可以被人类利用的物质。基于这些，我们可以给出材料的广义定义。

材料（materials）和物质（substance）是两个既紧密联系又含义不同的概念。材料总是和一定的应用场合相联系。材料可由一种物质或若干种物质构成。同一种物质，由于制备方法或加工方法的不同，可称为使用场合迥异的不同类型材料。例如矾土 Al_2O_3，将其制成单晶体就可成为宝石和激光材料；制成多孔的多晶体，则可用作催化剂载体或敏感材料；制成致密的多晶体，就可制成集成电路用的放热基板材料、高速或硬材料机械切割用的工具材料、高温电炉用的炉管等耐热元件或高温电绝缘材料等。但在化学上，它们是同一种物质；而在工程上，它们显然是不同的材料。又如化学组成相同的聚丙烯，由于制备方法和加工成型方法的不同可制成纤维和塑料。

广义的材料是指能够为人类直接或间接利用、已经利用或具有潜在利用价值的物质。理论上讲，所有物质都包含在此材料范围内；因为今天的废料可能就会变为明天的原料，因此可提出这样的一个概念，材料即物质。简单来讲，有用的物质即材料，包括有直接的使用性能和价值（产品），以及可以用来生产有用的器件（原料）。

第四节　材料判据

按目前流行的材料（构造材料）定义，不是所有的物质都是材料，区分什么物质是材料而什么物质不是材料就需要材料判据。其实，材料判据不仅仅是判定哪些物质才是材料，更重要的是评判某种材料的价值。很多材料都符合人们提出的材料判据，但人们更关心的是，利用这些判据评价材料价值的高低，从而决定如何利用以及在何种程度上开发利用这些材料。材料判据首先由肖纪美院士提出，并为大家所接受。

材料可由资源判据、能源判据、环保判据、质量判据、经济判据五个判据来判定。

一、资源判据

材料的资源可分为天然的和再生的两种。由图1-1可见材料从生到灭的循环。在这个大循环中，社会对机器、结构、装置等产品的需求，推动了这个循环的物质流动，同时，其流动的速度又限制了社会的需求。

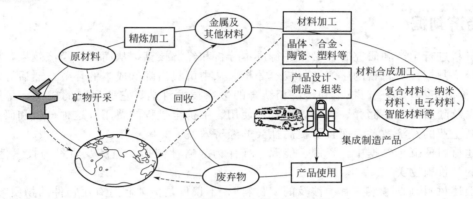

图1-1　材料的"生命周期"示意图

从全世界来看，金属的资源日益枯竭。据调查，即使全世界已探明的资源储量增加10倍，而且50%可再生，可持续的年代也不是很长，更何况能达到50%再生的材料也不多。尽管海水中有可观的金属储量（如Mg、Sr、Li、Zn、Fe、Al、Mo、Sn、Cu、V、Ni、Ti、Sb、Ag、W、Cr、Th、Pb、Au），但开发成本高，难以满足目前的经济判据。

各国根据自己的资源情况，颁布政策，引导材料的生产和科研，如在第二次世界大战及朝鲜战争时期，美国颁布了合金元素的使用政策，促进了硼钢及钨钼系高速钢的科研与生产。战争结束后，取消了这些政策，硼钢产量大降，而钨钼系高速钢由于技术上和经济上的优越性，代替了绝大部分的钨系高速钢。

二、能源判据

40多年来，由于能源的供应较为紧张，为了降低成本和满足政府法令的要求，材料的生产和使用都需要考虑能耗问题。一方面，生产厂家为了提高竞争能力，通过改进生产流程，降低能耗，从而降低成本。另一方面，政府颁布政策，迫使生产厂家进行节能的研究。如美国政府以法律形式规定了汽车耗油量的上限，否则不准出厂。这就迫使汽车厂开始从事降低车重和提高发动机效率以及有关材料方面的研究。

三、环保判据

从发展历程看，资本主义国家在发展初期，资本家唯利是图，材料生产不考虑环保问题，但近40年来，由于污染问题加剧、全球变暖、人民群众的强烈要求，各国已逐渐重视材料生产和科研的环保。例如，美国的钢都匹兹堡，1960年空气严重污染，随近郊J-L钢厂的关闭，空气污染大为好转。而远郊的美国钢铁公司于1980年投资4亿美元，进一步解决了污染问题。因此，材料的生产和使用，需重视"三废"处理、降低噪声、生态平衡等环境问题，否则将遭到大自然的报复。这便是材料的环保判据。

四、质量判据

物质能否用于制造有用器件，是物质是否能被归为材料的一个重要技术判据，材料的质量是其能否制造有用器件的重要条件，即具有各种性能，因此质量是材料的一个重要技术判据。材料的质量包括内在的和表面的两种。内在质量反映材料的成分、组织、结构、宏观缺陷等是否满足或超过技术标准的要求；表面质量包括表面缺陷、表面粗糙度、尺寸公差等。

五、经济判据

对材料进行生产和研究时，必须进行成本分析和经济核算，从而计算经济效果，这便是材料的经济判据。对材料的生产进行成本分析，从中可找出降低成本的环节，然后寻求改进措施。"价值工程"是一门技术和经济相结合的边缘技术科学，它所研究的成本，是整个生产过程以及随后的产品储存、流通、销售、使用、维护全过程的费用。这种分析和研究，不仅可提高企业的经济效益，而且可提高社会的经济效益。

上述材料的五个判据中，资源、能源、环保为战略性判据，经济及质量为技术性判据，即俗称的"价廉物美"。

从上述材料判据考察，其中涉及的"材料"，不仅仅是指"制造有用物件的物质"（构造材料或原材料），而且更是包含了"经过某种加工，具有一定结构、成分和性能，并具有一定用途的物质"（成品材料或物件），同时，材料判据也涉及加工过程和工艺，即与技术发展水平有关。从这个意义上讲，材料的范畴同时包含了"构造材料"和"成品材料"两部分，材料的定义也不应该限制在"能为人类经济地用于制造有用物品的物质"，至于如何全面准确地给出材料定义，或许是材料科学家们应该重新考虑的一个问题。

第五节　材料科学四要素

一、材料科学四面体

材料科学基础是固体物理、物理化学和化学等学科。这些基础学科的发展，使人们对材料组织、结构的认识逐步深入，对材料的化学成分和加工过程与其组织结构和性能之间的关系逐步明确，从而得以不断科学地开发新材料和改善材料使用性能。反过来，新材料和新技术的开发又使与之有关的理论不断深化、知识日益丰富，最终形成了独立的材料科学。

材料科学研究的内容，概括地讲，就是研究材料的成分、组织结构、合成加工、性质与使用性能之间关系的科学。这四个方面构成了材料学的基础。人们把化学成分、性能、合成加工、组织结构称为材料科学的四要素（材料科学四面体），如图 1-2 所示。即结构（微观结构，有时也与宏观结构有关）、成分（化学组成）、性能（物理性能、化学性能和使用性能）、加工工艺四者之间的关系，其中组织结构是核心，性能是研究工作的落脚点。四要素构成材料科学的金字塔（还有其他说法）。

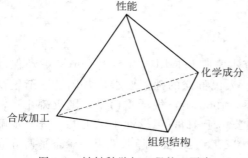

图 1-2　材料科学与工程的四要素

所谓材料的结构，一般意指微观结构，是指材料的组元及其排列和运动方式，它包括形貌、化学成分、相组成、晶体结构和缺陷等内涵。可用各种名词表述材料结构，如成分（或组分）、组织、相结构、宏观组织、显微组织、晶体结构、原子结构等。原子结构和电子结构是研究材料特性的两个最基本的物质层次。多晶体的微观形貌、晶体学结构的取向、晶界、相界面、亚晶界、位错、层错、孪晶、固溶和析出、偏析和夹杂、有序化等均称显微结构。

材料科学遵循的规律和原则是，结构决定性能。这是材料科学的基本物理原理，它已经成为材料研究的一个重要依据。四面体中，实质上只有微观结构才能决定宏观性能，合成加工和化学成分首先是通过改变材料的结构才对性能产生影响。不同的合成加工工艺可能形成不同的组织结构，也可能形成相同的结构；不同的化学成分一般会形成不同的微观组织结构。一旦组织结构相同或相近，无论工艺或化学组成差异有多大，都会表现出相同或相近的宏观性能。一般来讲，化学组成极大地影响材料组织结构，但也有极少的例外，如 C 和 BN 化学组成差异很大，但却有惊人相似的层状和架状同素异形体结构，其性能（层状的润滑性、架状的硬度等）也惊人地相似。

因此，材料科学四要素，实质上是人型关系而不是四面体关系，图中四点，下面两点分别是组成和加工，中间一点是结构，上面一点是性能。组织结构是核心，性能是目标。而通常说的四面体关系仅仅是人们对四要素关系的直观认识，也是一种非常方便的研究模式（多数情况下直接研究微观结构非常困难，有时为简便起见可绕开结构从组成和加工角度研究对性能的影响）。

上述四个方面中，使用性能是研究的出发点和目标。对使用性能的评价随场合而定，制造构件使用的结构材料首先必须能够在给定的工作条件下稳定、可靠地长期服役，对其使用性能评价的主要指标是服役寿命；用于功能元件的功能材料首先要具备特定的功能，在光、电、磁、热、力的作用下，迅速准确地发生应有的响应或反应，其使用性能的评价指标主要是反应的灵敏程度和稳定性。使用性能表现为综合性能，它主要决定于材料的力学性质、物理性质和化学性质，通过测定各种与使用性能相关的力学性能指标、物理学参量和材料在各种化学介质中的化学行为，可以间接测量材料的使用性能。结构材料的使用性能主要由它们的强度、硬度、伸长率、弹性模量等力学性能指标衡量，功能材料的使用性能主要由相关的物理学参量衡量。正因如此，在材料学领域中，力学性质、物理性质、化学性质已成为主要研究项目，这些性质与材料的使用性能合为一体。

一方面，材料的化学成分和组织结构是影响材料各种性能的直接因素。材料的加工过程则通过改变成分和结构影响材料的性能。另一方面，改变化学成分又会改变材料的组织结构，从而影响其性质。

二、材料的晶体结构

材料的结构主要是指材料中原子、分子、离子等的排列方式（微观上）。

原子以周期性重复方式在三维空间有规则排列的固体称为晶体，否则称为非晶体。把晶体中可以在三维空间周期性重复排列的单个原子或若干个原子抽象成一个几何点，称为阵点，阵点即抽象的几何点。阵点在三维空间周期性重复排列，称为空间点阵（格子）。

描述空间点阵中阵点排列方式的最小体积单元（一定是平行六面体）称为晶胞。其按六面体相对边长和夹角分成不同的晶系和点阵，共有七大晶系，其中七大晶系根据对称性分为高级晶族、中级晶族、低级晶族，分别为高级晶族对应立方晶系，中级晶族对应四方晶系、六方晶系、三方晶系，低级晶族对应斜方晶系、单斜晶系、三斜晶系，如图 1-3 所示。

点阵分为 14 种布拉维点阵，如图 1-4 所示。其中，P 为简单点阵（原始格子），A 为底

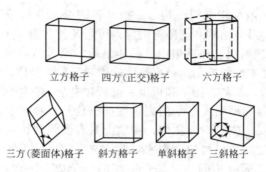

图 1-3　七大晶系

心点阵（100），B 为底心点阵（010），C 为底心点阵（001），I 为体心点阵，F 为面心点阵，R 为三方点阵，H 为六方点阵。

　　根据对称性类型，晶体还可细分为点群和空间群。共有 32 种点群，共有 230 种空间群。

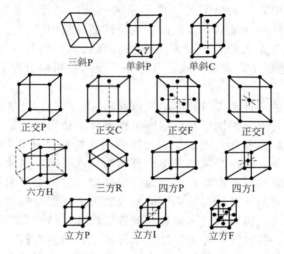

图 1-4　14 种布拉维点阵

三、材料的结合键、成分与结构

　　材料原子、分子间的结合键（结合力）决定材料性质。它是原子、分子间吸引力和排斥力的合力。结合键大致分为化学键和物理键两类。化学键主要有离子键、共价键、金属键三类，有时还有其他特殊的化学键，如金属间化合物中存在的超晶格键等。物理键包括分子键（范德华键）和氢键。

　　材料的成分是指组成材料的元素种类及其含量，通常用 w（质量分数）或 x（粒子数分数）表示。

　　单一元素组成的物质称为单质。大部分材料是由两种或更多种元素组成的，称为化合物。化合物晶体点阵中融入其他组元而不改变原有基本的点阵结构，称为固溶体。外来组元占据阵点的固溶体称为置换型固溶体，占据基本组元原子间隙的固溶体称为间隙型固溶体。由不同点阵结构的晶体组成的物质体系称为混合物。材料体系中物理性质和化学性质均一的部分称为一个"相"，微观结构相同时物理化学性质才均一，显然，对于晶体结构，一种相中仅有一种点阵结构，而由不同点阵结构的晶体组成的材料称为多晶体。均一的固溶体为单相结构。

晶体按点阵的排列完整性划分为理想晶体和实际晶体，完全按点阵规律排列的为理想晶体，实际晶体中总有一些原子未完全按点阵规律排列。实际点阵与理想点阵状态的偏离称为晶体的缺陷，实际晶体都是有缺陷的，晶体缺陷主要分为点缺陷、线缺陷、面缺陷。点缺陷是指原子间隙中不该存在而存在的间隙原子，或晶体点阵中原子应占而未占的空位；线缺陷是点阵结构在一维方向上错位，称为位错，包括刃形位错和螺形位错；面缺陷是指多相材料组成相之间的界面，或单相材料晶粒间的界面。

物质的分类如图 1-5 所示。

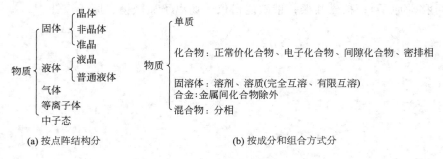

(a) 按点阵结构分　　　　　　　　(b) 按成分和组合方式分

图 1-5　物质的分类

四、材料的组织结构（微观结构）

材料性能不仅取决于其组成相的结构，而且与组成相的形态、尺寸、相互分布状况有关，在显微镜（光学显微镜、电子显微镜）下可见。材料的组织结构分析是材料研究中极为重要的工作。

化学成分是决定组织结构的一个重要条件，在大多数情况下是必要条件（某些情况下不是必要条件），但绝不是充分条件。

璀璨夺目、价值连城的金刚石和黑漆漆的石墨都是由碳元素组成的，但性能迥异，原因仅在于碳与碳之间结合的方式不同而已，即微观结构不同。金刚石中碳原子是以类似金字塔的四面体方式结合的，碳与碳之间的键连接贯穿整个晶体，各个方向都结合得十分完美，也使得它成为自然界中最完美、最耀眼的材料，它是迄今为止天然存在的最硬的材料；而石墨是以平面六边形的层型结构堆积而成的，层与层之间存在较弱的相互作用力，石墨层容易脱落，所以石墨就十分柔软，基本上是世界上最软的固体物质。

微观结构是材料性能唯一的决定因素。有什么样的微观结构，就有什么样的宏观性能。当然，化学组成对物质微观结构具有重大影响。一般来讲，不同的化学组成具有不同的微观结构，极个别情况下会形成类似的微观结构（如 C 和 BN，都具有层状结构和架状结构，层状结构时都是良好的固体润滑剂——石墨和六方 BN，架状结构时都是世界上最硬的物质——金刚石和立方 BN），但其微观结构还是有区别，宏观性能也有微小的差异。另一方面，相同的化学组成却可以有多种不同的微观结构，可以形成晶体结构，也可以形成各种各样的无定形结构（玻璃结构），晶体结构中还会有不同的微观排列，一般称为不同的晶型或变体，如 SiO_2 晶体通常就有 β-石英、α-石英、γ-鳞石英、β-鳞石英、α-鳞石英、β-方石英、α-方石英七种不同的变体。

五、材料的成分和组织结构的检测

在材料成分和结构的分析方面，先进仪器的不断出现对材料科学的飞速发展起到了决定性的作用。仪器分析就是借助于先进的仪器设备对材料成分和结构的分析，人们称其为材料的表征。前面讲到，物质的微观结构唯一地决定着材料的宏观性能，因此材料的微观表征十分重要，目前的材料表征已越来越深入到物质微观内部。常见的材料表征仪器和方法有：光学显微镜（偏光、金相、正交光；明场、暗场等）；X射线衍射仪；光谱分析（红外光谱、紫外光谱、拉曼光谱等）；电子显微镜（扫描、透射、高分辨率）；原子力显微镜；扫描隧道显微镜（可移动原子）；核磁共振；俄歇能谱仪；场离子显微镜、原子探针。

第二章

材料分类

　　人类已经发现的材料据称已达 800 余万种，每年还以几十万种的速度增长，具有实际工业价值的也有 8 万余种。材料的种类繁多，性能千差万别，应用领域十分广泛。

第一节　按化学键类型及结构特征分类

　　按化学键类型及结构特征，或者说按化学作用或基本化学组成、物理和化学性质，材料可分为金属材料、无机非金属材料（包括硅酸盐材料——陶瓷、半导体）、有机高分子材料、复合材料四大类。前三类是我们通常所说的材料的三大支柱，最后一类是它们之间的相互复合，这种复合既可以是不同大类之间，又可以是同一大类内部不同材料品种之间。一些学者认为复合材料不属于具备某种特征的一类材料，与前三类材料不具备并列可比性，因而不应列为第四大类材料。但考虑到复合材料具有特殊的优良性能，发展迅速，应用很广泛，对现代工业和科技影响极大，并且难以将其分列入其他三大类材料之中，因而绝大多数学者赞同将其列入第四大类材料。

　　有些学者将化学建材列为与金属、有机高分子、无机非金属、复合材料并列的第五大类材料。国外也有把固体材料分为金属、聚合物、无机非金属、复合材料和半导体的。

　　按化学键组成和结合键特点分类，从科学和实用意义上考虑，是最有价值的分类方法。材料按化学键类型和结构特点的分类如图 2-1 所示。

一、金属材料

　　金属材料是由化学元素周期表中的金属元素为主组成的具有金属特征的材料，可分为由一种金属元素构成的纯金属（单质）及由两种或两种以上的金属元素或金属与半金属、非金属元素构成的合金，它们的性质取决于构成元素的种类和含量。

　　金属的一般特征是指坚硬、反光、有光泽、热与电的良导体。由于金属材料的特殊性能，使其成为最重要的工程材料之一。

　　金属材料的结合键主要是金属键。

　　由于金属键没有方向性和饱和性，因此金属材料中原子（离子）在制备冷却过程中极易调整到能量最低的点阵（晶格）位置，故金属材料多为晶体，在特殊情况下或采用超速冷却的办法可得到非晶金属或非晶合金，非晶金属和非晶合金用于特殊应用。

　　有人把金属间化合物和金属基复合材料也归入到金属材料范围内。

　　金属材料可分为黑色金属和有色金属两大类（国际上通用的提法是铁及铁基合金和非铁

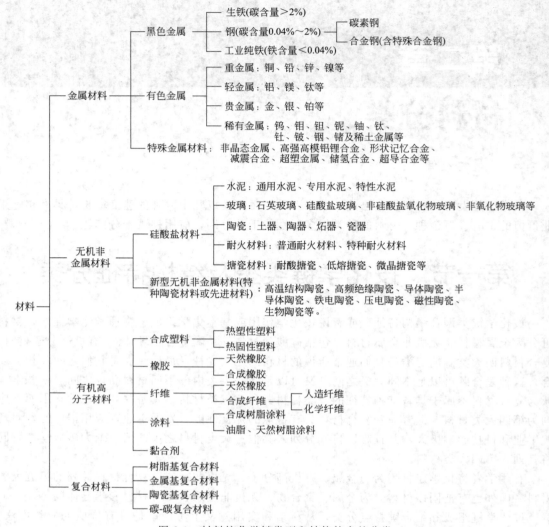

图 2-1 材料按化学键类型和结构特点的分类

合金)。

(1) 黑色金属 是铁和以铁为基的合金(钢、铸铁和铁合金),又称为铁类金属。

黑色金属应用最广,以铁为基的合金材料占整个结构材料和工具材料的90%以上,黑色金属的工程性能比较优越,价格也比较便宜,铁族金属有 Fe、Co、Ni、Mn。

(2) 有色金属 即黑色金属以外的所有金属及其合金,又称非铁金属。主要的有色金属包括铝、铜、镍、镁、钛和锌。这6种金属的合金占了有色金属总量的90%。每年使用的铝、铜和镁有30%得到了回收利用,这就进一步增加了它们的用量。这6种金属之外值得一提的是铅,铅一般不作合金使用,而以纯态作电池的屏蔽材料、X射线屏蔽材料等。按照性能特点,有色金属大致可分成以下几种。

① 轻金属 密度在 $4.5g/cm^3$ 以下的金属。

② 重金属 一般是指密度在 $4.5g/cm^3$ 以上的金属。

③ 易熔金属 Zn、Ga、Ge、Cd、In、Sn、Sb、Hg、Pb、Bi。

④ 难熔金属 Ti、V、Cr、Zr、Nb、Mo、Tc、Hf、Ta、W、Re。

⑤ 贵金属　Cu、Ru、Rh、Pd、Ag、Os、Ir、Pt、Au。通常是指金、银和铂族元素。

⑥ 碱金属及碱土金属　Na、K、Rb、Cs、Fr、Ca、Sr、Ba、Ra、Sc。

⑦ 稀有金属　通常是指在自然界中含量较少或分布稀散的金属。它们难于从原料中提取，在工业上制备及应用较晚。根据各种稀有金属的某些共同点（如金属的物理化学性质、原料的共生关系、生产流程等）划分为稀有轻金属、稀有高熔点金属、稀有分散金属（大多数稀散金属在自然界中没有单独矿物存在）、稀土金属（分为轻稀土和重稀土）、稀有放射性金属。

⑧ 半金属　一般是指硅（Si）、硒（Se）、碲（Te）、砷（As）和硼（B）。其物理化学性质介于金属与非金属之间，如砷是非金属，但又能传热导电。此类金属根据各自特性，具有不同用途。硅是半导体主要材料之一；高纯碲、硒、砷是制造化合物半导体的原料；硼是合金的添加元素等。

在 109 种元素中，除 He、Ne、Ar 等 6 种惰性元素和 C、Si、N 等 16 种非金属元素外，其余都是金属元素。在金属元素中有 Li、Na、K、Ca 等 16 种碱金属和碱土金属，Be、Mg、Al 3 种轻金属，Fe、Co、Ni、Mn 4 种铁族金属（具有磁性），Zn、Cd、Sn、Sb 等 12 种易熔金属，W、Mo、V、Ti 等 11 种难熔金属，Cu、Ag、Au、Pt 等 9 种贵金属，Ce、La、Nd 等 16 种稀土金属，Th、Pa、Pu 等 15 种铀族金属。除 Hg 之外，单质金属在常温下呈现固体形态，外观不透明，具有特殊的金属光泽和良好的导热导电性，在力学性质方面，金属材料尤其是合金具有较高的强度、刚度、延展性及耐冲击性。金属主要应用于结构或承载构件。纯金属一般提炼困难且强度不高，实际中使用得不多，很多情况下使用的是合金。

新型金属材料除黑色金属、有色金属外，还包括特种金属材料，即指那些具有不同用途的结构和功能金属材料。其中有急冷形成的非晶态、准晶、微晶、纳米晶等金属材料和用于隐身、储氢、超导、形状记忆、耐磨、减震阻尼等的金属材料。

二、无机非金属材料

无机非金属材料是由硅酸盐、铝酸盐、硼酸盐、磷酸盐、锗酸盐和（或）氧化物、氮化物、碳化物、硼化物、硫化物、硅化物、卤化物等原料经过一定的工艺制备而成的材料，是除金属材料、高分子材料以外所有材料的总称。无机非金属材料科学是 20 世纪 40 年代以后，随着现代科学技术的发展从传统的硅酸盐材料演变而来的。"硅酸盐"是二氧化硅和金属氧化物以不同比例组成的化合物的总称，是矿物中种类最多、分布最广的一类。

无机非金属材料的一般特征为硬度高、强度大、弹性模量高、耐高温、耐腐蚀，但它没有延展性，表现为脆性高、韧性小。

无机非金属材料的结合键主要有离子键和共价键。离子键和共价键具有方向性和饱和性，这是它表现出基本特征的内因。

无机非金属材料种类繁多，用途各异，目前还没有统一完善的分类方法，一般将其分为天然无机非金属材料、传统（普通）无机非金属材料和新型（先进）无机非金属材料三大类。无机非金属材料就其组成物质的形态、性质可分为单晶体（各种宝石、工业用矿物晶体、人工合成晶体等）、多晶体（陶瓷、水泥、废渣、粉煤灰、烧结矿等）以及非晶质体（玻璃、无定形质）三类物质状态。实际上已经开发使用的材料属于复杂的物质状态和复杂体系，其组成既可以有晶体，同时亦可以有非晶质体存在。欧美把无机非金属材料统称为陶瓷材料（ceramics materials），新型无机非金属材料，也有人称之为新型陶瓷或特种陶瓷、精细陶瓷、先进陶瓷（advanced ceramics）等。狭义的陶瓷又称传统陶瓷（traditional ceramics）。前苏联则笼统地称之为无机材料。日本将普通陶瓷称为窑业制品，新型材料又称精细陶瓷。

新型无机非金属材料是指 20 世纪中期以后发展起来的具有特殊性能和用途的材料，它们是现代新技术、新型产业的基础，也是传统工业技术改造的物质基础，主要包括先进陶瓷、非晶态材料、人工晶体、无机涂层、无机纤维等。新型硅酸盐材料，并不是以硅酸盐物质为原料，而是采用硅酸盐材料的生产工艺制得的一些性能优异的材料。如用纯度较高的氧化铝为原料制得的刚玉，其硬度很高，可做切削刀具。此外，还有碳化物、硼化物、氮化物陶瓷，硼酸盐、磷酸盐玻璃，硫酸盐、铝酸盐水泥等。新型硅酸盐材料种类繁多、范围极广，很难归类和归纳共性，了解这些需要阅读专业性更强的书籍。

更为广泛应用的分类方法是将无机非金属材料分为玻璃、水泥、混凝土（免烧制品）、耐火材料、陶瓷等。此外，搪瓷、磨料、铸石（辉绿岩、玄武岩等）、碳素材料、非金属矿（石棉、云母、大理石等）也属于传统的无机非金属材料。下面主要按此分类介绍。

1. 玻璃

玻璃是由熔体过冷制得的非晶态材料。根据形成网络组分的不同可以分为硅酸盐玻璃、硼酸盐玻璃、磷酸盐玻璃，其网络形成剂分别为 SiO_2、B_2O_3、P_2O_5。习惯上玻璃材料可分为普通玻璃和特种玻璃两大类。普通玻璃是指采用天然原料，能够大规模生产的玻璃。普通玻璃包括日用玻璃、建筑玻璃、微晶玻璃、光学玻璃和玻璃纤维等。特种玻璃（也称新型玻璃）是指采用精制、高纯或新型原料，通过新工艺在特殊条件下或严格控制形成过程制成的一些具有特殊功能或特殊用途的玻璃。特种玻璃包括 SiO_2 含量在 85％以上或 55％以下的硅酸盐玻璃、非硅酸盐氧化物玻璃（硼酸盐玻璃、磷酸盐玻璃、锗酸盐玻璃、碲酸盐玻璃、铝酸盐玻璃及氧氮玻璃、氧碳玻璃等）、非氧化物玻璃（卤化物玻璃、氮化物玻璃、硫化物玻璃、硫卤化物玻璃、金属玻璃等）以及光学纤维等。根据用途不同，特种玻璃分为防辐射玻璃、激光玻璃、生物玻璃、多孔玻璃、非线性光学玻璃、光纤玻璃等。

2. 水泥

水泥是指加入适量水后形成既能在潮湿空气中硬化也能在水中硬化的塑性浆体，并能够将砂、石等材料牢固地胶结在一起的细粉状水硬性材料。水泥的种类很多，按其用途和性能可分为通用水泥、专用水泥和特性水泥三大类。通用水泥为大量土木工程所使用的一般用途的水泥，如硅酸盐水泥、普通硅酸盐水泥、矿渣硅酸盐水泥、粉煤灰硅酸盐水泥和复合硅酸盐水泥等。专用水泥指有专门用途的水泥，如油井水泥、砌筑水泥等。特性水泥则是某种性能比较突出的一类水泥，如快硬硅酸盐水泥、抗硫酸盐硅酸盐水泥、中热硅酸盐水泥、膨胀铝酸盐水泥、自应力铝酸盐水泥等。

按其所含的主要水硬性矿物，水泥又可分为硅酸盐水泥、铝酸盐水泥、硫铝酸盐水泥、氟铝酸盐水泥以及工业废渣和地方材料为主要成分的水泥。目前的水泥品种已达 100 多种。

3. 混凝土

混凝土，是指由胶结料、颗粒状集料、水以及需要加入的化学外加剂和矿物掺和料按适当比例拌制而成的混合料，或经硬化后形成具有堆聚结构的复合材料。混凝土具有原料丰富、价格低廉、生产工艺简单的特点，因而使其用量越来越大。同时，混凝土还具有抗压强度高、耐久性好、强度等级范围宽等特点。这些特点使其使用范围十分广泛，不仅在各种土木工程中使用，就是对于造船业、机械工业、海洋的开发、地热工程等，混凝土也是重要的材料。

通常意义上的混凝土是由水泥、砂、石子和水四种材料制成的人工石。混凝土的配合比就是指混凝土的组成材料之间用量的比例关系（质量比或体积比），一般以水泥∶砂∶石∶水表示，而以水泥为基数 1。

4. 耐火材料

耐火材料是指耐火度不低于 1580℃的无机非金属材料（实际应用中在低于 1580℃下用

于高温煅烧等环境的受热材料也通常称为耐火材料，如一般的陶瓷窑炉中使用的耐火材料等），它是为高温技术服务的基础材料。尽管各国对其定义不同，但基本含义是相同的，即耐火材料是用作高温窑炉等热工设备的结构材料，以及用作工业高温容器和部件的材料，并能承受相应的物理化学变化和机械作用。

大部分耐火材料是以天然矿石（如耐火黏土、硅石、菱镁矿、白云母等）为原料制造的。采用某些工业原料和人工合成原料（如工业氧化铝、碳化硅、合成莫来石、合成尖晶石等）制备耐火材料已成为一种发展趋势。耐火材料种类很多，通常按其共性和特性划分类别。其中按材料化学矿物组成分类是一种常用的基本分类方法。也常按材料的制造方法、材料的性质、材料的形状、尺寸及应用等来分类。按矿物组成可分为氧化硅质、硅酸铝质、镁质、白云石质、橄榄石质、尖晶石质、含碳质、含锆质耐火材料及特殊耐火材料；按其制造方法可分为天然矿石和人造制品；按形状可分为块状制品和不定形耐火材料（粉粒状或纤维状）；按其热处理方式可分为不烧制品、烧成制品和熔铸制品；按其耐火度可分为普通、高级及特级耐火制品；按化学性质可分为酸性、中性和碱性耐火材料；按其密度可分为轻质和重质耐火材料；按制品的形状和尺寸可分为标准砖、异型砖、特异型砖、管和耐火器皿等。还可按应用分为高炉用、水泥窑用、玻璃窑用、陶瓷窑用耐火材料等。

5. 陶瓷

陶瓷是人类应用最早的固体材料，陶瓷坚硬、稳定，可制造工具、用具，在一些特殊情况下可作为结构材料。陶瓷材料就化学组成而言是一种或多种金属与一种非金属元素（通常为氧）组成的化合物，其中较大的氧原子搭成骨架，较小的金属（或半金属如硅）原子处于氧原子之间的空隙中，氧原子同金属原子化合时形成很强的离子键，同时存在一定程度的共价键，但离子键是主要的。这些化学键的特点是高的键能、键强。离子键、金属键性强的材料常呈结晶态，而某些共价键性强的材料容易形成无定形或玻璃质。因此，陶瓷的硬度和稳定性高，而脆性大。

陶瓷按其概念和用途的不同，可分为普通陶瓷、特种陶瓷、金属陶瓷和玻璃陶瓷等。

（1）普通陶瓷　即传统陶瓷，是指以黏土为主要原料，与其他天然矿物原料经过粉碎、混练、成型、烧成等过程而制成的各种制品，包括日用陶瓷、卫生陶瓷、建筑陶瓷、化工陶瓷、电瓷及其他工业用陶瓷。

陶瓷还可细分为陶和瓷两种概念。区分陶器和瓷器可从吸水率、密度、强度、颜色、断面性状考察，陶器的吸水率高（一般在5％以上）、质地疏松、强度不高、颜色灰暗、断面无光泽；瓷器则吸水率低（一般在0.5％以下）、质地坚硬、强度较高、颜色明快、断面有光泽。制作陶器以黏土为主；制作瓷器则用高岭土、石英和长石的粉末；瓷器所需的烧结温度也高于陶器。

（2）特种陶瓷　是用于各种现代工业和尖端科学技术领域的陶瓷制品，包括结构陶瓷和功能陶瓷。结构陶瓷主要用于耐磨损、高强度、耐高温、耐热冲击、硬质、高刚度、低膨胀、隔热等场所。功能陶瓷主要包括具有电磁功能、光学功能、生物功能、核功能及其他功能的陶瓷。常见的高温结构陶瓷包括高熔点氧化物陶瓷、碳化物陶瓷、硼化物陶瓷、氮化物陶瓷、硅化物陶瓷。功能陶瓷包括装置陶瓷（即电绝缘陶瓷）、电容器陶瓷、压电陶瓷、磁性陶瓷（又称铁氧体）、导电陶瓷、超导陶瓷、半导体陶瓷（又称敏感陶瓷）、热学功能陶瓷（热释电陶瓷、导热陶瓷、低膨胀陶瓷、红外辐射陶瓷等）、化学功能陶瓷（多孔陶瓷载体等）、生物功能陶瓷等。

（3）金属陶瓷（cermet）　是指用陶瓷生产方法制造的金属与碳化物或其他化合物构成的粉末材料，也是一种复合材料。它是由一种或几种陶瓷相与金属相或合金所组成的复合材料。为了使陶瓷既可以耐高温又不容易破碎，人们在制作陶瓷的黏土里加了些金属粉，因此制成了金属陶瓷。金属基金属陶瓷是在金属基体中加入氧化物细粉制得，又称弥散增强材料。广义的金属陶瓷还包括难熔化合物合金、硬质合金、金属黏结的金刚石工具材料。金属陶瓷既保持了陶瓷的高强度、高硬度、耐磨损、耐高温、抗氧化和化学稳定性等特性，又具有较好的金属韧性和可塑性。

金属陶瓷广泛地应用于火箭、导弹、超声速飞机的外壳、燃烧室的火焰喷口等地方。

（4）玻璃陶瓷　玻璃陶瓷是近代发展起来的一个新品种。一些特种成分的玻璃经过热处理，可通过核化与晶化的转变过程，形成含有大量结晶相以及部分残余玻璃相的陶瓷状材料。这样得到的晶化产物有些可能产生特殊的显微结构，使得新产品具有许多传统结晶陶瓷所无法达到的机械强度、可加工性、电绝缘性、热膨胀性以及其他声、光、磁等特性。例如，含锂铝硅酸盐化合物具有低热膨胀系数，提高了它们在温度快速变化时抵抗断裂的能力，而且强度高，亦可具有透明性等，可供制造日用餐具、炊具和一些军工产品。

三、有机高分子材料

有机高分子材料又称高分子材料、聚合物材料等。

高分子材料（高聚物）是由一种或几种简单低分子化合物经聚合而组成的分子量很大的化合物。高聚物的种类繁多，性能各异，其分类的方法多种多样。按高分子材料的来源分为天然高分子材料和合成高分子材料；按材料的性能和用途可将高聚物分为塑料、橡胶、纤维、胶黏剂、涂料等。

1. 塑料

塑料是指以合成树脂或化学改性的天然高分子为主要成分，加入（或不加入）填料、增强剂和其他添加剂，在一定温度和压力下成型的高分子材料。根据各种塑料不同的使用特性，通常将塑料分为通用塑料、工程塑料和特种塑料三种类型。通常主要指强度、韧性、耐磨性好的、可制造机器零部件的工程塑料，根据受热时的行为又可分为热塑性塑料和热固性塑料等。热塑性塑料是指在特定温度范围内能反复加热软化和冷却硬化的塑料，如聚乙烯、聚四氟乙烯等。热塑性塑料又分为烃类、含极性基团的乙烯基类、工程类、纤维素类等多种类型。受热时变软，冷却时变硬，能反复软化和硬化并保持一定的形状。可溶于一定的溶剂，具有可熔可溶的性质。热固性塑料是指在受热或其他条件下能固化或具有不溶（熔）特性的塑料，如酚醛塑料、环氧塑料等。热固性塑料又分为甲醛交联型和其他交联型两种类型。热加工成型后形成具有不熔不溶性质的固化物，其树脂分子由线型结构交联成网状结构。加热时既不软化也不熔化，再加强热，则会分解破坏。典型的热固性塑料有酚醛树脂、环氧树脂、氨基树脂、不饱和聚酯树脂、呋喃树脂、聚硅醚树脂等材料，还有较新的聚苯二甲酸二烯丙酯等。它们具有耐热性高、受热不易变形等优点。缺点是机械强度一般不高，但可以通过添加填料、制成层压材料或模压材料来提高其机械强度。

塑料的弹性模量介于橡胶和纤维之间，温度稍高些，受力变形可达百分之几至百分之几百。有些塑料的变形是可逆的，有些是永久的。塑料的黏度、延展性和弹性模量都与温度有直接关系，反映出塑性行为。

2. 橡胶

橡胶主要指经过硫化处理，弹性优良的高分子材料，有天然橡胶和合成橡胶之分。橡胶具有良好的物理性能、力学性能和化学稳定性。橡胶的特点是室温弹性高，即使在很小的外力作用下，也能产生很大的变形（可达1000%），外力去除后，能迅速恢复原状。常用的橡胶有天然橡胶（异戊橡胶）、丁苯橡胶、顺丁橡胶（聚丁二烯橡胶）、异丙橡胶和硅橡胶等。

3. 纤维

纤维分为天然纤维和化学纤维（合成纤维）两种，主要指合成纤维，是强度很高的单体聚合而成的、呈纤维状的高分子材料。纤维的弹性模量较大，受力时，变形小，一般不超过20%。纤维大分子沿轴向作规则排列，其长径比大，在较大的温度范围内（-50～150℃）力学性能变化不大。常用的合成纤维有尼龙、涤纶、腈纶和维尼纶等。

塑料、橡胶和纤维三类聚合物有时很难严格区分。例如，聚氟乙烯是典型的塑料，但也可抽丝成纤维；氯纶配入适当的增塑剂可制成类似橡胶的软质制品；尼龙、涤纶是很好的纤维材料，但也可作为工程塑料；近年来出现的高分子合金——热塑性弹性体，在高温下具有塑料的特性，具有较好的软化性、可塑性，易于加工成型，而在室温下又有橡胶的特点，具有弹性等。

4. 胶黏剂

胶黏剂是指在常温下处于黏流态，在一定条件下可固化，并能将同种或两种或两种以上同质或异质的制件（或材料）连接在一起，固化后具有足够强度的有机或无机的、天然或合成的一类物质，统称为胶黏剂或黏结剂、黏合剂；习惯上简称为胶。

合成胶黏剂由主剂和助剂组成。主剂又称主料、基料或黏料。助剂有固化剂、稀释剂、增塑剂、填料、偶联剂、引发剂、增稠剂、防老剂、阻聚剂、稳定剂、络合剂、乳化剂等，根据要求与用途还可以包括阻燃剂、发泡剂、消泡剂、着色剂和防霉剂等成分。

高分子材料有像金属一样良好的延展性，有无机非金属材料那样优良的绝缘性、耐腐蚀性，还具有价格低廉、密度小的优点。其缺点是强度比金属差，熔点低和化学活性高，稳定性也不及无机非金属材料。尽管有这些不足，高分子材料仍是一种用途非常广泛的材料，在工程上是发展较快的一类新型结构材料。

5. 涂料

涂料用于涂覆在制品或建筑物等外表面起到保护和装饰等作用。

四、复合材料

金属、无机非金属、有机高分子三类材料，它们的单质和化合物可以用化学键来分类，并且广泛地被选作结构材料。但随着科学技术的发展，生产生活对材料性能的要求越来越高。由于单一的材料都存在各自的缺点，如金属不耐腐蚀，无机非金属材料易碎，高分子材料不耐高温，因此复合材料应运而生。复合材料是现代科学技术的产物，它既是多种学科成果的总和，又与其他学科相互渗透、相辅相成、相互促进。

复合材料是一个比较宽泛的概念。一般认为，复合材料是由两种或两种以上不同的材料通过某种方式组合在一起，使之产生性能互补作用，克服单一材料的缺点，同时具备各种组元材料的优点，从而制成的一类新型材料。复合材料三要素为基体材料、增强剂及复合方式（界面结合形式）。

从结构上讲，复合材料是多相结构，可分为基体相和增强相（或功能体）两类。基体相是一种连续相，主要起黏结作用，把改善性能的增强相材料固结成一体，并起传递应力的作用；增强相为分散相，起增加强度承受应力（结构复合材料）和显示功能（功能复合材料）的作用。除惰性气体外，其他元素均可作为复合材料的组成部分。复合材料结合件非常复杂。复合材料具有各组元材料的最优良的性质，同时其性能又优于组成它的每一种材料。复合材料的特质可归纳为：取长补短，既能保持原组成材料的重要特色，又能使各组分的性能互相补充；1＋1＞2，通过复合作用产生新的功能，获得原组分不具备的许多优良性能；可设计性，从宏观层面对材料性能、组成和结构进行设计，容易实现材料设计的目标。

自然界的许多物质都可看作是复合材料。例如，竹材和木材是纤维素（抗拉强度大）和木质素（把纤维黏结在一起）的复合物，动物的骨骼是由硬而脆的无机磷酸盐和软而韧的蛋白质骨胶复合而成的既强又韧的物质。人类很早就效仿自然，利用复合效应的原理，在生产生活中创造了许多人工复合材料。例如，在泥土中掺入麦秸作为建筑材料，水泥（作为基体）、砂、石（增加抗压强度）组成混凝土，纤维和橡胶组成轮胎等。玻璃钢（玻璃纤维增强树脂）是复合材料中一个很好的例子，直径很小的玻璃纤维具有高强度特点，将玻璃纤维嵌在聚合物的基体（母体）中，既有玻璃纤维的高强度，又保留了聚合物特有的延展性。这样构成的具有高强度、高韧性的新材料，足以抵抗作为结构材料所需承受的高负荷。

复合材料的种类繁多，分类方法不一，可按复合材料三要素即基体类型、增强相性状和结构、复合方式分别分类。按基体材料分类，有金属基、陶瓷基、树脂基（塑料基）、水泥基、混凝土基、橡胶基复合材料；按增强剂形状可分为粒子、纤维（连续纤维、短纤维、弥散晶须）、层状、骨架或网状、编织体增强复合材料等；按复合方式分类时，主要注明工艺特点，如手糊玻璃钢、浸渍成型玻璃钢等。

金属基复合材料是以金属材料为基体，以某种材料（可以是陶瓷、塑料、同种或异种金属）的颗粒、纤维等作增强相，经一定工艺复合而成的材料；陶瓷基复合材料是以陶瓷材料为基体，以某种材料（可以是金属、塑料、同种或异种陶瓷）的颗粒、纤维等作增强相，经一定工艺复合而成的材料；树脂基复合材料是以树脂（塑料）为基体，以某种材料（可以是金属、陶瓷、同种或异种树脂）的颗粒、纤维等作增强相，经一定工艺复合而成的材料；水泥基、混凝土基、橡胶基复合材料是近些年提出和发展的概念，其含义与金属基、陶瓷基、树脂基复合材料类似。另外，C-C复合材料是以碳（石墨）为基体、以碳（石墨）纤维作增强体，经一定工艺复合而成的材料，广义上讲，它属于陶瓷基复合材料，但由于突出的性能和广泛而重要的应用，将其单列。各类复合材料中，以树脂基复合材料在日常生活和工农业生产中应用最为普遍。

近代科学技术的发展，特别是航天、导弹、火箭、原子能工业等对材料提出越来越高的要求（高比强度、高比刚度、耐热、耐磨损、耐腐蚀等），促进了复合材料的快速发展。由于它性能比单纯的金属、陶瓷和聚合物都优越，是一类独特的材料，具有广阔的发展前景。

五、半导体材料

上述四类材料是以原子键为基础的。金属是电的良导体，非金属（陶瓷和聚合物）导电性很差，是绝缘体。极少数单质和化合物却具有重要而特殊的电性质——半导性，它既不是电的良导体，也不是良好的绝缘体，它们的导电能力居于中间（电导率 $10^{-7} \sim 10^{-5}\,s/m$）。一般来说，半导体不同于上面所提到的四类材料，其元素的结合虽然也是原子键，但其性能的表现都是以电子跃迁为基础的。如果说高分子材料作为一种新材料的出现，对现代社会产生了巨大的冲击力，那么半导体的发现相对来说并不那么引人注意，但对现代社会同样具有很大的冲击力。"技术明显地改变了社会，而电子仪器改变了技术本身。"元素周期表上有3个半导体元素 Si、Ge、Sn，它们位于金属元素和非金属元素的分界线上。Si、Ge 广泛用作半导体元素，它们是半导体元素的优秀代表。Si 是最重要的、用途最广的半导体材料（也是地球上丰度最高的元素之一），硅器件占半导体器件总数的90%以上，锗的重要性次之。如果能精确控制化学纯度，就能精确控制电性，现代技术已经能够做到在某种物质里的微小区域造成化学纯度的变化，导致了在这种微区内产生复杂的电子环流，这种微环流就是现代技术革命的基础。

除去半导体元素 Si、Ge、Sn 外，还有其周围的元素可形成半导体化合物。在元素周期表上这些半导体化合物由ⅢA与ⅤA族或ⅡB与ⅥA族元素对组成（表2-1）。GaAs可被用作高温检波器（整流器）和激光材料，CdS被用来作为太阳能电池，价格低廉，将太阳能转变为有用的电能。这些不同的化合物有时表现出与许多陶瓷化合物相似的性质，某些陶瓷材料经适宜的掺杂，将可显示半导性，例如 ZnO 广泛用作彩电屏幕的荧光物质。

表 2-1　周期表上的半导体元素和可以形成半导体化合物的元素

←B		A→			
ⅠB	ⅡB	ⅢA	ⅣA	ⅤA	ⅥA
					O
		Al	Si	P	S
	Zn	Ga	Ge	As	Se
	Cd	In	Sn	Sb	Te
	Hg				

典型的半导体是以共价键结合为主，其晶体大多为四面体结构。大量的研究表明有各种类型的半导体存在，包括单质、化合物、固溶体、非晶材料、有机材料等。人们还设计并制造出人工半导体超晶格材料。半导体材料制成的半导体电子器件和集成电路、光电子器件和光电子集成电路、电力电子器件以及各种传感器等，已进入到电子产品的各个领域。

其他处于发展中的新型材料还有光学光电子材料、磁性材料、超导材料、生物医学材料和核材料等。

六、化学建材

化学建材包括合成建筑材料和建筑用化学品（用以改善材料性能和施工性能的各种建筑化学品）之类的化学材料，主要指有机高分子建筑材料。这种材料目前主要包括新型建筑装饰、装修、防水、密封、胶粘、保温隔热、吸声材料、聚合物混凝土及混凝土外加剂等。一般具有轻质、高强、防腐蚀、不霉、不蛀、隔热、隔声、防水、保温、节约能源、节约木材等各种功能。化学建材是继钢材、木材、水泥之后的第四代新型建筑材料，由于其具有良好的使用性能和装饰效果，近年来发展很快，已成为建材工业的重要组成部分，主要包括塑料门窗、塑料管材、建筑涂料、防水材料、建筑胶黏剂、外加剂、保温、隔热及装饰装修材料等各类产品。发展化学建材工业，有利于节约能源、减少资源消耗和保护生态环境。

第二节　按材料发展进程分类
——传统材料和新型材料

传统材料（如普通钢材、通用塑料、日用陶瓷等）是指已在大量生产、价格一般较低、在工业应用中已有长期使用经验和数据的材料。新型材料则指具有优异性能和特殊性能的高科技产品、正在努力商业化或正在研制之中并具有一定保密性的材料。这种划分法具有一定的相对性，新型材料解密后，开始商业化及大量生产并积累了经验之后，就成为传统材料；也可能一些传统材料采用特殊高科技工艺加工后，具有了新的、更加优良的性能，则就成为新型材料。

传统材料概念重点强调的是大量生产、价格较低，尤其是在性能方面是人们长期接触和使用的；新型材料概念重点强调的是具有特殊性能、高科技产品。

传统材料品种繁多，人们日常生活和生产工作须臾不可离开，如各类钢铁材料和制品、水泥、玻璃、陶瓷、塑料薄膜、橡胶轮胎、棉麻纤维、汽车塑料外壳、玻璃钢复合材料、钢筋混凝土复合材料、木塑复合材料等。新型材料在现代社会中越来越重要，现代文明已使得人们对新型材料和高科技产生了依赖性（这到底是文明的进步还是文明的悲哀尚不好评判），新型材料也已渗透到人们的日常生活中，新型材料中大的类别主要有能源材料、信息材料、航空航天材料、生物医学材料、环境材料、智能材料、纳米材料、富勒烯材料、石墨烯材料、铁电材料、压电材料、热释电材料、储氢材料、超导材料、金属间化合物材料、非晶材料、高分子新材料等。

新型材料（也称先进材料，如超导材料、纳米材料、智能材料等）有时简称"新材料"。但"新材料"在人们生活、工作、生产、科研中有时会有不同的含义。有时是指"具有优异性能和特殊性能的高科技产品"，有时则是指"新制备出的、与以往材料具有不同特点的产品"，后一种情况有时属于新型材料的范畴，有时却只是性能改进或性能改变，不是具有"特殊性能的高科技产品"，因而后面所指的就不在新型材料范畴。比如，利用压延法制备的作为集成电路基板材料的 Al_2O_3 薄片基板是新型材料，利用新的制备技术如热等静压技术制备 Al_2O_3 基板，尽管性能方面与压延 Al_2O_3 基板没有根本性差别，但它也属于新型材料（具备特殊性能、高科技产品），也是新材料；或采用新的化学组成设计，如利用 ZrO_2，以压延法生产 ZrO_2 基板材料，或许性能与 Al_2O_3 基板相近，但组成不同，因而属于新型材料（具备特殊性能、高科技产品），也是新材料；日用陶瓷产品中，滑石质瓷属于性能优异的陶瓷品种，但它不具备工业和科技上的"特殊性能"，因而只能算作传统材料；后来利用 SiO_2 为主要原料开发生产的高石英质瓷，是具有比滑石质瓷性能更优异的日用陶瓷品种，作为人民大会堂用瓷而被誉为"国瓷"，可以称它为"新材料"，但它仍是传统材料（不具备特殊性能、高科技产品），而不是"新型材料"。

第三节　按工程应用和材料性能分类

工农业生产应用的材料称为工程材料，包括结构材料、功能材料两大类。

结构材料是着重于利用其力学性能和热学性能的一大类材料。日本学者铃木朝夫的定义更为贴切：把在常温和高温条件下需要"强度"时使用的材料称为结构材料，即在需要对抗诸如压缩、拉伸、弯曲、扭转等各种应力时所使用的材料。结构材料要求较高的屈服强度和断裂强度。或者说，当把材料的"强度"作为主要功能时，即要求某种材料制成的成品能保持其形状、不发生变形或断裂，这种材料称为结构材料。结构材料是主要以力学性能为基础，用于制造受力构件的材料，当然，它对物理或化学性能也有一定要求，如光泽、热导率、抗辐射、抗腐蚀、抗氧化，尤其是耐高温（很多情况是在高温条件下使用要保持力学性能）等。它是机械制造、工程建筑、交通运输、能源乃至航空航天等各种工业的物质基础。提高质量、增加品种、降低成本乃是其重要任务。另外，开发新型结构材料，满足高强度、高韧性、耐高温、耐磨损、耐腐蚀、抗辐照等性能要求也是急需解决的关键问题。人们可喜地看到新型结构陶瓷材料、复合材料和聚合物结构材料的开发，为结构材料注入了新的生命力，正在受到高度重视。

功能材料则是指具有除力学和热学性能（强度和高热环境下性能）之外的其他功能的材料，即主要要求的材料性能为其力学性能之外的其他各种物理性能和化学性能。它们主要利用物质的独特的物理、化学或生物功能，如考虑其化学性能的储氢材料、生物材料、环境材料等，考虑物理性能的导电材料、磁性材料、光学材料等。它们对外界环境具有灵敏的反应能力，即对外界的光、热、电、压力、有害气体等各种刺激可以有选择性地完成某些相应的动作，因而具有许多特定的用途。电子、激光、能源、通信、生物等许多新技术的发展都必须有相应的功能材料。可以说，没有众多功能材料，就不可能有今日科学技术的飞跃发展。与结构材料相比，功能材料的发展尤为突出，并因此而使材料科学进入了一个崭新的阶段。

实际上，力学性能也是一种功能，只不过由于它是主要用于结构应用的一种功能而单列出来。

注意，并非所有考虑到力学性能的材料都称为结构材料，有些材料使用的是特殊的力学性能，这样的材料称为力学功能材料，如减震合金、形状记忆合金、超塑性合金、弹性合金等。

有些材料往往既是结构材料又是功能材料，如铁、铜、铝等。

第四节　根据现代科学技术的门类归属分类

人类进入 21 世纪以后，世界各发达国家都把材料科学与工程作为重大科学研究领域之一。根据材料在各领域中的应用可划分为以下几大部分。

（1）信息功能材料　与信息获取、传输、存储、显示及处理有关的材料。

（2）工程结构材料　与宇航事业的发展、地面运输工具的要求相适应的高温、高比刚度、高比强度的材料，包括先进的陶瓷材料。

（3）能源材料　与能源领域有关的能源结构材料、功能材料和含能材料。

（4）纳米材料　以纳米材料为代表的低维材料，也是当前材料科学技术的前沿。

（5）生物材料　与医学、仿生学及生物工程相关的材料。

（6）智能化材料　与信息产业相关的材料，与传感器、智能化服役和调节等相关的材料。

（7）生态材料　与环境工程相关的材料，又称绿色材料、环保材料、环境友好材料等。

第五节　其他分类方法

一、按用途或服役领域分类

按应用对象的不同可将材料分为结构材料、电子材料、航空航天材料、汽车材料、土木工程材料、核材料、建筑材料、包装材料、能源材料、生物医学材料、信息材料等。

二、按来源分类

可将材料分为天然材料和人工材料。天然材料是指纯天然的未经加工的材料，如石料、矿土、木材、兽皮、棉、麻、石油、天然气等。随着社会的发展，天然材料无法满足人们生活需求的增加，于是就有了人工材料。

人工材料是指以天然材料为原料，通过物理、化学方法加工制得的材料，如陶瓷材料、合成纤维、钢铁、合金、复合材料等。

三、按材料的物理状态分类

可将材料分为气态材料、液态材料、固态材料。随着人们对材料研究的深入，材料还可有第四态、第五态，即等离子态材料和中子态材料。

四、按化学成分分类

按单质或化合物的组成可命名材料，如以 C 为主的，称为 C 材料、C 纤维材料，以 Al_2O_3 为主的，称为 Al_2O_3 材料。

五、按原子、分子的排列方式或结晶状态分类

可将材料分为晶体材料、非晶体材料、准晶材料、液晶材料。晶体材料包括单晶材料、多晶材料。非晶体材料包括玻璃材料、无定形材料等。

六、按材料的物理性能分类

可将材料分为高强度材料、高温材料、超硬材料、导电材料、绝缘材料等。

七、按材料发生的物理效应分类

可将材料分为压电材料、热电材料、铁电材料、光电材料、激光材料、磁光材料、声光材料等。

八、按材料的某种特殊用途（功能）分类

可将材料分为超导材料、储氢材料、形状记忆材料、信息材料、非晶态材料、磁性材料、生物医学材料、机敏材料、智能材料、耐磨材料、耐蚀材料、半导体材料、磁性材料等。

九、按生命特征分类

从化学的角度可将材料分为有机材料、无机材料和复合材料。

有机材料是构成生命有机体相关的材料，一般主要以 C 和 H 两种元素为主，以 C 链为基干。

有机材料之外的所有材料都称为无机材料，包括金属材料和无机非金属材料。无机材料一般与生命有机体关联不大，但随着现代科技的发展，某些无机材料参与到生物材料的行列中并发挥很重要的作用，尤其是某些复合材料，在生命科学领域应用较多。

十、按是否具有金属特征分类

分为金属材料、非金属材料和复合材料。金属材料以金属键结合，具有金属的光泽性和柔韧性等基本特征。非金属材料是除金属材料以外的所有材料，一般不具备金属特征，又可

分为无机非金属材料和有机高分子材料。除了金属材料和非金属材料之外，近代又发展了一类介于金属和非金属之间的材料，称为金属间化合物材料。它一般由两种或两种以上的金属元素组成，但不以金属键结合而以超晶格键结合，有时称为半金属材料或半陶瓷材料。复合材料是金属材料、无机非金属材料、有机高分子材料中的两者或数者之间或同大类材料内不同材料品种之间，通过某种方式结合在一起的材料。其实，复合材料由于没有金属特征，是应该归入非金属材料之中的。

十一、固体材料中按结构状态分类

分为单晶材料、多晶材料、准晶材料、非晶材料、液晶材料等。

十二、按材料的可见维度分类

分为零维材料（纳米微粒材料）、一维材料（纤维及晶须）、二维材料（薄膜）、三维材料（块体）。

上述种种材料分类方法，都是从不同角度考察的，因此各种分类方法往往有很多交叉。即便同一种分类方法中，由于材料应用的多样性，某种材料可能被归入不同的亚类。如金刚石，可用作装饰材料，也可用作超硬材料。

第三章

材料发展史

第一节 总论

一、材料发展与人类文明息息相关

材料是人类社会进步的里程碑，材料的研究和应用促进了人类社会的进步，而人类社会的不断发展刺激了材料的不断创新。

纵观人类利用材料的历史，可以清楚地看到，每一种重要材料的发现和利用，都会把人类支配和改造自然的能力提高到一个新的水平，给社会生产和人类生活带来巨大的变化。

20世纪50年代，通过合成化工原料或特殊制备方法，制造出一系列的先进陶瓷。由于其资源丰富、密度小、耐高温等特点，很有发展前途，成为近三四十年来研究工作的重点，而且用途不断扩大，有人甚至认为"新陶瓷时代"即将到来。

随着科学技术的发展，功能材料越来越重要，特别是半导体材料出现以后，促进了现代文明的加速发展。1948年发明了第一只具有放大作用的晶体管，10年后又研制成功集成电路，使计算机的功能不断提高，体积不断缩小，价格不断下降，加之高性能的磁性材料不断涌现，激光材料与光导纤维的问世，使人类社会进入了"信息时代"。因此，功能材料占据了重要的地位，包括金属、陶瓷、高分子和复合材料所构成的各种功能材料，应用范围广泛，发展非常迅速，已成为研究与发展的热点。

材料是人类一切生产和生活活动的物质基础，历来是生产力的标志。因为对材料的认识和利用的能力，决定着社会的形态和人类生活的质量，所以历史学家往往用制造工具的原材料来作为历史分期的标志。一部人类文明史，从某种意义上说，也可以称之为世界材料发展史。我们只要考察一下从石器时代、青铜器时代、铁器时代，直到目前的信息时代的历史发展轨迹，就可以明显地看出材料在社会进步中的巨大作用。为什么石器时代绵延数十万年之久？因为人类当时只能利用岩石、木材、兽皮、骨骼等天然材料并进行粗糙的加工，生产工具极其落后，所以社会发展极其缓慢。青铜器曾经显赫一时，但又很快被铁器所取代，原因是铁这种材料性能比铜优越，资源比铜更丰富，加工制造比铜更容易。19世纪发展起来的现代钢铁材料，推动了机器制造工业的飞速发展，为20世纪的物质文明奠定了基础。近半个多世纪以来，合成橡胶、合成塑料、合成纤维和各种各样的合成高分子材料，如雨后春笋般地涌现出来，曾经"在历史上起过革命性作用"（恩格斯语）的钢铁，已经远远无法满足人类日益增长的物质和文化生活的需要。20世纪50年代以锗、硅单晶材料为基础的半导体器件和集成电路技术的突破，使人类跨入了现代信息生活，对社会生产力的提高，起了不可估量的推动作用。由此可见，每一种新材料的发现，每一项新材料技术的应用，都会给社会生产和人类的生活带来巨大改变，把人类文明推向前进。

　　材料工业始终是世界经济的重要基础和支柱，随着社会的进步，材料的内容正在发生重大变化，一些新型材料和相应技术正在不断替代或局部替代传统材料。材料既古老又年轻，既普通又深奥。说"古老"，是因为它的历史和人类社会的历史同样悠久；说"年轻"，是因为它长生常新，时至今日，依然保持着蓬勃发展的生机；说"普通"，是因为它与每一个人的衣食住行息息相关；说"深奥"，是因为它包含着许多让人充满希望又充满困惑的难解之谜。可以毫不夸张地说，世界上的万事万物，就其和人类社会生存与发展关系密切的程度而言，没有任何东西堪与"材料"相比。

二、材料发展与文明时代的划分

1. 蛮荒时代

　　在那遥远的蛮荒时代，初民们与野兽为伍，并同它们搏击、竞争，初民们浑朴蒙昧，生灭由天，茹毛饮血，饥寒无着，与野兽处于同等的地位，并且由于无爪牙之利和筋骨之强，在同某些大型动物厮杀中往往处于不利地位。但人类是群居性动物，合作精神较强，加之进化上的某种机缘优势，使得大脑得到有效进化，初民们在合作狩猎和劳动中懂得了借助外物外力的重要，逐渐开始懂得制造和使用工具，最初可能是简单地将树枝加工成有助于驱赶猎物的工具，或选择一些便于投掷的石块，或将石头简单打磨成石刀、石斧。远古时代，人类最早使用的是竹、木、石、骨等原始天然材料，不经加工或经简单加工即可制成工具和用具，这是材料制造和发展的开端，这一阶段的特点是人类单纯选用天然材料。

2. 石器时代

　　迄今为止，人类使用材料的历史已经历了7个时代。早在100万年以前，人类就开始以石头为工具，开启了长达100多万年的石器时代，石器时代又可分为旧石器时代、中石器时代、新石器时代。石器时代是考古学上人类历史的最初阶段。当时以石器为主要劳动工具，从人类出现（脱离动物界）直至青铜器时代止，在人类历史上属于原始社会时期，即蒙昧时代，没有文字记载的史前时期。

　　(1) 旧石器时代　考古学上石器时代的早期阶段，指中石器时代以前的时期，共历经数十万年（占石器时代的大部）。当时人类使用比较粗糙的打制石器，过着采集和渔猎的生活，相当于人类历史上从原始群到母系氏族公社出现的阶段。我国已发现的旧石器时代人类和文化遗址较重要的有中国猿人、马坝人、长阳人、丁村人、河套人、柳江人、资阳人、山顶洞人等。四五十万年以前的北京猿人就属于旧石器时代，他们群居洞穴，以狩猎为生，使用的工具为石器和骨器，这些工具制作粗糙，用途上未分化。

　　(2) 中石器时代　考古学分期中旧石器时代和新石器时代中间的一个阶段，距今7000～15000年。当时的经济生活主要是渔猎，使用的工具以打制石器为主，也有局部磨光的石器，并发明了弓箭，使狩猎的效率提高（欧洲古时的飞旋标）。

　　(3) 新石器时代　考古分期中石器时代的最后一个阶段，开始于约六七千年前，是原始氏族社会的繁荣时期。当时已发明农业和畜牧业（相当于我国伏羲氏、神农氏、黄帝时代）。生活资料有着比较可靠的来源，先民们开始了定居生活（中国有巢氏）。这时人们广泛使用磨制石器，已能制陶和纺织［黄帝时期的陶正和嫘祖（黄帝妻）］。我国各地普遍发现不同类型的新石器文化，重要的有仰韶文化、马家窑文化、龙山文化等。新石器时代，人们逐渐掌握了从地层里开采石料的技术，对石料的选择、切割、磨制、钻孔、雕刻等工艺已有一定的要求，获得了较为锐利的石器。

新石器时代早期是陶器时代的开端。新石器时代，人类开始用毛皮遮身；8000年前中国人开始用蚕丝做衣服；4500年前印度人开始种植棉花。这些材料在被人类使用的同时，也为人类的文明奠定了重要的物质基础。

3. 火的发明和陶器时代

无论是希腊神话传说中的普罗米修斯还是中国古代神话传说中的燧人氏，在人们心中都占有十分重要的地位而备受顶礼膜拜。大约在50万年前人类发现了火，火的发现和使用是人类历史上非常重要的事情。的确，火给人类带来了光明，火的发现和使用使人类的生产活动产生了革命性的变化。原始人由最初的怕火发展到不怕火和利用火，并学会了保存火种以及诸如"钻木取火"等生火方法，开始时可能是用于照明和取暖，后来发现用火可以驱赶动物。具有划时代意义的事件是人类懂得了用火烧烤食物，人类得以用熟食果腹，一方面改善了卫生状况，另一方面扩大了采食范围，熟食更有营养，提高了健康状况，促进了大脑发育，为初民们由猿进化到人奠定了基础。

火的使用带来的另一个划时代的事件，是它直接导致了陶器的发明。也许在一场大火之后或者在人们搭建炉灶烧烤食物之后，人们偶然发现原先的泥土变得坚硬致密，后来人们有意识地烧制泥土制作物品，这也许就是人类制造的最早的陶器，尽管这种原始的陶器非常粗糙，但它却开启了人类改变化学组成制造材料的历史（此前制造的材料都未改变材料的化学组成）。

材料发展史上的第一次重大突破和里程碑，是人类学会用黏土烧结制成容器。随着对土壤可塑性的感性认识，以及对火的使用和控制经验的积累，人类开始用黏土制作简单的原始陶器。最早的陶器是在竹编、木制容器上涂覆烂泥而烧成的。后来才发现把黏土直接加工成型、烧制，也能达到同样的目的。公元前4000年左右，古巴比伦的城市已采用砖来筑城。陶器的使用使得人们可以在瓦缸中蒸煮食物，进一步改善了食物结构；陶器的使用使得后来的金属冶炼成为可能，这也是青铜器时代和钢铁时代到来的前提。

世界各地考古发掘证明，原始陶器有10000～13000年的历史，中国神话传说中认为是神农氏发明了陶器（考古发掘证明中国陶器的出现应该比神农时代更早）。查海遗址发现的古陶有8000年的历史。目前中国考古发掘出的最早的陶器是江苏省溧水县的神仙洞遗址（10200～12200年）、河北省徐水县的南庄头遗址（10675～10955年），尤其是南庄头遗址的数十片残碎陶片，就绝非偶然，已具有相当的说服力。

随着金属冶炼技术的发展，在公元元年左右，人类掌握了通过鼓风提高燃烧温度的技术，发现一些高温烧制的陶器，由于局部熔化而变得更加坚硬，完全改变了陶器多孔与透水的缺陷而成为瓷器。这是陶器发展过程的重大飞跃，从此进入了瓷器时代。东汉时代（距今2000年左右），我国生产出了真正意义上的瓷器（原始青瓷的出现则可追溯到商末周初），从此，陶瓷材料的发展一直与科技的发展息息相关，直至今日，陶瓷材料的进步仍然是许多尖端科技发展的重要基础，如航空航天技术、能源技术、信息技术、生物技术、军事技术等都在一定程度上受到陶瓷材料发展的制约。中国的瓷器大约于魏、晋、南北朝时期扩展，至宋、元时发展到很高的水平，清代的青花玲珑瓷则代表了中国瓷器的最高水平。瓷器作为中华文明的象征，大量运往欧亚各地，以致形成了在西方文字中"中国"与"瓷器"两个词同形（china）的美谈。瓷器的发明是我国劳动人民对世界科技和文明的伟大贡献，欧洲人直至公元17世纪才仿制成功中国瓷器。

4. 铜石并用时代

铜石并用时代也叫"金石并用时代",考古学分期中介于新石器时代和青铜器时代的过渡阶段,一般指用红铜的时期。红铜即天然铜,质软,熔点高,不适宜于制造工具,所以石器仍占绝对优势。我国已发现的铜石并用时代文化有齐家文化等。

公元前6000年,人类根据长期的体验,创造了冶金术,开始了用天然矿石冶炼金属,在西亚出现了铜制品。

冶金术的发明,是材料发展史上的第二个重大里程碑。

5. 青铜器时代

青铜器时代是考古学上继石器时代以后的一个时代,也称铜器时代。青铜是纯铜(红铜)和锡、铅的合金。世界上最早进入青铜器时代的是巴比伦和埃及等古代国家,开始于公元前约3000年(距今5000年)。我国在商代(公元前17～前11世纪)已是高度发达的青铜器时代(欧洲中世纪才有了炼丹术)。在青铜器时代,尚不能排斥石器的使用,有的地区处于原始社会末期,有的地区已进入奴隶制时代。我国和西亚地区在青铜器时代已建立奴隶制国家,有着相当发达的农业和手工业,并出现了文字。

由于青铜熔点低,铸造性能好,它作为制造武器、生活用具以及生产工具等的材料,曾大显身手,在人类文明史上产生过重要作用。我国商、周时期,是使用青铜器的鼎盛时代,祭祀用的香炉、灭火用的铜鼎等都是用青铜铸造的。至于春秋战国时代的青铜兵器,更流传着许多动人的故事。越王勾践和吴王夫差的宝剑相继出土,使埋藏地下2500多年的秘密大白于天下,证实了诗人"越民铸宝剑,出匣吐寒芒"的赞誉。

商代甲骨文,已是相当成熟的文字,郭沫若推测中国文字起源还要更早,有黄帝创制文字(仓颉造字)说,应当是中国文字的起源(未有实物证实,国外学术界不承认)。

陶器发明之后就有了文字,开始了人类文明史,这绝非偶然。

6. 铁器时代

铁器时代是考古学上继青铜器时代之后的一个时代。当时已制造和使用铁器,作为生产工具(继之以冷兵器时代)。大约在公元前1500年,人类借助风箱,发明了在高温下用木炭还原优质铁矿石生产铁的方法,并在半熔状态下进行锻造制作各种器具和武器,开创了铁器时代。用上述方法制备的铁器,即使长期放置在大气中也基本不生锈,它具有和青铜不同的金属光泽,强度较高,而且可加工性能良好。由于铁比青铜强度更高,除可用于制造武器外,还可用作结构材料制作器件。世界上最早锻造铁器的是赫梯王国,时代约在公元前1200年(一说为公元前2000年,原始社会末期)。我国的铁器时代由何时开始,至今尚难断言,但我国在春秋末年(公元前5世纪)已较多使用铁器。

人类对铁的认识开始于发现陨石,陨石当时是神来之石,异常珍贵。公元前30～前25世纪人类就发现了铁陨石,并部分地加以利用。古代社会铁器时代大概起始于公元前20世纪,但最早发现和使用的铁是来自外太空的陨铁。陨铁是铁和镍、钴等金属的混合物,铁含量较高。在埃及、西南亚等一些文明古国所发现的最早的铁器都是由陨铁加工而成的。1972年我国河北省藁城县台西村出土了一把商代铁刃青铜钺,制造年代约在公元前14世纪,在青铜钺上嵌的铁刃,是将陨铁经加热锻打后,和钺体嵌锻在一起的。我国还曾出土过类似的铁刃铜钺和铁援铜戈各一件,年代相当于商末周初,铁的部分也是由陨铁加工而成的。古埃及人把铁称为"天石",可见人类最早认识铁是从陨石开始的。天外来的陨石数量很少,利用陨石制作的器具当然稀少而珍贵,同时还带有神秘的色彩。用陨石做工具是很少的,所以对生产进步没有明显影响,但通过陨石的利用,毕竟使人类最早接触并认识到铁。

指南针约发明于公元前 3 世纪。

7. 钢铁时代

到了 17 世纪，炼铁生产趋向大型化。欧洲在中世纪出现了高炉，燃料还原剂则由木炭改为煤炭，从 18 世纪进而改为焦炭，以焦炭为燃料的炼铁术在欧洲得到推广应用，高炉的规模逐渐扩大，产量也随之增加。随后，当人类发现钢铁在高温下也具有高强度这一事实后，便出现了以钢铁为结构材料，将蒸汽的热能转变为机械能的蒸汽机。从此，人类开始掌握了人工产生机械动力的方法，用来开动机械设备进行大规模生产，这使人类的思想和社会结构发生了巨大变革。钢铁的使用标志着社会生产力的发展，人类开始由农业经济社会进入所谓工业经济的文明社会。人们称这个时期为钢时代。

钢的出现与铁器时代几乎一样久远，但钢铁时代的真正到来却是以英国大发明家贝塞麦 1856 年创立的炼钢原理为标志。旧式的炼钢方式耗时多、成本高、产量低，贝塞麦研究了多种炼钢方法，萌发了把空气引入炼钢过程的想法。在熔炉的热空气中若有过量的氧，就可以除去生产中的碳。另外，如从炉底的风眼吹入空气，穿过熔融的生铁，不但可以使铁中的碳燃烧生热，迅速提高炉温，使铁纯化，而且容易浇铸，可以生产出较大的铁锭，使大规模炼钢成为可能。贝塞麦首创的炼钢法揭开了钢铁时代的第一页。

钢铁时代的到来是材料发展的第三个重大里程碑。钢铁材料的广泛应用，导致了大规模的机械化生产，极大地丰富了人类社会的物质文明，引发了第一次产业革命，即工业革命。自 18 世纪 60 年代起，英国以珍妮纺纱机的问世为标志，开始了工业革命，到 19 世纪 30 年代蒸汽机的广泛应用、小汽车和轮船的出现，第一次产业革命基本完成，前后历时 70 载。法国的工业革命始于 18 世纪 80 年代，到 19 世纪中叶完成。德国的工业革命大约从 19 世纪 30 年代开始，19 世纪 80 年代基本完成。俄国、美国到 19 世纪 80 年代也已完成了工业革命。

第二次产业革命，就是起源于 19 世纪 70 年代的工业技术革命，其主要标志是：内燃机、电动机代替蒸汽机，新炼钢方法的迅速推广，电力的广泛应用和化学方法的采用。在新技术的带动下，电力工业、石油工业、化学工业等新兴的工业部门迅速建立。产业结构也随之发生变化，以钢铁材料的生产及应用为代表的冶金、机械制造等重工业部门，逐渐在工业生产中占据优势。在这次工业技术革命中处于领先地位的是德国和美国，英国、法国紧随其后。这几个资本主义国家，在工业革命的基础上于 19 世纪末至 20 世纪初都实现了工业化，成为典型的工业国。金属补充了石块和木材，铁路、汽车和飞机取代了牛、马和驴，蒸汽机、内燃机代替人和风力来推动车船，大量合成纤维织物与传统的棉布、毛织品和亚麻织物相竞争，电使蜡烛黯然失色，并已成为只要按动开关，便可做大量功的动力之源。

8. 微电子时代

伴随钢铁时代的发展，电子技术的发展极大地提高了物质文明，现代人类社会几乎各种工业领域都享受到这一发展所带来的硕果。1883 年，爱迪生把一个和电路中阳极相连的金属板封在电灯泡里，当和阴极相连的灯丝通电发亮的时候，发现在互不接触的灯丝和金属板之间有电流通过。这个现象就叫爱迪生效应，这是电子工业的基础。1897 年，英国物理学家汤姆逊在皇家学会的演说中，论述了电子的存在，使人们认识到爱迪生效应是热电子的发射。利用这一原理，1904 年，英国工程师弗来明发明了二极管，1906 年，美国发明家富雷斯特制成了世界上第一只三极管，开创了电子管时代，出现了无线电报、电话、导航、测距、雷达、电视等产品，甚至出现了"ENIAC"第一代电子计算机。

但是，电子管的致命弱点是体积较大，无法适应电子器件小型化的要求。20 世纪中叶，随着硅、锗半导体材料的出现，人类进入了硅时代。1956 年，美国贝尔电话实验室的巴丁、肖克莱和布拉坦等合作发明了晶体管，晶体管逐渐代替了电子管。到了 1959 年，人们利用单晶硅开始工业化生产集成电路，使得电子产品不断微型化和家庭化。从 20 世纪最伟大的发明——电子计算机，到家用电器，它们无不深刻影响着人类社会的发展，极大地丰富了人类的物质文明。于是人类社会进入了贝尔的"后工业社会"、托夫勒的"第三次浪潮社会"、奈斯比特的"信息社会"、堺屋太一的"知识价值社会"。

9. 新材料时代

材料科学与工程作为一门独立的新兴学科产生于 20 世纪 30～40 年代，此后发展极为迅速。

进入 20 世纪 90 年代，人类不断发展和研制新材料，这些新材料具有一般传统材料所不可比拟的优异性能或特定性能，是发展信息、航天、能源、生物、海洋开发等高技术的重要基础，也是整个科学技术进步的突破口。人类从此进入了新材料时代。新材料按其在不同高技术领域中的用途可分为三大类，即信息材料、新能源材料以及在特殊条件下使用的结构材料和功能材料。如砷化镓等新的化合物半导体材料，用于信息探测传感器的碲镉汞、锑化铟、硫化铅等敏感类材料，石英型光导纤维材料，铬钴合金光存储记录材料，非晶体太阳能电池材料，超导材料，高温陶瓷材料，高性能复合结构材料，高分子功能材料，特别是纳米材料等。新材料的广泛使用给社会带来了有目共睹的进步。

尤其是特种陶瓷（也称先进陶瓷、精细陶瓷、现代陶瓷）——结构陶瓷和功能陶瓷的发展，大大促进了现代科学技术的进步，目前特种陶瓷技术已渗入到尖端领域的方方面面，成为科技创新和技术进步的关键，有人称我们已经进入了先进陶瓷时代——先进陶瓷已经成为高新技术的先导。

先进陶瓷发端于 20 世纪 50～60 年代，近十几年发展迅速。未来二三十年，随着纳米技术的发展和突破，先进陶瓷时代将进入蓬勃发展的阶段。陶瓷脆性的消除和解决是先进陶瓷时代繁荣的标志，而纳米技术是解决陶瓷脆性的战略途径。

新材料的蓬勃发展，各种独具性能的新材料井喷式的出现，将人类社会带入现代化，直接导致了信息化社会、网络化社会的出现。新材料时代是材料发展的第四个重大里程碑。

10. 展望——材料设计和纳米科技时代

21 世纪科学技术的进步、人类生活水平的提高对材料科学技术将提出更高的要求，特别是由于世界人口迅速增加，资源迅速枯竭，生态环境不断恶化，对材料生产技术的开发与有效利用提出许多新要求。在这种背景下，知识经济的蓬勃发展与信息的网络化正促进着材料科学技术突飞猛进。以半导体材料和光电子材料为代表的信息功能材料仍是最活跃的领域；可再生能源的加速开发、核能的新发展、最重要的节能材料——超导材料的室温化、作为能源使用的磁性材料的继续发展、对储能材料的高度重视、提高燃效减少污染的燃料电池的开发等，将使能源、功能材料取得突破性进展；以医用生物材料、仿生材料和工业生产中的生物模拟为代表的生物材料在生命科学的带动下将有很大发展；智能材料与智能系统将受到更大重视；随着资源的枯竭、环境的恶化，环境材料日益受到重视；高性能结构材料的研究与开发将是永恒的主题；材料制备工艺和测试方法则是制约材料广泛应用的重要因素；21 世纪将逐渐实现按需设计材料；纳米材料科学技术将成为 21 世纪初最活跃的领域，2000 年 1 月美国提出的"国家纳米技术计划"（National Nano-technology Initiative）认为，纳米技术可导致下一代工业革命，因为这一技术涉及材料、能源、信息、医学、航空航天以及国家安全的各个方面，除纳米材料外，还有纳米电子学、光电子学和磁学、纳米医学，目前纳米技术已成为全世界科学技术的热点。纳米计算机、光子计算机、量子计算机的实现将为现代科学技术提供有力的工具，大大加快科学技术发展的速度。

传统的材料研究方法是试错法或炒菜式，即根据经验或知识调配原材料，得到配方后进行试配和制作，然后测试制得材料的性能，不能满足要求时再调整配方重新试制，这种方法费时费力且盲目性较大。随着人们对物质结构了解的深入和材料制备技术的提高，人们逐渐采用按照预定的性能来设计材料的组成和微观结构，并用合适的工艺制造材料，从而得到人们所希望的材料性能，这就是材料设计。按照预定性能随心所欲地制备材料以满足人们日益增长的对材料使用性能的要求是材料科学的理想目标，纳米科技的出现为这一目标的实现提供了合理的途径，因为纳米技术可以实现在物质底层构建物质、生产新材料，利用扫描隧道显微镜可以移动单个原子，纳米管、纳米机器人技术可以高效地移动原子构建物质制备材料。

纳米机器人技术在生产生活中的广泛应用将是纳米时代到来的显著标志，届时人们将会完全地实现材料设计理念，材料科学和技术将变得无所不能。未来的材料科技，将引领人们进入智能时代。

第二节　无机非金属材料发展简史

无机非金属材料涵盖的种类非常多，本节主要介绍陶瓷、水泥、玻璃的发展历史。

一、陶瓷材料的发展历史

陶器在世界各地都有独立的发明和发展，瓷器则为中国人民的伟大发明。古代陶器的发明和发展经历了漫长的过程，但由于年代久远，缺乏文字资料，对古代陶器的了解主要依靠考古发掘。古代瓷器的发明和发展主要涉及中国瓷器，欧洲17世纪才仿制成功中国瓷器，古代瓷器的发展基本上是中国瓷器一枝独秀。近代以来，世界各国的制瓷才逐渐呈现出异彩纷呈的局面。

1. 陶器的发明和使用

远古时期，人类茹毛饮血，采食生果，生产力极不发达，至燧人氏发明了火，才逐渐懂得用熟食果腹，当时还只是将肉类架在火堆上熏烤，既不方便又不卫生，直至神农氏发明了陶器，人们才得以在瓦缶内蒸煮食物，陶器的应用，使人类饮食习惯和饮食结构发生了革命性的变化，改善了卫生状况，扩大了采食范围，从而促进了大脑的进化，推动了生产力的发展，为古人类进化到现代人奠定了基础。从此，人类的历史逐步进入文明时代，其中陶瓷的发明和广泛使用功不可没。随着人类文明的发展，陶瓷也由低级向高级发展，这反过来又促进了社会生产力的发展，在人类文明高度发展的今天，陶瓷的作用不但没有泯灭，而且变得日益重要，成为人类社会不可分割的一部分，当今科学技术的每一项新的成就几乎都要依赖于陶瓷材料的进步，陶瓷材料及其新技术将继续伴随着人类社会从一个层次走向更高的层次，陶瓷的发展，与整个人类文明的历史共始终。

首先是陶器的发明（4000～10000年前），这是人类社会发展史上划时代的标志。这是人类最早通过化学变化将一种物质改变成另一种物质的创造性活动。也就是把制陶用的黏土，经水湿润后，塑造成一定的形状，干燥后，用火加热到一定的温度，使之烧结成为坚固的陶器。这种把柔软的黏土变成坚固的陶器，是一种质的变化，是人力改变天然物的开端，是人类发明史上的重要成果之一。

在人类原始社会的漫长发展过程中，从采集、渔猎过渡到以农业为基础的经济生活，在各个方面都发生了深刻的变化。陶器的发明，标志着新石器时代或野蛮时代（相对于蒙昧时代）的开始，它成为人类日常生活中不可缺少的用具，并继续扩大到工具的领域。陶器的出现，促进了人类定居生活的更加稳定，并加速了生产力的发展。直到今天，陶器始终同人类的生活和生产息息相关，它的产生和发展，在人类历史上起了相当重要的作用。

关于陶器的制作，除了主观上的生活需要（如储水、汲水、储存或蒸煮食物等）以外，因为客观上有了"火"——人工取火方法的掌握，而具备了制造陶器所必需的条件。另一必要前提是"定居"。因为陶器不易携带，既笨重又容易破损，所以必须具备定居的条件。反之，陶器的产生又促使定居生活逐渐巩固下来。马克思在谈到人类使用陶器之后曾说它："在某种程度上控制了食物的来源，从而开始过定居生活。"

陶器的制作成功，不仅对当时人们的经济生活有如此巨大的作用，而且也为后来铜器、铁器的出现创造了十分有利的条件。就是说，可以利用它的耐火性能，作为冶炼金属的工具。考古发掘的结果表明，早期铸铜遗址中发现的炼锅，有的是用陶制成的缸、尊之类，有的是用带草泥土制成的器皿。晚期的炼锅则用带草的泥条盘筑而成。因此，陶器的发展在人类冶金技术史上的重要作用也是不容忽视的（至今冶金技术中陶瓷耐火材料更是不可或缺的）。

陶器的产生是和农业经济的发展联系在一起的，一般是先有了农业，然后才出现陶器。新石器时代制陶工艺上所取得的卓越成就，是与我国的社会发展和文化传统密切不可分的。例如陶器的制作，从原始的泥条盘筑到慢轮修整，最后过渡到轮制，经历了漫长的发展过程。特别是轮制陶器的产生，标志着农业和手工业这样的社会分工已经出现，这也是氏族公社行将解体的一种象征。

据考古发现，陶器在我国已有 10000 多年的历史，瓷器也有 2000 多年的历史。陶瓷，尤其是瓷器，是我国古代劳动人民的伟大发明，是对世界文明发展的卓越贡献。西洋人用China（陶瓷）一词代表中国，足可说明中国陶瓷在世界文化交流发展中所起的巨大作用。

2. 瓷器的发明

陶瓷在我国有着悠久的历史和光辉的成就，尤其是瓷器，经过历代劳动人民的创造和革新，无论材质、造型、装饰、制作工艺等各方面都有很高的造诣，表现了劳动人民的聪明才智和我国陶瓷的独特风格，为人类历史做出了极为重要的贡献。瓷器的发明可追溯到东汉（公元 25～220 年）晚期。"器成走天下"，7 世纪输出到朝鲜、日本、菲律宾、泰国、印度、伊朗、伊拉克、埃及、东非等国，14 世纪通过"丝绸之路"进入欧洲、美洲大陆。至 17 世纪中叶，法国人首先仿制成功中国瓷器，这比中国瓷器至少晚了 1500 多年。西洋文中"瓷器"一词就代表中国（China），字头小写的"china"即为瓷器，据考证它是中国景德镇在宋前的古名昌南镇的音译，制瓷用的主要原料高岭土，在全世界范围内都是以中国江西景德镇高岭村的名字命名的（kaoline），发明陶瓷的伟大功绩，无可争辩地属于伟大的中华民族。

3. 陶瓷发展简史

上古的人们最初利用大自然的恩赐——黏土，制造一些盛器使用，或许在一场森林大火之后，人们回到原来居住的地方，意外地发现，这些盛器不像其他物品那样被烧掉，反而变得坚硬结实，这可能就是上古陶器的起源。

早在新石器时代，炎黄子孙就已广泛生产和使用陶器。根据考古资料，把史前文化分为"仰韶文化"（又称"彩陶文化"，1921 年河南渑池仰韶村发掘）和"龙山文化"（又称"黑陶文化"，1928 年山东历城龙山镇城子崖发掘）。仰韶文化中的彩陶，表面涂有白色或红色的陶衣，以及红黑花纹，其纹饰多以动物、植物、编织为主，手法朴素自然，画面生气勃勃，表现了较高的彩绘制作艺术；龙山文化中的蛋壳黑陶，素有"黑如漆、亮如镜、薄如纸、硬如瓷"的美誉，其造型古朴典雅，艺术精湛，是东方艺术奇葩，堪称世界陶艺一绝。陶器的发明和使用，标志着人类蒙昧时代的结束。

商周时代（公元前 1600～前 246 年），人们在实践中发明了釉料，创制了釉陶，这种制品可不渗水，强度增加，制品美观，提高了陶器的使用价值和观赏价值。釉陶中部分制品已具备了瓷器的某些特征，可以认为釉陶的出现标志着陶器向瓷器开始过渡。因此，这类器皿均称为原始瓷器，即原始青瓷。距今已有 3600 年的历史。

至秦代（公元前 246～前 206 年），曾以大量砖瓦修筑长城和阿房宫，这是以土器和陶器制品大量用于建筑的开始，也是建筑陶瓷材料广泛应用的开端。长城是在月球上观察到的地球上唯一的人工建筑（一说尚不能看清），被誉为世界七大奇迹之一，历经两千多年的战火摧残，风雨剥蚀，无数次改朝换代，物转星移，长城依然屹立在世界的东方，是中华民族的伟大象征，其雄伟的建筑风格和材料奇妙的烧造技术至今仍为人们所称道。阿房宫规模宏大、富丽堂皇，构思奇特，举世无双，可惜毁于秦末战火（最新考古发掘研究认为可能是祭祀之火），不然定会给人类世界增添又一奇迹，也一定会给现代建筑建材业带来无尽的遐想与启迪。秦俑坑（秦始皇兵马俑）的发掘更充分证明了，在秦代我国的制陶工艺已到了炉火纯青的地步，大批在尺寸上类似真人真马的精制陶俑，神态各异，栩栩如生，雕塑和烧造得完美无缺，这是我国陶瓷工艺发展史上辉煌的成就，被誉为世界第八大奇迹。

汉代（公元前 206～220 年），我国发明了真正的瓷器——青瓷。浙江温州、绍兴一带是青瓷发源地，古称东瓯缥瓷（缥，帛青白色也——《说文》），又称"秘色"，其瓷胎致密，釉层较厚而光润美观。晋朝杜毓《荈赋》云，"器择陶，出自东瓯瓯越也"，"所造之青瓷，精美坚致，为后世青天色釉之祖"。唐朝诗人陆龟蒙以"九秋风露越窑开，夺得千峰翠色来"的诗句，赞扬岳窑青瓷"巧夺天工"。更早在 1700 多年前，潘岳《笙赋》中有"披黄袍以授甘，倾缥瓷以酌醽"（醽者美酒也）。这些都是对青瓷的真实描述。青瓷的出现，在陶瓷发展中有重要意义，是我国陶瓷史上的一个重要转折。晋朝（265～316 年，即 1600 多年前）吕忱的《字林》一书中已有古"瓷"字。

唐代（618～907 年），是我国封建社会的鼎盛时期，物质和文化诸方面都颇为发达。由于生活的需要和当时禁用铜器的结果，陶器制造业也有了更大发展，瓷器的使用已很普遍，出现了"南青北白"的局面，著名的越窑青瓷（浙江绍兴、余姚一带）和邢窑白瓷（河北邢台的内丘、临城一带）是唐代瓷器生产的主流，浙江当时为瓷器的制造中心。越窑器物造型秀丽玲珑，釉面晶莹如玉，似冰而润，泡茶色绿，世称秘色；邢窑白瓷类银似雪，茶色如丹，重造型少纹饰，世称邢白。唐代白瓷向青瓷的传统地位提出了挑战，并时有"邢胜越"的观点出现，白瓷成为风靡一时"天下无贵贱通用之"的名瓷（李肇《国史补》）。隋大业四年（608 年）的李静训墓，出土一批白瓷器，胎质洁白，釉面光润，其中的龙柄双连瓶和白瓷龙柄鸡头壶为最精。杜甫《又于韦处乞大邑瓷碗》诗云"大邑烧瓷轻且坚，叩如哀玉锦城传，君家白碗胜霜雪，急送茅斋也可怜"。白瓷能与越窑瓷器一起用作乐器，许多士大夫文人也喜欢使用白瓷茶具。邢窑在五代之后走向衰落，但河北、河南、江西景德镇的白瓷兴起，发展势不可当，山东淄博的磁村窑也于五代有了白瓷生产。白瓷给中国乃至世界陶瓷带来划时代的变化，进一步开辟了美化瓷器进行各种彩绘装饰的良好条件，把瓷器工艺成就推向一个新的高峰。唐瓷的装饰也很有特色，举世闻名的"唐三彩"即是其中之一，它是采用二次烧成用几种低温颜色釉（铅釉）装饰的陶器，以黄褐（Fe^{3+}着色）、绿（Cu^{2+}着色）、白色较多，此外，还有紫（主要色剂为 Mn，而铁钴起调色作用）、蓝（CoO_4^{2-} 着色）、艳黄（锑着色）和黑色，将几种釉色施于雕塑产品及实用器物上，釉层较薄，色彩鲜艳，堂皇华丽，变化多端，贴花题材丰富。唐三彩多为冥器（殉葬品），有各种陶俑，特别是人物、骆驼、马等形象都很生动，也有描金的。唐三彩为中国国宝，驰名中外。几十年前在景德镇附近发现的胜梅亭窑，也说明唐代已能烧制质量很高的瓷器。

宋代（北宋 960～1127 年，南宋 1127～1280 年），是我国瓷器生产蓬勃发展的时期，闻名于世的五大名窑（定窑、汝窑、官窑、哥窑、钧窑）所烧制的高温色釉和碎纹釉产品各具特色（五大名窑原为定汝官哥柴，因柴窑一直未发掘到窑口，后以钧窑代之）。当时，福建、江西、河北、山东等地烧制出黝黑的铁系花釉，如兔毫、油滴、玳瑁斑等，灿然发亮，十分名贵。宋代还成功地烧制出半透明度高的瓷器，如景德镇湖田窑、湘湖窑的影青瓷，在吸水率、白度和半透明度上都达到较高的水平。此外，还有许多各负盛名的窑，如陕西铜川黄堡镇耀州窑，浙江龙泉弟窑，江西吉安永和吉州窑，河南开封董窑，河北磁县磁州窑、彭城窑，福建建瓯水吉镇建窑等，为其后各时期窑业的发展奠定了基础。

定窑，在今河北省曲阳县。产品多芒口（口上无釉），以白釉器为主，称为"定白"或"粉定"，也有酱釉、黑釉，文献称之为紫定、黑定。白釉多有刻花印花装饰，造型规整，胎质坚实。据测试，釉内含钙、镁等成分。定窑突出的特点是采用支圈组合式窑具与复烧法，可以减少制品变形，增加装窑密度，节约燃料。

汝窑，在今河南省临汝县。胎薄色粉灰，釉色近似粉青或天青，是我国烧瓷技术采用铁还原着色的一个划时代发展。汝窑器物通体有极细纹片，开片细密，光泽柔和，美如玉琢，传世产品极少，与民间使用的临汝窑印花青瓷截然不同。

官窑，有北宋官窑和南宋官窑。北宋官窑在江西景德镇。宋南迁后，在杭州另建有"修内司官窑"和"郊坛下官窑"，称南宋官窑，窑址在杭州市近郊。郊坛下官窑为龙窑，在乌龟山西南麓，制品用支钉式托具支烧，烧造的青瓷造型精工端巧，器形仿周、汉铜器，外观追求青玉制品的晶莹效果，胎色黑，薄胎器的厚度在 1mm 以下。釉层丰厚，呈弱乳浊性，有"紫口铁足"的特征。

龙泉窑，在今浙江省龙泉地区，以龙泉县大窑、溪口两地烧制最精。北宋时釉层薄、透明度高，有刻花装饰，南宋时用石灰-碱釉，成功地烧出粉青、梅子青等青翠的釉色。龙泉窑继承了唐代越窑的优良传统，制造青瓷，誉满海内外。相传龙泉窑创建者为章姓兄弟二人，故有"哥窑"和"弟窑"之分。哥窑，以纹片著称，产品呈淡青色、炒米黄色，有"百圾碎"及"鱼子"等裂纹釉，冠绝当时。明代《格古要论》对哥窑产品做了描述，其特征可归纳为：黑胎厚釉，紫口铁足，釉面开大小纹片。在今龙泉、溪口、瓦窑墙等地发现有符合上述特征的窑址，产品的造型及釉色与南宋郊坛下官窑相近，《格古要论》认为是仿官窑的作品，并定名为乌泥窑。与官窑的区别在于，不用支钉式托具支烧，釉面略现浮光。另有一种流传世界各地十分珍贵的古瓷，称为"传世哥窑"，也具有上述特征。这种瓷器是厚胎，釉的乳浊性较好，色调淡雅，多为米色或粉青色，纹片用人工着色，有"金丝铁线"之称，用支钉式托具支烧。弟窑，又名章窑，一般所指的南宋龙泉窑即为弟窑。产品特征是以青色与翠色为主，胎较薄，纯翠如美玉，紫口铁足，但少纹片。薄胎厚釉，胎色洁白，运用出筋和朱砂底等装饰技巧使产品具有端巧秀丽的质感。釉色以粉青、梅子青见长。

钧窑，在今河南省禹县，始于唐而盛产于宋。北宋、金、元时的主要产品是盘、碗、花盆、香炉等，供宫廷和民间使用。胎骨细腻致密，造型端庄浑厚、古朴优雅。釉有天蓝、月白、海棠红、玫瑰紫、葱翠、茄皮紫、鹦哥绿、猪肝紫、窑变等，种类较多。釉层厚而柔润，釉内含铜的氧化物和五氧化二磷等，是我国制作铜红釉最早之窑。

　　景德镇窑，北宋时为官窑，起源于南北朝的陈代（557～589 年），发展于唐代，及至北宋景德年间始置镇，当时大量生产"色白花青"的影青瓷。北宋末年开始红釉器的制作，至南宋年间，则仿定窑而生产白釉瓷器。影青瓷，是在石灰釉中加入含铁的着色剂（约 1%），用还原焰烧成，釉层薄而光泽甚强，透明度较高，多用于刻花印花的瓷器上，莹润如玉。

　　此外，宋代磁州窑有白器和黑器产品，并有在釉上用黑色、赭色、茶色等色料作画，开创了用笔彩绘的装饰方法。耀州窑以青器为上，近似汝窑产品，装饰多用凸雕与印花，如串枝莲碗、莲瓣碗等，为其他各窑所不及。

　　明代（1368～1644 年），景德镇的制瓷工艺继承了历代的优秀传统，在技术上和艺术上都有了极大的发展。从原料的开采、精选、胎釉配方的改进、成型、干燥、烧成和装饰等一系列工艺过程都有显著进步。如当时已能烧制"半脱胎"（脱胎器即蛋壳瓷、薄胎瓷）和"大龙缸"等大型制品。南宋以后，特别是从明代开始，江西景德镇成为我国制瓷业中心，历代不衰，名扬海内外。景德镇瓷器常被人们作为我国传统精细瓷器的代表，尤其是蛋壳瓷、玲珑瓷等瓷种，真是巧夺天工，精美绝伦，素有"白如玉，声如磬，明如镜，薄如纸"的美誉，对世界制瓷技术有重大影响，在国内外享有极高声誉，从而景德镇被誉为我国的"瓷都"，至今仍是我国主要产瓷区之一。景德镇自宋景德年间置镇以来，历代王室都在这里设过御窑场，各王室的窑场所烧造的瓷器，均以各皇帝的年号作为款识，如明代"成化年制"、清代"康熙年制"等，其制品即称为"成化窑"、"康熙窑"。景德镇明代制品有用钴为着色剂的青花白瓷，用铜为着色剂的霁红釉以及釉里红，还有釉上五彩、斗彩等。当时仿制的宋代各窑的制品，釉色精美，质量上乘。

　　明代尚有宜兴窑、崔公窑、周窑、壶公窑、臧窑、德化窑、石湾窑等著名窑场。

　　宜兴窑，在今江苏省宜兴市，包括丁山窑和蜀山窑，窑址在宜兴的丁山、蜀山和汤度（今丁蜀镇）等处。宜兴陶器起源于宋代，入明以来，逐渐形成日用陶瓷、紫砂、宜均三大传统产品。明、清时期为我国陶器烧造中心，享有很高声誉。蜀山窑以紫砂为主，并大量烧造黑货，丁山窑以日用陶为主，而以宜均见著。日用陶有粗、溪、黑、黄、白、绿货等细别，粗货指大中小缸坛制品，形美、质坚、价廉，为人们所喜见乐用，溪货指汤度的瓮头，是腌菜的重要容器；黑、黄货均为小件盆罐类；白、绿货是与缸坛套烧的小件，以方斗和砂锅为著。宜兴历史悠久，约 5000 年，秦汉已陶窑密布，两晋时在均山烧青瓷，唐初在归途等地大量烧制，至晚唐、五代已成为南方民间著名青瓷窑，宋元时，丁蜀与西诸一带大规模烧造日用陶和早期紫砂，明代窑业尤其是陶器已很著名，以后历代不衰，因而被誉为我国的"陶都"，至今仍为我国主要陶瓷产区之一。

　　清代（1644～1911 年），窑场分布更广，但仍以景德镇为中心，清代制瓷技术继承明代的优秀传统并加以发展，吸收国内各著名窑场的釉色并加以创新。清初 17 世纪中叶至 18 世纪末，景道镇的制瓷技术达到历史上的空前水平，制品种类更加丰富，色彩更加绚丽，这期间的陶瓷产品达到了中国陶瓷史上的巅峰，不但能仿制宋明以来的全部名贵胎釉，而且有许多多的创新开拓，所产的青花、粉彩、祭红、朗窑红、乌金釉、茶叶末、三阳开泰等，最受国际人士赞扬。其中的青花玲珑瓷，誉满中外，是最优秀的产品之一，也是名副其实的国宝，是世界各地收藏家和收藏单位喜爱的珍品，如北京各大饭店、宾馆、各驻外使馆、故宫博物院、景德镇陶瓷馆、济南大明湖历下亭、伊朗德黑兰博物馆、英国、美国、德国、法国、日本等国立博物馆等都有陈列和收藏。

　　玲珑瓷，是在生坯上雕刻出细小空洞，组成图案，再以釉料填满。挂釉烧成后，由于镂空处的透光度高，有玲珑剔透之感，故称玲珑。以清乾隆年间的制品最著名。在瓷器上绘以青花，则称青花玲珑。玲珑器皿釉上加彩的，则称玲珑加彩。

除景德镇外，清代著名的窑场尚有宜兴窑、荣昌窑、唐山窑、博山窑、醴陵窑、石湾窑。

清代乾隆以后，由于封建王朝的腐败，陶瓷工业受到严重摧残，生产逐渐低落，制品质量也逐渐下降。由于长期封建统治的桎梏和某些重要技艺世代单传、封锁保守的结果，再加上缺乏文字记载，许多宝贵的生产经验和技艺逐渐失传。近代战乱及帝国主义政治、经济、军事的侵略和工业渗透，也给我国的陶瓷制造业以极大的摧残，使我国包括陶瓷工业在内的各种工业陷入濒于崩溃的边缘。

目前，陶瓷工业遍布全国各地。主要的日用陶瓷产区有景德镇、醴陵、唐山、淄博、宜兴、界牌、邯郸、彭城、德化、龙泉、北京、沈阳、天津、南京、苏州、无锡、铜官、抚顺等地，其中景德镇、醴陵、唐山、淄博、宜兴素称我国传统五大陶瓷产区。佛山、石湾、温州、福建、淄博、唐山等地是近年来我国重要的建筑卫生陶瓷生产基地。其他各类陶瓷及特种陶瓷工业也遍布全国各地。

我国的陶瓷是几千年来劳动人民的智慧才能与辛勤劳动所创造的。他们经过长期的劳动实践，深刻认识并掌握了利用大自然丰富资源制作陶瓷用品的规律，以灵巧的双手创造了许多精湛的技艺，制造出许多精美的制品，对世界文化及陶瓷的发展产生了极为重要的影响。这是我国劳动人民在人类文化史上所做出的伟大贡献，也是中华民族的骄傲。

二、水泥材料发展简史

cement 一词由拉丁文 caementum 发展而来，是碎石及片石的意思。水泥的历史最早可追溯到古罗马人在建筑中使用的石灰与火山灰的混合物，这种混合物与现代的石灰火山灰水泥很相似。用它胶结碎石制成的混凝土，硬化后不但强度较高，而且还能抵抗淡水或含盐水的侵蚀。长期以来，它作为一种重要的胶凝材料，广泛应用于建筑工程。

水泥是建筑用胶凝材料，按化学组成可以分为硅酸盐水泥、铝酸盐水泥和硫铝酸盐水泥三大类。硅酸盐水泥是普遍常用的水泥，又称波特兰水泥，铝酸盐水泥和硫铝酸盐水泥是特种用途的水泥。有人戏称水泥是建筑的"粮食"，在人类文明中占有重要地位。现在，全世界水泥产量已达 20 多亿吨，是现代社会不可或缺的大宗产品。水泥的发明是人类在长期生产实践中不断积累的结果，是在古代建筑材料的基础上发展起来的，经历了漫长的历史过程。

（一）西方古代的建筑胶凝材料

在水泥发明的数千年岁月中，西方最初采用黏土作胶凝材料。古埃及人采用尼罗河的泥浆砌筑未经煅烧的土砖。为增加强度和减少收缩，在泥浆中还掺入砂子和草。用这种泥土建造的建筑物不耐水，经不住雨淋和河水冲刷，但在干燥地区可保存许多年。

在公元前 3000～前 2000 年，古埃及人开始采用煅烧石膏作建筑胶凝材料，古埃及金字塔的建造中使用了煅烧石膏。公元前 30 年埃及并入罗马帝国版图之前，古埃及人都是使用煅烧石膏来砌筑建筑物。

古希腊人与古埃及人不同，在建筑中所用胶凝材料是将石灰石经煅烧后而制得的石灰。公元前 146 年，罗马帝国吞并希腊，同时继承了古希腊人生产和使用石灰的传统。古罗马人将石灰加水消解，与砂子混合成砂浆，然后用此砂浆砌筑建筑物。采用石灰砂浆的古罗马建筑，其中有些非常坚固，甚至保留到现在。

古罗马人对石灰使用工艺进行改进，在石灰中不仅掺砂子，还掺磨细的火山灰，在没有火山灰的地区，则掺入与火山灰具有同样效果的磨细碎砖。这种砂浆在强度和耐水性方面较"石灰-砂子"的两组分砂浆都有很大改善，用其砌筑的普通建筑和水中建筑都较耐久。有人将"石灰-火山灰-砂子"三组分砂浆称为"罗马砂浆"。古罗马人制造砂浆的知识传播较广。在古代法国和英国都曾普遍采用这种三组分砂浆，用它砌筑各种建筑。

在欧洲建筑史上，"罗马砂浆"的应用延续了很长时间。不过，在公元9～11世纪，该砂浆技术几乎失传。在这漫长的岁月中，砂浆采用的石灰是煅烧不良的石灰石块，碎石也不磨细，质量很差。到公元12～14世纪这段时期，石灰煅烧质量逐渐好转，碎砖和火山灰也已磨细，"罗马砂浆"质量恢复到原来的水平。

（二）中国古代的建筑胶凝材料

中国建筑胶凝材料的发展有着自己的一个很长的历史过程。

1. "白灰面"

早在公元前5000～前3000年的新石器时代的仰韶文化时期，就有人用"白灰面"涂抹山洞、地穴的地面和四壁，使其变得光滑和坚硬。"白灰面"因呈白色粉末状而得名，它由天然礓石磨细而成。礓石是一种二氧化硅含量较高的石灰石块，常夹在黄土中，是黄土中的钙质结核。"白灰面"是至今被发现的中国古代最早的建筑胶凝材料。

2. 黄泥浆

公元前16世纪的商代，地穴建筑迅速向木结构建筑发展，此时除继续用"白灰面"抹地以外，开始采用黄泥浆砌筑土坯墙。在公元前403～前221年的战国时代，出现用草拌黄泥浆筑墙，还用它在土墙上衬砌墙面砖。在中国建筑史上，"白灰面"很早就被淘汰，而黄泥浆和草拌黄泥浆作为胶凝材料则一直沿用到近代社会。

3. 石灰

公元前7世纪的周朝出现了石灰，周朝的石灰是用大蛤的外壳烧制而成的。蛤壳主要成分是碳酸钙，将它煅烧到碳酸气全部逸出即成石灰。《左传》记载："成公二年（公元前635年）八月宋文公卒，始厚葬用蜃灰。"蜃灰就是用蛤壳烧制而成的石灰材料，在周朝就已发现它具有良好的吸湿防潮性能和胶凝性能。在崇尚厚葬的古代，在墓葬中将蜃灰作为胶凝材料来修筑陵墓等。明代《天工开物》一书中有"烧砺方法的图示"，这说明蜃灰的生产和使用，自周朝开始到明代仍未失传，在中国历史上流传了很长的时间。

到秦汉时代，除木结构建筑外，砖石结构建筑占重要地位。砖石结构需要用优良性能的胶凝材料进行砌筑，这就促使石灰制造业迅速发展，纷纷采用各地都能采集到的石灰石烧制石灰，石灰生产点应运而生。那时，石灰的使用方法是先将石灰与水混合制成石灰浆体，然后用浆体砌筑条石、砖墙和砖石拱券以及粉刷墙面。在汉代，石灰的应用已很普遍，采用石灰砌筑的砖石结构能建造多层楼阁。

中国的万里长城修筑于公元前7～17世纪，先后有20多个朝代主持或参与建造。秦、汉、明三个朝代修筑最长，在总长5万公里的长城中修筑了5000余公里。在这三个朝代，石灰胶凝材料已经发展到较高水平，大量用于修建长城。所以，长城的许多地段，后人发现它是用石灰砌筑而成的。

明代《天工开物》一书中，详细记载了石灰的生产方法。清代《营造法原》一书中，则记载了石灰烧制工艺与石灰性能之间的关系。这些记载说明我国到明、清时代已积累了较为丰富的石灰生产和使用知识。

4. 三合土

在公元5世纪的中国南北朝时期，出现一种名叫"三合土"的建筑材料，它由石灰、黏土和细砂所组成。至明代，出现石灰、陶粉和碎石组成的"三合土"。到清代，除石灰、黏土和细砂组成的"三合土"外，还有石灰、炉渣和砂子组成的"三合土"。清代《宫式石桥做法》一书中对"三合土"的配备做了说明："灰土即石灰与黄土之混合，或谓三合土"；"灰土按四六掺和，石灰四成，黄土六成"。以现代人眼光看，"三合土"也就是以石灰与黄土或其他火山灰质材料作为胶凝材料，以细砂、碎石或炉渣作为填料的混凝土。"三合土"与罗马的三组分砂浆即"罗马砂浆"有许多类似之处。

"三合土"自问世后一般用作地面、屋面、房基和地面垫层。"三合土"经夯实后不仅具有较高的强度，还有较好的防水性，在清代还将其用于夯筑水坝。在欧洲大陆采用"罗马砂浆"的时候，遥远的东方古国——中国也在采用类似"罗马砂浆"的"三合土"，这是一个很有趣的历史巧合。

5. 石灰掺有机物的胶凝材料

中国古代建筑胶凝材料发展中一个鲜明的特点是采用石灰掺有机物的胶凝材料，如"石灰-糯米"、"石灰-桐油"、"石灰-血料"、"石灰-白芨"以及"石灰-糯米-明矾"等。另外，在使用"三合土"时，掺入糯米和血料等有机物。

据民间传说，秦代修筑长城中，采用糯米汁砌筑砖石。考古发现，南北朝时期的河南邓县的画像砖墙是用含有淀粉的胶凝材料衬砌；河南登封县的少林寺，北宋宣和二年、明代弘治十二年和嘉靖四十年等不同时代的塔，在建造时都采用了掺有淀粉的石灰为胶凝材料。《宋会要》记载，公元 1170 年南宋乾道六年修筑和州城，"其城壁表里各用砖灰五层包砌，糯米粥调灰铺砌城面兼楼橹，委皆雄壮，经久坚固"。明代修筑的南京城是世界上最大的砖石城垣，以条石为基，上筑夯土，外砌巨砖，用石灰为胶凝材料，在重要部位则用石灰加糯米汁灌浆，城垣上部用桐油和土拌和结顶，非常坚固。采用桐油或糯米汁拌和明矾与石灰制成的胶凝材料，其黏结性非常好，常用于修补假山石，至今在古建筑修缮中仍在沿用。

用有机物拌和"三合土"做建筑物的工法，在史料中屡有所见。明代《天工开物》记载："用以襄墓及贮水池则灰一分入河砂，黄土二分，用糯米、羊桃藤汁和匀，经筑坚固，永不隳坏，名曰三合土。"在中国建筑史上看到，清康熙乾隆年间，北京卢沟桥南北岸，用糯米汁拌"三合土"建筑河堤数里，使北京南郊从此免去水患之害。在石桥建筑史中记载，用糯米和牛血拌"三合土"砌筑石桥，凝固后与花岗石一样坚固。糯米汁拌"三合土"的建筑物非常坚硬，还有韧性，用铁镐刨时会迸发出火星，有的甚至要用火药才能炸开。

中国历史悠久，在人类文明创造过程中有过辉煌成就，做出过重要贡献。英国著名科学史学家李约瑟在《中国科学技术史》一书中写道，"在公元 3 世纪到 13 世纪之间，中国保持着西方国家所望尘莫及的科学知识水平"，"中国的那些发明和发现远远超过同时代的欧洲，特别是在 15 世纪之前更是如此"。中国古代建筑胶凝材料发展的过程是，从"白灰面"和黄泥浆起步，发展到石灰和"三合土"，进而发展到石灰掺有机物的胶凝材料。从这段历史进程可以得出与科学史学家李约瑟相似的结论，中国古代建筑胶凝材料有过自己辉煌的历史，在与西方古代建筑胶凝材料基本同步发展的过程中，由于广泛采用石灰与有机物相结合的胶凝材料而显得略高一筹。

然而，近几个世纪以来中国落后了，尤其是到清朝乾隆年间末期，即 18 世纪末期以后，科学技术与西方差距越来越大。中国古代建筑胶凝材料的发展，到达石灰掺有机物的胶凝材料阶段后就停滞不前，未能在此基点上跨出一步。西方古代建筑胶凝材料则在"罗马砂浆"的基础上继续发展，朝着现代水泥的方向不断提高，最终发明水泥。

（三）水泥发展概况

现代水泥自发明（1824 年）和作为工业产品实际应用（1826 年），至今仅有 190 年，但人类的生活却已离不开它，当今的世界实际上成了一个钢筋混凝土的世界。1826 年出现了第一台烧水泥用的自然通风的普通立窑，1910 年实现立窑机械化连续生产，1885 年出现第一台回转窑，1923 年立波尔窑出现，1950 年悬浮预热器出现，1960 年电子计算机用于水泥工业，1971 年日本人开发预分解窑技术，2010 年悬浮态高固气比预热分解理论与技术成功应用。

1. 现代水泥的发明史

现代水泥的发明有一个渐进的过程，并不是一蹴而就的。

（1）水硬性石灰　18 世纪中叶，英国航海业已较发达，但船只触礁和撞滩等海难事故频繁发生。为避免海难事故，采用灯塔进行导航。当时英国建造灯塔的材料有两种：木材和"罗马砂浆"。然而，木材易燃，遇海水易腐烂；"罗马砂浆"虽然有一定耐水性能，但尚经不住海水的腐蚀和冲刷。由于材料在海水中不耐久，所以灯塔经常损坏，船只无法安全航行，迅速发展的航运业遇到重大障碍。为解决航运安全问题，寻找抗海水侵蚀材料和建造耐久的灯塔成为 18 世纪 50 年代英国经济发展中的当务之急。对此，英国国会不惜重金，礼聘人才。被尊称为英国土木之父的工程师史密顿（J. Smeaton）应聘承担建设灯塔的任务。

1756 年，英国工程师 J. 史密顿在建造灯塔的过程中，研究了"石灰-火山灰-砂子"三组分砂浆中不同石灰石对砂浆性能的影响及某些石灰在水中硬化的特性，发现要获得水硬性石灰必须采用含有黏土的石灰石来烧制；用于水下建筑的砌筑砂浆最理想的成分是由水硬性石灰和火山灰配成；含有黏土的石灰石，经煅烧和细磨处理后，加水制成的砂浆能慢慢硬化，在海水中的强度较"罗马砂浆"高很多，能耐海水的冲刷。这个重要的发现为近代水泥的研制和发展奠定了理论基础。史密顿使用新发现的砂浆建造了举世闻名的普利茅斯港的漩岩（Eddystone）大灯塔。

用含黏土、石灰石制成的石灰被称为水硬性石灰。史密顿的这一发现是水泥发明过程中知识积累的一大飞跃，不仅对英国航海业做出了贡献，也对"波特兰水泥"的发明起到了重要作用。然而，史密顿研究成功的水硬性石灰并未获得广泛应用，当时大量使用的仍是石灰、火山灰和砂子组成的"罗马砂浆"。

（2）罗马水泥和"天然水泥"　1796 年，英国人派克（J. Parker）将称为 Sepa Tria 的黏土质石灰岩（天然泥灰岩），不经配料，磨细后制成料球，在高于烧石灰的温度下煅烧，然后进行磨细制成水泥，称为天然水泥。这种水泥外观呈棕色，很像古罗马时代的石灰和火山灰混合物，派克称其为"罗马水泥"（Roman cement），并取得了该水泥的专利权。"罗马水泥"凝结较快，具有良好的水硬性和快凝特性，特别适用于与水接触的工程，在英国曾得到广泛应用，一直沿用到被"波特兰水泥"所取代。

差不多在"罗马水泥"生产的同时期，法国人采用 Boulogne 地区的化学成分接近现代水泥成分的泥灰岩也制造出水泥。这种与现代水泥化学成分接近的天然泥灰岩称为水泥灰岩，用此灰岩制成的水泥则称为天然水泥。美国人用 Rosendale 和 Louisville 地区的水泥灰岩也制成了天然水泥。在 19 世纪 80 年代及以后的很长一段时间里，天然水泥在美国得到广泛应用，在建筑业中曾占有很重要的地位。

1813 年，法国的土木技师毕加发现了石灰和黏土按三比一混合制成的水泥性能最好。

（3）英国水泥　英国人福斯特（J. Foster）是一位致力于水泥的研究者。他将两份白垩和一份黏土按质量比混合后加水湿磨成泥浆，送入料槽进行沉淀，置沉淀物于大气中干燥，然后放入石灰窑中煅烧，温度以物料中碳酸气完全挥发为准，烧成产品呈浅黄色，冷却后细磨成水泥。福斯特称该水泥为"英国水泥"（British cement），于 1822 年 10 月 22 日获得英国第 4679 号专利。

"英国水泥"由于煅烧温度较低，其质量明显不及"罗马水泥"，所以售价较低，销售量不大。这种水泥虽然未能被大量推广，但其制造方法已是近代水泥制造的雏形，是水泥知识积累中的又一次重大飞跃。福斯特在现代水泥的发明过程中也是有贡献的。

（4）波特兰水泥（硅酸盐水泥）（1810～1825 年）　1824 年，这绝对是一个值得大书特书的年份。在这一年，世界最早的硅酸盐水泥——波特兰水泥诞生了。1824 年 10 月 21 日，英国利兹（Leeds）城的泥水匠阿斯谱丁（J. Aspdin）获得英国第 5022 号的"波特兰水泥"专利，从而一举成为流芳百世的水泥发明人。

他的专利证书上叙述的"波特兰水泥"制造方法是："把石灰石捣成细粉，配合一定量的黏土，掺水后以人工或机械搅和均匀成泥浆。置泥浆于盘上，加热干燥。将干料打击成块，然后装入石灰窑煅烧，烧至石灰石内碳酸气完全逸出。煅烧后的烧块再将其冷却和打碎磨细，制成水泥。使用水泥时加入少量水分，拌和成适当稠度的砂浆，可应用于各种不同的工作场合。"

该水泥水化硬化后的颜色类似英国波特兰地区建筑用石料的颜色，所以被称为"波特兰水泥"。

不过，根据专利证书所载内容和有关资料，阿斯谱丁未能掌握"波特兰水泥"确切的烧成温度和正确的原料配比。因此他的工厂生产出的产品质量很不稳定，甚至造成有些建筑物因水泥质量问题而倒塌。

阿斯谱丁在英国的 Wakefield 建设了第一个波特兰水泥厂。1856 年在德国再建设一个厂，并在那里度过了他的晚年。1843 年，阿斯谱丁的长子 William Aspdin（1816～1864 年）在英国的 Grateshead 组建 Maude, Son&Co 公司，并生产出了真正的波特兰水泥。这种水泥应用于新建的伦敦议会大厦（1840～1852 年）。W. Aspdin 所采用的生产工艺，煅烧温度较高，物料除"弱烧"部分外还有很大一部分达到了烧结，即一部分物料已熔融，另一部分仍为固相，其产品具有更高的强度，性能也远优于罗马水泥，按 I. C. Johnson 法检验的容重达到 1130g/L，按现在的标准衡量应属波特兰水泥。

阿斯谱丁父子长期对"波特兰水泥"生产方法保密，采取了各种保密措施：在工厂周围建筑高墙，未经他们父子许可，任何人不得进入工厂；工人不准到自己工作岗位以外的地段走动；为制造假象，经常用盘子盛着硫酸铜或其他粉料，在装窑时将其撒在干料上。

阿斯谱丁专利证书上所叙述的"波特兰水泥"制造方法，与福斯特的"英国水泥"并无根本差别，煅烧温度都是以物料中碳酸气完全挥发为准。根据水泥生产一般常识，在该温度条件下制成的"波特兰水泥"，其质量不可能优于"英国水泥"。然而在市场上"波特兰水泥"的竞争力强于"英国水泥"。1838 年重建泰晤士河隧道工程时，"波特兰水泥"价格比"英国水泥"要高很多，但业主还是选用了"波特兰水泥"。很明显，阿斯谱丁出于保密原因在专利证书上并未把"波特兰水泥"生产技术都写出来，他实际掌握的水泥生产知识比专利证书上表明的要多。阿斯谱丁在工程生产中一定采用过较高煅烧温度，否则水泥硬化后不会具有波特兰地区石料那样的颜色，其产品也不可能有那样高的竞争力。

在英国，与阿斯谱丁同一时代的另一位水泥研究天才是强生（I. C. Johnson）。他是英国天鹅谷怀特公司经理，专门研究"罗马水泥"和"英国水泥"。1845 年，强生在实验中一次偶然的机会发现，煅烧到含有一定数量玻璃体的水泥烧块，经磨细后具有非常好的水硬性。另外还发现，在烧成物中含有石灰会使水泥硬化后开裂。根据这些意外的发现，强生确定了水泥制造的两个基本条件：第一是烧窑的温度必须高到足以使烧块含一定量玻璃体并呈黑绿色；第二是原料比例必须正确而固定，烧成物内部不能含过量石灰，水泥硬化后不能开裂。这些条件确保了"波特兰水泥"的质量，解决了阿斯谱丁无法解决的质量不稳定问题。从此，现代水泥生产的基本参数已被发现。

1909 年，强生 98 岁高龄时，向英国政府提出申诉，说他于 1845 年制成的水泥才是真正的"波特兰水泥"，阿斯谱丁并未做出质量稳定的水泥，不能称他为"波特兰水泥"的发明者。然而，英国政府没有同意强生的申诉，仍旧维持阿斯谱丁具有"波特兰水泥"专利权的决定。英国和德国的同行们对强生的工作有很高评价，认为他对"波特兰水泥"的发明做出了不可磨灭的重要贡献。

18 世纪的欧洲发生了人类历史上第一次工业革命，推动了西方各国社会经济的迅猛向前，建筑胶凝材料的发展步伐也随之加快。西方国家在"罗马砂浆"的基础上，1756 年发现水硬性石灰；1796 年发明"罗马水泥"以及类似的天然水泥；1822 年出现"英国水泥"；1824 年英国政府发布第一个"波特兰水泥"专利。当代建筑"粮食"——"波特兰水泥"（硅酸盐水泥）就这样在西方徐徐诞生，同时踏上了不断改进的征途。

2. 现代水泥的发展

1824 年，波特兰水泥诞生。

1826 年，间歇立窑出现。使用自然通风。开始了水泥作为工业型产品实际应用的时代。至 1910 年实现立窑机械化连续生产。

1849 年，Pettenkofer 和 Fuches 两人第一次对波特兰水泥的成分进行了精确的化学分析。

1885 年，发明回转窑，有效提高了水泥产量和质量，使水泥工业进入了回转窑阶段。

1871 年，日本开始建造水泥厂。

1872 年，强生对阿斯谱丁发明波特兰水泥时所使用的瓶窑（bottle kiln）进行了改进，发明了专门用于烧制水泥的仓窑，并取得专利。

1877 年，英国的克兰普顿发明了回转炉，并于 1885 年经兰萨姆改进成更好的回转炉。

1884 年，在德国，狄兹赫（Dietzsch）发明立窑，并取得专利权。丹麦人史柯佛（Schoefer）又对立窑进行了多次改进。

1885 年和 1886 年，开始采用回转窑和多仓磨机。从 1886 年开始，英国开始使用回转窑（rotary kiln）代替先前使用的立窑（vertical shaft kilns）。

1887 年，法国人 Henri Le Chatelier 将硅酸、硅酸二钙、磷酸铁铝与石灰采用合适的比例混合后生产水泥。他同时认为，水泥硬化是因为水泥与水反应生成了结晶物质造成的。

1889 年，中国河北唐山开平煤矿附近设立了用立窑生产的唐山细绵土厂。

1893 年，日本人远藤秀行和内海三贞两人发明了不怕海水的硅酸盐水泥，并取得专利权，这比法国的比埃尔发明的不怕海水的矾土水泥还要早。

1895 年，美国工程师亨利（Hurry）和化验师西蒙（Seaman）进行回转窑煅烧波特兰水泥的试验，终于获得成功，并在英国取得第 23145 号专利。这项成果是两人经过十八年的不懈努力而取得的。

1897 年，德国的贝赫门（I. A. Bachman）博士发明余热锅炉窑。

20 世纪初，发明快硬高强、大坝、膨胀、油井、高铝水泥。

1900 年，水泥试验基本规范建立。

1906 年，启新洋灰股份有限公司在中国唐山成立（在"细绵土"厂基础上建立），年产水泥 4 万吨。中国水泥工业由此发端。

　　1907 年，法国人比埃尔使用铁矾土代替黏土，与石灰岩混合后烧制成了水泥。由于这种水泥含有大量的氧化铝，所以称为"矾土水泥"。与一般的硅酸盐水泥相比，矾土水泥具有不怕海水的特长。

　　1912 年前后，丹麦史密斯（F. L. Smith）水泥机械公司用白垩土和其他辅助原料制成水泥生料浆，用它取代干生料粉在回转窑上进行煅烧试验，取得成功，从而开创出湿法回转窑生产水泥的新方法。

　　1913 年前后，德国人在立窑上开始采用移动式炉箅子（movable grate），使熟料自动卸出，同时进一步改善通风。

　　1923 年，发明立波尔窑，使水泥工业出现较大的变革，窑的产量明显提高，热耗显著降低。

　　1932 年 6 月 1 日，曾在丹麦史密斯水泥机械公司工作过的工程师伏杰尔·彦琴森（M. Vogel-Jorgensen）向捷克斯洛伐克共和国专利办公室（Patent Office）首次提出四级旋风筒悬浮预热器的专利申请。专利于 1934 年 7 月 25 日被批准并公布，编号为 48169。

　　1936 年，美国 Hoover 大坝和 Grand Coulee 大坝建成，这是人们第一次使用水泥建造大型水坝。

　　1951 年，德国洪堡公司以工程师密勒（F. Muller）的专利技术为基础，制造出世界上第一台四级旋风悬浮预热器。

　　20 世纪 50 年代初期，悬浮预热器出现，使热耗大幅度降低。

　　20 世纪 60 年代，电子计算机用于水泥工业，开启了水泥生产自动化控制的新阶段。应用计算机和自动控制技术，有利于水泥质量控制，可改善操作条件，提高生产效率。

　　20 世纪 70 年代，钢纤维混凝土开始应用到工程建设中。同时期，中国发明了硫酸盐水泥，这是迄今为止中国发明的唯一一种水泥。当代，硫酸盐、硫铝酸盐、氟铝酸盐水泥发挥重要作用。

　　1971 年，日本石川岛播磨重工业公司在洪堡窑的基础上首创水泥预分解窑，从而使水泥工业生产技术有了重大突破。

　　1975 年，多伦多 CN 电视塔建成。这座混凝土建筑是当时世界最高的单体建筑物。

　　20 世纪 80 年代，混凝土减水剂开始应用。

　　1985 年，中国水泥总产量达 1.46 亿吨，产量首次位居世界第一。

　　20 世纪 90 年代，法国 FCB 公司开发出 HOROMILL（又称卧式辊磨）。这种 HOROMILL 磨是继辊压机、立式磨之后发展起来的新一代水泥粉磨技术。

　　1992 年，世界最大的混凝土水利工程——中国三峡大坝开建。这是水泥在人类改造自然过程中的又一个值得记忆的重大事件。

　　进入 21 世纪以来，世界建筑行业呈现出蓬勃发展的态势，水泥业也随之得到了迅速发展。

　　人类使用建筑胶凝材料的历史已有几千年，在现代水泥诞生之前，人类正是利用这些材料，在建造出了一座座流芳百世的不朽建筑的同时，还为现代水泥的发明积累了足够丰富的技术和经验。

　　现代水泥的诞生，更是极大催发了人类的创造潜能，在它的帮助下，人类将众多以前看似不可能实现的建筑由图纸变成实物。水泥对人类文明进程的影响，是革命性的。

3. 中国水泥发展史

　　19 世纪 80 年代末，水泥制造业开始在我国兴起。在百余年的发展历程中，我国的水泥工业从无到有、从小到大，在近现代国家建设中发挥了极其重要的作用。

我国水泥工业的历史最早可以追溯到清朝末期，中国水泥工业创始于 1886～1907 年间。据史料记载，1886 年，广东余姓商人在澳门青州岛创立了第一家水泥厂，这是我国已知最早的水泥厂。唐廷枢、岑春煊先后在澳门、广州等地区兴办水泥厂。

1889 年，清政府李鸿章批准由开平矿务局总办唐廷枢在唐山创办水泥厂，时称"唐山细绵土厂"，1892 年建成投产。建成伊始只有 4 座石（土）窑，日产量不足 30t，年产量不足 1 万吨。这是我国第一家机械化生产水泥的厂家。

1893 年，唐山细绵土厂因产品成本高、质量差不得不关闭停产。

1906 年，唐山细绵土厂由开平矿务局总办周学熙恢复生产，并改名唐山洋灰公司，继而又定名为启新洋灰股份有限公司。该厂采用当地北大城山石灰石和唐坊黑黏土为原料，并购进了丹麦史密斯公司 2 台 $\phi2.1m\times30m$ 回转窑，采用干法生产龙马负太极图牌（俗称马牌）水泥，年产约 25 万铁桶（约 4.25 万吨）。启新洋灰公司的建成投产，标志着我国水泥工业的诞生和百年我国水泥工业史的开端，启新洋灰公司因此也被誉为"我国水泥工业的摇篮"。

1907 年，福建清华实业公司总经理程祖福根据当时湖广总督张之洞的出示招商，集股白银 30 万两开办了大冶湖北水泥厂。该厂地处湖北大冶黄石港明家嘴，1909 年 5 月 2 日建成。大冶湖北水泥厂是我国近代最早开办的三家水泥厂之一，由于生产的"宝塔牌"水泥质量优良，先后荣获南洋劝业会头等金、银奖牌各一枚及美国巴拿马赛会一等奖。

1914 年 4 月，大冶湖北水泥厂由于债务之故，生产难以为继，只好将经营管理权让渡给当时开办最早、规模最大的河北唐山"启新洋灰公司"，并且更名为"华记湖北水泥厂"，同年 10 月被启新洋灰公司正式兼并。

从第一次世界大战到抗日战争爆发的 20 多年间，我国水泥工业发展较快，至 1937 年共有 16 家水泥企业，年生产能力为 245.1 万吨。这些企业大都购进了当时较为先进的技术设备，如湿法回转窑，在生产技术上我国有自己的技术人员和水泥专家。我国水泥在国际上已具有一定的竞争力。

抗战时期，我国东北地区水泥厂全部被日本侵占，长江以北水泥厂也几乎全部沦落，日商在东北地区及北京、大同、台湾等地开办了一些水泥厂。抗日后方在华中、重庆、云南、江西、贵阳、四川等地有一些水泥厂。

抗日战争胜利后，国民党统治区经济萧条，中国水泥行业遇到艰难的发展时期，只有几家水泥厂勉强开工，由于内战爆发，一些遭到破坏的工厂无力修复，惨淡经营。

抗日战争结束后，到 1949 年全国只有 14 家水泥厂，年生产能力不足 300 万吨，而实际年产量仅有 66 万吨，占当时总生产能力的 16.3%。

1949 年中华人民共和国成立后，水泥工业得到蓬勃发展。1952 年底东北 7 个厂修复，启新、琉璃河、太原等 15 个厂恢复生产，全国水泥产量达 286 万吨。通过扩建老厂、新建新疆、洛阳等 11 个厂，至 1965 年全国水泥产量由 1961 年的 621 万吨上升到 1634 万吨。1966～1976 年西南、西北和中原地区新建一批大中型水泥厂，全国各地小水泥厂纷纷建立，水泥工业布局趋于合理，1976 年全国水泥产量达 4670 万吨。

1979 年中国实行改革开放政策以后，水泥工业又有大的发展。至 1987 年建成投产包括冀东、淮海、宁国等现代化大厂在内的大中型项目 30 个，加上老厂扩建和小厂改造，水泥年总产量达 18625 万吨，跃居世界首位。

2010 年，悬浮态高固气比预热分解理论与技术成功应用于陕西阳山庄水泥有限公司 2500 t/d 水泥熟料生产线，2012 年 5 月通过技术鉴定，被定义为 XDL 水泥熟料煅烧新工艺。它实现了回转窑水泥熟料煅烧技术一次新的突破，是具有我国自主知识产权的原创性工艺技术。

三、玻璃材料发展简史

1. 关于玻璃发明的传说

关于玻璃——这一现代生活中司空见惯的建筑材料的发明过程，有一段颇富传奇色彩的故事。

很久以前的一个阳光明媚的日子，有一艘腓尼基（威尼斯）人的大商船来到地中海沿岸叙利亚的贝鲁斯河河口，船上装了许多天然苏打的晶体。对于这里海水涨落的规律，船员们并不掌握。当大船走到离河口不远的一片美丽的沙洲时便搁浅了。

被困在船上的腓尼基人，索性跳下了大船，奔向这片美丽的沙洲，一边尽情嬉戏，一边等候涨潮后继续行船。中午到了，他们决定在沙洲上埋锅造饭。可是沙洲上到处是软软的细沙，竟找不到可以支锅的石块。有人突然想起船上装的天然结晶苏打（硝石），于是大家一起动手，搬来几十块垒起锅灶，然后架起木柴燃了起来。饭很快做好了。当他们吃完饭收拾餐具准备回船时，突然发现了一个奇妙的现象：只见锅下沙子上有种东西晶莹发光，十分可爱。大家都不知道这是什么东西，以为发现了宝贝，就把它们收藏了起来。其实，这是在烧火做饭时，支着锅的苏打块在高温下和地上的石英砂发生了化学反应，形成了玻璃。

聪明的腓尼基人意外地发现这个秘密后，很快就学会了制作方法，他们先把石英砂和天然苏打搅拌在一起，然后用特制的炉子把它们熔化，再把玻璃液制成大大小小的玻璃珠。这些好看的珠子很快就受到外国人的欢迎，一些有钱人甚至用黄金和珠宝来兑换，腓尼基人由此发了大财。

当然，这个故事是否真实可信，已难以考证。

2. 世界玻璃发展史

在自然界中，天然的玻璃是很少见的。在火山喷发的熔岩中，有些冷却后形成沸石和黑曜石等，均为非晶体材料，即玻璃体，但这些玻璃体的形成是有特定条件的，所以极为少见。

在人类发展历史长河中，玻璃生产是人类文明发展的载体之一。玻璃生产技术的进步，贯穿于人类发展历史的全过程。玻璃的出现晚于陶器发明（10000年前），这是因为玻璃形成需要更高的温度，并在某种条件下还要借助陶器作为熔制容器；但玻璃的发明要早于瓷器发明（2000年前）。玻璃和陶瓷一样，具有悠久的历史。它们都是人类通过高温把天然物质转变为人工合成新物质的最早创造。几千年来，玻璃从未间断地被人类使用着。从日用玻璃器皿到光电子技术玻璃，都深深地影响着人类的社会活动，而高新技术的发展也继续对玻璃提出许多新的要求。玻璃正在取代那些资源并不丰富而又价格昂贵的材料。

玻璃的历史源远流长，确切发明地尚无定论，据最新的考古和玻璃历史研究成果判断，玻璃的发源地应该是拥有悠久文明史的两河流域所在地中东或尼罗河流域的古埃及。

考古发现，5500年前（公元前3500年），埃及及中东幼发拉底河流域，人们已会制造玻璃样物质，在埃及出土的一颗绿色的玻璃顶珠，它虽不十分透明，其外形却像一滴水珠。一般认为古埃及人首先发明了玻璃，以捏塑或压制方法制造饰物和简单器皿，并揉捏成特别小的玻璃瓶，他们使用特制的泥罐烧制玻璃，采用压制和泥塑的方法制作简单的生活器皿和饰物。

后来古罗马战败古埃及后，将古埃及战俘放在威尼斯岛上专做玻璃，由此玻璃制作技术传到意大利，进而产生了著名的威尼斯玻璃的鼎盛时期。为了纪念古埃及人的这一发明，现代许多水晶玻璃作品上都有古埃及人的头像以及古罗马人和古埃及人作战的图案。

约在公元前 2500 年，埃及和美索不达米亚（今伊拉克）出现了最早的真正意义的玻璃。埃及开始用黏土制成的实心模型制造玻璃珠和小型器皿。

对于玻璃加工的相关记载最早出现在公元前 2500 年的古埃及。古老的文明国度在当时便已出现了玻璃加工，由于玻璃非常稀有，成本也非常高，所以只被用于珠宝装饰。在底比斯第二帝国的图特摩斯三世（Thutmose Ⅲ，公元前 1479～前 1425 年）统治时代开始了玻璃器皿的制作，不过，可以推断当时玻璃器皿的使用也仅仅限于统治阶级。有关资料记载，在亚述国国王亚述巴尼拔（Ashurbanipal，公元前 668～前 627 年）用黏土片所建造的图书馆里，人们发现了当时制作玻璃的方法，令人惊叹的是，与今天制作玻璃所用的方法竟然十分相似。罗马帝国时期（公元前 27～476 年），玻璃的稀有依旧使其同贵金属一样贵重。古罗马的百科全书式的作家老普林尼（Gaius Plinius Secundus）所著的《自然史》一书中曾提及玻璃杯是最好的饮酒器皿，并且还描述了玻璃的制作工艺。遗憾的是，这个工艺由于造价高昂且耗时漫长而未能实现。老普林尼还写道，由金银打造的奢华酒杯会逐渐被玻璃器具取代，当然这种玻璃器具的价格十分昂贵。

公元前 16 世纪，古埃及就出现了玻璃珠子和玻璃镶嵌片。

公元前 1550～前 1500 年，埃及和两河流域都出现了玻璃器皿，玻璃制造技术得到发展。当时将一个陶瓷制的模芯插入到熔融玻璃体中，并使玻璃熔体黏附在模芯上，从而第一次制成有用的中空器皿，用以盛放油和药膏等。相传最早的玻璃配方是由亚述人的楔形文字记载的，即玻璃是由 60 份砂、180 份海生植物灰和 5 份白垩制成的。从这个配方所记述的玻璃成分看，它实际上是钾（钠）钙硅酸盐玻璃。玻璃中砂含量很少，说明它的熔制温度较低。在中世纪纯碱工业兴起之前，欧洲的玻璃组成中的碱金属氧化物都来自植物灰。例如常用的山毛榉树，其主要成分为 CaO 和 K_2O，以及一定量的 SiO_2 和 P_2O_5，还有少量 Fe_2O_3 和 MnO_2。随着时代的发展，玻璃制造工艺也得到发展和传播。在尼罗河流域，在伊拉克和叙利亚的底格里斯河和幼发拉底河之间，都有许多玻璃制造者。

公元前 1500 年的殷商时期，我国人民已会烧制青釉陶器，表层青釉的釉层基本上是玻璃质，坯体中包含有相当数量的玻璃状物质。我国古时候的玻璃也叫璆琳、琉璃、陆璃、颇璃等。

公元前 1000 年左右，古埃及人掌握了玻璃吹制的工艺，能吹制多种形状的玻璃产品。在东地中海地区，当地居民已能制造一些较大的瓶和碗等，并已掌握简单的浇注和压制等工艺方法。公元前 1000 年的西周时期，我国已掌握了熔制琉璃管、珠的技术。

从公元前 9 世纪起，玻璃制造业日渐繁荣。到公元 6 世纪前，在罗得岛和塞浦路斯岛上已有玻璃制造厂。而建于公元前 332 年的亚历山大城，在当时就是一个生产玻璃的重要城市。

公元前 500 年的春秋战国时期，中国出现了高铅钡硅酸盐玻璃，为世界上独有，其制品有各种花纹精美、品质纯净的单色或彩色琉璃璧、珠等。到公元前后的汉代，又出现了世界上少见的钾硅酸盐玻璃。

公元前 4 世纪，埃及人发明了玻璃铸模工艺、车花、镌刻和镀金工艺。

公元前 1 世纪，罗马人、叙利亚人创造了用铁管吹制玻璃工艺，可以将玻璃液随心所欲地吹成各种形态的器皿。这一创造对玻璃的发展建立了极其巨大的功勋，以后又出现了模具吹制法，这是批量玻璃器皿生产的开始。

2100 年前的汉代，开始出现玻璃日用饮食器皿。

2000～2200 年前的意大利罗马，创造出利用铁管吹制玻璃的技术（约公元前 1 世纪），即采用一根金属管将熔融的玻璃液吹成中空的泡，最后制成形状各异的玻璃器皿，制作出透明玻璃。这种方法一直沿用到今天。同时罗马出现熔化玻璃的砖砌小池，或许是池窑的前身，代替了古埃及人陶罐熔化玻璃技术，罗马也因此成为玻璃工艺中心。

西顿和巴比伦地区在制备玻璃制品时，将一根长 $100\sim150cm$、粗约 $1cm$ 的铁管子的一端伸入熔化的玻璃液中，使一定量的玻璃液黏附在铁管上，然后将铁管取出，并将铁管的另一端放在嘴中，根据模具的形状吹制成形状各异的器皿。玻璃吹管的使用是玻璃制造工艺的第一个变革，其在玻璃工艺史上的重大作用相当于陶瓷工艺史上陶轮的出现。这种极简单的原始工具传播到全世界，并一直沿用至今。玻璃吹管出现后，不仅能制造出圆形、薄壁器皿，而且可利用木制模具制造出其他形状的器皿（应将木制模具浸湿），并可使制造出的玻璃器皿标准化、成套化。此外，还可利用玻璃吹管将玻璃吹制成长筒，然后将它剖开摊平而制成平板玻璃。在 20 世纪初直接从池炉中拉制平板玻璃工艺出现之前，窗玻璃就一直用这种方法制造。尽管窗玻璃尺寸有限，而且质量不高，但它却使玻璃应用出现了新的领域，即从日用和观赏进入建筑领域。

玻璃制造技术的第二个变革是工艺中所使用的原料和燃料摆脱了对森林的依赖。罗马帝国时期，许多地方制造玻璃所用燃料为木材，玻璃配料中所需的助熔剂（碱金属氧化物）都使用木灰，木灰的主要成分是 K_2O，所以早期玻璃属于钾钙硅酸盐玻璃。由于对燃料和原料的需求，许多玻璃厂都必须开设在远离城市的山林地带。随着时间的推移，砍伐的树木越来越多，使得玻璃工厂离燃料和原料供应地也越来越远。这种状况迫切需要玻璃制造业进行变革。

科学考古发现，在公元 79 年被火山埋没的庞贝古城中，有些建筑在青铜窗框上安装着平板玻璃，这是迄今为止最早将玻璃作为建筑材料用于居室采光的例证。由于当时熔化玻璃的温度较低，玻璃中存在大量未熔化的颗粒杂质，杂质造成光线的散射，使玻璃透光而不透明。同时，当时生产玻璃的工艺是将玻璃液浇注挤压成玻璃板，因此玻璃板表面凹凸不平，造成光的散射，是当时平板玻璃透光而不透明的原因之一。

古代玻璃由于含有较多的氧化铁及其他杂质，因而总是带有暗绿色。约公元 1 世纪，埃及亚历山大港人为了制造无色玻璃，在玻璃中引入氧化锰作为补色剂。无色玻璃的出现为随后的彩色玻璃开辟了道路。罗马帝国以及中世纪的西方玻璃中心威尼斯，都制造出许多美丽的彩色玻璃器皿。

公元 1 世纪，罗马成为玻璃制造业的中心。罗马帝国的玻璃工艺有吹制、吹模、切割、雕刻、镂刻、缠丝、镀金等。5 世纪以后，罗马玻璃工艺逐渐衰退，到 8 世纪，除了教堂的彩色玻璃镶嵌之外，欧洲的玻璃工艺几乎灭绝。然而，这段时期中东地区的玻璃工艺还在继续发展。叙利亚工匠把银盐注入玻璃液，炼出了有金属光泽的玻璃。

从 7 世纪起，阿拉伯一些国家如美索不达米亚、波斯、埃及和叙利亚，其玻璃制造业也很繁荣。它们当时已能够用透明玻璃或彩色玻璃制造清真寺用的灯。

大马士革、君士坦丁堡和开罗是 9～14 世纪中东地区的玻璃生产中心。

在 11～15 世纪，玻璃的制造中心在威尼斯。期间，威尼斯开发了许多玻璃品种，如建筑门窗玻璃、玻璃瓶、玻璃镜和其他装饰玻璃。发明改进了许多玻璃生产工艺。

到了 11 世纪，德国发明了手工吹筒法。就是把玻璃液吹成圆筒形，在玻璃仍热时切开、摊平，形成最初的平板玻璃。这种技术后来被 13 世纪的威尼斯工匠继承。从那以后，玻璃开始被用在建筑物的窗户上，最典型的就是中世纪教堂里的彩色玻璃。不过，那个时候玻璃很贵，只有非常有钱的人才用得起。

12 世纪，随着贸易的发展，威尼斯成为世界玻璃制造业的中心。当时玻璃制造技术属于高科技产业，威尼斯人将此视为国家机密，政府为了垄断玻璃制造技术，把玻璃艺人集中在与威尼斯隔海相望的四面环海的穆兰诺岛上。生产窗玻璃、玻璃瓶、玻璃镜和其他装饰玻璃等，工艺精美，具有极高的艺术观赏价值，深受欧洲宫廷的钟爱。威尼斯玻璃生产的鼎盛时期是 15～16 世纪，产品几乎独占欧洲市场。

700 年前，玻璃熔化技术得到提高和玻璃生产规模得以扩大，出现玻璃镜子。玻璃研磨抛光技术也开始萌芽。

欧洲玻璃工艺的另一个中心是波西米亚和德国。13～15 世纪的哥特式时代，当地生产一种墨绿色的玻璃器，被称为"森林玻璃"。典型作品是一种周身有小凸球的酒杯，下面有高高的圈底，上端有外展的边缘。到 16 世纪，上端边缘向上伸展，形成小碗。这种式样延续至今，被称为"莱茵玻璃酒杯"。

玻璃价格在法国曾高于等重的黄金，16 世纪以后，由于路易十四出高薪邀请，开始有玻璃工匠逃离穆兰诺岛，分散到欧洲各地，至此玻璃制造技术开始传播和改进，从而在整个欧洲得到普及。

大约 16 世纪中叶，意大利的工匠们开始挖掘和利用天然水晶。

17 世纪以后，欧洲的玻璃工业发展迅速，欧洲许多国家都兴建了玻璃厂，改进了玻璃熔铸技术。法国已经能用铸造法生产大面积的玻璃镜和平板玻璃。英国人发明了两项最重要的技术：一是铅玻璃；二是熔化技术的革新。燃料由木材变为煤炭，又使用了闭口坩埚，玻璃工业又有了很大的发展。

1615 年，英国的汤马斯发明烧煤炭的坩埚炉。

17 世纪中叶，欧洲开始利用煤作燃料熔制玻璃，并在玻璃配料中使用了工业纯碱（Na_2CO_3）。早期的玻璃是钾钙硅酸盐玻璃，在玻璃中引入纯碱后就成为钠钙硅酸盐玻璃。由于后者的透明性、耐腐蚀性、良好的操作性和不含贵重氧化物等优点，使其至今仍然是平板玻璃和瓶罐玻璃的基础成分。

1675～1676 年，英国的拉文斯克罗夫首先制成含氧化铅类物质的火石玻璃或晶质玻璃，成为欧洲光学玻璃的鼻祖（又说："人工水晶"或水晶玻璃是意大利人于 17 世纪下半叶发明的），但晚于我国战国的铅钡玻璃近 2000 年。

天然水晶很早就受到人们的喜爱，但由于天然水晶硬度大、储量少，很难将它制作成器皿。人工水晶不仅克服了天然水晶的上述不足，而且其透明度高、折光性能好、厚重、耐切割，便于精雕细刻，因此成为玻璃发展史上的重要里程碑。由此迎来了意大利玻璃的鼎盛时期。

晶质玻璃的高折射率和高亮度及易于雕刻的特性，为艺术玻璃和光学玻璃奠定了基础。18 世纪末至 19 世纪初，德国的 J. V. 弗琅禾费（Fraunhofer）和瑞士的 P. L. 吉南（Guinand）合作，开始试制光学玻璃。到 19 世纪后期，德国的 E. 阿贝（Abbe）和 O. 肖特（Schott）对玻璃进行了系统的科学研究。肖特扩展了玻璃的组成，并研究了成分对玻璃性质的影响，发现了玻璃很多可贵的性能，使人们重新认识了玻璃。他们制造出了温度计玻璃、显微镜和望远镜光学玻璃，并在玻璃中引入一系列新的化学成分，如 B_2O_3、BaO 和 ZrO_2 等。

1688 年，法国人路易发明玻璃浇注法，推进了光学玻璃技术的发展。

18 世纪初，德国继承罗马传统，在莱茵河流域创造独特的细雕玻璃技术。

18 世纪，欧洲人雷文斯克罗特发明一种透明性更好的铝玻璃，玻璃制作业由此在欧洲兴盛起来。

18 世纪后期，瓦特发明了蒸汽机，带动机械工业和化工工业的长足发展，产业革命对玻璃制造业的发展起了极大的推动作用，这一时期发明了路布兰制碱法，玻璃的制造技术又向前推进了一大步。

18 世纪末，美国的 M. 欧文斯（Owens）发明了自动吹瓶机，从而结束了发明玻璃吹管以来长达 2000 年的人工吹制玻璃器皿的历史。

1790 年，瑞士人狄南发明用搅拌法制造光学玻璃，为熔制高均匀度的玻璃开创了新途径。

19 世纪，有人发明了氨碱制造纯碱，使过去依靠天然碱和烧木制灰法的状态得到彻底的改变，当时在教堂的窗户上已经陆续使用玻璃。在玻璃工艺发展过程中，一个值得注意的问题是玻璃与建筑的关系。玻璃运用在建筑当中已经很长时间了。哥特建筑师们利用玻璃来描绘精神的象征符号：柔和的光线透过高高的侧窗洒落进来，暗淡的教堂中，光线集中在圣坛部分，这样可以将人的思想朝天空的方向引升。对于文艺复兴时期的建筑师们而言，高大的竖窗上的七彩玻璃改变了光线，形成了一种飘忽的氛围，唤起心灵的回应。

在古代，熔融玻璃原料就采用坩埚熔炉，并一直沿用至今。坩埚熔炉可以放一个或一个以上的坩埚。但即使是大型坩埚熔炉，也存在容量小、不能连续生产以及不能机械化和自动化生产的缺点。

1867 年，德国西门子兄弟发明了以煤为燃料的连续式池炉。池炉的出现为玻璃机械化、自动化大量生产提供了可能。

19 世纪中叶，发生炉煤气和蓄热室池炉应用于玻璃的连续性生产。随后，出现了机械成型和加工。氨法制碱以及耐火材料质量的提高，这些对于玻璃工业的发展都起了重大的促进作用。

19 世纪末，德国阿贝和肖特系统地研究了光学玻璃，奠定了玻璃的科学基础，也为玻璃的新品种的研发提供了强有力的证据。

比利时人 E. 弗克（Foureault）于 1905 年第一次成功地从池炉中直接拉制出平板玻璃，并于 1914 年正式投入生产，定名为弗克法。中国现在称之为有槽垂直引上法。机械化、自动化拉制平板玻璃的成功为玻璃作为建筑材料创造了有利条件。

瓶罐玻璃（包括器皿玻璃）和平板玻璃的机械化和自动化生产，是玻璃工艺发展史上的一个里程碑。它们成为 20 世纪工业领域中最大产业之一。甚至有人说，建立生产用于盛放食品、饮料及家用玻璃的工厂，通常是发展中国家开始工业化的标志。

20 世纪初出现了机械吹筒法，可以将玻璃液吹成直径 0.5m、长 2m 的圆筒，制成玻璃的面积比手工吹筒法增大许多。仅仅过了 20 年又相继发明了平拉法、压延法、有槽垂直引上法、无槽垂直引上法和旭法，平板玻璃的生产技术水平和产量获得很大的提高。当时的平板玻璃除了用于住宅采光外，经过磨光后还用于汽车、制镜。

20 世纪以来，玻璃的生产技术得到了飞速发展，产生了几次质的飞跃。1952 年英国皮尔金顿公司开始研究浮法工艺，1959 年向世界宣布研制成功（英国人阿拉斯泰尔·皮尔金顿爵士发明），1962 年建成第一条生产线。随后一些玻璃公司也对浮法工艺进行了研究开发，最终形成目前并存的英国皮尔金顿浮法、美国匹兹堡浮法和中国浮法三大浮法工艺，并不断被各国所采用。浮法是目前生产平板玻璃的主体工艺，超过 90% 的平板玻璃使用浮法工艺生产。平板玻璃是深加工玻璃的原片，是深加工工艺的基础，正是这些色彩绚丽、功能独特的深加工玻璃装饰着现代建筑。超现实主义者们关于透明建筑的梦想也终于在 20 世纪变成现实：Mies Van Der Rohe 建造了玻璃塔，Phillip Johnson 建造了玻璃房子。

3. 中国古代的玻璃

古代中国和希腊的玻璃制造是各自独立发展起来的。

中国古代称玻璃为琉璃。但琉璃却不是现在的玻璃。玻璃在古代又指一种天然玉石——水玉，也不是现在的玻璃。

琉璃是中国古代文化与现代艺术的完美结合，其流光溢彩、变幻瑰丽，是东方人的精致、细腻、含蓄的体现，是思想情感与艺术的融会。琉璃，又称流离，是一种透明、强度及硬度颇高、不透气的物料。中国传统建筑中主要用作装饰构件，通常用于宫殿、庙宇、陵寝等重要建筑，也是艺术装饰的一种带色陶器玻璃。关于中国古代琉璃开始制造的时间，目前还没有一个准确的定论，但从西周时期开始，一些诗文中就有"火齐""琉璃""明月珠"等不同的称谓。后人对此的注解多为"不同种类的玉石"。但联系近年来考古发掘出的大量实物及专家具体的分析，大多认为这些东西与人造玉有关系，也就是玻璃的前身。

中国古代玻璃器存世的数量较少，开始研究也比较晚，没有建立像瓷器、玉器等健全、完整、系统的研究体系，对中国古代玻璃器皿的鉴定与收藏造成了一定的困难。但从大的方面来说，一个时代的器物总与下一个时代的东西有所不同，都有具体的表现。

中国的玻璃对其近邻朝鲜、日本等国家产生过影响。玻璃自问世以来，在长达数千年的历史进程中一直在变化、发展着，从而达到今天这个状况。所用原料从纯天然矿物到人工合成的高纯原料；所含成分从各种氧化物到非氧化物以及单质；所用的合成方法从单坩埚熔制到多坩埚、熔池熔制，以及气相沉积法和溶胶-凝胶法合成；所用成型方法从简单的浇注、模压和用吹管吹制等手工成型到全部机械化和自动化的吹、压、拉、离心浇注，以及化学加工；应用范围从装饰、生活日用品到具有声、光、电、磁、热、力等各种性能的电子元器件。玻璃的这些发展和变化，体现了玻璃的整个发展历史。玻璃制造工艺经历数次重大变革才发展到当今的水平。

考古资料表明，中国古代的玻璃制造工艺始于西周时期，绵延不绝历经两千余年，至清代发展到顶峰，成为古代玻璃史上的鼎盛时期。北京故宫博物院藏古代玻璃器4000余件。从藏品的时代上看，从战国到明清几乎不间断。其中绝大部分藏品为传世品，尤以清代玻璃制品所占比例最大，约占整个藏品的90%。

西周时期，受其时代和工艺手法的限制，玻璃器物朴素无华，色彩灰暗，器形简单，制作简单。

春秋时期，人人喜玉，所出产的玻璃器物以仿玉为主，光洁度高，工艺水平较高。

因受其影响，东汉和西汉的玻璃器物与此相同。汉代以来，特别是魏晋南北朝时期，外国大量的钙质玻璃传入我国，但我国并没有完全采纳，而是在原来的铅化玻璃上加以改进，制成了碱化玻璃。因此这一时期的玻璃制品器物轻薄，透明度较好。魏晋南北朝时期，作为我国历史上玻璃器物的一个重大转折，在质地、造型、工艺等方面都出现了全新的面貌。由于外国工艺的进入，改变了我国魏晋南北朝时期玻璃器制作粗糙、质地浑浊的状况。

隋唐时期，是中国历史又一个大统一时期。隋朝统一中国后，借鉴烧绿瓷的方法烧出来的玻璃与前期又有很大的不同。唐代零星出土的一些玻璃工艺品其外形都是中国传统式样，如玻璃果、玻璃瓶等。隋唐时代玻璃器的突出表现是在摆设品、生活用具玻璃器的制造上，主要是玻璃瓶、玻璃杯、玻璃茶具等。

五代、宋、辽、金、西夏的出土器物，主要有玻璃葫芦花瓶、花瓣口杯等。另外，据记载，宋朝人对来自阿拉伯国家的玻璃器皿特别重视。

元代玻璃生产在宋、金玻璃业的基础上有所发展，并建立了烧造仿玉玻璃器的专门机构，由于有专门的机构管理制作，因此制作出来的东西比较精美、细腻。

明代的颜神镇（今山东博山）是玻璃生产的重要城镇。由于明代时玻璃制品已经在民间广泛使用，达官贵人不再珍爱这种东西，因此明代的玻璃器物流传下来的就不多见。明代的宋应星在《天工开物》中记载了当时玻璃制作的全过程。今已发现的元末明初的玻璃作坊遗址——颜神镇，出土的玻璃废丝头和珠、簪等残品可以证明这一点。

明代的寺院中也保存了一些比较精美的玻璃容器。如北京护国寺西舍利塔出土的莲瓣口沿的玻璃盘、碗各一件，都是白色半透明。北京天宁寺出土的一件深蓝色玻璃盘，口径

21.7cm。明代墓葬中出土的玻璃器不多，仅有玻璃围棋子和玻璃带板。

清代玻璃器又分宫廷制造与民间制造两大系列，宫廷玻璃器占其中的 3/4。宫廷玻璃代表了清代玻璃制作的最高工艺水平，是造办处玻璃厂按照皇帝的谕旨为皇家制作的各种玻璃器皿。整个清代从康熙皇帝玄烨到末代皇帝溥仪，内务府官办作坊——造办处玻璃厂从未停止过玻璃的制造与生产。

玻璃厂建立后，清代的玻璃制作在皇帝和造办处管理大臣的统一指挥下走上了稳步发展的轨道。据不完全统计，康熙朝已有单色玻璃、画珐琅玻璃、套玻璃、刻花玻璃和洒金玻璃等品种，雍正朝在此基础上又增加了描金玻璃。

单色玻璃是指用单一颜色玻璃吹制的玻璃器皿。康熙朝的单色玻璃是对清以前玻璃制作工艺的继承与发展。这一时期的传世品，过去仅知北京故宫博物院珍藏着一件透明玻璃水丞。雍正朝制作数量最多、器形最丰富的品种是单色玻璃，为当时的主流产品。单色玻璃有"涅玻璃"与"亮玻璃"之分，"涅玻璃"是指不透明玻璃，"亮玻璃"是指透明玻璃。

珐琅是一种绘烧于金属胎、瓷胎和玻璃胎上的釉料，康熙年间从欧洲传入我国。玻璃胎画珐琅是清代首创的玻璃装饰工艺，始于康熙朝，而康熙朝玻璃胎画珐琅的实物却一直杳无踪迹，无缘得见。

康熙朝玻璃制作工艺的另一创新是套玻璃的烧制成功。所谓"套玻璃"是指由两种以上颜色玻璃制成的器物。其制作方法有两种：一种是在玻璃胎上满套与胎色不同的另一色玻璃，之后在外层玻璃上雕琢花纹；另一种是用经加热半熔的色料棒直接在胎上制作花纹。套玻璃是玻璃成型工艺与雕刻工艺相结合的产物，是玻璃制作工艺史上的重要发明。这两种方法制作出的器物均可见凸雕效果，既有玻璃的质色美，又有纹饰凹凸的立体美。

洒金玻璃是康熙朝创新的又一个玻璃品种，而在雍正朝档案中却未见制作洒金玻璃的记载。但雍正朝档案中记载了描金玻璃的制作，描金玻璃是在玻璃表面上描绘金色花纹，其制作方法应源于漆器工艺中描金漆的做法。

纵观历史，康熙朝是清代官造玻璃制作工艺的开端和奠定基础的时期，玻璃厂的建立是康熙皇帝玄烨崇尚继承中国传统玻璃制作工艺和吸收欧洲科学技术的产物，也是皇家对玻璃制品重视与喜爱的结果。晶莹璀璨的玻璃器成为清代艺术品中的新宠和皇帝重要的赏赐品。雍正朝玻璃颜色达 30 种之多，可谓五彩缤纷，斑斓绚丽，成为雍正朝玻璃制作工艺的闪光点。乾隆朝是整个清代玻璃制作工艺最为辉煌、全面发展的时期。嘉庆朝是玻璃制作工艺的转折点，从此造办处玻璃厂一蹶不振，工艺水平逐步下降。清代玻璃工艺制作与发展的历史与清王朝的兴盛衰亡息息相关，这正是官办作坊不可抗拒的发展规律。

清代的玻璃生产，南方以广州为中心，北方以颜神镇为中心。康熙三十五年（1696年），内廷专门成立了玻璃厂，专门为皇室生产玻璃。民间也有一部分制造，但宫廷玻璃器占其中的 3/4。

清初，当时欧洲制造的晶莹的玻璃传入我国，立即引起了皇室的重视。当时的清廷征召了全国最优秀的玻璃工人到玻璃厂轮流供职，同时还有欧洲的技术人员进行指导和制作。于是，中西方的玻璃制造技术在清宫玻璃厂融合了。玻璃厂的工匠们利用皇家雄厚的财力和物力支持，凭借自己高超的技艺和丰富的智慧，炼烧出了色彩丰富、质地精纯的玻璃。并采用无模吹制和有模吹制等技法制作出几十种类型的玻璃器物，同时利用中西方不同的艺术加工方法创造出众多的工艺品种，把玻璃的制造工艺提升到崭新的历史阶段，取得了辉煌成就。

4. 中国现代的玻璃

中国玻璃制造形成大工业生产是在 20 世纪中期中华人民共和国成立以后。上海是一个玻璃工业比较发达的地方，玻璃产品门类齐全，包括瓶罐玻璃、器皿玻璃、平板玻璃、光学玻璃、石英玻璃、玻璃纤维以及高新技术用的特种玻璃，如石英光纤玻璃、激光玻璃和微晶玻璃等。

上海开始建立玻璃生产工业始于20世纪初。最初日本人在上海开设了规模很小的玻璃厂，技术也从日本传入，主要产品是吹制的煤油灯罩。熔炉是以煤为燃料的坩埚炉。第一代技术工人也是日本人。后来逐渐发展到能吹制瓶罐玻璃和器皿玻璃。1931年，上海建立了上海晶华玻璃厂，采用池炉和自动制瓶机生产瓶罐玻璃。但直至1949年以后，上海才逐步发展形成较完备的玻璃工业。

20世纪初，由比利时人提供技术在秦皇岛创办了耀华平板玻璃厂，这是中国机制平板玻璃的开始。后来又在大连、沈阳等地开办了平板玻璃厂，所采用的技术都是有槽垂直引上法。到1949年，中国仅此3家设备陈旧、年产量不足100万标准箱（每标准箱相当于厚度为2mm、面积为10m^{2}的平板玻璃）的平板玻璃厂。

1949年后，平板玻璃得到了很大的发展。20世纪50年代初，英国的皮尔金顿公司开发了浮法生产平板玻璃。中国在20世纪70年代也开始在洛阳玻璃厂自行探索浮法平板玻璃的生产工艺，并获得成功。

20世纪80年代中期，又从英国、美国等国家引进了浮法玻璃生产技术，使中国生产的平板玻璃不仅能满足国内需要，而且能部分出口到世界其他国家。

光学玻璃是玻璃品种中的一大类。但在1949年前，中国所用的少量光学玻璃都是靠进口。1953年，中国科学院长春光机所试制出中国第一埚光学玻璃。以后在品种上制备了硼冕、火石和钡冕等多种光学玻璃。在工艺上从经典法发展到浇注法，为中国光学玻璃工业的兴起打下了良好的基础。20世纪80年代初期，北京和成都等地的光学玻璃厂相继引进了连熔生产线。此外，上海也自行发展了光学玻璃连熔生产线，从而使中国的光学玻璃工业向现代化迈进了一大步。

由于玻璃纤维在建筑、机电和通信方面的多种用途，中国科学院冶金陶瓷研究所窑业组（上海硅酸盐研究所前身）曾采用铂坩埚进行拉制玻璃纤维的试验研究。此后，这种成功的工艺方法在上海耀华玻璃厂投入使用，并逐步推向全国，从而在全国形成了一个具有相当规模的玻璃纤维制造业。

20世纪70年代前后，美国成功地制作出了石英光学纤维并用于光通信。中国科学院上海硅酸盐研究所也开展这方面的试制研究。20世纪80年代，结合引进技术，中国光导纤维的生产水平大大提高，已能部分满足全国光纤通信的需要，并形成了一个新兴产业。

此外，特种玻璃（包括激光玻璃、微晶玻璃、生物玻璃以及具有声、光、电、磁等特性的功能型玻璃等）也在研究所和高等院校研究的基础上逐步推向工业化生产，形成了相当规模的生产能力。

第三节　金属材料发展简史

金属材料的历史可追溯到新石器时代晚期的铜石并用时代，时间断限最早应在公元前6000年。后来分别经历了青铜器时代（公元前5000~前3000年开始）、铁器时代（公元前1500年开始）、钢铁时代（以英国大发明家贝塞麦1856年创立的炼钢原理为标志）以及现代钢铁材料及其合金时代等几个阶段。

一、青铜器时代

公元前 6000 年左右，铜首次被有意识地用来作为原料。先民们发现并利用天然铜块制作铜兵器和铜工具。

到公元前 5000 年，人们已逐渐学会用铜矿石炼铜。铜是人类获得的第二种人造材料，也是人类获得的第一种金属材料。

公元前 4000 年，铜器及其制造就已推广，而石头作为材料已退居第二位。

二、铁器时代

在文明古国埃及、美索不达米亚和中国，人类最早利用的铁都是陨铁，埃及人称之为"天铁"。是陨铁让人类有意识地寻找铁矿石，研究炼铁方法，发展到后来发明铁的冶炼技术。

大约在 4000 年前，地处西亚的安纳脱利亚地区的赫梯人在炼铜时很可能是在无意中发现铁矿石有助熔作用，能降低铜矿石的熔化温度，因而常在炼铜炉里加进一些铁矿石。这时，如果炼铜炉的温度超过 1000℃，会有一些海绵状的铁被还原出来。所以，可以说，赫梯人是世界上最早步入铁器时代的民族。

1977 年，在北京市郊区平谷县刘家河村发现了一批商朝（距今已有 3100～3600 年）中期的墓穴。古墓中发现了一件古老的兵器——铁刃铜钺。这是一件镶有铁刃的青铜斧状兵器，是迄今所见最早的铁制古兵器。

早在 2600 年前的春秋时代中后期，我们的祖先就发明了生铁冶炼技术，比欧洲国家要早 1000 多年。世界上有关记载冶炼、浇铸生铁的最早文字，也见于我国古代典籍名著《左传》中。

生铁硬而脆，韧性不好，很少作为结构材料使用（跟碳含量有关）。

铁中含有一定量的碳等其他元素物质就形成钢，而铁中很难避免其他杂质元素的存在，所以钢的历史几乎与炼铁的历史同样久远。人类有意识地在铁中控制碳（2.11% 以下）和其他合金元素的加入量，就是炼钢技术的开端，但真正的钢铁时代（钢主导）的到来却是以后的事。

最早的钢是古代中国在大约 1200℃ 的较低温度下，用木炭还原出铁矿石里的混杂铁（含铁、矿渣和没烧尽的木炭混杂在一起的炼铁块）为原料，在炭火中反复锻打、反复渗碳而逐步形成的。

钢和生铁的最大区别是碳含量的多少，前者少而后者多，以 2.11% 为界。

炼钢和炼铁的主要区别是消耗掉多余的碳，最简单的方法是利用空气中的氧气去除碳，以降低碳含量。

随着钢铁的出现（已经到了 18 世纪，但其成熟的显著标志则是 1856 年贝塞麦创立的炼钢原理），引发了资本主义国家的工业革命。

在 18～19 世纪，钢铁的发展直接决定了工业的发展程度。就在 20 世纪 50～60 年代，钢铁的产量还是衡量一个国家工业发展水平的重要标志。

三、钢铁的发展

1. 古代中国在炼铁方面的成就

在钢铁冶炼史上，我们中华民族有两点是值得骄傲的。

其一是早在 2600 年前的春秋时代中后期，我们的祖先就发明了生铁冶炼技术，比欧洲国家要早 1000 多年。据分析，我国能早早地发明生铁冶炼术，得益于高超的炼铜技术，尤其是先进的炼铜竖炉。

1975 年，湖北省黄石市在大冶铜绿山古代矿冶遗址发现了三座保存完整的春秋时期的炼铜竖炉。炉高大约有 1.5m，炉缸设有放铜、排渣的金门，炉身还有专门的鼓风口，完全是现代鼓风炉的雏形。从炉缸内壁的烧蚀情况分析，当时炼铜的温度已经接近了冶炼生铁所需要的温度。

其二是我国很早就发明了炼钢技术。中国最早发明在大约 1200℃ 的较低温度下的炼钢技术，通过在炭火中反复锻打、反复渗碳而逐步形成钢。这种钢的制取方法，还为后人留下了"千锤百炼"的成语。

在汉朝以后，我国又发明了炒钢、团钢等当时独步世界的炼钢方法。炒钢是把生铁放在熔池里加热到熔化或基本熔化以后，不断地搅拌翻炒，利用空气里的氧气除去生铁里的碳以后炼成的。这种方法直到 19 世纪中叶，还是欧洲各国炼钢的主要方法。团钢是把含碳多的生铁和含碳很少的纯铁夹杂盘成团，再加热锻炼而成的。北宋有名的科学家沈括在《梦溪笔谈》这本著作中对这种炼钢方法做了简明扼要的说明。他提到：世上有把铁打成钢的，是在柔软的铁条中夹进生铁块，盘起来，用泥土封起来后放在炉火中煅烧，再反复锤打，使熟铁和生铁互相渗透，就成为钢了。这叫团钢，也叫灌钢。

2. 古代在炼铁方面的局限

虽说在上千年前，劳动人民就发明了百炼钢、炒钢、团钢等钢铁生产技术，但这些炼钢方法都比较复杂，质量很难保证，更是无法达到大规模生产的水平。所以，直到 19 世纪前半叶，人类还是在已经经历了 2000 多年的铁器时代里徘徊。

四、现代钢铁工业的开端——贝塞麦把我们带入钢铁时代

19 世纪 50 年代初，俄国和土耳其之间爆发了战争，以后，战火蔓延到整个克里米亚地区。历史上把这场战争称为"克里米亚战争"。当时的人们受来复枪的启发，开始研究新型的大炮，面临的主要问题是材料强度不够。贝塞麦从当时的炼钢方法——坩埚法的缺点着手研究并加以改造，发明了转炉炼钢法（通气方式由从上面通气发展到从下面通气）。

1856 年，贝塞麦在英国皇家科学协会发表了演讲，题目是"不使用燃料，只吹入空气就可以变铁水为钢水"。

炼钢炉的改进历程如下：英国冶金专家托马斯改进了转炉，采用了碱性材料，并加入碱性材料生石灰，使炼钢反应始终在碱性条件下进行。使被氧化的磷、硫与生石灰结合起来，一举解决了钢水脱磷和脱硫的难题。1864 年，法国工程师马丁利发明了一种特大型炼钢坩埚——平炉。他在容量达上百吨的炉子里加入废钢和生铁，用经蓄热室加热到 1100℃ 的煤气和空气去燃烧熔化，使废钢、生铁熔化并精炼成钢水。20 世纪初，法国冶金专家埃鲁针对平炉和转炉难以炼出高级合金钢的缺点，将电弧炉用于炼钢，发明了电炉炼钢法。它避免了因存在空气而氧化合金元素的缺点，被专门用来冶炼高级合金钢。1952 年，奥地利科学家利用纯氧气代替一般空气，发明了纯氧顶吹转炉。纯氧顶吹转炉用夹层里通过冷却水的夹套吹管吹入氧气，避免了贝塞麦遇到过的铁管熔化的问题，炼钢的速度大大加快，一炉 300t 的钢，只需要 0.5h 就可以熔炼完毕。

五、锰钢的诞生

在炼钢时加进金属锰，就能炼出锰钢。锰钢最大的特点是强硬坚韧，是工业建设的"栋

梁之材",是国防建设的"铁甲卫士"。锰钢的问世,是一位年轻的冶金学家——英国的哈德菲尔德,藐视权威,以他那锰钢般的意志顽强攻关的结果。以往经验告诉人们,钢铁中锰的含量绝不能超过1.5%,否则它就会越来越脆。在经过了几百次的失败以后,他终于发现当锰的含量达到13%时,锰钢一改它昔日脆弱的形象,变得既有很高的硬度,又富有韧性。

1883年,25岁的哈德菲尔德拿到了他梦寐以求的锰钢生产工艺专利证书,把锰钢大批推向了市场。如今,锰钢在许多地方大显神威。人们用它制成铁路钢轨、桥梁桁架、碎石机齿板、掘土机铲斗等,可经受万千次冲击,能"咬碎"坚硬的石块。用它可制成坦克履带、装甲板等,能经受枪弹和炮弹打击。

六、不锈钢与超级不锈钢的诞生

不锈钢,是以铁为主体元素,加上一定比例的铬、镍、钼、锰等金属炼成的耐腐蚀合金材料。不锈钢以其锃亮的外表、良好的力学性能和对酸性腐蚀物质的强大抗御能力赢得了人们的欢迎,是现代工业生产和日常生活中常用的金属材料。冶金专家布里尔利有一次偶然发现,由电炉炼成的含铬8%、含碳0.24%的合金钢经过热处理后,具有极好的耐腐蚀性能,特别是不怕酸性物质的腐蚀。布里尔利把它起名为"不锈钢"。布里尔利的初衷是研究一种新型合金钢,以制造更坚固耐用的枪膛。

在这以后不久,冶金专家毛尔和施特劳斯两人携手合作,发明了含铬18%、含镍8%的18-8型不锈钢,比布里尔利发明的不锈钢耐腐蚀能力更胜一筹。现在,18-8型不锈钢(304)是世界上应用最广泛且产量最大的不锈钢。

在20世纪70年代,我国的科技工作者利用我国特有的丰富稀土金属资源,发明了稀土低合金不锈钢,为不锈钢事业的发展做出了贡献。

七、切削工具材料的发展

18世纪中期开始,大机器生产开始在欧洲出现。机器生产少不了切削金属的刀具,可那时在欧洲,人们使用的刀具,是英国人亨曼在1740年发明的用坩埚冶炼的低碳钢刀具,效率很低,严重影响了工业的发展。

1820年,英国皇家学会受一把印度宝剑的启发,决定请有名的物理学家法拉第出马,研制优质工具钢。但是,法拉第对冶金并不精通,他只好采取逐个试验的办法进行研究。他在钢铁中加过铜,加过锌,甚至加过金、银,还有金刚石,但都没有获得成功。用瞎子摸象的办法研究了整整三年,法拉第还是没有看到成功的曙光。

19世纪俄国著名的炼钢专家安诺索夫也在寻找能使普通碳钢变硬变韧的物质,但不知什么原因一直没有成功。安诺索夫决定改变主攻方向,通过金属热处理的方法来改善碳钢的性能。他利用显微镜研究钢铁硬度与内部结构的关系,研究在不同条件下热处理后钢铁内部的变化。经过5年的努力,安诺索夫终于掌握了制造优质碳素钢的方法。

安诺索夫发明的碳钢确实很硬,但有一个怕热的大毛病。机床上用的车刀,在切削时难免会发热,车速一快,时间一长,碳钢刀就从"硬汉子"变成了"软骨头",再也不能啃钢咬铁了。所以那时的机床还不能转得飞快。

后来,安诺索夫想起了金属大家族里的耐热冠军钨,就设法冶炼含钨的锰钢。钨锰钢炼出来后,做成车床用刀到工厂里一试,果然是身手不凡,一下子将切削速度提高了60%,达到每分钟切削8m铁刨花。

到1898年,美国工人技师泰勒创造了一个奇迹。最初,他想研制一种耐高温的高速刀具钢，于是他分析了钨锰钢的成分，认为钨是好的，熔点高达 3380℃，受热肯定不会变软，问题一定是出在熔点和硬度都不够高的锰身上。泰勒思考了很久，决定采用铬取代锰。泰勒赶紧安排试验冶炼含铬钨钢。经过一段时间的试验，合乎要求的含铬钨钢炼出来了。测试证明，新材料做的车刀的切削速度比过去提高了 5 倍。在这之后，泰勒又对钨铬钢刀做了不少改进，使它能在 500～600℃下也不变软，切削速度达到 10m/s（600m/min），可与奥运会 100m 跑的冠军比一比速度。

进入 20 世纪以后，刀具材料又有了一次飞跃，那就是诞生了硬质合金。1907 年，德国冶金专家施特勒尔用碳化钨的硬质颗粒，加上铁和钴的粉末，先压制成型，再以高温烧结，让铁和钴熔化而成为黏结材料，使碳化钨紧紧地"团结"起来，制成了硬质合金。硬质合金一经问世，便受到了热烈欢迎。人们发现用它制作的刀具，在 1000℃的高温下也不会变软，切削速度可达到 2000m/min 以上，比普通碳素钢刀高出 100 多倍。到 20 世纪 80 年代，材料科学家采用气相沉积的方法，在钨钢等普通刀具的表面镀上一层号称"硬度之王"的金刚石，不仅提高了刀具的硬度和切削速度，而且降低了生产成本，为刀具材料的发展做出了新贡献。有了这样的材料，"削铁如泥"自然不在话下，就是说"切铁如切豆腐"也不算什么过分。

八、其他金属材料的发展

金属大家族中，除了铜、铁等古老金属外，还有许多如铝、钛等新金属及它们的合金。

1. 金色的"铜" 话——铜及铜合金

铜和金、银一样，是人类最先接触到的金属材料之一。距今 7000 年前，早先的人类在寻找石器的过程中发现，有一种石头可以砸扁、拉长，而且还有华丽的光泽。后来进一步发现，如果把其熔化，可以浇铸成各种形状的制品，而且还可以反复使用。这就是天然的铜块。但是天然的铜很软，不能用作工具。而且捡来的铜块有限，远远满足不了人们对铜的需求。于是人们开始寻求利用铜矿石来炼铜，但是大量的矿石都埋藏在地下，古人没有有效的勘探和钻探设备，怎么找矿呢？但是我们的祖先积累了大量的经验，《管子·地数》篇中记载："上有丹砂者，下有黄金；上有磁石者，下有铜金；上有陵石者，下有铅锡赤矿……"这与根据某地区花的特别颜色来判断地下矿藏的方法，具有异曲同工之妙。人们找到矿藏之后，依靠石锤、石斧等将矿石开采出来，砸碎后筑炉冶炼，不但炼出了铜，还炼出了锡和铅等其他金属。当把锡和铅等加入铜后，得到了青色的铜合金。青铜比纯铜要硬很多。锡含量为 1/6 的青铜可以用来铸钟和鼎，锡含量为 1/3 的青铜可以用来做刀和剑等，青铜是人类得到的第一种合金。从此，在距今 5000 年前左右，人类告别了石器时代，进入了青铜器时代。铜虽然可以冶炼出来了，但是产量毕竟有限，青铜器大多为宫廷贵族所拥有，那时候的铜被称为金。据古书记载，中国从夏朝开始就有"贡金九枚，铸鼎象物"的传统。古人把铜片仔细磨光后，可以当镜子用，这是玻璃出现前，妇女化妆的主要用具。除了青铜外，古人还发现了黄铜和白铜合金。但是，铜合金真正大规模开始使用，还是工业革命以后，随着电子技术的发展，利用铜优越的导电性能，开创了铜开发应用的新时代。

2. 从贵族到平民——铝的发展历程

1754 年，德国化学家马格拉夫发现，从明矾和黏土中都能获得一种叫矾土的物质。30 年后，化学家证实，矾土是某种金属的氧化物。1807 年，英国化学家戴维想用电来对付矾土，从中炼出新金属。但是，矾土不溶解于水，又极难熔化，本身还不导电，因而无法用电使矾土分解。但他为新金属起名"铝"，被人们接受了。在炼铝技术的发展过程中，有许多制铝先驱的贡献。

铝是地壳中含量最多、分布最广的金属元素。我们脚下的黏土，就是铝的藏身之处，所以人们称铝是"来自黏土的白银"。在今天，铝的产量仅次于铁，在生活中随处可见。但在100多年前，铝比黄金还要贵几倍，是王公贵族才能赏玩的珍宝。

是豪尔和埃罗才使得铝"由贵族到平民"。豪尔是美国俄亥俄州奥伯林学院化学系的学生，当时只有23岁。从资料中，豪尔发现了戴维的实验记录上的一段话："格陵兰半岛伊维图特生产一种矿物，外观与冰相似，叫做冰晶石。冰晶石中含铝，熔点较低，可能可用来炼铝。"豪尔马上找来了冰晶石，把它与矾土混在一起放进坩埚加热。果然，混合物熔点降低到1000℃左右，比纯矾土容易熔化多了。他在其中插进电极通电，不久，电极上产生了一颗颗银白色的液滴状铝，而且它在上层熔液保护下没有和空气反应掉。也许是一种巧合，也许是科学技术发展到某个阶段的一种必然，同样在1886年，大西洋彼岸的法国桑特-巴比学院里，同样是23岁的青年化学家埃罗在电解冰晶石时发现，铁阴极突然熔化了。经过仔细分析，他终于弄清是由于生成了铝，铝在高温之下与铁形成了容易熔化的合金。抓住这个现象，埃罗深入研究，与豪尔异曲同工地发明了电解法炼铝的新工艺。豪尔和埃罗的成功，加上当时电力工业的迅速崛起，终于使金属铝降低成本，使铝由贵族成为平民，逐渐成为人们日常生活中的重要伙伴。豪尔和埃罗研究铝成功后，豪尔就到纽约和波士顿的金属公司出卖专利技术，但是在两家公司都没有成功。后来匹兹堡金属公司利用豪尔的技术在1888年成功开始了金属铝的规模生产，所以该公司成了世界上第一家正式的商业制铝公司，并建在尼亚加拉瀑布水电站旁，从而使匹兹堡成为有名的铝产地。埃罗的技术被德国的基利亚公司买断，并成功工业化。

九、航空时代的骄子——钛及钛合金

当1964年前苏联的航天纪念碑在莫斯科普罗斯克特米拉广场初露雄姿时，人们除了赞美它惟妙惟肖的造型、精美绝伦的做工外，大多数人并未想到它那银白色熠熠生辉的外壳材料与其他金属有什么区别。然而50多年过去了，天天在纪念碑前经过的人们不能不发现，这座纪念碑虽然经历了数十年风雪冰霜和污染空气的侵袭，却还像是昨天刚刚揭幕一样崭新锃亮，丝毫没有留下岁月的痕迹。这座纪念碑莫非是用什么特殊材料建造起来的，能对各种腐蚀性物质"刀枪不入"？其实它是钛合金建造的。

高纯钛具有很多优良品质。高纯度的钛银光闪亮，具有良好的可塑性和延展性，可以轧成板、压成棒、抽成丝，甚至可以加工成薄如蝉翼的钛箔。他们还发现，钛虽说密度只有钢铁的60%，但强度却比钢铁还要高1倍；它的硬度与钢相似，比铝高1倍，若制成钛合金还可以提高2~4倍。它既不怕冷也不怕热，在400~500℃的高温下或-100℃的低温下都能保持高强度。它耐腐蚀的本领特别大，冷水、热水、盐酸、硫酸、硝酸，甚至是王水，都奈何它不得。在海水里浸上5年，照样光彩照人。

性能优良的钛及钛合金已经走入千家万户。钛密度小，强度大，既能经受高温又能耐受低温的考验，不怕酸，不怕碱，甚至不怕王水，抗腐蚀能力特别强，是建造超声速飞机、宇宙飞船、火箭、核潜艇、化学反应容器等不可缺少的优质金属材料。钛在今天已逐渐走进人们的日常生活中，例如"永不磨损"的录像机钛磁鼓、与人体组织"相亲相爱"的人造钛关节或钛骨、"永葆青春"的钛制眼镜架等，越来越多的钛制品正在为人们所熟悉。科学家还希望钛能在21世纪像钢铁和铝一样，成为人们日常使用的金属，所以称它为21世纪的"第三金属"。钛在地壳中的含量高达0.6%，比铅、锡、铜、锌等常见的有色金属加在一起还要多十多倍，应该并不稀罕。但是，钛长期以来被误认为是"稀有金属"，主要是因为制备钛及钛合金的成本较高。高质量的钛合金用于航空航天工业和其他高科技工业以及科学技术研究，在医疗技术中用钛合金做人工骨和心脏支架，价格不菲。

十、活的金属——形状记忆合金

1962 年，美国海军研究所军械研究室奉命研究一种新型装备时无意中发现，镍钛合金丝在温度变化时具有形状记忆的功能。研究室从材料的组成及其在不同温度下的表现以及金相学角度等方面研究了多种合金材料的性质。他们研究发现：具有形状记忆能力的合金并不只是镍钛合金一种，还有铜铝合金、铜锌合金、铜镍合金、镍铝合金等；不同的组成，甚至是组成虽然相同，但热处理方法不同的合金，被"唤醒记忆"恢复原有形状的温度就有所不同；这些合金变形能力很强，没有疲劳极限，即使反复变形上百万次也不会断裂。研究所的布勒把金属镍和钛的元素符号（Ni 和 Ti）加上海军研究所军械研究室的缩写符号 NOL 合并在一起，为有"记忆力"的镍钛合金起名为 Nitinol，但人们更喜欢使用一个形象化的名字——形状记忆合金（shape memory alloys）。

对形状记忆合金的变形原理，布勒在研究中也提出了合理的假设：在这些合金中，金属原子都是按照一定的顺序排列起来的，当受到外力作用时，它们会被迫"迁居"到邻近的某个地方去"暂住"，就此发生变形，当我们给变形了的合金加热到一定温度时，这些被迫"迁居"的原子就会获得必要的能量，"打回老家去"，恢复合金原有的形状。这个特定的温度被布勒称为"转变温度"，各种形状记忆合金的转变温度是不同的。

形状记忆合金有两大类：一类叫单相记忆合金，它只能记忆转变温度以上的形状；另一类叫双相记忆合金，它能记忆高、低两个温度时的形状，即在高温时一个形状，在低温时又是一个形状，可以反复变化。有一种经特殊处理过的镍钛合金就具有双相记忆功能。

后来人们发现了形状记忆的第三种形式，即高温时可以变到原来相反的方向。

除上述新型合金外，还发展了许多具有优异性能的新型合金材料，如具有能源储藏罐之称的储氢合金、软硬都行的超塑性合金、零电阻的超导材料等。

第四节　有机高分子材料发展简史

相对于无机非金属材料和金属材料，有机高分子材料作为一门学科发展较晚，但人们利用高分子材料或有机材料的历史却同无机非金属材料和金属材料一样久远。早在远古时期，人类就利用大自然的恩赐——树木等为生产生活服务，动物和植物更是人类的生存所必不可少的有机高分子材料。古埃及和中国古代都有人类利用天然有机材料和利用有机原料制作物品用于生产生活的例子。考古资料证明，公元前 3500 年，埃及人就用棉花纤维、马鬃缝合伤口。墨西哥印第安人用木片修补受伤的颅骨。公元前 500 年的中国和埃及墓葬中发现假牙、假鼻、假耳。15 世纪，美洲玛雅人用天然橡胶做容器、雨具等生活用品。但在相当悠久的历史阶段，人类利用有机材料的技术发展极其缓慢，直到现代以来，作为工业革命的衍生成果，诞生了有机高分子材料科学，人类利用有机材料的状况才有了翻天覆地的变化。

高分子按来源可分为两大类：一是自然界赐给人类的天然高分子；二是 20 世纪以来发展的人工合成高分子。天然高分子包括来自植物的纤维素、淀粉、木材、天然橡胶树漆以及来自动物的皮、毛、角等。合成高分子是指通过化学反应而获得的一系列高分子树脂，利用这些高分子树脂人们制成了五光十色的塑料、纤维和橡胶制品。

一、人类开发和利用天然高分子的历史

人类从古代社会开始就与天然高分子结下不解之缘，在与自然界的抗争中我们的祖先一开始就懂得使用皮毛御寒，以棉、麻、丝等纺制衣料，伐木建房、做舟，用树脂、虫胶熬制漆和胶黏剂，在泥浆中掺入稻草等植物秸秆制成土坯盖房或直接用来涂抹墙皮（已属于复合材料的应用）。1 万年前的新石器时代，人类开始用皮毛遮身。中国在 8000 年前就开始用蚕丝做衣服。在浙江河姆渡发现的 6000 年前的漆碗，在浙江吴兴钱家漾发现的 4700 年前的绢片、丝带和苎麻布（印度 4500 年前开始培植棉花），秦代用糯米浆配以石灰建造的万里长城等，都充分体现了我国劳动人民在利用、加工天然高分子材料方面的聪明才智。他们懂得通过沤制的方法利用自然发酵除去植物韧皮中的木质素、果胶而获得可纺织的纤维；懂得用不同浓度的碱液溶胀和洗去蚕丝中的丝胶而缫丝，在 5000～10000 年前就掌握了用油脂鞣制皮革（通过鞣制使兽皮蛋白质中的氨基酸发生交联而成为韧性的皮革）。而被人类所知的最古老的工业塑料——漆器，也起始自我国史前的新石器时代。那时古人已懂得采割树木中的生漆，加入氧化铁之类的颜料，并配以油而制成色彩丰富的制品。作为我国四大发明之一的造纸术，更是我国劳动人民利用植物纤维的一项重大成就。西汉时期，蔡伦总结出来的造纸术就包括了用机械和化学法除去果胶、木质等杂质制成纸浆和晾制成纸的过程。把天然纤维素改性、加工成塑料和其他制品则相对要晚得多。在 19 世纪中叶（1847 年），人们才发现用硝酸和硫酸的混酸将纤维素硝化可得到硝化棉，并用其制得清漆和火药，之后又出现了增塑而制成塑料和胶片的赛璐珞（实际为天然高分子技术和合成高分子技术的结合），赛璐珞是现代高分子技术发展中的重大突破。至于把棉纤维变成黏胶纤维并投入生产则是 20 世纪才开始的。另一类早就引起人们极大兴趣的天然高分子材料是橡胶，其发现始于南美，但直到 1839 年 C. Goodyear（固特异）发明了橡胶的硫化方法——在加热情况下用碱性碳酸铝催化硫黄使橡胶交联，才为橡胶找到了实际应用价值。在 20 世纪发现了炭黑补强之后，橡胶的产量大幅度增加，成为天然高分子材料应用的一项重要工业，并在工农业生产、国防和人类日常生活中发挥了重大作用（后来因天然橡胶产量有限而发明合成橡胶则是更大的突破）。

二、现代高分子材料的发展

人类的进化和社会进步的历史，始终与人类对天然高分子材料的加工和利用的进步过程密不可分。棉、麻、丝、毛的加工纺织、造纸、鞣革和生漆调制等分别是人类对天然高分子进行物理加工和化学加工的早期例证，虽然当时并未提出高分子的概念。直到 19 世纪中后期，西方化学工作者才扩大了对天然高分子进行化学改性的范围，随后高分子材料持续着日新月异的发展。高分子材料发展史上最重要的几个时间节点是：1920 年高分子材料科学正式诞生；1932 年高分子化学建立；1948 年高分子统计理论建立；1953 年高密度聚乙烯和聚丙烯合成；1974 年功能高分子材料应用于生命物质科学领域；2000 年导电高分子材料研究取得突破。

1839 年，美国人固特异对天然橡胶进行硫化加工，发现天然橡胶与硫黄共热后明显地改变了性能，使它从硬度较低、遇热发黏软化、遇冷发脆断裂的不实用的性质，变为富有弹性、可塑性的材料。

1846 年，瑞士人 Schonbein 发明硝化纤维素。

1869 年，美国人海厄特（John Wesley Hyatt，1837～1920 年）把硝化纤维素、樟脑和乙醇的混合物在高压下共热，制造出了第一种人工合成塑料"赛璐珞"（cellulose）。这是人

类发明的第一种合成塑料。三年后第一个生产赛璐珞的工厂在美国建成投产标志着塑料工业的开始。赛璐珞现在主要用于制造乒乓球、眼镜架、玩具、钢笔杆、装潢品等。

合成有机高分子材料的出现是材料发展史上的一次重大突破，这些材料的使用推动了人类社会的进一步发展。从我们的日常生活到现代工业、农业、科技等领域，都离不开合成材料。

1887 年，法国人 Count Hilaire de Chardonnet 用硝化纤维素的溶液进行纺丝制得了第一种人造丝。

1898 年，发明黏胶纤维。

1907 年，美籍比利时人列奥·亨德里克·贝克兰（Leo Baekeland）于 1907 年 7 月 14 日注册了酚醛塑料的专利，1909 年工业化，是第一种完全人工合成的高分子。拉开了人类应用合成高分子材料的序幕。

1911 年，丁钠橡胶问世。酚醛树脂和丁钠橡胶分别是高分子科学建立以前人类合成的第一个缩聚物和第一个加聚物。20 世纪初期，虽然当时仍未正式提出高分子的概念，但是已经取得的一些化学研究成果开始酝酿着高分子科学的诞生。例如当时人们终于研究明白，天然橡胶是由异戊二烯构成、淀粉和纤维素是由葡萄糖构成、蛋白质是由氨基酸构成等。这些研究成果对于高分子科学的建立起到了直接催化和促进作用。

1920 年，德国人施陶丁格（Hermann Staudinger）发表了"关于聚合反应"的论文，提出：高分子物质是由具有相同化学结构的单体经过化学反应（聚合），通过化学键联结在一起的大分子化合物，高分子或聚合物一词即源于此。

20 世纪 20 年代是高分子科学诞生的年代，1920 年，施陶丁格首次提出以共价键联结为核心的高分子概念，并获得 1953 年度诺贝尔化学奖，他被公认为高分子科学的始祖。

1925 年，聚醋酸乙烯酯（PVAc）实现工业化。

1926 年，瑞典化学家斯维德贝格等设计出一种超速离心机，用它测量出蛋白质的分子量，证明高分子的分子量的确是从几万到几百万。

1926 年，美国化学家 Waldo Semon 合成了聚氯乙烯，并于 1927 年实现了工业化生产。

1928 年，聚甲基丙烯酸甲酯（有机玻璃，PMMA）和聚乙烯醇（PVA）问世。

1930 年，聚苯乙烯（PS）被发明。

1930 年，德国人用金属钠作催化剂，用丁二烯合成出丁钠橡胶和丁苯橡胶。

1931 年，聚氯乙烯（PVC）、氯丁橡胶问世。

1932 年，施陶丁格总结了自己的大分子理论，出版了划时代的巨著《高分子有机化合物》，成为高分子化学作为一门新兴学科建立的标志。为表彰他对高分子科学做出的巨大贡献，1953 年度诺贝尔化学奖正式授予了他，从而使他成为世界上获此殊荣的第一位高分子学者。

1934~1935 年，杜邦公司基础化学研究所有机化学部的美国人卡罗瑟斯（Wallace H. Carothers，1896~1937 年）合成出聚酰胺 66，即尼龙-66。尼龙在 1938 年实现工业化生产，是最早实现工业化的合成纤维品种。

1939 年，低密度聚乙烯（LDPE）即高压聚乙烯问世。

1940 年，英国人温费尔德（T. R. Whinfield，1901~1966 年）合成出聚酯纤维（PET）。

1940 年，丁苯橡胶（SBR）、丁基橡胶问世。

1941 年，聚对苯二甲酸乙二醇酯（涤纶，PET）问世。

1943 年，聚四氟乙烯（PTFE）问世。

1948 年，维尼纶问世。

1948 年，卡罗瑟斯的学生——美国人 Paul Flory 建立了高分子长链结构的数学理论。提出了聚合反应的等活性理论，并提出聚酯动力学和连锁聚合反应机理，建立了高分子统计理论。获得 1974 年度诺贝尔化学奖。

Paul Flory 的主要贡献是：利用等活性假设及直接的统计方法，计算了高分子的分子量分布即最概然分布，并利用动力学实验证实了等活性假设，引入链转移概念将聚合物统计理论用于非线性分子，产生了凝胶理论、Flory-Huggins 格子理论，1948 年做出了最重要的贡献，即提出"排除体积"理论和 θ 温度概念。他所著的 "Principles of Polymer Chemistry" 是高分子学科中的权威著作。

20 世纪 40 年代，Peter Debye 发明了通过光散射测定高分子物质分子量的方法。

1950 年，聚丙烯腈（腈纶，PAN）问世。

1953 年，德国人 Karl Ziegler 与意大利人 Giulio Natta 分别用金属配合催化剂合成了高密度聚乙烯（HDPE）即低压聚乙烯以及聚丙烯（PP），并于 1955 年实现工业化生产。今天这两种聚合物已经成为产量最大、用途最广的合成高分子材料。1963 年，两人获诺贝尔化学奖。

1955 年，美国人利用齐格勒-纳塔催化剂聚合异戊二烯，首次用人工方法合成了结构与天然橡胶基本一样的合成橡胶。顺丁橡胶问世。

1956 年，Szwarc 提出活性聚合概念。高分子进入分子设计时代。1956 年，发现了在负离子聚合反应过程中可使链终止反应停止进行，从而得到活的高分子负离子。用这个方法可制得多种嵌段共聚物、其他"分子设计"成的高分子以及单分散高分子等。

20 世纪 70 年代以后，各种高分子合成新技术不断涌现，高分子新材料层出不穷。

1971 年，S. L. Wolek 发明可耐 300℃高温的 Kevlar。

1974 年，美国 Rockefeller 大学著名生物化学家 R. B. Merrifield 将功能化的聚苯乙烯（PS）用于多肽和蛋白质的合成，大大提高了涉及生命物质合成的效率并缩短了合成时间，开创了功能高分子材料在生命物质合成领域的应用时代。

梅里菲尔德在 20 世纪 50～60 年代发展的革新方法是基于分子移植构想，多肽合成的关键在于将第一个氨基酸固定在不溶性固体上，其他氨基酸随后便可一个接一个地连于固定端，顺序完成后所形成的链即可轻易地与固体分离。这一过程可利用机器操作，经证明效率很高。在激素和酶等物质的研究上以及在胰岛素等药物和干扰素等物质的工业生产上有重大意义。梅里菲尔德因发展出这种依预定顺序合成氨基酸链或多肽的简单而巧妙的方法而获得 1984 年度诺贝尔化学奖。

2000 年，日本人白川英树、美国人艾伦·黑格和艾伦·马克迪尔米德等的有关导电高分子材料研究和应用成果突破了"合成聚合物都是绝缘体"的传统观念，开创了高分子功能化研究和应用的新领域。为此他们获得了自 20 世纪诺贝尔奖设立以来高分子科学领域的第五个诺贝尔化学奖。

总而言之，20 世纪 20～40 年代是高分子科学建立和发展的时期；30～50 年代是高分子材料工业蓬勃发展的时期；60 年代以来则是高分子材料大规模工业化、特种化、高性能化和功能化的时期。作为新兴材料科学的一个分支，高分子材料目前已经渗透到工业、农业、国防、商业、医药以及人们的衣、食、住、行的各个方面，正如一篇科普文章所述："在大街上你曾见过一个绝对不与合成高分子材料打交道的人吗？"答案肯定是 NO。

三、我国高分子材料的发展

由于历史的原因，1950 年以前我国的高分子科学和工业几乎是一片空白。当时国内没有一所高等学校设立高分子专业，更没有开设任何与高分子科学与工程相关的课程。当时除上海、天津等地有几家生产"电木"制品（酚醛树脂加木粉热压成型的电气元件等）和涂料的小型作坊以外，国内没有一家现代意义的高分子材料生产厂。

1954～1955年，国内首批高分子理科专业和工科专业分别在北京大学和成都工学院（后者现合并组建为四川大学）相继创立。时至今日，全国各层次的高等学校中设置高分子科学、材料与工程专业和开设高分子课程的学校在百所以上。近50年来为国家培养出了大批高分子专业人才，大大促进了高分子材料工业的发展。

从20世纪50年代开始，国内一批中小型塑料、合成橡胶、化学纤维和涂料工厂相继投入生产。20世纪60～80年代是我国高分子材料工业飞速发展的时期，一大批万吨乃至10万吨以上级别的大型PE、PP、PVC、PS、ABS、SBS以及其他类别的高分子材料生产和加工的大型企业在全国各地相继建成投产。其中，上海金山、南京扬子、江苏仪征、山东齐鲁、北京燕山、湖南岳阳以及天津、兰州、吉林等地已经成为我国重要的大型高分子材料生产基地。今天，我国在高分子科学基础研究、专业技术人才培养以及各种高分子材料的生产数量方面，已经大大缩短了与发达国家的差距。

我国是高分子材料生产和消费的大国，合成高分子材料产量达3000万吨左右，在全球排名第二，年消费量在5000万吨左右。

四、高分子材料的发展趋势与应用

高分子材料是当代新材料的后起之秀，但其发展速度与应用范围超过了传统的金属材料和无机非金属材料，已成为工业、农业、国防、科技和日常生活等领域不可缺少的重要材料。世界合成高分子材料的总产量已达3亿吨，其体积产量超过金属材料。

1. 高分子材料与人类生活

高分子材料越来越普及和深入到人类生活的各个方面，给人类生活带来了翻天覆地的变化。

（1）衣　天然纤维、合成纤维、皮革。

（2）食　天然高分子食品（淀粉、蛋白质等）、食品包装、现代农业（农用薄膜与温室技术使北方人民冬天可以吃到新鲜蔬菜）、滴灌技术（显著提高缺水地区农作物产量，改造沙漠）。

（3）住　高分子建材［塑料管材、塑料门窗、塑料板材、建筑黏合剂、建筑防水材料、家具、涂料、装修材料（人造板、电线、开关等）、高性能混凝土外加剂等］。用高分子建材代替金属材料和无机非金属材料符合节能减排和低碳原则。

（4）行　汽车（含有轮胎和数以千计的高分子材料零部件，一辆小轿车要使用一百多千克各种高分子材料，是汽车轻量化的关键）、高速列车（减震降噪依赖于橡胶减震制品）、大型客机（需要上万个高分子材料零件，机身使用碳纤维增强树脂复合材料，如A380占50％以上）。

（5）用　各种家用电器、办公用品都离不开塑料、橡胶等高分子材料（空调、冰箱、洗衣机、电视机、电脑、复印机、各种小家电等）。

2. 高分子材料与当代高新技术

（1）电子信息　印刷电路板（PCB，覆铜板）、光敏树脂、按键（导电硅橡胶）复印机、打印机（导电胶辊及墨水）、光盘。

（2）生物技术　人工脏器（人工肾、人工心脏瓣膜、人工关节、人造眼角膜等）、医用导管与介入疗法、高分子药物（长效、缓释、靶向）。目前高分子材料在医学上的应用有 90 多个品种、1800 余种制品。

（3）航空航天 卫星与飞船外壳（碳纤维/环氧树脂复合材料）、密封（挑战者号航天飞机失事的原因就是火箭密封圈失效）。

（4）新能源 新型电池（锂离子电池隔膜、燃料电池隔膜）、LED 灯（封装材料）、风力发电（风翼）。

五、高分子材料改性概况

1. 聚合物改性的定义

聚合物改性是用各种化学方法、物理方法或者二者结合的方法改变聚合物的结构，从而获得具有所希望的新的性能和用途的改性聚合物的过程。

2. 聚合物改性的研究内容

（1）大分子的化学反应（如氢化、卤化、氯磺化、环氧化、异构化、离子化等）。

（2）接枝共聚。

（3）嵌段共聚。

（4）共混。

（5）互穿聚合物网络。

（6）填充与增（补）强。

（7）纤维增强复合材料。

（8）交联、增塑、阻燃、稳定、表面改性和振动技术、自增强技术等。

（9）成型加工过程的改性（如双向拉伸、反应挤出、微波技术）。

3. 聚合物改性的发展历史

（1）天然高分子材料的利用（远古至 19 世纪中期） 远古时代，先民们不自觉地使用各种天然高分子材料，如食用的五谷（淀粉）、肉类（蛋白质），御寒的兽皮（蛋白质），用作工具的木材（纤维素）等。我国人民在几千年前就已经懂得种植棉麻，纺纱织布，养蚕缫丝，穿绸着缎。商朝的丝绸业和纺织业已非常发达。汉唐时代，中国的丝绸远销中亚和欧洲，形成了著名的"丝绸之路"。广州发掘的 2100 多年前的南越王墓中就有大量丝绸随葬品，后来广州成为"海上丝绸之路"的起点之一。马王堆古墓中 500 多件精美的漆器和漆棺，表明中国 2000 多年前就已经能熟练地利用天然高分子材料——生漆。中国在西汉时期发明的造纸术，是天然纤维素加工利用的典型实例，被誉为中国古代四大发明之一。

（2）天然高分子的改性（19 世纪中期至 20 世纪初期） 橡胶的硫化（1839 年，Goodyear），标志着天然高分子改性时代的开始；纤维素的硝化（1868 年），发明的赛璐珞是世界上第一个塑料。

（3）高分子材料的合成（20 世纪初至今） 20 世纪初（1909 年），世界第一个合成高分子材料——酚醛塑料投产，标志着合成高分子时代的开始；20 世纪 50 年代，石油化学工业大规模发展；20 世纪 70 年代，所有大品种高分子材料均实现产业化；20 世纪 80 年代以后，发展了特种高分子材料的合成。

（4）合成高分子的改性（20 世纪 80 年代至今） 20 世纪 80 年代以来，新的工业化大品种聚合物几乎未再出现，为了满足各行各业对高分子材料提出的各种各样的性能要求，通过各种改性手段实现现有高分子材料及其制品的高性能化、功能化、复合化和环境友好化，成为当前高分子材料工业和科学的主要发展趋势之一。

（5）聚合物改性在当代科学技术中的作用 是提高现有高分子材料性能或功能的主要手段，如增强、增韧、增塑、耐热、阻燃、导电、绝缘、光电、光导、磁性；是制备新型高性能高分子材料和功能高分子材料的重要方法。

六、医用高分子材料发展史简介

高分子材料在生物医学领域的应用，是高分子材料科学在当代科技发展中的重大突破，并且在未来对于人类的健康生活将产生越来越深远的影响。

早在公元前 3500 年，埃及人就用棉花纤维、马鬃缝合伤口。墨西哥印第安人用木片修补受伤的颅骨。公元前 500 年的中国和埃及墓葬中发现假牙、假鼻、假耳。进入 20 世纪，高分子材料科学迅速发展，新的合成高分子材料不断出现，为医学领域提供了更多的选择余地。1936 年发明了有机玻璃后，很快就用于制作假牙和补牙，至今仍在使用。1943 年，赛璐珞薄膜开始用于血液透析。

1949 年，美国首先发表了医用高分子材料的展望性论文。在文章中，第一次介绍了利用聚甲基丙烯酸甲酯（PMMA）作为人的头盖骨、关节和股骨，利用聚酰胺纤维作为手术缝合线的临床应用情况。

20 世纪 50 年代，有机硅聚合物被用于医学领域，使人工器官的应用范围大大扩展，包括器官替代和整容等许多方面。此后，一大批人工器官在 50 年代试用于临床，如人工尿道（1950 年）、人工血管（1951 年）、人工食道（1951 年）、人工心脏瓣膜（1952 年）、人工心肺（1953 年）、人工关节（1954 年）、人工肝（1958 年）等。

进入 20 世纪 60 年代，医用高分子材料开始进入一个崭新的发展时期。60 年代以前，医用高分子材料的选用主要是根据特定需求，从已有的材料中筛选出合适的加以应用。由于这些材料不是专门为生物医学目的设计和合成的，在应用中发现了许多问题，如凝血问题、炎症反应、组织病变问题、补体激活与免疫反应问题等。人们由此意识到必须针对医学应用的特殊需要，设计和合成专用的医用高分子材料。

美国国立心肺研究所在这方面做了开创性的工作，他们发展了血液相容性高分子材料，以用于与血液接触的人工器官制造，如人工心脏等。从 20 世纪 70 年代开始，高分子科学家和医学家积极开展合作研究，使医用高分子材料快速发展起来。至 20 世纪 80 年代以来，发达国家的医用高分子材料产业化速度加快，基本形成了一个崭新的生物材料产业。

医用高分子材料作为一门边缘学科，融合了高分子化学、高分子物理、生物化学、合成材料工艺学、病理学、药理学、解剖学和临床医学等多方面的知识，还涉及许多工程学问题，如各种医疗器械的设计、制造等。上述学科的相互交融、相互渗透，促使医用高分子材料的品种越来越丰富，性能越来越完善，功能越来越齐全。

高分子材料虽然不是万能的，不可能指望它解决一切医学问题，但通过分子设计的途径，合成出具有生物医学功能的理想医用高分子材料的前景是十分广阔的。有人预计，在 21 世纪，医用高分子材料将进入一个全新的时代。除了大脑之外，人体的所有部位和脏器都可用高分子材料来取代。仿生人也将比想象中更快地来到世上。

目前用高分子材料制成的人工器官中，比较成功的有人工血管、人工食道、人工尿道、人工心脏瓣膜、人工关节、人工骨、整形材料等。已取得重大研究成果，但还需不断完善的有人工肾、人工心脏、人工肺、人工胰脏、人工眼球、人造血液等。另有一些功能较为复杂的器官，如人工肝脏、人工胃、人工子宫等，则正处于大力研究开发之中。

第五节 复合材料发展简史

作为一门独立学科，复合材料（composite materials）的发展历史较短，甚至比高分子材料还要晚很多，但人类利用复合材料的历史却几乎同人类利用天然材料的历史同样久远，只不过长期以来只是对天然材料的简单搭配，因此发展极其缓慢。只是到了近代，由于人们对材料性能要求的不断提高，单一材料或其简单组合往往不能满足应用要求，催生了现代复合材料的发展，由于现代复合材料的优异性能以及制造工艺相对较易得到满足，现代复合材料发展异常迅猛，目前已渗透到人们生产生活和各种高科技以及尖端领域的方方面面，并为人类的生活增添了无尽的色彩。现代复合材料最优异和最突出的性能特点是，它可以取长补短最大限度发挥材料优势，以及通过材料间的配合复合材料可以取得协同效应，得到新的优异功能。

人类在远古时代就从实践中认识到，可以根据用途需要，组合两种或多种材料，利用性能优势互补，制成原始的复合材料。从古至今沿用的稻草增强黏土和已使用上百年的钢筋混凝土均由两种材料复合而成。所以，复合材料既是新型材料，也是古老的材料。复合材料的发展历史，可以从用途、构成、功能，以及设计思想和发展研究等，大体上分为古代复合材料和现代复合材料两个阶段。

复合材料，是由两种或两种以上不同性质的材料，通过物理或化学的方法，在宏观上组成具有新性能的材料。各种材料在性能上互相取长补短，产生协同效应，使复合材料的综合性能优于原组成材料而满足各种不同的要求。复合材料由基体材料和增强材料两部分组成。基体材料分为金属和非金属两大类。金属基体常用的有铝、镁、铜、钛及其合金。非金属基体主要有合成树脂、橡胶、陶瓷、石墨、碳材料等。增强材料主要有玻璃纤维、碳纤维、硼纤维、芳纶、碳化硅纤维、石棉纤维、晶须、金属丝和硬质细粒等。

一、古代复合材料发展历史简介

复合材料是由不同元素组成的结构，结果是形成了一加一等于三。对于复合材料的理解，似乎昆虫、鸟和蝙蝠等动物比我们要理解得更透彻一些，它们将这个原理应用到筑窝的过程中，以防天敌的攻击。原始人用动物粪便、黏土、稻草和树枝组成复合材料结构，这是人类将复合材料应用到生活中具有历史意义的一步。

之后经过了几千年，第二次复合材料工业应用的浪潮在 1830 年席卷西欧，工业领域中的先锋人物在发现了复合材料这种新兴材料之后，争相投入对它的研发工作，包括木质层压板、合金和钢筋增强混凝土。在 17 世纪，英国人 John Osborne 通过天然聚合物牛羊角制备了模塑制品。到 19 世纪，模塑牛羊角工业开始繁荣壮大，其大多数制品都卖给了当时的中产阶级。

1. 中国古代复合材料发展状况

在西安东郊半坡村仰韶文化遗址，发现早在公元前 2000 年以前，古代人已经用草茎增强土坯作住房墙体材料。在我国，追溯复合材料的历史是很古老的，漆器就是古老的复合材料，我国的漆器有悠久的历史。中国沿用至今的漆器是用漆作基体、麻绒或丝绢织物作增强体的复合材料，这种漆器早在 7000 年前的新石器时代即有萌芽。1957 年江苏吴江梅堰遗址出土有油漆彩绘陶器，1978 年浙江余姚河姆渡遗址出土的朱漆木碗，是两件最早的漆器实物。史料记载，距今 4000 多年的尧舜夏禹时期已发明漆器，用作食品和祭品的容器。1972～1974 年间，湖南马王堆汉墓出土的漆器，是公元前 196 年西汉初年的器物，迄今已有 2000 多年的历史。这些漆器用丝、麻作增强材料，用大漆作黏结剂，制成鼎、酒壶、盆具、茶几等物，器形多样，工艺精巧，它们在阴暗潮湿的地下埋藏了 2000 多年，却依然熠熠生辉，光彩夺目。20 世纪 70 年代在湖北随县（今随州市）出土的 2000 多年前曾侯乙墓葬中的各种兵器，如发现有用于车战的长达三四米的多戈戟和殳，戟和殳的杆芯为木质，外包纵向竹丝，以漆作胶黏剂，丝线环向缠绕，其设计思想与近代复合材料相仿。1000 多年以前，中国已用木料和牛角制弓，可在战车上发射。至元代，蒙古弓用木材芯子，受拉面贴单向纤维，受压面粘牛角片，丝线缠绕，漆作胶，弓轻巧有力，是古代复合材料中制造水平高超的夹层结构。在金属基复合材料方面，中国也有高超的技艺。如越王剑，是金属包层复合材料制品，不仅光亮锋利，而且韧性和耐蚀性优异，埋藏在潮湿环境中几千年，出土后依然寒光夺目，锋利无比。

2. 国外古代复合材料发展状况

5000 年以前，中东地区用芦苇增强沥青造船。古埃及墓葬出土，发现有用名贵紫檀木在普通木材上装饰贴面的棺撑、家具。古埃及修建金字塔，用石灰、火山灰等作黏合剂，混合砂石等作砌料，这是最早、最原始的颗粒增强复合材料。

但是，上述辉煌的历史遗产，只是人类在和自然界进行艰苦顽强的斗争中不断改进而取得的，同时都是取材于天然材料，对复合材料还是处于不自觉的感性认识阶段。

到了 19 世纪，随着科学技术在物理化学领域的应用，自然界中的天然聚合物的性能已经不能满足工业发展对材料性能的需要，这使当时的新型材料——早期的复合材料得到飞速的发展。

1847 年，瑞典化学家 Berzelius，这位现代化学的奠基人之一，在实验室中发明了饱和聚酯。

随着天然聚合物的不断发展，人们开采了由热带地区的橡胶树产生的树胶，尤其是 1847 年 Bewley 发明了塑料挤出机，可以用树胶制备橡胶和古塔橡胶，1850 年开始采用这种古塔橡胶来保护隔离水下电线电缆。

谈到复合材料，就不能不说起英国。在复合材料工业发展过程当中，很多重要事件都与英国密切相关。汉考克托马斯和他的兄弟查尔斯对橡胶进行广泛的研究，终于在 1839 年发明了硫化橡胶，他们也因这一发明而闻名于世。同时美国的固特异也独立地发明了硫化橡胶。这一发明是第一次成功地对天然聚合物的化学修饰而产生的模塑材料。

在 19 世纪 50 年代，在美国已经开始采用虫胶和木粉混合来展示影像，这就是最早期的"照片"。直到 20 世纪 40 年代，虫胶的合成物才被用来制作唱片。

最早的聚合物铸件是由法国人 Lepage 发明的。他采用胚乳和木粉生产了装饰用的 Bois Durci 饰板，和木粉一起混合使用的组分还包括海草、泥煤、纸和皮革制品。1855 年英国发布的有近 10％的专利都是关于模塑材料，但是在这些专利中最大的突破是采用硝酸处理的纤维素纤维制备的半合成的塑料——硝酸纤维素。

1894 年，Vorlander 在实验室着手对聚乙二醇马来酸酯的研究工作，成为记录在案最早的一位研究不饱和聚酯树脂的化学家。

1920 年，先锋人物 Wallace Carothers 开始对乙二醇与不饱和脂肪酸合成的聚酯进行研究。

1922 年，首个聚酯树脂研发成功。

1930 年末，研究人员 Bradley、Kropa 和 Johnson 三人共同研究不饱和聚酯的固化情况，在研究报告中提到，固化后，它们可以分为可熔性（热塑性）和不可熔性（热固性）。

1935 年，欧文斯科宁（Owens Corning）首次将玻璃纤维引入复合材料。

1941 年，不饱和聚酯首次被投入美国的压铸商业市场。

1942 年，美国橡胶公司开发出玻璃纤维增强聚酯树脂作为基体的复合材料。

1946 年，船艇制造商开始意识到纤维增强复合材料为整个工业带来了何种变革，在这一年中首艘复合材料船身的游艇在美国建成，还首次引入了冷固化系统。

1950 年早期，闭模工艺开发完成。

1951 年中期，不饱和聚酯树脂在欧洲被投入商业化生产。

1963 年，碳纤维增强材料引入市场。

二、现代复合材料

很久以前，人类已经开始利用天然聚合物，如牛羊角、蜡和沥青等。随着时间的推移，天然聚合物的性能已经不能满足人类的需要，由此，一些可改进天然聚合物性能的技术（如纯化和改性）相继出现。

20 世纪 40 年代，因航空工业的需要，发展了玻璃纤维增强塑料（俗称玻璃钢），从此出现了复合材料这一名称。玻璃纤维和合成树脂大量商品化生产以后，纤维复合材料发展成为具有工程意义的材料，同时，相应地开展了与之有关的研究设计工作。这可以认为是应用现代复合材料的开端，也是对复合材料进入理性认识阶段。20 世纪 50 年代以后，陆续发展了碳纤维、石墨纤维和硼纤维等高强度和高模量纤维。20 世纪 70 年代，出现了芳纶和碳化硅纤维。这些高强度、高模量纤维能与合成树脂、碳材料、石墨、陶瓷、橡胶等非金属基体或铝、镁、钛等金属基体复合，构成各具特色的复合材料。

1. 现代复合材料简介

早期发展出的现代复合材料，由于性能相对较低，生产量大，使用面广，被称之为常用复合材料。后来随着高技术发展的需要，在此基础上又发展出性能高的先进复合材料。第一次世界大战前，用胶黏剂将云母片热压制成人造云母板。20 世纪初，市场上有虫胶漆片与纸复合制成的层压板出售。但真正的纤维增强塑料工业，是在用合成树脂代替天然树脂、用人造纤维代替天然纤维以后才发展起来的。公元前，腓尼基人在火山口附近发现玻璃纤维。1841 年，英国人制成玻璃纤维拉丝机。第一次世界大战期间，德国人拖动脚踏车轮拉拔玻璃纤维。20 世纪 30 年代，美国发明用铂坩埚生产连续玻璃纤维的技术，从此在世界范围内大规模生产玻璃纤维，以其增强塑料制成复合材料。至 20 世纪 60 年代，其在技术上臻于成熟，在许多领域开始取代金属材料。

2. 常用树脂基复合材料的发展历史

常用树脂基复合材料的发展历史，可按制成年份排列如下。

1910 年，酚醛树脂复合材料。

1928 年，脲醛树脂复合材料。

1938 年，三聚氰胺-甲醛树脂复合材料。

1942 年，聚酯树脂复合材料。

1946 年，环氧树脂复合材料、玻璃纤维增强尼龙。

1951 年，玻璃纤维增强聚苯乙烯。

1956 年，酚醛石棉耐磨复合材料。

三、先进复合材料

随着航空航天技术的发展，对结构材料要求比强度、比模量、韧性、耐热性、抗环境能力和加工性能都好。针对各种不同需求，出现了高性能树脂基先进复合材料，标志着在性能上区别于一般低性能的常用树脂基复合材料。以后又陆续出现金属基和陶瓷基先进复合材料。对结构用先进复合材料，除英国外，各技术发达国家均提出研制开发目标。如日本通商产业省制定的下一代材料工业基础发展计划（1981～1988 年）对复合材料提出的要求是：树脂基复合材料的耐热性不低于 250℃，拉伸强度达到 2.5GPa 以上；金属基复合材料的耐热性不低于 45℃，拉伸强度达到 1.5GPa 以上。

复合材料是一种混合物，在很多领域都发挥了很大的作用，代替了很多传统的材料。复合材料按其组成分为金属与金属复合材料、非金属与金属复合材料、非金属与非金属复合材料。按其结构特点又分为纤维复合材料、夹层复合材料、细粒复合材料、混杂复合材料。纤维复合材料是将各种纤维增强体置于基体材料内复合而成。如纤维增强塑料、纤维增强金属等。夹层复合材料是由性质不同的表面材料和芯材组合而成。通常面材强度高、薄；芯材质轻、强度低，但具有一定刚度和厚度。分为实心夹层和蜂窝夹层两种。细粒复合材料是将硬质细粒均匀分布于基体中，如弥散强化合金、金属陶瓷等。混杂复合材料是由两种或两种以上增强相材料混杂于一种基体相材料中构成。与普通单增强相复合材料相比，其冲击强度、疲劳强度和断裂韧性显著提高，并具有特殊的热膨胀性能。分为层内混杂、层间混杂、夹芯混杂、层内/层间混杂和超混杂复合材料。20 世纪 60 年代，为满足航空航天等尖端技术所用材料的需要，先后研制和生产了以高性能纤维（如碳纤维、硼纤维、芳纶、碳化硅纤维等）为增强材料的复合材料，其比强度大于 4×10^6 cm，比模量大于 4×10^8 cm。为了与第一代玻璃纤维增强树脂复合材料相区别，将这种复合材料称为先进复合材料。按基体材料不同，先进复合材料分为树脂基、金属基和陶瓷基复合材料。其使用温度分别达 250～350℃、350～1200℃和 1200℃以上。先进复合材料除作为结构材料外，还可用作功能材料，如梯度复合材料（材料的化学和结晶学组成、结构、空隙等在空间连续递变的功能复合材料）、机敏复合材料（具有感觉、处理和执行功能，能适应环境变化的功能复合材料）、仿生复合材料、隐身复合材料等。

1. 树脂基先进复合材料

经 20 世纪 60 年代末期试用，树脂基高性能复合材料已用于制造军用和民用飞机的承力结构，近年来又逐步进入其他工业领域。其增强体纤维有碳纤维、芳纶，或两者混杂使用。树脂基体主要是固化体系为 120℃或 175℃的环氧树脂，还有少量聚酰亚胺树脂，以适应耐热性高达 250℃的要求。

几种树脂基先进复合材料的制成年份依次排列如下。

1964 年，碳纤维增强树脂基复合材料。

1965 年，硼纤维增强树脂基复合材料。

1969 年，碳/玻璃混杂纤维增强树脂基复合材料。

1970 年，碳/芳纶混杂纤维增强树脂基复合材料。

2. 金属基先进复合材料

20 世纪 70 年代末期发展出来用高强度、高模量的耐热纤维与金属复合，特别是与轻金属复合而成金属基复合材料，克服了树脂基复合材料耐热性差和不导电、导热性低等不足。金属基复合材料具有金属基体的良导电和导热性，加上纤维增强体不仅提高了材料的强度和模量，而且降低了密度。此外，这种材料还具有耐疲劳、耐磨耗、高阻尼、不吸潮、不放气和低膨胀系数等特点，已经广泛用于航空航天等尖端技术领域作为理想的结构材料。金属基复合材料有纤维增强和颗粒增强两大类。纤维（包括连续纤维、短纤维和晶须）增强金属基复合材料的综合性能较好，但工艺复杂，成本高。颗粒增强金属基复合材料可以用一般的金属加工工艺和设备生产各种型材，已经规模生产。

3. 碳/碳复合材料

20世纪60年代用碳纤维或石墨纤维作为增强体，以可碳化或石墨化的树脂浸渍作为基体，或用化学气相沉积碳作为基体，制成碳/碳复合材料。70年代初，主要用以制造导弹尖锥、发动机喷管，以及航天飞机机翼的前缘部件等。这种材料能在高温（可达2700℃）下仍保持其强度、模量、耐烧蚀性。现在还设法拓宽民用领域。

4. 陶瓷基先进复合材料

20世纪80年代开始逐渐发展陶瓷基复合材料，采用纤维补强陶瓷基体以提高韧性。主要目标是希望用以制造燃气涡轮叶片和其他耐热部件，但仍在发展中。

四、中国先进复合材料发展状况

我国FRP（GRP）/CM（玻璃钢/复合材料）工业肇始于1958年。处于当时的时代背景，一开始是为国防配套的。20世纪60年代中叶，我国即已研发与生产火箭发动机壳体、导弹头部、火箭筒、枪托、炮弹引信、高压气瓶、飞机螺旋桨、储罐、风机叶片、农用喷雾器、撑杆、弓、跳水板、滑翔机尾翼等多种玻璃钢制品。

1965年10月，国家科委、国防科工委、建材部联合召开全国玻璃钢工作会议，并举办展览会。这期间，引进英国UPR（不饱和聚酯树脂）生产线，促进了我国UPR及其复合材料制品生产技术的进步与普及，对日后我国基体树脂及GRP（玻璃钢）的发展起了启蒙和基础性作用。

1978年后，我国从计划经济转型为市场需求导向，生产社会化，国家建设与人民生活所需的FRP/CM日益发展。改革开放30年来，引进了纤维缠绕管道与罐生产线（包括工艺管、夹砂管、高压管、卧式与立式储罐）、拉挤、SMC/BMC（片状模塑料/团状模塑料）、RTM（树脂传递模塑成型）、连续采光板及LFT-D生产线等装备，还引进了环氧树脂与不饱和聚酯生产软硬件。我国在吸收日本、美国技术（长纤维增强热塑性复合材料直接在线成型）之后，自行研发，建成了具有世界先进水平的玻璃纤维工业。

基体材料与增强材料工业已为中国复合材料的进一步发展奠定了雄厚的基础。

我国玻璃钢产量已跃居世界第二。历经50年，尤其是改革开放以来的30年，通过自主创新与吸收国际先进技术，FRP/CM在中国已成为朝阳产业。神舟飞船上天，其返回舱主承力结构、低密度SMC等FRP件荣获国家科技进步二等奖，标志着我国复合材料科学技术已接近世界先进水平。

1986～2007年，我国玻璃钢（热固性）产量增长近160倍。总量在20世纪90年代末期超过德国，21世纪初超过日本，热固性玻璃钢产量已超过欧洲总和。如今，我国FRP/CM年产量已超过日本、西欧，仅次于美国，居世界第二。

复合材料的发展，必须打下丰厚的原辅材料基础。

1. 增强材料

（1）玻璃纤维　20世纪80年代，我国还是玻璃球坩埚拉丝，能耗高、产量低、质量均匀性差，不能生产高线密度的直接无捻粗纱，薄毡、短切毡均无，方格布手糊玻璃钢几乎一统天下。

1986 年，我国玻璃纤维窑拉丝生产线在重庆投产。1997 年，建立了我国第一个 1.5 万吨级玻璃纤维拉丝池窑。截至 2007 年年底，我国在线池窑共 56 座，年产能逾 162 万吨。世界上最大的无碱玻璃纤维池窑（10 万吨/年）与中碱玻璃纤维池窑（4 万吨/年）已于 2006 年投产。ECR（耐酸、高强度、高电阻无碱玻璃纤维）已在重庆与成都问世。

除传统的中碱、无碱、高强、高模、高硅氧、耐碱玻璃纤维外，还开发了 D（低介电）玻璃纤维、镀金属玻璃纤维。

SMC/BMC、连续板材、FW（纤维缠绕）、拉挤、增强热塑性塑料、纺织多种用途的直接/合股无捻粗纱、短切纱、缝编毡、短切原丝毡、连续毡、多轴向织物及电子纱、电子布等品种已能满足市场需求。电子布产能已跃居世界之首，单层和多层 3D 立体织物芯材已自主研发成功。全球多轴向经编机保有量 150 台，中国占 1/5。

2007 年，我国已经成为全球最大的玻璃纤维生产国和最大的电子布生产国。巨石集团产能达 120t，雄踞全球首位。

为应对我国玻璃纤维工业的大幅度成长，荷兰 DSM 公司 2007 年 9 月在上海建成浸润剂厂。

截至 2008 年 10 月，我国又新增池窑 12 座，产能 64 万吨。

（2）玄武岩连续纤维及其复合材料　2003 年起步，现已能采用纯天然玄武岩拉制单丝直径 5.5μm、连续长度 5 万米不断头，已研发成功混凝土用筋材、建筑结构补强材、工业用高温过滤毡、汽车尾气过滤材料、刹车片、多轴向织物、3D 织物、光纤芯套管等产品，其生产工艺与产品质量达国际领先水平。

我国玄武岩纤维及制品已出口欧美、日本等国家。

2007 年，我国上海、浙江横店、四川成都、辽宁营口等地生产的玄武岩纤维及制品，年产量达 700t。

（3）ACM（先进复合材料）用特种纤维　相比玻璃纤维，我国碳纤维、芳纶的发展令人扼腕。

碳纤维是先进复合材料主要的增强材料，为国民经济与国防等行业所必需。我国与日本同时起步，时间已过去 30 余年，其间还引进过英国技术，但技术水平与生产规模一直上不去。

我国以民营企业为主体的碳纤维生产已初步形成规模化的生产线，T700 碳纤维生产技术已取得突破。

超高分子量聚乙烯纤维已有 15 家企业生产，应用领域有待进一步开发。

"十五"期间我国自主研发的聚芳砜酰胺纤维（polysulphonamidefiber），耐热性、阻燃性、染色性、稳定性均优于芳纶。2000 年上海特安纶纤维有限公司建成千吨级生产线，居世界先进水平。

2. 基体材料

（1）不饱和聚酯树脂（UPR）　1986 年以来，我国从美国、日本、英国、意大利、挪威、芬兰、德国、荷兰等国家引进树脂和胶衣树脂生产技术，促进了技术进步。我国自行研发成功乙烯基树脂、二甲苯树脂、双环戊二烯（DCPD）树脂、对苯树脂、气干性胶衣、高韧性模具胶衣、紫外光固化树脂与胶衣等品种。目前，我国已超过美国成为世界上不饱和聚酯树脂产量与用量最大的国家。不饱和聚酯树脂所用的固化剂过氧化甲乙酮年产量已逾 2 万吨。1986 年以前主要用的过氧化环己酮（HCH）产销量不足 1000t。我国自行研发的液体HCH 用于要求较高的产品，如钢琴涂料用树脂的固化。TBPB、TBPO、TBHP、P16 等引发剂的综合应用，有效地提高了生产效率，并可改善产品品质。作为促进剂的异辛酸钴已占到 60%，已经逐步取代了性能、稳定性较差的环烷酸钴（CN）。2007 年，我国 UPR 年产量已达 115 万吨。2008 年，年产量逾 125 万吨。

世界上 UPR 产能最大（50 万吨/年）的美国雷可德（RC）公司年产 5 万吨生产基地已在天津奠基。

我国 UPR 除产品出口外，已可对外转让技术和生产线。

（2）环氧树脂　我国现在已经是环氧树脂产量、进口量、消费量最大的国家。20 世纪 80 年代后期，岳阳、无锡分别自日本东都化成、德国巴克利特（Bakelite）引进年产能 3000t 环氧装置，开始了我国环氧树脂的规模化生产。我国还相继从美国、韩国、日本等国家引进了环氧树脂先进生产技术。目前，我国环氧树脂年生产能力约 70 万吨。我国环氧胶衣于 2004 年自行研发成功。2007 年，我国产量 60 万吨，已居世界首位。2008 年，产量达 65 万～70 万吨。

2000 年及之前几年，我国环氧树脂的进口量一直大于产量，从 2001 年起改变了这一局面，然而，进口量之多仍是世界第一，相当于进口了日本一年的产量（2005 年日本环氧树脂产量为 21 万吨）还要多。

（3）酚醛树脂　1986 年，我国自行研发成功酚醛发泡技术。1994 年，现场发泡技术自行研发成功。1996 年，可用于接触成型、拉挤、缠绕、RTM 等工艺的"新型酚醛树脂"项目通过国家验收。

我国生产酚醛树脂迄今约 60 年，由于其耐温、阻燃、烟密度低，在复合材料（纸基覆铜板）方面广泛应用。

2006 年，酚醛树脂胶衣研发成功，性能优于英国水平。

2007 年，我国酚醛树脂产量约 60 万吨，为日本当年产量的 2 倍多。

3. 辅料

1991 年，中空玻璃微球投入量产，用于制作模具、人造玛瑙、浴缸、反光标志等产品，可减重、增加刚度、降低成本。21 世纪初，国产酚醛中空微球也已问世。

消泡剂、低收缩添加剂、润湿剂、触变剂等助剂可改善工艺性能、提高产品质量、降低成本。"十五"末期年用量为"九五"末期的 3 倍多。现用量最大的是德国 BYK 产品。

1987 年末引进意大利 FW 管道和储罐生产技术与设备，1993 年引进玻璃钢夹砂管生产线，以此二者为契机，带动了玻璃纤维、树脂（含固化剂）等原材料的技术进步与规模化生产，继之 SMC/BMC、拉挤、RTM 等，整个行业在 20 年间风雨兼程、与时俱进，向高层次发展。20 世纪 80 年代末期，我国玻璃钢成型技术，接触（手糊）成型占 85% 以上，到"十五"末期，机械成型已跃升达 60%。

五、复合材料的应用领域和发展展望

复合材料的主要应用领域有：航空航天领域，由于复合材料热稳定性好，比强度、比刚度高，可用于制造飞机机翼和前机身、卫星天线及其支撑结构、太阳能电池翼和外壳、大型运载火箭的 Verton 复合材料壳体、发动机壳体、航天飞机结构件等；汽车工业，由于复合材料具有特殊的振动阻尼特性，可减振和降低噪声，抗疲劳性能好，损伤后易修复，便于整体成型，故可用于制造汽车车身、受力构件、传动轴、发动机架及其内部构件；化工、纺织和机械制造领域，有良好耐蚀性的碳纤维与树脂基体复合而成的材料，可用于制造化工设备、纺织机、造纸机、复印机、高速机床、精密仪器等；医学领域，碳纤维复合材料具有优异的力学性能和不吸收 X 射线特性，可用于制造医用 X 射线机和矫形支架等。碳纤维复合材料还具有生物组织相容性和血液相容性，生物环境下稳定性好，也用作生物医学材料。此外，复合材料还用于制造体育运动器件和用作建筑材料等。

2003～2008 年间，复合材料产量中国年均增幅为 15％，印度为 9.5％，而欧洲和北美年均增幅仅为 4％。2007 年我国复合材料行业中，复合材料玻璃纤维产量 160 万吨，其中 115.5 万吨用于玻璃钢（FRP）工业；不饱和聚酯树脂（UPR）产量 135 万吨，其中 68.8 万吨用于玻璃钢领域，占 51％；乙烯基树脂产量 12640t，胶衣树脂产量 15870t。2008 年我国复合材料整个行业全年经济运行平稳，产量增长达 12％左右。行业规模以上企业全年实现工业增加值 86.7 亿元，工业总产值 258 亿元，新产品产值 11.6 亿元，销售产值 253 亿元。

现阶段，我国玻璃钢、复合材料行业面临新的大发展时期，如城市化进程中大规模市政建设、新能源利用和大规模开发、环境保护政策的出台、汽车工业的发展、大规模的铁路建设、大飞机项目等。在巨大的市场需求牵引下，复合材料产业的发展将有很广阔的发展空间。从 2010 年年初起，国家发改委、科技部、财政部、工信部四部委联合制定下发了《关于加快培育战略性新兴产业的决定》代拟稿，经过半年的意见征求，主要领域从 7 个扩为 9 个，其中"新材料"中分列了特种功能和高性能复合材料两项。在"十大产业振兴规划"之后，"战略性新兴产业"已经被认为是振兴经济的又一重大举措，此后的政府大规模投资也被市场普遍期待，所以这也被认为是继国家"4 万亿"投资计划之后又一个大型产业投资计划。现代高科技的发展离不开复合材料，复合材料对现代科学技术的发展，有着十分重要的作用。复合材料的研究深度和应用广度及其生产发展的速度和规模，已成为衡量一个国家科学技术先进水平的重要标志之一。进入 21 世纪以来，全球复合材料市场快速增长，亚洲尤其是中国市场增长较快。

21 世纪的高性能树脂基复合材料技术是赋予复合材料自修复性、自分解性、自诊断性、自制功能等为一体的智能化材料。以开发高刚度、高强度、高湿热环境下使用的复合材料为重点，构筑材料、成型加工、设计、检查一体化的材料系统。组织系统上将是联盟和集团化，这将更充分地利用各方面的资源（技术资源、物质资源），紧密联系各方面的优势，以推动复合材料工业的进一步发展。

第四章
材料与人类文明

第一节 材料是人类文明发展的肇始者

材料及工具的制造、使用和发展，是人类文明发展的一种重要决定因素。

人类之所以区别于动物界，在于他会制造和使用工具（材料），在于他的智力水平远远高于任何动物，而高的智力水平的发展恰恰与制造和使用工具密不可分。洪荒时代的人类大概与动物没有很大区别，最初人类学会了使用简单的工具（材料），而一些灵长类动物也会使用一些简单的工具，如在非洲西部偏远地区生活的黑猩猩懂得使用石头和树枝砸开坚果；科学家发现，非洲刚果的黑猩猩懂得用牙齿将树枝削成前端呈刷子状的"钓蚁竿"，然后插入白蚁的巢穴之中，研究人员桑兹博士说："它们用牙齿将这些树枝削成钓蚁竿，黑猩猩会将树枝咬成刷子状，或者将树枝中的一些纤维物质撕开，这样会钓到更多的白蚁。"人类的高明之处在于他们没有停留在使用简单的工具，而是设法制造稍微复杂一些的工具，如磨制石刀、石斧及利用火等，在此过程中刺激了智力的发展，如此良性循环，最终使得人类彻底脱离了动物界。

明代开国皇帝朱元璋的军师刘基（字伯温）在《说虎》一文中，讲到动物与人的不同："虎之力，于人不啻倍也。虎利其爪牙，而人无之，又倍其力焉。则人之食于虎也，无怪矣。然虎之食人不恒见，而虎之皮人常寝处之，何哉？虎用力，人用智；虎自用其爪牙，而人用物。故力之用一，而智之用百；爪牙之用各一，而物之用百。以一敌百，虽猛必不胜。"这也说明善于使用工具和外物是人类区别于动物界的标志。由于没有强筋强骨和利爪利齿，远古的初民在与动物界的生存竞争中不占优势，为了生存，必须利用工具和外物，这就促使人类研究并制造材料和工具，并由此而进入了人类文明社会。

恩格斯在《自然辩证法·劳动在从猿到人的转变中的作用》中明确提出"劳动创造了人本身"，又说"劳动是从制造工具开始的"。这也说明材料及工具的制造和使用在人类文明发展过程中的重要作用。正是材料及工具的制造和使用开启了人类文明的历史，并在人类文明的发展过程中始终起着十分重要的作用，因此可以说，材料的发展与整个人类文明的历史共始终。

从远古时期到现在以至未来，材料的发展总是与人类文明的发展息息相关。特别是当今时代，尤其是进入 21 世纪以后，许多前沿科技和尖端技术的发展往往都要受到材料发展技术的制约，由于理论超前而材料滞后，材料技术成了解决众多科学问题和发展问题的瓶颈，如能源技术、超导技术、航空航天技术、生命科学、生物技术、信息技术、计算技术、纳米技术的实现和应用等的突破，往往都要依赖于材料技术的进步。可以毫不夸张地说，当今材料技术的发展在某种程度上影响了人类文明发展的进程。

　　广义上讲，能够为人类直接或间接地用来制作物品和物件的物质，以及人们在生产生活中为了某种目的而使用的东西都是材料。人们进行生产活动时所使用的器具，如锯、刨、犁、锄等，就是工具。工具可分为天然工具和人造工具，凡经过人为加工的生产用器具成为人造工具，包括经加工的树枝、石刀和石斧等，而未经加工的树枝和石块等如果用作生产器具时则为天然工具，人们通常所讲的工具一般为人造工具。无疑地，工具是一种材料，是一种用于生产活动的材料，但材料不等同于工具，那么，在什么条件下、在何种视角下材料才成为一种工具？工具是一种生产资料，它的要素是器具和服务于生产。所以说，材料中可用作生产器具的那一部分就是工具。

　　一般认为，有意识地、有计划地、有目的地制造和使用工具是人类进入文明史的开端，也是人类区别于动物界的标志。在此意义上，工具是用作生产器具的材料，工具的发展和材料的发展密不可分，而工具又是社会发展和文明进步的媒介，因而材料与人类文明息息相关。一部人类文明发展史就是一部材料发展史。人类社会的历史就是一部利用材料和制造材料的历史，正是形形色色的材料构成了世间万物，人类的发明创造丰富了材料世界，而材料的不断更新与发展推动了人类社会的进步。目前，世界上传统材料已有几十万种，而新材料的品种正在以每年大约5%的速度增长，世界上现有1000多万种人工合成的化合物，而且还以每年25万种的速度增长，其中相当一部分将成为工业化生产的新材料，为人类社会和科学技术的发展服务。

　　人类的初民学会制造和使用工具，使人类永远地脱离了动物界，也正是从那时起，才有了人类文明社会的萌芽。制造和使用工具，就是认识和利用材料。由于这一点，人类可以扩大采食范围，原来不能得到的东西可以得到了，原来不能食用的东西可以吃了，工具的使用促使饮食结构发生了变化，并且可以越来越多地吃熟食，丰富了营养，避免了病害，从而促进了大脑的发育。另一方面，制造和使用工具，激发了人类的创造欲望，使人类的智力有了空前的发展，所有这些都使得人类以较快的步伐跨入文明时代，并且随着人们对材料不断深化的认识和研究，人类支配自然的能力越来越大，人类文明也一步步走向辉煌。

　　人类居住的地球已运转了亿万年，人类自身的进化也大致经历了几百万年的时间。亘古以前，人类从蛮荒时代进入蒙昧时代，逐渐与动物界中的其他物种相分离；随着古猿人智力的发展，人类社会迎来了野蛮时代，或许此时人类才从树上下到地面，那时人类只是享受自然界的恩赐，而不会能动地利用它，因而限制了自身智力的发展；自从人类懂得利用材料——制造和使用工具，人类社会逐步跨入文明时代，饮食结构的根本改善和创造欲望的强烈驱使，使人类的智力以超乎寻常的速度进化。翻开人类进化史，我们不难发现，材料的开发、使用和完善贯穿其始终。从天然材料的使用到陶器和青铜器制造，从钢铁冶炼到材料合成，人类成功地生产出满足自身需求的材料，进而使自身走出深山、洞穴，奔向茫茫平原、辽阔海洋，飞向广袤太空。

第二节　传统材料的发展与人类文明

　　人类制造和使用工具，标志着蒙昧时代的结束、野蛮时代的发展和文明时代的发端，从此，人类文明的发展就离不开材料（工具）。

　　在与自然界交互作用过程中，人类首先学会了生产和使用工具，使工具更耐用是人类先民不断发现新材料的动力。从石器时代、青铜器时代到铁器时代，强度更高、韧性更好、在特殊环境（如高温、腐蚀、冲击等）中的稳定性更强，成为对材料的主要性能要求。

一、以使用材料的特征命名历史考古时代——可靠的历史时期见证

在古代，材料是人类文明进步的里程碑；在科技发展的历史上，往往首先在材料上取得突破，然后带动一个产业的发展；在未来，科学的进步在许多方面仍依赖于新材料的突破，所以说新型材料是人类文明进步的阶梯。广义来说，材料科学与技术所包含的内容非常广泛：资源勘查、采矿、选矿、冶炼、热加工、冷成型加工、机械加工、表面处理，材料零件或构件的装配、各种条件下的使用，防护、失效，废料回收和再利用等，构成了一个社会化的材料大循环，所有的人都脱离不开这个大循环，因此材料与人的关系太紧密了，材料的知识对于每个人都太重要了。

材料是划时代的重要标志。在人类发展的历史长河中，材料起着举足轻重的作用，人类对材料的应用一直是社会文明进程的里程碑。古代的石器、青铜器、铁器等的兴起和广泛利用，极大地改变了人们的生活和生产方式，对社会进步起到了关键性的推动作用，这些具体的材料（石器、青铜器、铁器）被历史学家作为划分某一个时代的重要标志，如石器时代、青铜器时代、铁器时代等。20 世纪下半叶开始，历史进入新技术革命时代，材料与能源、信息一道被公认为现代文明的三大基础支柱。材料的发展创新已是各个高新技术领域发展的突破口，新型材料的进步在很大程度上决定新兴产业的进程，是现代社会经济的先导、现代工业和现代农业发展的基础，也是国防现代化的保证，深刻地影响着世界经济、军事和社会的发展。材料科学的发展不仅是科技进步、社会发展的物质基础，同时也改变着人们在社会活动中的实践方式和思维方式，由此极大地推动社会进步。当今世界各国政府对材料科学技术发展日趋重视，新型材料作为新技术革命的先锋，其发展对经济、科技、国防以及综合国力的增强都具有特殊重要的作用。

二、传统材料的发展与历史的进步

传统材料一般是指应用非常广泛的最常见的材料，尤其是指传统的建筑材料，这种传统材料的典型代表就是钢筋混凝土和砖了。传统材料的另一种释义就是非现代材料，换句话说就是指古代材料及其延续，比如木材、竹材、石材等，这些材料的应用都存在了数千年，从中国最早出现的木结构建筑到清王朝时期的木结构的辉煌成熟，从西方神话时期的石材建筑到全球性质工业革命前的最后辉煌，这些可谓是传统材料中的传统材料。

传统材料与新材料没有明确的界限。所谓的新材料就是根据新的方法和原理制造出来的具有新性能的材料，或者是在原来材料的基础上加以改性的材料，一方面保留其原有优越性能，另一方面提高其原来较薄弱的性能。特别是对高分子材料，很多共混改性或接枝改性出来的材料都可以称为新材料。另有其他新材料概念，比如陶瓷，拓展了它的应用领域，那么在这个领域也可以称为新材料。

传统材料涵盖非常广泛，在人类发展的历史上均起到了非常重要的作用。按照传统的分类方法，传统材料皆可归入有机材料、金属材料、无机非金属材料三大类。有机高分子材料包括天然有机材料和合成高分子材料，前者包括木材、植物秸秆、皮毛丝麻等，后者是近代高分子材料作为一门独立学科发展起来以后出现的人工合成材料，种类繁多。对众多的高分子化合物可以从不同角度进行分类。根据来源分为天然高分子化合物、合成高分子化合物和半合成高分子化合物。天然高分子化合物如纤维素、淀粉等；各种人工合成的高分子如聚乙烯、聚丙烯等为合成高分子化合物；醋酸纤维素等为半合成高分子化合物。根据合成反应特

点分为聚合物、缩合物和开环聚合物等。根据性质和用途分为塑料、橡胶、纤维、胶黏剂等。金属材料分为黑色金属和有色金属两大类。黑色金属包括铸铁、钢材，其中的钢材主要用作房屋、桥梁等的结构材料，只有不锈钢用作装饰使用，有色金属包括铝及铝合金、铜及铜合金、金、银等，它们广泛地用于建筑装饰装修中。无机非金属材料一般可分为 15 类：非金属矿、水泥、胶凝材料及其制品、玻璃、玻璃纤维、玻璃纤维增强塑料、搪瓷、铸石、陶瓷、砖瓦、耐火材料、高温及特种无机涂料、碳素材料、磨具和磨料、人工晶体等。

　　有机材料和无机非金属材料本来就是大量存在于自然界之中的，金属材料则是在青铜器时代以后才逐渐走入人们的生产生活。逻辑上讲，人类利用天然的有机材料远比利用天然的无机非金属材料要早，最初人们采食野果，利用树枝驱赶野兽，发现火以后以薪柴取暖和烧烤食物，用树木和植物秸秆筑巢，继之发展农耕种植，创造蚕丝纺织，诸如此类的活动都是初民对天然有机材料的应用；对天然无机非金属材料的应用则始于旧石器时代对天然石头的简单加工，制作石刀、石斧。石器时代延续了近百万年，在此期间人类一直简单地利用天然的有机材料和天然的无机非金属材料，直到大约 10000 年前，人类发明了陶器，这是人类通过改变物质的组成制得的第一种非天然材料，后来又迎来了青铜器时代、铁器时代，此后又在相当长的历史时期内，人们不断地制造各种无机非金属材料和金属材料，并改进其性能，在此时期内一直未有真正的非天然的有机材料出现。到了近代，工业革命使得人类社会发生了翻天覆地的变化，钢铁时代到来，有机高分子化学工业出现，现代无机非金属材料蓬勃发展，新材料层出不穷。当代材料技术有了突飞猛进的发展，人类走入信息化社会，新材料技术、信息技术、生命科学技术成为现代科学技术的三大支柱，复合材料、功能材料、结构材料、纳米材料技术异军突起，出现了一系列独具性能的新型材料，而工业革命以后出现的新材料也都步入了传统材料的行列。

　　在古代，传统建筑材料主要有砖、瓦、白灰、泥土和茅草、土坯、芦苇及其制品、砂、石、木、竹材、高粱秸秆、高粱瓤或苇秆、金砖。另外，陶瓷、玻璃、水泥、外加剂、砌块、石膏、耐火材料、混凝土预制或现浇板、铜、钢铁、铝、钢筋、橡胶、塑料、纤维及其制品、胶黏剂等，矿物、石油、煤炭、建筑五金、建筑塑料、建筑玻璃、建筑陶瓷、建筑装饰装修材料、建筑涂料及装饰涂料、建筑保温材料、建筑吸声材料、建筑防水材料、建筑防火耐火材料、建筑耐腐蚀材料、建筑防辐射材料、古建筑材料、建筑化工材料、建筑门窗、建筑灯具、建筑管材管件等，也属于常用的传统材料。

　　（1）砖　最著名的就是"秦砖汉瓦"。砖是最基本的建筑材料，构成建筑物、构筑物的墙体，从春秋战国时期以前一直到现在，一直在应用。

　　（2）瓦　总是与砖联系起来使用，大概与砖同时出现，用于屋面、墙头防水。

　　（3）白灰　主要指石灰，是利用石灰石（俗称大青石），经 900～1100℃煅烧而成。公元前 8 世纪古希腊人已用于建筑，中国也在公元前 7 世纪开始使用石灰。石灰是人类最早应用的胶凝材料，在土木工程中应用很广，主要用作抹灰和砌墙体，在我国还可用在医药方面。古代曾有以石灰为题材的诗词流传下来，千古吟诵。例如"千锤万凿出深山，烈火焚烧若等闲。粉骨碎身浑不怕，要留清白在人间"，出自明代于谦的《石灰吟》。

　　（4）泥土和茅草　泥土和茅草是古代人们用于建造房屋的最基本的材料，和泥砌墙体及屋面防水，就地取材，造价低，而且有良好的性能。

　　（5）土坯　土坯是泥土和水后，用简单方框模具脱制出的长方体块状材料，用于墙体或用来盘炕，保温隔热性能较好，建筑物冬暖夏凉。现在已较少使用。

　　（6）芦苇及其制品　芦苇可编制苇席，用于基础防潮层和屋顶保温。

　　（7）砂　砂主要是指河流、湖底、海底挖出的以及土层下挖掘的天然砂，也有人工制作的机制砂，与建筑胶凝材料如水泥、石灰等配合，制备砂浆用于建筑。应用十分广泛。

（8）石　人类在旧石器时代开始制作石刀、石斧，历经中石器时代、新石器时代，长达几百万年，用作狩猎工具和武器。后来将各类岩石加工成石板、石子、石粉等，用作建筑材料、装饰材料等。应用十分广泛。

（9）木　远古人们利用松枝照明，利用树枝驱赶野兽，利用草木筑巢。它是中国古建筑的特征之一，是木框架结构，古人之所以几千年来坚持用木结构来建造房子，是因为木结构一直被认为是最合理的构造方式之一。是一种经过考验和选择而建立起来的技术标准。中国传统建筑中，木材表面通常在油灰抹面后涂刷土红色或黑色漆做防腐处理。这种方法虽然有效延缓了木材的腐朽，但是最大的缺点是掩盖了木材的真实纹理。长期以来人们使用木材做檩、柱、家具、门窗等，它是重要的建筑材料，为三大固体材料之一。

（10）竹材　人类利用竹子的历史几乎与利用木材的历史一样久远，竹子质地致密，外观漂亮，不怕水，经久耐用，是人类喜欢使用的传统材料。历史上有很多吟咏竹子的诗词名句。例如，"咬定青山不放松，立根原在破岩中。千磨万击还坚劲，任尔东西南北风"，出自清代郑板桥的《题竹石》。

（11）高粱秸秆　高粱秸秆用于屋面保温等，还可在预制建筑材料中用作加强筋。

（12）高粱瓤（高粱穗除去粮食）或苇秆　高粱瓤或苇秆贴于墙面防止泥土坯房被雨水冲坏。

（13）金砖　金砖是指古时专供宫殿等重要建筑使用的一种高质量的铺地方砖。实际上是规格为二尺二、二尺、一尺七、一尺四见方的大方砖，有五六种规格。明清古尺单位，相当于现代的31.1cm。金砖名字的由来有三种说法。一种说法是金砖是由苏州所造，然后送往京城的，所以是"京砖"，后来演变成了金砖。另一种说法是金砖烧成后，质地极为坚硬，敲击时会发出金属的声音。还有一种说法是在明朝的时候，一块金砖价值一两黄金，所以叫做金砖。后来民间和仿古建筑中也有制作和使用，样式和制作同宫廷金砖，只是质量和质地差些。目前苏州能制作传统金砖的不足30人。

（14）陶瓷　陶瓷分为陶器和瓷器。陶器有一万多年的历史，它在人类文明进程中起着十分重要的作用，是人类通过改变化学组成制得的第一种材料，它使人类得以蒸煮食物，它又是冶炼技术发端和青铜器时代到来的前提。陶器的用途也十分广泛，至今我们仍在使用着各种各样的陶器。瓷器是东汉时期中国人民的伟大发明，2000多年以来一直在生产生活中发挥重要作用。现代以来各种独具功能的结构陶瓷和功能陶瓷的出现，更是使得陶瓷材料成为科学技术和尖端领域中不可或缺的材料。

（15）玻璃　玻璃出现至今已有5000多年的历史，先后发展了各种各样的玻璃，如平板玻璃、瓶罐玻璃、器皿玻璃、保温瓶玻璃、仪器玻璃、石英玻璃、光学玻璃、电真空玻璃、微晶玻璃、玻璃纤维、特种玻璃（防护玻璃、半导体玻璃、激光玻璃、光学纤维玻璃、法拉第旋转玻璃、超声延迟线玻璃、声光玻璃等），包含中空玻璃、夹层玻璃、钢化玻璃、防火玻璃、镀膜玻璃、镶嵌玻璃、微晶玻璃、U形玻璃、玻璃马赛克、防弹防盗玻璃、防信息泄漏屏蔽玻璃、喷雕彩绘玻璃等。玻璃制品广泛用于建筑、日用、医疗、化学、家居、电子、仪表、核工程等领域。

（16）水泥　水泥属于无机胶凝材料。人类使用胶凝材料的历史大概有7000年，而现代水泥的发明和工业化应用至今不足190年，但水泥在现代人们的生产生活中却有着十分重要的地位，实际上我们生活在钢筋混凝土的社会中，很难想象现代社会离开水泥还是否能够存在。水泥为三大固体材料之一。

（17）外加剂　水泥是一种水硬性的胶凝材料，为了改善其凝结特性和工艺性能，发展了各种各样的外加剂技术，使得水泥应用更方便、更高效。

（18）砌块　砌块是一种保温性较好的轻质建筑材料，可代替黏土砖用作墙体围护。可以使用粉煤灰、炉渣等工业废弃物制作砌块，是一种节能型、环保型、资源型建筑材料。

（19）石膏　石膏是主要化学成分为硫酸钙（$CaSO_4$）的水合物。早在公元前9000年，人类已经可以把石膏加工成石膏浆和雪花石膏用于建筑和装饰领域。人们在位于亚洲的土耳其中部的卡塔·于育克原始社会遗址的地下壁画中发现了石膏浆。在以色列一处公元前7000年形成的石膏基地面自流平层中也发现了石膏浆。据考古发现，在埃及的法老统治时期，就曾经使用石膏作为泥浆修建齐阿普斯的金字塔（公元前3000年）。到了中世纪和文艺复兴时期，很多装饰物和艺术品都是使用石膏浆制成的。在我国，早在2000多年前，石膏就曾用于长沙马王堆汉墓的建造。

（20）耐火材料　现定义为凡物理化学性质允许其在高温环境下使用的材料称为耐火材料。

耐火材料与高温技术相伴出现，大致起源于青铜器时代中期。中国在4000多年前就使用杂质少的黏土烧成陶器，并已能铸造青铜器。东汉时期（公元25～220年）已用黏土质耐火材料作为烧瓷器的窑材和匣钵。20世纪初，耐火材料向高纯、高致密和超高温制品方向发展，同时发展了完全不需烧成、能耗小的不定形耐火材料和高耐火纤维（用于1600℃以上的工业窑炉）。前者如氧化铝质耐火混凝土，常用于大型化工厂合成氨生产装置的二段转化炉内壁，效果良好。20世纪50年代以来，原子能技术、空间技术、新能源开发技术等的迅速发展，要求使用耐高温、抗腐蚀、耐热震、耐冲刷等具有综合优良性能的特种耐火材料，例如熔点高于2000℃的氧化物、难熔化合物和高温复合耐火材料等。

（21）混凝土预制或现浇板　混凝土预制或现浇板即水泥制品，是用水泥加钢筋做出来的管、板、柱、砖等。水泥制品工业是1826年水泥开始工业化生产和实际应用后才逐渐发展起来的，由于其使用方便、质量易控、大大提高建筑功效等优点，在建筑工业和土木工程中广泛应用，目前绝大部分的水泥应用都要采用水泥制品的形式。

（22）铜　新石器时代晚期，人类发现并开始使用天然铜，后来进入青铜器时代，一直到现在，金属铜作为一种重要的材料被广泛使用。纯铜是紫红色的重金属，又称紫铜或红铜。铜与锡、铅的合金称为青铜。铜和锌的合金称为黄铜，其颜色随锌含量的增加由黄红色变为淡黄色，其力学性能比纯铜高，价格比纯铜低，也不易锈蚀，易于加工制成各种建筑五金、建筑配件等。铜和铜合金装饰制品有铜板、黄铜薄壁管、黄铜板、铜管、铜棒、黄铜管等。它们可作柱面、墙面装饰，也可制作成栏杆、扶手等装饰配件。

（23）铁　远古人们对铁的认识源于陨石，由于陨石是天外来物，十分稀少，非常珍贵。大约3500年前人类进入铁器时代。铁是最常用的金属，工业上用途极广，可以炼钢，可制作各种器械，亦是生物体中不可缺少的物质。它是地壳中含量第二高的金属元素，也是人类发现和大规模使用的第二种金属元素。铁在自然界中分布极广，但是人类发现和利用铁却比黄金和铜要迟。铁制物件最早发现于公元前3500年的古埃及，它们包含7.5%的镍，表明它们来自流星。古代小亚细亚半岛（今土耳其）的赫梯人在3500年前是第一个从铁矿石中熔炼铁的，这种新的、坚硬的金属给了他们经济和政治上的力量，铁器时代开始了。中国也是最早发现和掌握炼铁技术的国家之一。1973年在中国河北省出土了一件商代铁刃青铜钺，表明3300多年以前中国人就认识了铁，熟悉了铁的锻造性能，识别了铁与青铜在性质上的差别，把铁铸在铜兵器的刃部，加强铜的坚韧性。经科学鉴定，证明铁刃是用陨铁锻成的。随着青铜熔炼技术的成熟，逐渐为铁的冶炼技术的发展创造了条件。

（24）钢　钢是铁与C（碳）、Si（硅）、Mn（锰）、P（磷）、S（硫）以及少量的其他元素所组成的合金。其中除Fe（铁）外，C的含量对钢的力学性能起着主要作用，故统称为铁碳合金。它是工程技术中最重要、最主要、用量最大的金属材料。钢的使用几乎和铁的历史同样悠久，但真正钢铁时代的到来却是以贝塞麦1856年创立的炼钢原理为标志。钢材是三大固体材料之一。

钢铁工业是世界上所有工业化国家的基础工业之一。经济学家通常把钢产量或人均钢产量作为衡量各国经济实力的一项重要指标。钢铁工业亦称黑色冶金工业。钢铁工业是重要的基础工业部门，是发展国民经济与国防建设的物质基础。冶金工业的水平也是衡量一个国家工业化的标志。钢铁工业是庞大的重工业部门。它的原料、燃料及辅助材料资源状况，影响着钢铁工业规模、产品质量、经济效益和布局方向。

（25）铝　铝是一种轻金属，铝的化合物在自然界中分布极广，铝元素在地壳中的含量仅次于氧和硅，居第三位，是地壳中含量最丰富的金属元素，其蕴藏量在金属中居第二位。在金属品种中，仅次于钢铁，为第二大类金属。铝是人类继铜、铁之后，第三种被广泛应用的金属。

（26）钢筋　钢筋（rebar）是指钢筋混凝土用和预应力钢筋混凝土用钢材，其横截面为圆形，有时为带有圆角的方形。包括光圆钢筋、带肋钢筋、扭转钢筋。钢筋混凝土用钢筋是指钢筋混凝土配筋用的直条或盘条状钢材，其外形分为光圆钢筋和变形钢筋两种，交货状态为直条和盘圆两种。

我们现在是生活在钢筋混凝土的世界里。

（27）橡胶　橡胶是高弹性的高分子化合物，分为天然橡胶与合成橡胶两种。天然橡胶是从橡胶树、橡胶草等植物中提取胶质（胶乳）后加工制成的具有弹性、绝缘性、不透水和空气的材料；合成橡胶则由各种单体经聚合反应而得。人类在古代就会利用天然橡胶，但直到1911年丁钠橡胶问世，才拉开了橡胶工业快速发展的序幕。

（28）塑料　塑料是纯粹的合成有机高分子化合物，其发展历史非常短，但发展迅速，应用广泛。1869年制造出第一种人工合成塑料"赛璐珞"。第一种完全合成的塑料出自美籍比利时人列奥·亨德里克·贝克兰，1907年7月14日，他注册了酚醛塑料的专利。开启了人类合成有机高分子材料的时代。

根据各种塑料不同的使用特性，通常将其分为通用塑料、工程塑料和特种塑料三类。通用塑料一般指产量大、用途广、成型性好、价格便宜的塑料，有五大品种，即聚乙烯（PE）、聚丙烯（PP）、聚氯乙烯（PVC）、聚苯乙烯（PS）及丙烯腈-丁二烯-苯乙烯共聚物（ABS）。这五大类塑料占据了塑料原料使用的绝大多数，其余的基本可以归入特殊塑料品种，如PPS、PPO、PA、PC、POM等，它们在日用生活产品中的用量很少，主要应用在工程产业、国防科技等高端的领域，如汽车、航天、建筑、通信等领域。

（29）纤维及其制品　1846年，瑞士人Schonbein发明硝化纤维素。

通常人们将长度比直径大上千倍以上且具有一定柔韧性和强力的纤细物质统称为纤维。天然纤维是自然界存在的，可以直接取得纤维，根据其来源分成植物纤维、动物纤维和矿物纤维三类。人工纤维是聚合物经一定的加工（牵引、拉伸、定形等）后形成细而柔软的细丝，合成纤维一般是指细而长的材料。化学纤维是经过化学处理加工而制成的纤维。可分为人造纤维（再生纤维）、合成纤维和无机纤维。纤维用途广泛，可织成细线、线头和麻绳、造纸或织毡时还可以织成纤维层；同时，也常用来制造其他物料，及与其他物料共同组成复合材料。纤维的填充能有效地提高塑料的强度和刚度。纤维增强塑料属于刚性结构材料。纤维增强塑料主要有两个组分。基体是热固性塑料或热塑性塑料，用纤维材料填充。通常基体的强度较低，而纤维填料具有较高的刚性，但呈脆性。两者复合得到的增强塑料中，纤维承受很大的载荷应力，基体树脂通过与纤维界面上的剪切应力支撑了纤维，传递了外载荷。

（30）胶黏剂　胶接（黏合、粘接、胶结、胶黏）是指同质或异质物体表面用胶黏剂连接在一起的技术，具有应力分布连续、重量轻、密封性好、多数工艺温度低等特点。胶接特别适用于不同材质、不同厚度、超薄规格和复杂构件的连接。胶接近代发展最快，应用行业极广，并对高新科学技术进步和人民日常生活改善有重大影响。因此，研究、开发和生产各类胶黏剂十分重要。能将同种或者两种或者两种以上同质或异质的制件（或材料）连接在一起，固化后具有足够强度的有机或无机的、天然或合成的一类物质，统称为胶黏剂或黏结剂、黏合剂，习惯上简称为胶。

三、传统材料的新生

应该指出，木材、砖瓦、石料、水泥、玻璃、陶瓷、钢铁、塑料等传统材料一直占有十分重要的地位，因为这些材料资源丰富，性能价格比在所有材料中最有竞争力。这些传统材料是国民经济的基础，量大面广，与人民基本生活的关系极为密切，即使有一点改进，收益也很可观。例如，美国道路与桥梁的使用寿命增加1%，其收益可达300亿美元。因此，各国对传统材料都给予了足够重视。材料和其他商品一样，是否受到重视和得到发展，取决于其性能价格比。汽车制造业是许多国家的传统支柱产业，因此，汽车材料也不断推陈出新。如果单从性能来看，以碳纤维增强树脂基复合材料制作车体当然十分理想，但由于其价格和成型工艺等原因，虽然全复合材料汽车制造成功已有20多年，但至今仍难以推广。

新材料和传统材料并无明确的界限，新型材料的发展必须以传统材料为基础，而且从数量和影响来看，传统材料仍然占有十分重要的地位，但是要实现质量的不断提高、品种的不断增加、性能的不断改进和成本的不断下降，就必须对传统材料开展更多、更深入的研究工作。传统材料在很多情况下会发展成为新型材料，而新型材料又推动了传统材料的进一步发展。

许多传统材料，开发了新的功能，或者进行了改进，技术含量提高以后，就变成了新材料。

钢铁工业，一度被人们认为是"夕阳工业"。但当代发展起来了各类新型合金材料、形状记忆合金、储氢合金、超导材料等，钢铁材料就成了当之无愧的新型材料。

陶瓷是古老的材料，但没有人能够否认现代陶瓷在当今高科技和尖端技术领域中所起的关键作用。

一些新兴有机高分子材料的发展更是引人注目，每年都有几十万种的新品种问世，为这个现代化的世界增添了色彩和提供了发展潜力。

复合材料还在发展过程中，通用复合材料之外，先进复合材料以其优异的性能独占鳌头，在航空航天、军事技术、海洋科技、生物技术、信息技术、纳米技术等的发展中发挥着越来越大的作用。

人类生产生活与传统材料关系更加密切，传统材料也在不断发展，现在乃至未来，传统材料都将和新型材料并行存在，共同为人类社会的文明发展做出贡献。

第三节　高技术材料与现代文明

一、高新技术的先导

亘古以来，材料的制造、使用和发展一直伴随着人类文明史的发展。人类能够制造和使用的最早材料大概是无机非金属材料，使用最广泛的对人类生产生活影响最大的也是这类材料，即现在所谓的陶瓷材料。材料的研究和发展伴随人类的初民告别蒙昧时代，走过野蛮时代，迈入文明时代，挺进更高层次的科技时代和高科技时代，并将伴随人类一步步走向未来更加发达的智能时代和魔幻时代。然而，在漫长的材料发展史中，人类一直在宏观层面上研究材料，只是到了近代，随着显微技术的发展，人们才得以进入一个美轮美奂的材料微观世界，在这里人们不但认识到物质微观结构的奇妙和谐，也更加深刻地认识到了微观结构决定材料性能这一大自然的普适真理，从此人们采取各种办法力图改善材料显微结构以便改善材料性能，由此产生了一门年轻但富于生命力的学科——材料显微结构学。

随着人类的视野从身边的宏观世界向宇观和微观的延伸，突破自身感官的局限性，扩展自己感知、观察世界的能力，成为人类的强烈需求。人类需要了解：小至原子的迁移、亚原子粒子运动，大至天体演化、斗转星移；生物的遗传奥秘与无生命体内部的"呐喊"（小至金属内部马氏体相变，大至地壳运动都伴随有声波）。因此，材料的物理性能（主要指电、磁、热、声、光性能）、化学性能和生物性能等成为人类关注的热点，各类功能材料应运而生。

有了性能各异的各类材料，人们制造出了巨型飞机，环游世界不必经历凡尔纳笔下的斐利亚·福克所付出的艰辛 80 天；人们架设了"信息高速公路"，在"地球村"信步和交换信息，"天涯若比邻"成为现实；人们将人造卫星送入太空，利用精密的全球导航系统，使在蓝色海洋中航行的船只，可以避免"泰坦尼克号"的悲剧。对一般人而言，他们所看见的是蓝天上飞行的飞机，公路上奔驰的豪华轿车，办公桌上放置的神奇电脑，家中使用的电冰箱和彩色电视机……难以见到称之为"材料"的东西。当然，这一现象不足为怪。但是，材料作为人类文明基石的作用是不容忽视的，犹如支撑万丈高楼的地基石一样，材料支撑着人类文明。因而，史学家用石器时代、青铜器时代和铁器时代等作为人类文明进化的标志。

带着对未来的美好憧憬，人类跨入了 21 世纪。有人认为 21 世纪将是信息时代、知识经济时代，但是，在这样的时代中，材料的基石作用仍然无法改变。同时，材料的另一方面——对高新技术的先导作用，将展现得更加淋漓尽致。例如，支撑微电子工业的集成电路三十多年来发展迅速，更新换代快，集成度遵循著名的摩尔定律每 18 个月翻一番，线宽以 70%的比例递降：1992～1994 年为 $0.5\mu m$，1995～1997 年为 $0.35\mu m$，1998～2000 年则为 $0.25\mu m$。然而，采用现有的材料和加工技术，集成度将很快达到极限，若要继续提高集成度必须另辟蹊径。在众多的材料和加工技术中，纳米材料和纳米加工技术是最有希望的。利用纳米材料和纳米加工技术可实现集成电路的三维集成和加工，实现在原子和分子尺度上集成。又如，由于控制环境污染方面的要求，在 21 世纪，地面运输工具将使用高比强度、高比刚度材料，以减轻自重，如汽车每减重 100kg，每升油可多行驶 0.5km。美国的单位体积燃料的里程数要求由 12km/L 提高到 35km/L，这个目标的实现，37%靠车辆的轻量化，40%靠提高热效率，而这两项均与使用新材料直接相关。此外，太阳能的高效率利用、高功率燃料电池发电，均是以高性能材料的研制和开发为先导的。专家预测，太阳能转换材料的热电转换效率如果能再提高 5%太阳能作为能源，将可替代煤炭和石油。

材料是人类进步的里程碑，时代的发展需要材料，而材料又推动时代的发展，所以人们把材料视为现代文明的支柱之一。在新的世纪里，人类面临着五大问题：人口、粮食、资源、能源与环境。为了满足时代的要求及推动时代的发展，材料科学将大有作为。在制定 21 世纪科学和社会发展总的规划时，世界各国无一不把材料科学和工程作为最需要发展的领域之一。从某种意义上说，材料是一切文明和科学的基础，材料无处不在，无处不有，它使人类及其赖以生存的社会、环境存在着紧密而有机的联系。

材料是工程技术的基础与先导。现代社会的进步，在很大程度上都依赖于新材料的发现与发展。科学家与工程师们都认识到，发展尖端技术的前提是发展新材料与新材料加工技术，并在近 20 年来在这方面有了空前的重要进展。所以许多人将我们这一历史时期称为"材料时代"。

二、材料在技术发达社会中的作用

1. 活跃的材料是技术大厦的砖石

材料是所有科技进步的核心。由于材料合成、开发及工艺技术的成熟，开辟了许多在短短的几十年前人们都不曾梦想的新领域（这方面的例证在许多不同的行业里比比皆是）。当我们回忆在包括能源、通信、多媒体、计算机、建筑以及交通等广泛领域中所取得的举世瞩目的进步时，你就会体会到这句话的正确性。没有专门为喷气发动机设计的材料，就没有靠飞机旅行的今天；没有固体微电子电路，就没有我们大家都了解的计算机。有人曾经指出，晶体管是迄今为止所有科学技术发现中影响最深远的发现。在一份提交美国国会的报告中，全美许多杰出的教育学家和科学家对材料在现代科技发达社会中所起的核心作用做了充分肯定。该报告指出：先进材料及先进材料工艺对人民的生活水平、国家的安全及经济实力起着关键性的作用。先进材料是先进技术的奠基石。人们所享用的所有物质都是由材料组成的：从半导体芯片到柔韧的混凝土的摩天大厦，从塑料袋到芭蕾舞演员的人造臀骨以及航天飞机的复合结构。材料的影响不仅限于具体的产品，千千万万的就业机会就依赖我们所拥有的高质量特殊材料。

该报告进一步指出：先进材料是技术大厦的砖石。当材料按特定方式加工时，技术才得以发展，促成进步。先进的材料和工艺方法已成为提高产品质量、提高工业生产效率以及促进经济增长的基本要求。材料也是处理诸如环境污染、自然资源的不断减少及其价格上涨等一些紧迫问题的工具。

不断开发和使用材料的能力是任何一个社会发展的基础之一。

2. 材料对现代高科技发展的作用

在全部历史中，技术上的重大突破都是与新材料的发展及加工合成相联系的。例如，材料加工的革新导致大马士革刀的产生。有两种方法制造这种刀。一种制造方法是把软的铁和钢（这里铁含量为 0.6%）交叠在一起在高温下锻打而成，它的刃部为硬钢可以提供锋锐的切割面，而刀的主体为铁可以提供抗断裂阻力。日本采用把钢锻打成薄片，然后自身折叠多次的方法也获得类似的结果。图 4-1 显示了制作完成后的日本剑，从中可很清楚地看到不同的组织结构。两种加工方法所得到的都是独特的层状金属组织，由这种新组织结构制成的兵器给予使用者在作战时巨大优势。在中东用类似工艺制作的剑为叙利亚王朝扩张奠定了

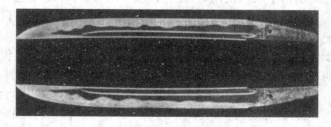

图 4-1   在 16 世纪中叶由 Hiromitsu 锻造的日本剑的锋刃面和背面［经抛光产生了流畅的波形并通过照明增加了衬度。沿刀刃从尖端到中点可以看到坚硬的和柔软的区域

（源自：Cyril Stanley Smith，A Search for Structure：Selected Essays on Science，Art，and History，MIT Press，Cambridge，MA，copyright 1992.）］

基础。

这个例子说明了材料科学与工程的一个关键原则——组织结构、性能和加工合成间的紧密联系。因加工方法革新而获得的金属组织结构会提供新的性能配合，并给这种技术的开发者以巨大的有利条件。由此可以说，这些剑是最早的工程材料的代表作之一。

近来，精确地控制材料的成分和组织结构的加工合成工艺的发展，使晶体管的微型化成为可能，结果导致了电子技术革命，生产出了计算机、蜂巢式移动电话和光盘（CD）播放器等产品，并且这一技术革命将继续影响现代生活的各个方面。

材料的创新对之影响很大的另一个领域是航空工业。重量轻、强度高的铝和铁合金促进了更有效的机架的发展，而镍基高温合金的发明和改进，促进了强力、高效的飞机喷气发动机的发展。复合材料和陶瓷取代传统材料则又使飞机获得进一步的改善。

材料在航天工业中的作用亦十分重要。一个突出的例子是美国的航天飞机。当航天飞机穿过地球大气层时，它的外壳与大气层间的摩擦会产生极高的温度，可以超过 1600℃，会使用于机架的金属熔化。但陶瓷瓦片有能力承受这样的高温，并有优异的绝热性能，为保护航天飞机铝质机架提供了可行的方法。

航天飞机重返大气层时，其表面温度的大体分布如图 4-2 所示。温度范围为 400～1260℃ 的区域由大约 30000 个氧化硅瓦片进行保护。瓦片上覆盖着一层硼酸盐玻璃，用以绝缘表面，并辐射来自航天飞机的热能。在温度达到 1600℃ 的区域中，涂上碳/碳增强的复合材料（由碳基体包围的碳纤维构成的材料）。如果没有这些材料，我们怀疑是否有可能拥有能重复使用的空间交通工具。这是一个通过我们实际能力去开发和使用先进材料以实现我们的最高期望的方法的例子。

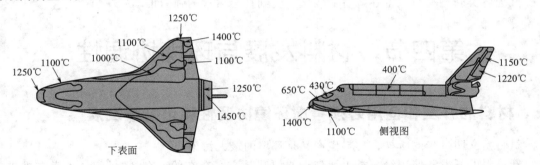

图 4-2 美国航天飞机重返地球通过大气层时的表面温度分布

（源自：G. Lewis. Selection of Engineering Materials，Prentice Hall. Inc.，Englewood Cliffs，NJ，1990）

材料的发展使传媒技术获得突破的另一例子发生在电子通信业中。以前通过铜线以电的方式传送信息，现在则通过高质量的透明 SiO_2 纤维以光的方式来传送。这种光纤如图 4-3 所示。在其直径方向上，发生平缓而精确的变化以提供最大的效率。使用这种技术增加了信息的传输量和传输速度，它可携带的信息量比铜电缆大几个数量级。此外，传输信息的可靠性也大大改善。除了这些优点之外，玻璃纤维的生产材料和制作过程对环境具有良好的效应，因而就减轻了由开采铜矿对环境造成的不利影响。

图 4-3 用以制造光导的光学纤维的预制品

[其中的环是具有不同折射率的区域。预制品经拉拔后，最终直径约为 125×10^{-6} m

（源自：经 AT&T Archives 允许复制）]

在国家研究委员会的研究报告中指出了材料对美国的经济盛衰所呈现的中心地位，该报告题

为 "20 世纪 90 年代的材料科学与工程——在材料时代里保持竞争力"。文中指出："材料科学与工程对影响美国经济及国防力量的重要工业部门的兴旺发展是至关重要的。"日本对材料科学与工程也采用了类似的定位，并且宣称将开发、加工和制造先进材料作为保持技术领导地位的国家战略的基石。

3. 社会需求是材料发展的强大动力

材料特别是先进材料（前沿材料），在现代社会中所起的作用越来越大，尤其是现代陶瓷，其应用领域已扩展到工农业生产、国民经济、科学技术各个领域，除了生活日用、建筑材料、卫生洁具、化工设备、变电和输配电、切削刀具、钻井钻头、电子技术、自动控制、广播电视、有线无线通信等广泛应用陶瓷材料之外，近几十年来迅速发展起来的空间技术、能源技术、计算技术、信息技术、生物医药技术、激光技术、电子新技术、遥感技术、仿生技术、红外技术等的发展，也越来越多地应用陶瓷新材料。时至今日，几乎每个现代科学技术的尖端领域都有现代陶瓷的足迹，现代陶瓷在国民经济和科学技术中一直扮演着不可或缺的角色，陶瓷的发展和应用具有无比广阔、无限光明的前景。

陶瓷是一种用途广泛的无机非金属材料。现代陶瓷是现代社会人们进行生产活动和科学实验所不可或缺的。现代陶瓷的发展推动和加速了科学技术的发展。例如，如果没有现代陶瓷的磁性记忆存储元件，电子计算机就不可能达到每秒计算几十亿次的高速度，目前高科技中无数必须短时间内完成的复杂运算，也许就要拖延千百年，从而使这种计算变得毫无意义，科学研究和实验将无法进行；没有现代陶瓷的参加，人类登月旅行、火星探测等就是一句空话。由此可见，现代陶瓷确实是现代人类文明和科学技术的基石、云梯、杠杆、加速器和催化剂。

其他各类新型材料也都在各自的领域，受到社会需求的强力推动。

第四节　材料发展与环境协调性

一、材料的开发和使用必须考虑环境协调性和可持续发展

材料是文明进步的阶梯，材料生产又是环境的最大污染源。

新材料的开发和使用给人类生活带来的便利是实实在在的。在 21 世纪，人类在推进文明发展的同时将会更加注重自身生活质量和周围环境的改善。因此，生物材料和环境相容性材料的开发和使用将会受到重视。生活质量的提高，以及人口老龄化问题的出现，使得人体器官的修复与更换变得十分必要。利用生物材料，人们可以生产出人造肝、人造肾、人造膜、人造皮肤和人造血管等，还可以制造出药物缓释系统材料，控制药物的释放时间、位置和速度以便有的放矢加快和提高疗效。

长期以来，人类在材料的提取、制备、生产以及制品的使用与废弃的过程中，消耗了大量的资源和能源，并排放出废气、废水和废渣，污染着人类自身的生存环境。有资料表明，从 1970 年至 1995 年的 25 年间，人类消耗了地球自然资源的三分之一；美国每年排放工业废料约 120 亿吨，其中约有 7.5 亿吨是有害的（可燃、腐蚀、有毒），与材料生产相关的工业所排放的有害废料约占 90%。现实要求人类从节约资源和能源、保护环境，使社会可持续发展的角度出发，重新评价过去研究、开发、生产和使用材料的活动；改变单纯追求高性能、高附加值的材料而忽视生存环境恶化的做法；探索发展既有良好性能或功能，又对资源和能源消耗较低，并且与环境协调较好的材料及制品。从材料生命周期的整个过程来考察，

矿物开采，原材料加工、冶炼，材料半成品加工，产品生产、使用等各个环节，都会向我们居住的地球或大气层排放污染物。为此，应该用系统工程的方法，综合考虑材料的生产、使用、回收利用各个环节，达到污染物的零排放。此外，从原子、分子、显微和复合结构等不同尺度精心设计和人工合成高性能材料，减少对地球矿藏的依赖，也是降低环境污染的有效措施。目前人们正在研制开发的复合材料、纳米材料、超合金、信息功能材料、机敏（又译灵巧）和智能材料等，都具有这种特征。

二、材料循环

1. 材料循环与循环利用

人类使用的所有被开采、种植的各种资源都来源于地球，这些矿石、原油、煤炭、植物等原始原料必须要经过一个诸如浓缩、精炼或纯化的粗加工过程，由此形成金属（锭或粉末）、化学品、纤维或其他物质，再经过进一步加工，制成具有更合适组成、更高纯度或更适宜形状的合金、陶瓷或高聚物之类的工程材料，进一步制造或装配成整体，完成最终的产品供人们使用，如汽车、计算机、电子消费品、机械工具及运动器械等。这些产品由于磨损或损坏被停止使用，或者当这些产品落伍了，能有更高效廉价的产品来替代它们，这时，这些产品就成为垃圾而被丢弃，成为地球上垃圾的一部分，这些垃圾在自然界要经过一定时间和过程的消解，才能重新变为地球资源的一部分，这样才算完成了材料的循环过程。某些废弃物自然消解需要很长时间甚至需要漫长的历史过程，一般称为"不可消解材料"；某些废弃物对大自然造成污染并危害人类生存健康，由于消解速度慢而废弃速度快，会造成恶性循环，造成资源和能源短缺，环境恶化，危及人类生存发展，因此，材料的自然循环过程往往不能尽如人意。而如今，人们更多的是将这些垃圾物品循环使用或回收其中的有价值物质，这不仅是出于经济效益的考虑，更重要的是环境保护的需要。人类现在越来越重视通过产品或材料的再循环利用，尽量不造成材料的循环短路，从而减少材料整个生命周期对环境所造成的压力。

2. 材料的单向循环模式

材料已被公认是人类的基本资源之一。材料与化工、冶金、能源、环境工程等被称为过程工业。过程工业从传统意义上说就是"资源开采-生产加工-消费使用-废物丢弃"，这是一套传统产业的单向运动循环模式，也是长期以来人们传统思维的结果（图4-4）。

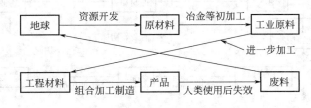

图4-4 材料的单向循环模式

由图可知，人类从地球上通过采矿、钻探、挖掘、采集等得到原材料——矿物、煤、原油、天然气、石头、砂子、木材、生橡胶等，通过冶炼及初加工被制成工业用原料——金属、化学产品、纤维、橡胶、电子晶体等，然后进一步加工成工程材料——合金、玻璃或陶瓷、半导体、塑料、合成橡胶、混凝土、建筑材料、纸、复合材料等。这些工程材料通过完成相应设计要求的加工制造，组成结构件、机器、装置和其他社会需要的产品为人类所使用（军用、民用）。当这些产品使用后，或因服役后失效，或到了工程要求的服役期，或完成了某一特定的使用要求，人们通常称之为废品，这些废品作为废料又回到大地上。上述循环涉及化工、冶金、能源、材料、环境等多个学科、多个工业部门。统计表明，与材料相关的产业既是资源消耗的大户，又是环境污染的主要来源。随着这些工业的飞速发展，在不断促进人类生产和生活水平提高的同时，也必然会带来地球有限资源的紧缺和破坏，同时带来能源浪费，造成越来越严重的环境污染。例如，早在 2000 年我国废弃物已达 10 亿吨，其中80% 属于化学品污染。化学燃料能源转化过程的 SO_2、NO_2 和 CO_2 的污染排放分别达 2000余万吨、1000 余万吨和 20 余万吨。全球每年化学燃料燃烧造成的硫排放已超过自然界生态过程硫循环量的 4 倍，严重破坏了自然生态系统硫的循环平衡。CO_2 的排放造成的温室效应也是世人关注的焦点。

3. 材料的双向循环模式

审视 20 世纪过程工业发展的历程，人们开始认识到现有的材料单向循环模式已无法持续下去，而应当代之以仿效自然生态过程物质循环的模式，建立起废物能在不同生产过程中循环、多产品共生的工业模式，即双向循环模式（或理论意义上的闭合循环模式，类似于自然界中的生物链）。循环经济和知识经济并称为世界未来经济发展的两大模式。

从人们所使用产品在服役过程中的历程特点出发，可分为四大类通用的产品类型：服务（如运输）、软件（如计算机程序）、硬件（如汽车、飞机、发动机零件）、流程性材料（如润滑油、钢材）。过程工业是主要以生产流程性材料为主的工业分支。在流程性材料生产中，如果一个过程的输出变为另一个过程的输入，即一个过程的废物变成另一个过程的原料，并且经过研究真正达到多种过程相互依存、相互利用的闭合的产业网和产业链，那么也就真正达到了清洁生产，达到了无害循环。例如，近年国内开发成功的数十万吨级用于磷石膏分解成二氧化硫和氧化钙的工业技术，就可以把磷肥厂、水泥厂、高硫煤矿、硫酸厂联合形成"生产产业网"，有效地解决了磷石膏污染问题，而且使资源得到充分利用，这种"黏合"技术的优先开发无疑是发展生态工业的重要途径。这种循环可用图 4-5 表示。

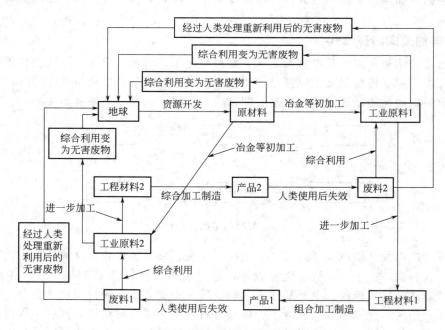

图 4-5　材料的双向循环模式

在双向循环模式中，从地球取得的原材料大部分用来初加工制作工业原料，一小部分余料需进行综合利用变为无害化后重新融入地球环境中；所有的工业原料（原材料制得或其他产品废弃物经综合加工制得），大部分用来加工制得成品，一小部分余料需进行综合利用变为无害化后重新融入地球环境中；所有的废料——产品服役后的废弃物，一方面可经综合处理变为另一种产品的工业原料，另一方面余下的废料需经过综合处理无害化后重新融入地球环境中。如此，材料循环的每一个环节都做到了无害化，这样才真正达到了绿色经济和可持续发展的要求。

三、材料的可持续发展战略与生态环境材料

1. 新型材料应注重与生态环境及资源的协调性

面对资源、环境和人口的巨大压力，世界各国都在不断加大生态环境材料及其相关领域的研究力度，并从政策、资金等方面给予更大支持。材料的生态环境化及其产业在资源和环境问题制约下满足经济可承受性，是实现可持续发展的必然选择。环境协调性已经成为研究开发新型材料的指导思想。发展新型材料和改造基础材料更重视从生产到使用的全过程的影响，如资源保护、生产制备过程的污染和能耗、使用性能和回收再利用的问题等。

生态环境材料的三个特征是，优异性能并节约资源、减少污染和再生利用。目的是实现资源、材料的有机统一和优化配置，达到资源的高度综合利用以获得最大的资源效益和环境效益，为形成循环型社会的材料生产体系奠定基础。

许多原材料是不可再生资源，近代以来人类对材料的消耗量越来越大，很多材料面临枯竭。面对材料危机，在重视生态材料发展的同时，也应该注重在材料生产中节约原材料和寻找材料代用品，以及开发廉价的和低品位的原材料。

2. 材料的可持续发展战略

国际材料界在审视材料发展与资源和环境的关系时发现，过去的材料科学与工程是以追求最大限度地发挥材料的性能和功能为出发点的，而对资源、环境问题没有足够重视，没有充分考虑材料的环境协调性。在全球经济必须可持续发展的今天对材料科学与工程内涵的认识和理解还应予以拓宽。

（1）在尽可能满足用户对材料性能要求的同时，必须考虑尽可能节约资源和能源，尽可能减少对环境的污染，要改变片面追求性能的观点。

（2）在研究、设计、制备材料以及使用、废弃材料产品时，一定要把材料及其产品整个生命周期对环境的协调性作为重要评价指标，改变只管设备生产而不顾使用和废弃后资源再利用及消除环境污染的观点。

（3）这个定义的拓宽将涉及多学科的交叉，不仅是理工交叉，而且具有更宽的知识基础和更强的实践性，不但要讲科学技术效益、经济效益，还要讲社会效益，最终把材料科技与产业的具体发展目标与各国、各地区可持续发展的大目标结合起来。

材料的可持续发展战略是一个多学科、多部门联合作用的复杂系统工程，最重要的思想就是要建立"生态工业园区"。所谓"生态工业园区"就是实施生态工程的系统工程基础，其目标是通过多种产业的综合协调发展，使某一个产业的副产物或废料成为另一个产业的原料加以利用，进而形成物流的"生态产业链"或"生态产业网"，能流形成多次梯级利用，

使在一个界区内的多行业、多产品联合发展，不仅可使资源在产业链中得到充分或循环利用，而且使能量资源和信息资源同时得到充分利用。

在生态工业园区的规划和实施的过程中会发现许多"网"和"链"的断点，根据这些断点继续开展深入研究和工业开发，不要把这些断点看成是重点而应看成是进一步研究的方向。这样无限循环，不断深入研究，不断深入开发、应用，向着生态过程工业和可持续发展逐渐逼近，最终每一个环节和每一个单元都将是清洁的，用环境友好的生产工艺取代污染工艺，以实现良性循环的可持续发展的目标。

美国麻省理工学院在全美首先开设了生态工业学的课程，设立了跨院系的研究项目，致力于生态工业可持续发展的研究，并组织相关领域的各种定期和不定期会议，以促进学术界、政府、公司之间合作网络的建立；耶鲁大学1997年建立了生态工业研究中心，并出版了世界第一份生态工业学杂志；普林斯顿大学的能量与环境研究中心在生态工业学研究中也取得了很好的成绩；澳大利亚、荷兰等国家也开展了生态工业学的研究。

3. 发展生态环境材料

生态环境材料正是在上述背景下提出来的。它是国际上20世纪90年代发展起来的，已在世界各国达成共识，兴起了全球性的环境材料的研究、开发和实施热潮。生态环境材料是指同时具有优良的使用性能和最佳环境协调性的一大类材料。这类材料对资源和能源的消耗少、对生态和环境的污染小、再生利用率高或可降解和可循环利用，而且要求从材料制造、使用、废弃直到再生利用的整个寿命周期中，都必须具有与环境的协调共存性。因此，所谓环境材料，实际上是赋予传统结构材料、功能材料以特别优异的环境协调性的材料，是材料工作者在环境医师指导下，或开发新材料，或改进、改造传统材料。任何一种材料只要经过改造达到节约资源并与环境协调共存的要求，就应视为环境材料。这种定义、概念有助于调动更广的材料工作者的积极性，鼓励和支持他们结合本职工作，对量大面广的材料产品进行生产技术改革，达到节能降耗和治理污染的目的。同时，要大力提倡和积极支持开发新型的环境材料，取代那些资源和能源消耗高、污染严重的传统材料。还应该指出，从发展的观点看，生态环境材料是可持续发展的，应贯穿于人类开发、制造和使用材料的整个历史过程。

国际上的材料科学技术工作者和各国政府都对材料产业环境协调发展给予了高度重视，日本和欧洲的一些国家相继成立了环境材料及相关的研究学会，组织专门的学术和相关政策研究。日本学者山本良一教授等撰写了环境材料方面的专著，首先系统介绍了关于环境材料的基本观点和研究的基本方法。德国能源和环境专家 von Weizseacker 教授提出了四倍因子理论：半份消耗，倍数产出。即在经济活动和生产过程中通过采取各种措施，将资源消耗降低一半，同时将生产效率提高一倍，由此在同样资源消耗的水平上，得到四倍的产出。四倍因子理论的提出得到了世界上许多政治家、经济学家、社会学家、生态学家、环境科学家以及许多其他学者的赞同，被认为对有效利用资源、改善生态环境、实现社会和经济的可持续发展具有战略性意义。

国际上围绕生态环境这一主题开展了广泛研究，可以划分为环境协调性评价和具体的生态环境材料设计、研究和开发两大主题。

自1998年起，国家"863"计划支持了首项"材料的环境协调性评价研究"，开始对钢铁、铝、水泥、塑料、陶瓷、建筑涂料等量大面广的几大类主要基础材料进行初步的全寿命周期评价。近几年来，研究工作正在逐步深入。

第五节 未来材料

一、未来材料发展的特点——材料设计和分子设计

要实现从原子、分子、显微和复合结构等不同尺度精心设计和人工合成高性能材料，除了注重社会需求，还必须强调材料科学与工程领域自身的学科特征，更新研究方法，创造新的研究硬件环境。一般而言，材料科学与工程领域研究材料组成（不同尺度的结构和成分）、合成和加工方法、材料性能、寻找材料用途和使用四大主题及其相互关系，如图 4-6 所示。其中，"寻找材料用途和使用"提供了本学科与社会交互作用的通道，经由这一通道，社会向材料工作者提供需求信息，材料工作者向社会提供能满足需求的材料或材料产品；"合成和加工方法"与社会也存在一定的相互作用，这主要体现在对环境的影响方面，例如，加工过程中污染物的排放、能耗大小等；"材料组成"主要研究材料内部的化学成分的作用、晶体结构、显微结构、复合结构的成因，以及这些结构对性能的影响；"材料性能"主要研究性能的评价方法、测试方法及影响因素。材料组成、材料性能、材料合成和加工方法是材料科学与工程领域研究的内核，它们与众多的基础学科（如物理、化学、力学等学科）和工程学科（如计算机、机械、电子、真空等学科）存在联系，因此材料科学与工程属于交叉学科。科学技术高度发达的今天，材料科学与工程领域发生着日新月异的变化，主要特征体现在以下几个方面。

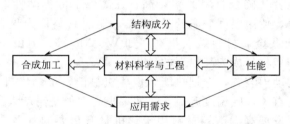

图 4-6 材料科学与工程领域中的四大主题及其相互关系

（1）新构思、新观念不断涌现，成为此领域迅速发展的强大推力。例如，材料低维化，由三维块体材料向二维薄膜材料、一维纤维材料、零维原子簇和纳米粉体材料发展；材料梯度化，利用特殊制备方法可将不同的两种材料平缓地、无界面地连接在一起；材料复合化，包括纤维复合、颗粒复合、纳米复合、原位复合等；材料仿生化，师法自然可以做到结构仿生（形似）和功能仿生（神似）；材料智能化，集传感、执行功能于一体。

（2）营造特殊环境，利用极端手段，制备特殊材料，获取特殊性能。例如，在微重力条件下制备超纯晶体材料、特殊自润滑材料、优良磁性材料和超导材料等；在高温、高压条件下合成金刚石、氧化物和非氧化物超硬材料；在快速冷却条件下生产非晶态材料、微晶材料和纳米材料；在自蔓延条件下合成各类金属间化合物、梯度材料；在激光束、电子束、离子束作用下制备各类非平衡材料，实施材料表面改性。

（3）强烈依赖其他高新技术，材料领域成为其他高新技术综合应用的试验地。当今新材料的合成和制备大多在高温、高真空、特殊气氛等非平衡环境中进行。20 世纪 80 年代后期巴基球（C_{60}）的发现就是综合应用激光技术、高真空技术和精细测试技术的范例，发现者因此于 1996 年获得诺贝尔奖。2004 年石墨烯的发现也是如此，仅过了 6 年，2010 年即获得

诺贝尔奖。

　　（4）经济实力成为制约材料领域发展速度、深度和广度的关键因素。20 世纪 90 年代，美国每年用于材料研制和开发的费用均为数十亿美元；日本、美国、德国、法国等发达国家先后制定了材料发展规划；我国也相应地在国家"863"计划、国家自然科学基金委员会资助项目中对新材料研制和开发给予了高度重视。各国都希望材料这块"基石"更加牢固，以便在这块"基石"上建筑更加雄伟的人类文明大厦。

　　材料科学的任务是调整物质组成、结构和性能之间的关系。材料科学的目标是按预定要求设计材料，使其形成预定的结构，达到预定的性能。

　　物质世界的一切均由原子构成。由于纳米机器人能操纵移动原子，因此原则上纳米机器人能制造从苹果到飞机等任何东西，纳米机器人有可能由碳素纳米管制成。

　　利用纳米管还可以创造新的物质，使整个物质世界更加丰富多彩；利用纳米管的零阻抗特性，将在电子、信息技术中引起根本性变革。

　　从纳米技术的发展历程看，纳米管是纳米技术的一个前沿问题和核心问题。通过纳米技术，人们可以移动单个原子，从而实现材料科学的理想目标——按预定结构和性能自由地设计和制造各具独特和超高优异性能的新材料，使材料科学研究由必然王国迈向自由王国。

二、材料展望

1. 威力无比的先进结构陶瓷材料

　　（1）高温下的最强者　陶瓷材料的熔点高，在高温下的力学性能是其他类材料比不了的。高分子材料易分解，使用温度一般低于 300℃；金属材料作为受力结构件，最高使用温度极限约为 1050℃，有些金属材料熔点很高，如 W、Mo 等，但由于抗氧化性差亦限制了其高温的应用，唯有陶瓷材料成为高温下的最强者。

　　发动机是最重要的动力装置，它把热能转换成机械能，推动飞机、轮船和汽车等运行。发动机的热效率与温度有关，随温度升高，热效率提高，但是温度太高了，发动机的承热部件便吃不消了，因此，发展高温陶瓷材料用于热机具有重要的意义。在第二次世界大战期间，德国人因为缺少镍基高温合金，企图在发动机中用陶瓷材料取代高温合金，但是限于陶瓷的脆性和工艺技术水平不够，未能实现。20 世纪 70 年代中，相变韧化 ZrO_2 陶瓷的发明，又一次掀起了全球性的陶瓷发动机研发热，美国、日本、欧洲都制定了庞大的发展计划，投入了大量的财力和人力。陶瓷发动机的研究有两方面的目的：一方面是利用陶瓷的耐热和隔热性，发展无冷却发动机，使热效率提高，可以大大节约能源，这对于当今世界潜伏着的能源危机，尤其是对于汽车工业和军用车辆，有极大的吸引力；另一方面是力争陶瓷在燃气轮机等更高温度条件下实用化，由于燃气涡轮入口处的燃气温度高达 1500℃ 左右，只能依赖于陶瓷材料才可能进一步提高温度，提高功率，发展新的航空发动机。这一计划经过十多年的努力，取得一定的进展，美国和日本都已经研制出陶瓷发动机，并已装在装甲车或汽车上进行了实际检测，在燃气轮机上也有部分陶瓷部件获得应用，但总体来说，尚未达到预期的目标，离全面实用化还有很大的距离，其主要障碍在于陶瓷的脆性大、可靠性低，以及内部微小缺陷的无损检测技术尚待解决。但是，历史地看，这一发展计划在推进结构陶瓷材料的研究、开发，提高陶瓷材料的理论与工艺水平方面，都起了很大的作用，具有历史性的意义。

　　1957 年第一颗人造地球卫星发射成功，1977 年第一架航天飞机升空并安全返航，几十年来，空间技术有了迅速发展，包括洲际导弹、空间实验室、航天飞机和卫星回收等，发展很快。这些空间飞行器以很高的速度返回大气层时，因与空气摩擦而会产生很高的温度。对航天飞机来说，回入大气层后，可利用其机翼和气动控制面开始滑翔，速度比一般宇宙飞船慢得多，即使如此，飞机表面与空气摩擦产生的温度将高达 1400℃ 左右，因此在航天飞机的外表面披挂着数万块隔热瓦，它们是用陶瓷复合材料做成的，正是由于采取了这样的措施，才能保证航天飞机在空间多次往返。对于其他飞行器，穿过大气层时，由于速度更高，产生的热量更多，表面温度可能高达几千度甚至上万度，因此洲际导弹的端头、人造卫星的鼻锥和宇宙飞船的底部都需装有特种隔热烧蚀材料，它们是由碳纤维增强的碳素复合材料做成的，当遇到几千度的高温时，表面层的材料首先被烧蚀、分解、气化，从而消耗大量的热，使表面的温度迅速下降，内部还有陶瓷隔热层，从而保证飞行器安全着陆，不致被完全烧毁。

（2）世界上最坚硬的材料大军　目前已知的最坚硬的材料是金刚石，金刚石是碳的一种存在形式，天然的金刚石很少，价格昂贵。20 世纪 50 年代，美国通用电器公司首先用高温高压方法获得人造金刚石，开创了金刚石大量应用的时代。金刚石不仅是最硬的材料，研究表明，它还有很多非常有价值的特性。金刚石以其最高的硬度，首先在工具中占有重要的地位，金刚石刀具、金刚石磨料充斥市场，对于陶瓷的加工，硬质合金的加工，玻璃的加工，花岗岩的加工，非它莫属。

除了金刚石以外，陶瓷中许多材料都具有接近金刚石的高硬度，如立方氮化硼、碳化硅、碳化钛、氧化铝、氮化硅等，它们比最硬的钢或铸铁硬得多，比硬质合金还要硬。更重要的是，当温度升高到 1000℃ 时，陶瓷的硬度几乎不下降，因此作为切削刀具是得天独厚的。陶瓷刀具在 20 世纪 20 年代已开始出现，但由于当时的技术水平不高，使用起来十分脆弱，首次投放市场的氧化铝陶瓷刀片于 20 世纪 40 年代在德国面市，性能也不高。20 世纪 60 年代以后，随着陶瓷制作技术的提高，陶瓷刀具的性能不断改进，在氧化铝中加入 TiC 后，提高了强韧性，陶瓷刀具的应用日趋广泛。20 世纪 80 年代中期，Si_3N_4 陶瓷刀具被研制成功，并进入市场。目前陶瓷刀具在加工硬度较高的难加工金属材料、实现高速切削、自动加工和提高尺寸精度方面均有较好效果。因此可以说，真正做到了削铁如泥的莫过于陶瓷刀具了。

（3）最恶劣条件下的过硬部件　结构材料一般作为承力部件，其优良的力学性能是必不可少的，但是任何部件都是在一定的环境下使用的，这些环境有时是相当恶劣的，例如高温、极低温、放射性、海水侵蚀、强酸强碱的腐蚀等。在最恶劣的条件下，还能保持良好的力学性能，就要当数先进结构陶瓷了。

先进的陶瓷材料具有惊人的化学稳定性，即使在高温或强腐蚀条件下，其性能也不会发生改变。纯氧化铝在空气中的最高使用温度可高达 1850℃，在此温度下仍不会发生氧化。稳定的 ZrO_2 陶瓷作为发热元件，在空气中 2000～2200℃ 的高温下可工作上千小时而不损坏，除了铌、锰、铀和钒的氧化物外，大部分氧化物陶瓷在空气中都是极其稳定的。氧化硅、碳化硅、二硅化钼等在高温下，表面迅速生成氧化硅保护层，阻止进一步的氧化，也可以长期使用。陶瓷材料几乎可耐受除氢氟酸以外的一切无机酸的腐蚀，氧化锆可耐钾离子的高温侵蚀，氧化铝可在 350℃ 下长期经受钠、熔融硫化钠和纯碱的侵蚀，氧化铝和镁铝尖晶石甚至连氢氟酸也不怕。许多种陶瓷能够抵抗熔融金属的高温侵蚀，成为熔炼各种金属材料的坩埚材料。

原子能是放射性元素在核裂变或核聚变过程中发出的巨大能量，比从普通燃料得到的化学能要大几百万到 1000 万倍，原子能的和平利用已经受到世界各国的高度重视。原子能核裂变反应堆的中心是核燃料，过去是用提炼出的金属铀棒直接使用，由于铀的熔点为1130℃，因此反应堆的工作温度不能超过1000℃，否则铀一旦熔化将会发生可怕的事故，这样就限制了反应堆的热效率。后来把核燃料干脆做成氧化铀等陶瓷材料，其熔点在2000℃以上，这样便使反应堆的工作温度提高，热效率也相应提高。陶瓷核燃料做成棒或球，置于碳化硅陶瓷管中，再插入反应堆中，利用碳化硅的耐热性和良好的导热性，把原子能放出的热量传出来，碳化硅不怕放射线的辐照，又耐高温、耐腐蚀，因此是良好的核燃料包封材料；碳化硼陶瓷是中子吸收棒的材料，氧化铍陶瓷可做反应堆中的中子减速器和反射屏；氧化钙和氧化镁陶瓷是熔炼高纯铀和钍等核燃料的坩埚材料；在核聚变的受控热核反应炉的内壁上，要经受1800℃的高温，而且受到中子的辐射，这种恶劣的环境也只有陶瓷材料才能够承受，氧化铝、氧化铍、氮化硼、碳化硅等都具有这样的本领。

磁流体发电是一种有希望的新型发电方式，其原理是使高温导电的流体在强大的磁场中穿流，通过电磁感应直接把热能转换成电能，省略了机械能的转换过程，使热效率达到50％以上。磁流体发电设备中的关键材料是电极材料，它既要经受2500～3000℃的高温，又要耐受强碱性高温气体的冲刷，还要有良好的导电性，能经受这样恶劣条件的材料还是要在陶瓷中选择，用稳定氧化锆和铬酸镧钙陶瓷组成的复合电极已能初步满足要求。

所有上述事例都说明，先进结构陶瓷材料是一支特种部队，它活跃在那些最艰苦、最恶劣的环境中，经受着一般材料所无法承受的考验。在科技高度发达的今天，对新材料的要求越来越苛刻，在这个不可抗拒的历史潮流中，先进结构陶瓷材料将更显出其英雄本色和焕发光彩。

2. 奇妙无穷的功能陶瓷

功能陶瓷是指可以通过电、磁、声、光、热、弹性等直接效应和耦合效应或者化学和生物效应来实现某种特殊功能的先进陶瓷材料。功能陶瓷可按照性能和使用特征来分类，例如：绝缘陶瓷或装置陶瓷，广泛用于电子工业和微电子工业中的电绝缘器件、集成电路中的基片和包封等；电介质陶瓷和电容器陶瓷，用于制造中、高频电路中的电容器和微波谐振器、滤波器等；压电陶瓷、电致伸缩陶瓷和热释电陶瓷，在电声、水声、超声和电控微位移技术中有重要用途；半导体陶瓷与敏感陶瓷，包括机敏陶瓷、热敏陶瓷、压敏陶瓷、湿敏陶瓷、气敏陶瓷等，在自动控制工程中起关键的作用；还有导电陶瓷、电解质陶瓷、超导陶瓷、磁性陶瓷、光学功能陶瓷、化学功能陶瓷、生物功能陶瓷等。

功能陶瓷材料的发展始于20世纪30年代，与现代科学技术特别是电子技术的发展紧密相关，许多功能陶瓷的应用都和电子或微电子技术有关，通常称为电子陶瓷，目前已发展成为品种繁多、应用广泛并具有极大市场需求的先进材料产业，是电子工业、航空航天和核工业的基础，也是许多高新技术发展的基础。

功能陶瓷的基本情况如表4-1所示。

3. 陶瓷基复合材料（改善陶瓷脆性的战略途径和希望——纳米陶瓷等）

现代材料的性能可谓"千姿百态、绚丽多彩"，而未来材料应具有如下性能。

（1）优越的力学性能　弹性，硬度，强度，塑性，高温蠕变，高温下黏性流动，高温性能。

（2）高明的光学性能　红外，紫外，微波，激光，温度场、电场、磁场控制，纳米硅发光，变色。

（3）卓越的热学性能　超高温抗热震性，绝热，导热，零膨胀，负膨胀，耐烧蚀。

（4）奇妙的声学性能　压电——声波、次声波、超声波，蜂鸣器、探测器、声呐。

表 4-1 功能陶瓷的基本情况

领域	种类	特性	用　　途
光、电、磁学功能领域	电子陶瓷	高绝缘性	集成电路组件,集成电路衬底,散热性绝缘衬底
		铁电性、介电性	图像存储元件,电光偏振光元件,高容量电容器
		压电性	振子,点火元件,滤波器,压电变压器,超声波元件,电子引燃器,弹性表面波元件,电子钟表
		热电性	红外检测元件,自记式温度计,探测器,特种武器
		电子放射性	阴极射线管电子枪热阴极,热电子装置,电子显微镜,电子束焊机,热直接发电机,超大规模集成电路电子束绘画仪
		半导性、传感性	电阻发热体(高温电子炉),温度传感器,热敏电阻(温度控制器),压力传感器,稳压元件(非线性电阻),自控系统电阻发热元件(电子恒温器,被褥干燥器,头发干燥器),气体传感器(气体泄漏报警器)
		离子导电性	氧量传感器(汽车发动机空气/燃料比控制器),高炉的控制器,钠硫电池(功率平衡用)
	光电陶瓷	荧光性	荧光体,彩色电视显像管材料
		偏振光性	电光偏振光元件
		光电转换性	光电变换元件
	光学陶瓷	透光性	耐高温耐蚀透光性(高压钠灯灯管、窑炉观察窗、原子能反应堆窗口),半导透可见光性(光致变色玻璃)
		光反射性	耐高温金属特性
		反射红外性	透过可见光性,反射红外线特性(节能型窗玻璃)
		导光性	通信用光纤,光通信光缆,胃镜纤维管,光能传输纤维
	磁性陶瓷	软磁性、硬磁性	电脑存储元件,变压器磁芯,磁带,磁盘,橡胶磁铁,立体声拾音器,磁头,现金支付信用卡,冷藏库气密磁门
热学功能	传热陶瓷	传热性	集成电路绝缘(散热)衬底
	绝热陶瓷	绝热性	耐热绝热体,轻质绝热体,不燃壁材,节能型炉
	耐高温陶瓷	耐高温性	耐高温结构材料,高温炉,核聚变反应堆材料,原子能反应堆材料
生物化学功能	生物陶瓷	骨亲和性(代替生物骨)	人工骨,人造牙根,人造关节
		载体性	固定酶载体,催化剂载体,生物化学反应控制装置,燃烧器内衬
	化学陶瓷	耐蚀性	理化仪器,化工陶瓷,原子能反应堆材料,化学装置内衬
		催化性	水煤气反应催化剂,耐热催化剂,化学用催化剂

　（5）多种多样的电子性能　介电、介电损耗——电介质材料、电子器件、窗口材料，导电——电子导电、离子导电、电池材料、电解质材料，半导体材料——温度、湿度、声、光、电、热、气味等敏感。

　（6）出色的磁学性能　钕铁硼永磁王，磁性陶瓷——集肤效应和涡流损耗小，记忆元件，存储元件，换能材料，发热材料，超顺磁性材料。

　（7）惊人的化学稳定性　考古学的最重要依据，数千度高温下不氧化，不与熔融金属起反应，耐各种酸碱。

　（8）玄妙的半导体性能　物理、化学性能，敏感材料和敏感元件。

　（9）神奇的智能材料　生物结构的优良特征，仿生材料，机敏材料和智能材料。

　（10）无所不能的智慧结晶　智能机器人和纳米机器人。

　　复合材料因其取长补短的功能和协同效应产生的奇妙的各种新功能，在现代社会中必将发挥更加重要的作用。

三、材料发展的重要方向——材料的复合化、多功能化、纳米化

　　（1）复合化。点交叉，学科交叉。

　　（2）多功能化。功能交叉，实现结构与功能相结合，实现功能/结构一体化，做到多功能应用。

　　（3）纳米化。介观领域的神奇景象——表面效应、小尺寸效应、量子尺寸效应、宏观量子隧道效应使得纳米材料具有异常广阔的发展和应用前景。纳米技术正在迅速融入材料科学，并已发挥出巨大的效能。

　　（4）开发智能材料和仿生材料。智能材料必须具备对外界反应能力可以达到定量的水平。由于技术水平所限，现在还只能达到机敏材料水平。因为智能材料与机敏材料是不同档次的材料。机敏材料目前只能做到对外界反应有定性的适应。目前要大力开发研究机敏材料，研究开发生物医学材料（又称生物材料）。

　　（5）深入微观层次，有目标地发现和开发新材料。表面、界面、原子层尺度加工、零维材料（纳米晶体）、量子器件等微观方面的研究，将显得越来越重要。

　　（6）重视新材料发现和生态环境及资源的协调性。

　　（7）理论-计算机模拟-实验的结合是未来发展新材料的重要的研究方法。

　　（8）新材料的研究-开发-生产-应用一体化的趋势。

　　（9）要求材料本身污染少，生产过程也要污染少，而且能够再生。要求制造材料的能耗少，而且本身最好能创造新能源或能够充分利用能源。

第五章

材料科学与工程

第一节　材料科学的发展阶段

人类使用材料的历史非常悠久，可以追溯到人类文明刚刚出现的远古时期，但材料学作为一门学科却是近代以后的事情。1856 年贝塞麦创立炼钢原理标志着钢铁时代的到来，继之发生了两次欧洲工业革命。光学金相显微镜的发明和 X 射线的发现使人们首次开启了材料结构、显微组织和性能之间关系的研究。20 世纪中期以后，人们把金属材料、无机非金属材料、有机高分子材料三大材料领域相互关联，此后，材料学才作为一门独立的学科逐渐发展起来。

一、材料的发展阶段

材料是人类生活和生产的物质基础，是人类认识自然和改造自然的工具。可以这样说，自从人类一出现就开始了使用材料。材料的历史与人类的历史一样久远。从考古学的角度，人类文明曾被划分为旧石器时代、新石器时代、青铜器时代、铁器时代等，由此可见材料的发展对人类社会的影响。材料也是人类进化的标志之一，任何工程技术都离不开材料的设计和制造工艺，一种新材料的出现，必将支持和促进当时文明的发展和技术的进步。从人类的出现到 21 世纪的今天，人类的文明程度不断提高，材料及材料科学也在不断发展。在人类文明的进程中，材料大致经历了以下五个发展阶段。

1. 使用纯天然材料的初级阶段

在远古时代，人类只能使用天然材料（如兽皮、甲骨、羽毛、树木、草叶、石块、泥土等），相当于人们通常所说的旧石器时代。这一阶段，人类所能利用的材料都是纯天然的，在这一阶段的后期，虽然人类文明的程度有了很大进步，在制造器物方面有了种种技巧，但是都只是纯天然材料的简单加工。

2. 人类单纯利用火制造材料的阶段

这一阶段横跨人们通常所说的新石器时代、青铜器时代和铁器时代，也就是距今约 10000 年前到 20 世纪初的一个漫长的时期，并且延续至今，它们分别以人类的三大人造材料为象征，即陶、铜和铁。这一阶段主要是人类利用火来对天然材料进行煅烧、冶炼和加工的时代。例如，人类用天然的矿土烧制陶器、砖瓦和瓷器，以后又制作出玻璃、水泥，以及从各种天然矿石中提炼铜、铁等金属材料。

3. 利用物理与化学原理合成材料的阶段

20世纪初，随着物理和化学等科学的发展以及各种检测技术的出现，人类一方面从化学角度出发，开始研究材料的化学组成、化学键、结构及合成方法，另一方面从物理角度出发开始研究材料的物性，就是以凝聚态物理、晶体物理和固体物理等作为基础来说明材料组成、结构及性能之间的关系，并研究材料制备和使用材料的有关工艺性问题。由于物理和化学等科学理论在材料技术中的应用，从而出现了材料科学。在此基础上，人类开始了人工合成材料的新阶段。这一阶段以合成高分子材料的出现为开端，一直延续到现在，而且仍将继续下去。人工合成塑料、合成纤维及合成橡胶等合成高分子材料的出现，加上已有的金属材料和陶瓷材料（无机非金属材料），构成了现代材料的三大支柱。除合成高分子材料以外，人类也合成了一系列的合金材料和无机非金属材料。超导材料、半导体材料、光纤材料等都是这一阶段的杰出代表。

从这一阶段开始，人们不再是单纯地采用天然矿石和原料，经过简单的煅烧或冶炼来制造材料，而且能利用一系列物理与化学原理及现象来创造新的材料。并且根据需要，人们可以在对以往材料组成、结构及性能之间关系的研究基础上，进行材料设计。使用的原料本身有可能是天然原料，也有可能是合成原料。而材料合成及制造方法更是多种多样。

4. 材料的复合化阶段

20世纪50年代金属陶瓷的出现标志着复合材料时代的到来。随后又出现了玻璃钢、铝塑薄膜、梯度功能材料以及最近出现的抗菌材料的热潮，都是复合材料的典型实例。它们都是为了适应高新技术的发展以及人类文明程度的提高而产生的。到这时，人类已经可以利用新的物理、化学方法，根据实际需要设计独特性能的材料。现代复合材料设计思路不只是要使两种材料的性能变成3加3等于6，而是要想办法使它们变成3乘以3等于9，乃至更大。严格来说，复合材料并不只限于两类材料的复合。只要是由两种不同的相组成的材料，都可以称为复合材料。

5. 材料的智能化阶段

自然界中的材料都具有自适应、自诊断和自修复的功能。如所有的动物或植物都能在没有受到绝对破坏的情况下进行自诊断和自修复。人工材料目前还不能做到这一点。但是近三四十年研制出的一些材料已经具备了其中的部分功能。这就是目前最吸引人们注意的智能材料，如形状记忆合金、光致变色玻璃等。尽管近十余年来，智能材料的研究取得了重大进展，但是离理想智能材料的目标还相距甚远，而且严格来讲，目前研制成功的智能材料还只是一种智能结构。

如上所述，在20世纪中，材料的发展速度是前所未有的。总的说来，21世纪材料科学的发展有以下几个特点：超纯化（从天然材料到合成材料）、量子化（从宏观控制到微观和介观控制）、复合化（从单一到复合）及可设计化（从经验到理论）。当前，高技术新材料的发展日新月异，材料科学的内涵也日益丰富，21世纪会出现什么样的高技术材料，材料科学又将发展到何种程度，我们很难预料。

二、材料学的发展阶段

材料学科的发展大致经历过冶金学→金相学→物理冶金学→材料科学或材料科学与工程（MSE）等几个阶段。

1. 冶金学

冶金学是一门研究如何经济地从矿石或其他原料中提取金属或金属化合物，并用一定加工方法制成具有一定性能的金属材料的科学。

原始时代先民们已能冶炼并使用青铜、铜、金、银、铁、铅、锡等金属。欧洲从公元前1000年开始制铁。最早使用的炼铁炉为空气式炉或用土石堆砌的熔铁炉（low shaft furnace）、锻铁炉（bloomery）。将洗净的矿石与木炭一起放入炉中点火熔炼，利用自然气流或人力风箱供应氧气，炉里产生一氧化碳将铁矿还原成铁，所得的产品再以人力捶打除去残渣。后来利用水车带动风箱，氧气供给量增加，所以炉身可以加高而炉径也可以加大，可装入更多矿石及木炭，得到更大的铁锭，由于超过人力捶打加工的限度，也以水力取代人力。由此锻铁炉慢慢发展成高炉（blast furnace）。随着高炉的增多，木炭便发生短缺的现象，即开始尝试以煤取代木炭，至18世纪中期，英国人成功将煤炭炼成焦炭，此后炉温升高而使产量增加。蒸汽机出现后，被用来驱动鼓风机，使鼓风量增大而使炉温上升，产量也大幅度增加。

以古代炼金术为开端而发展起来的化学工业为人类以人工方法制备和合成各种材料奠定了基础，开辟了广阔的前景，尤其促进了冶金工业的兴起。冶金学历史上主要是研究火法冶金方法（包括如何获得高温和利用还原方法）以获得铸铁和钢的技术，以后又发展了湿法冶金技术，即电解方法的还原过程，用于铜等有色金属的冶炼。继铜和铁之后，又冶炼出了各种金属材料。由于冶炼金属采用化学方法，故又称化学冶金。

2. 金相学

金相学主要是研究金属材料的组织与性能之间的关系，而不再注重材料的冶金过程，通过对金属材料的宏观和微观组织的观察，研究不同的结构组分，也即各个晶体（相）或晶体群（共晶体、共析体等）的含量、大小、形状、颜色、取向和硬度。特别要注意"金相学"和"金石学"是两个截然不同的概念，"金石学"是考古学的前身。

（1）金相学渊源　在1808年人们首先将铁陨石（铁镍合金）切成试片，经抛光再用硝酸水溶液蚀刻，得出陨石组织。铁陨石在高温时是奥氏体，经过缓慢冷却在奥氏体的{111}面上析出粗大的铁素体片，无须放大，肉眼可见。四种取向的铁素体在蚀刻后的切片中都可以观察到，其中，三种是针状，夹角为60°，一种是片状，平行于纸面。运用印刷技术，首先用腐刻剂将铁陨石中的铁素体腐蚀掉，使奥氏体凸出。抛光腐刻的铁陨石本身就是一块版面，涂上油墨，敷上纸张，轻施压力，将凸出的奥氏体印制下来，图片之清晰可与近代金相照片媲美。但是，试验的更为深远的意义还是在科学方面，这不仅是宏观或低倍观察的开端，也是显微组织中取向关系研究的起始。尽管主要试验结果当时并未发表（直到1820年才由其合作者发表），但已对公众宣布并广为流传，对铁陨石的研究风行一时。

在这之后的几十年，用各种化学试剂处理金属切片表面的试验就在各处流行起来，对宏观金相观察的发展有意义的几项工作是：1817年J. F. Daniell发现铋在硝酸中浸泡数日后表面出现立方的小蚀坑，创建了用蚀坑法研究晶粒取向的技术；1860年在低碳钢拉伸试样表面上观察到腐蚀程度与基体不同的条带，并正确解释这不是偏析而是由于局部的不均匀切变引起的；1867年H. Tresca用氯化汞腐蚀显示金属部件中的流线，说明金属在加工形变过程中内部金属的流动情况。上述试验奠定了宏观腐刻及低倍检验技术，在今天仍然是金属研究和生产检验中经常使用的方法。

在19世纪70年代，伴随着光学金相显微镜（OM）的发明，出现了独立于冶金学之外的金相学。其主要的标志是1880年前后由Martens发现了钢中的显微组织马氏体以及尔后X射线衍射技术（XRD）的出现，材料领域的研究逐渐由一门技艺上升为一门科学，已开始研究结构、显微组织和性能的关系。

（2）金相学发展   金相学的一项重要内容就是金相检验。金相检验工作是理论和实践性都很强的工作，涉及检验人员的理论水平、业务素质及实际操作能力，因此，金相检验的正确判定对于提高机械工业产品的内在质量起到至关重要作用。德国的 Adolf Martens 和法国的 Floris Osmond 分别在 1878 年及 1885 年独立地用显微镜观察钢铁的显微组织。他们都是与钢铁生产与使用有关的工程师，从 1880 年起就开始了金相检验。因此，他们的金相观察结果很快就在冶金界传播开来，影响深远，在德国及法国甚至有一些学者还认为他们也是金相学的创始人。在 19 世纪 60～80 年代，三个杰出的科学家分别在三个国家独立地开始了钢铁的金相观察。金相检验是最重要的检验方法之一，其重要性不亚于化学成分分析。到 21 世纪初，不少钢铁厂都有了金相检验室。

（3）金相学研究   金相学研究最重要的手段是光学金相显微技术和电子显微学。利用 X 射线衍射或电子衍射等进行的金属结构分析和利用各种电子光学仪器进行的金属微区成分分析，有时也包括在金相学所研究的范畴内。金相学定义为研究金属及合金的成分组织结构以及它们同性能之间关系的科学。是从 19 世纪初开始逐步形成的。20 世纪 20 年代，A. Sauveur 及周志宏研究过碳含量极低的铁在淬火后的魏氏体组织；30 年代，G. Kurdjumov 及 G. Sachs 用 X 射线进行了著名的马氏体相变取向关系的试验，在 R. F. Mehl 学派（包括 C. S. Barrett）的 Sauveur 和周志宏的工作启发下开展了一系列合金的魏氏体组织的研究，此后取向关系的测定一直是相变研究中的一个重要组成部分。

金相学的研究是随着分析手段的不断进步而发展的，通过金相学研究对金属的组织结构得到更加深刻的认识，从早期的借助光学显微镜的分析，发展到现代的电子显微镜技术，大大提高了显微镜的分辨能力。电子显微镜的最大特点是分辨率高、放大倍数高，在光学显微镜下分辨不清的组织，在电子显微镜下可一目了然。另外，电子显微镜的景深长，这对于分析断口十分有利。电子显微镜还可进行电子衍射，把对合金相的形貌观察和结构分析结合起来，便于鉴定物相。同时，还可直接观察晶体的缺陷（层错、位错等）以及某些材料的沉淀过程。可以说，电子显微镜的出现对金相学的发展产生了深远的影响。

3. 物理冶金学

后来又把金相学扩展为物理冶金学，这主要是由于 1956 年开始了电子显微镜（EM）的实际应用，从而使得材料微观组织的研究从微米级进入到纳米级。

物理冶金学（physical metallurgy）指的是利用物理学原理，例如热力学（thermodynamics）、电学（electricity）等非化学的方法，来达到提炼金属或是改变金属材料性能的学科，归属在材料科学领域，其主要探讨的主题为晶体结构与缺陷（crystal structure and defect）、退火（anneal）、扩散（diffusion）、相变（phase transformation）（形核、长大和粒子粗化）等冶金过程的原理。物理冶金学主要研究金属的原子排列和显微组织对金属的物理性能的影响，即研究通过成型加工，制备有一定性能的金属或合金材料，或称金属学。

金属（包括合金）的性能（物理性能及力学性能）不仅与其化学成分有关，而且由成型加工或热处理过程产生的组织结构所决定。成型加工包括金属铸造、粉末冶金（制粉、压制成型及烧结）及金属塑性加工（压、拔、轧、锻）。研究金属的塑性变形理论、塑性加工对金属力学性能的影响以及金属在使用过程中的力学行为，则称为力学冶金学（mechanical metallurgy）。显然，力学冶金学是物理冶金学的一个组成部分。

19 世纪中叶，在钢铁工业开始大发展的时候，为了获得钢的热处理和有关使用方面的知识，1863 年索比（H. C. Sorby）用显微镜对钢的组织进行系统的观察和研究，创建了金相学。金相学使冶金学向前迈开了极其重要的一步。只有金相学出现，才有可能研究金属的显微组织及其在各种条件下的变化，物理冶金学的研究方向——研究金属及其合金的组成、组织结构和性能之间的内在联系，也就更加明确起来。为了掌握各种合金相（或组织结构）的生成条件，对相图的需求日益迫切。1900年德国人巴基乌斯-洛兹本（H. W. Bakhius-Roozeboom）在前人工作基础上运用吉布斯（J. W. Gibbs）相律建立铁碳相图（即铁碳平衡图），这一重大研究成果，是物理冶金学发展史上的重要里程碑。此后，在各种相图的指引下，研究发展合金尤其是合金钢的工作开展起来了。19世纪下半叶，主要研究了含钨的高速工具钢和高锰耐磨钢。用途较广的镍铬钢系列则是第一次世界大战前夕英国的布雷斯利（Breasley）等研制成功的。在1860年各国实际应用的各种合金和钢的品种共约40种。1890年后逐渐增加，到20世纪60年代正式列入各国工业产品目录的合金及钢的品种已不下4000种。从冶金角度看，可以认为20世纪进入了合金时代，进入人类按使用要求创制性能合格的金属材料的时代。

4. 材料科学

大约在一个多世纪以前，人们已经能够利用天然石灰石、黏土烧制出水泥，用石英砂（SiO_2）、石灰石（CaO）和苏打（Na_2CO_3）熔制出玻璃，在此基础上建立了硅酸盐工业的庞大体系。近40年来，随着石油化工和合成化学的发展，又人工合成了橡胶、塑料、纤维、涂料等一系列高分子材料，这样就逐渐形成了金属材料、无机非金属材料和高分子材料的三大材料体系。

最初，各种材料的发展分别进行，互不相关。20世纪60~70年代，三大材料领域以及后来的复合材料领域在研究和应用方面联系密切起来。鉴于不同材料领域本身发展和社会经济发展的需要，约在20世纪80年代初期，发展成了材料科学与工程学科。

三、材料学的发展进程

在人类社会的发展过程中，材料的发展水平始终是时代进步和社会文明的标志。人类和材料的关系不仅广泛密切，而且非常重要。事实上，人类文明的发展史，就是一部如何更好地利用材料和创造材料的历史。25000年前人类开始学会使用各种用途的锋利石片，10000年前人类第一次有意识地创造了自然界没有的新材料——陶器，这一创造新材料的举动标志着人类社会步入了文明时代。继陶器时代之后，由于人类生活方式的变化和战争等方面的原因，人们发明了青铜冶炼技术。后来，罗马人发明了水泥，腓尼基人发明了玻璃，这些传统材料至今仍然被现代社会大量使用。当然，这些材料本身总是日新月异地变化着，在高新技术的推动和社会经济发展的要求下，其性能不断提高，从而使其满足了不同层次的社会需求。

近代的两次工业革命都与材料的发展密切相关。第一次工业革命是由于钢铁材料的大规模发展，人们制造出无数的纺织机和蒸汽机，给社会创造了巨大的财富。随着社会经济的发展，又促使钢铁工业迅速增长，人们对钢铁材料的使用性能提出了更高的要求，从而带动了金属材料学科（即金相学）的迅速发展。第二次工业革命以能源（石油）的开发和应用为突破口，汽车、飞机及其他工业得到了快速发展。新材料的开发和应用，如高性能合金钢和高性能铝合金等，是这次工业革命的基础。制造工业，尤其是汽车工业的发展，使合金钢的优异性能完美地展现出来；航空工业的发展，促进了铝合金、钛合金、镍基高温合金以及耐高温结构陶瓷的研究与开发。

随着石油、天然气的广泛应用，高分子材料得到了迅速发展，从而带动了高分子学科的建立和发展。在材料科学与工程学科领域中，高分子材料学科与金属材料学科、无机非金属材料学科并列成为材料学科的重要分支。第一种合成高分子材料（酚醛树脂）是 1907 年问世的，经过 20 多年的发展，于 20 世纪 30 年代形成了高分子材料学科，此后高分子材料工业迅速发展，聚氯乙烯、尼龙、聚乙烯、聚丙烯、聚酯、聚甲醛等聚合物及改性材料层出不穷。高分子材料发展至今，已经渗透到人类社会生活的方方面面。进入 21 世纪以后，新时期国民经济可持续发展对高分子材料的发展提出了更高的要求，如高分子材料合成的新方法、高分子催化体系、绿色高分子合成化学、生物活性高分子材料的制备和功能化等，这些都促进了高分子材料学科的快速发展。

当今社会正处于信息时代。这场始于 20 世纪中叶的信息革命，是人类科学技术上的一次重大飞跃，它对人类社会产生的深远影响甚至超过了 19 世纪的工业革命。信息时代的快速发展和信息产业的巨大增长，给材料学科带来了史无前例的推动和促进作用。大规模集成电路的发展，使单晶硅材料及其制备加工技术迅速发展。在微电子和光电子学领域，化合物半导体材料迅速崛起，并发挥出越来越重要的作用。近年来，在以 Si、GaAs 为代表的第一、二代半导体材料迅速发展的同时，以 SiC、GaN 为代表的宽禁带半导体材料也蓬勃兴起，成为第三代半导体材料。在信息社会中，信息记录和存储是极其重要的，从壁画、竹简到纸张和印刷术的发明，再到信息时代能够记录大量信息的磁存储介质材料和光存储介质材料，信息记录材料的每一次变革不但促进了人类信息记录技术的进步，而且促进了人类社会的发展。

由此可见，材料科学与工程学科是伴随着社会发展对材料研究的需要而形成和发展的。作为人类赖以生存和发展的物质基础，尽管材料的使用几乎和人类社会的形成一样古老，但材料科学与工程学科作为一个独立的学科，却只有约 50 年短暂的历史。但是，在仅仅 50 年的发展过程中，材料科学与工程学科已经充分显示了其在现代科学技术发展和人类社会进步中所处的重要地位。

21 世纪以来，材料的发展又出现了新的格局。纳米材料与器件、信息功能材料与器件、高新能源转换与储能材料、生物医用与仿生材料、环境友好材料、重大工程及装备用关键材料、基础材料高性能化与绿色制备技术、材料设计与先进制备技术将成为材料科学与工程学科领域研究与发展的主导方向。不难看出，这些主导方向体现了材料科学一个重要的发展趋势，即材料科学正在由单纯的材料科学与工程向与众多高新科学技术领域交叉融合的方向发展。面对材料科学发展的这种新格局，我国制定了中长期发展规划。今后，我国材料科学领域的发展将立足于国家重大需求，自主创新、提高核心竞争力和增强材料科学领域持续创新能力将成为战略重点。

第二节　材料科学与工程学科的兴起

"材料"概念早已存在，对材料的研究也由来已久，但把材料作为"材料科学"提出（并确定它的研究范畴），却是 20 世纪 60 年代初及以后的事情。1957 年前苏联人造卫星发射成功，1962 年美国北极星导弹发射失败，美国朝野上下为之震惊，剖析自己落后的原因认为是材料落后。因此从 20 世纪 60 年代起，一些大学相继成立"材料科学研究中心"或"材料科学系"。例如，美国麻省理工学院（MIT）1966 年将冶金系改为冶金与材料科学系，1975 年又改为材料科学与工程系。这标志着人们开始把材料的研究作为自然科学的一个分支。事实上，"材料科学"的形成是科学技术发展的结果。

第一，固体物理、无机化学、有机化学、物理学等相关基础学科对物质结构和物性的深入研究，促进了对材料本质的了解；同时，冶金学、金属学、陶瓷学、高分子科学等相关应用学科的发展大大加强了对材料本身的研究，从而对材料制备、结构与性能以及它们之间相互关系的研究也越来越深入，为材料科学的形成打下了比较坚实的基础。

第二，在"材料科学"这个名词出现以前，金属材料、高分子材料与陶瓷材料都已自成体系，复合材料也正在形成学科体系，但它们之间存在着颇为相似之处，不同类型的学科之间可以相互借鉴，从而促进本学科的发展。例如马氏体相变本来是金属学家提出来的，广泛地用来作为钢材热处理的理论基础，但后来在氧化锆陶瓷中也发现了马氏体相变现象，并用来作为陶瓷增韧的有效手段；又如材料制备方法中的溶胶-凝胶法，是利用金属有机化合物的分解而得到纳米级高纯氧化物粒子，现在成为改进陶瓷性能的有效途径。迅猛发展起来的复合材料更需要借鉴利用其他材料的基础知识和制备方法。

第三，各类材料的研究设备和生产手段有颇多共同之处。如光学显微镜、电子显微镜、表面测试及物理性能与力学性能测试设备等。在材料生产中，许多加工装置也是通用的。如挤压机，对金属材料，可用来成型和冷加工以提高强度；对某些高分子材料，采用挤压成丝工艺后，可使有机纤维的比强度和比刚度大幅度提高。研究设备和生产设备的通用不但可节约资金，更重要的是互相得到启发和借鉴，加速材料的发展。

第四，许多不同类型的材料可以相互替代和补充，能更充分发挥各种材料的优越性，达到物尽其用的目的。但长期以来，金属材料、高分子材料及无机非金属材料相互分割、自成体系，由于互不了解，各分支的研究人员习惯只是在本身的"小领域"内考虑问题，思路难以开阔。设计人员因循守旧，对采用异种类型材料持怀疑态度，这既不利于材料的推广，又有碍于使用材料的行业的发展。显然，材料使用的综合和互补式思路是有益的。

第五，复合材料在多种情况下是不同类型材料的组合，如果对不同类型材料没有一个全面的了解，作为新材料发展之一的复合材料的研究开发必然受到影响。

在以上背景和条件下，统一的材料科学与工程学科顺理成章地诞生了。

第三节　材料科学与工程及其内涵和特点

一、研究内容和定义

材料科学是对材料本质的发现和分析方面的研究，其目的在于统一描绘材料结构或给出材料结构模型，并解释材料结构与性能之间的关系。材料科学为发展新型材料以充分发挥材料作用奠定了理论基础。

材料科学的核心内容之一是研究材料的组织、结构与性能之间的关系。另一方面，材料又是面向实际为经济建设服务的，是一门应用科学，研究与发展材料的目的在于应用，而人们又必须通过合理的工艺流程才能制备出具有实用价值的材料来，通过批量生产才能成为工程材料。所以，在"材料科学"概念出现后不久，就提出了"材料工程"的概念，并将二者结合称为"材料科学与工程"。

材料工程是研究材料制备、处理加工过程中的工艺和各种工程问题的学科。材料工程属技术的范畴。目的在于采用经济而又能为社会所接受的生产工艺、加工工艺来控制材料的结构、性能和形状以得到使用要求。所谓"为社会所接受"是说在材料制备过程中要考虑到与生态环境的协调共存，简言之，就是要控制环境污染。材料工程水平的提高可以大大促进材料的发展，尤其对我们国家，许多材料品种少、质量差，部分钢产品还需要进口，甚至高速公路用改性沥青也基本依赖进口，主要问题就在于工艺水平较低，而工艺又与设备自动控制有关，因此材料工程水平的提高有赖于各个行业的共同努力。

随着材料科学体系的建立，许多大学的冶金系、材料系也因此更名，多数改为"材料科学与工程系"，偏重基础方面的就称为"材料科学系"（无机非金属材料和有机材料居多），偏重工艺方面的就称为"材料工程系"（技术材料居多）。同时，有关材料科学与工程方面的杂志和书籍应运而生，第一部《材料科学与工程百科全书》自1986年陆续由英国Pergamon出版。

《材料科学与工程百科全书》对材料科学与工程的定义是：材料科学与工程是研究有关材料组织、结构、制备工艺流程与材料性能和用途的关系，并进行相关知识的应用研究。换言之，材料科学与工程研究材料组成（成分）、组织与结构、性能、生产流程（工艺）和使用效能以及它们之间的关系，其中既包含理论规律的研究，又重视把这种知识应用于生产实际的研究。组成、结构、性能、加工工艺是材料科学的四要素，将其与实际应用结合起来，就是材料科学与工程。使用效能（使用性能或效果）是指材料在使用条件下的表现，比如，使用环境、受力状态对材料特征曲线以及寿命的影响。效能往往决定着材料能否得到发展和使用，有些材料的实验室测定值（性能）是有吸引力的，而在实际使用中却表现很差，从而也就难以得到推广。只有不断调整组成、改变工艺条件或采用其他有效措施来改进材料的使用性能，材料才能得到真正发展。材料科学与工程是一门应用基础学科。

材料科学与工程学科是一门主要涉及物理学、化学、计算科学、工程学和材料学的综合性交叉学科，它涵盖了金属材料工程、冶金工程、无机非金属材料工程、高分子材料工程、材料物理和材料化学等二级学科专业，它是研究材料的组成与结构、合成与制备、性质及使用性能、测试与表征四个基本要素及其相互关系与制约规律的一门科学。

对材料科学与工程学科中基本要素的认识和理解应具有动态的观念，基本要素的相互关系与制约规律应在不同的结构层次、不同的设计和应用阶段进行阐述和控制。材料的组成与结构着重于研究原子的类型及所观察尺度范围内原子的相互作用及排列组合规律；材料的合成与制备则是，利用原子间相互作用的规律，创造一定的外部条件，使原子（原子团）、分子按特定的排列组合形成所需性质与使用性能的材料；对材料性能的测试和对其结构的表征与计算，并最终实现按照预定性能设计和制备材料，构成了材料科学与工程学科的主要研究内容。

二、材料科学与工程的内涵

长期以来，人们对材料本质的认识是表面的、肤浅的。最初，每种材料的发展、制造和使用都是靠工艺匠人的经验，如看火候、听声音或靠祖传秘方等；后来，随着经验的积累和技术的发展出现了"材料工艺学"，这比工匠的经验进了一大步，但它只记录了一些制造过程和规律，一般还是知其然不知其所以然，因此，长期以来，材料的发展十分缓慢。20世纪60年代，出现了"材料科学"的概念，但材料科学的内容往往容易被简单地理解为研究材料的组织、结构与性质的关系，探索自然规律，这属于基础研究。实际上，材料是一门应用学科，必须与工程相结合，因此有了"材料科学与工程"。

综上所述，材料科学就是研究材料的成分、结构、制备加工工艺与性能之间关系的科学。

材料科学的基本原则，就是结构决定性能。一切的宏观性能都是微观结构的表现。宏观性能和微观结构具有一一对应的关系。

材料科学与工程的内涵，即材料科学与工程的本质内容，概括为四要素或五要素。

关于材料科学与工程四要素，最早的提法是组织结构、化学成分、性能、合成加工。鉴于这种提法中对使用效能未有足够重视，后来人们又提出了结构/成分、合成/制备、性能、使用效能为四要素（实际上性能和使用效能既密切相关又有一定区别）。还有人综合两种提法，提出五要素的概念，用材料设计将五要素联系在一起。材料科学与工程的内涵（基本要素）如图 5-1 所示。

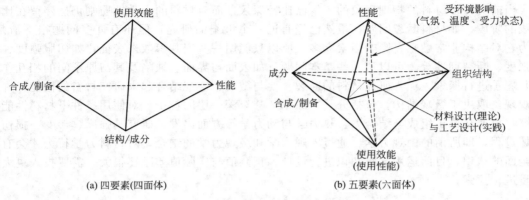

图 5-1　材料科学与工程的内涵（基本要素）

（1）结构/成分　材料的组织结构包括原子类型及其在长度尺寸（纳观、介观、微观、宏观）范围内的排列。材料结构可分为四个层次：宏观组织结构、显微组织结构、原子（分子）排列结构、原子中的电子结构及原子间相互作用（包括结合键）。

（2）合成/制备　获得特殊原子排列的合成方法与制备工艺。

（3）性能　由原子及其排列所决定的材料性质。

（4）使用效能　材料的使用效能，要考虑经济的、社会的、环境的成本和效益。

四个要素反映了材料科学与工程研究中的共性问题，在这四个要素上，各种材料相互借鉴、相互补充、相互渗透。抓住了这四个要素，就抓住了材料科学与工程研究的本质。而各种材料视其特征所在，反映了该种材料与众不同的个性。材料科技工作者可以依据这四个基本要素，以新的或更有效的方式研制和生产材料，同时，也可依此来识别和跟踪材料科学与工程研究的主要发展趋势。

三、材料科学与工程的特点

材料科学与工程是多学科交叉的新兴学科。材料科学与工程技术密不可分、相辅相成。因此，使用效能的考量是非常重要的。材料科学与工程具有很强的应用目的和明确的应用背景。

第四节　材料科学与工程研究的重点

一、新工艺、 新技术和新合成方法的探索

伴随每一种新工艺、新技术或新流程的出现，材料的发展都将发生一次飞跃，因此必须充分重视材料的新工艺、新技术和新合成方法的研究与探索。如喷气式飞机所用的高温合金的发展就是一个明显的例子，从 20 世纪 40 年代末到 50 年代末，主要是通过传统的冶炼、压力加工而制得，其最高使用温度仅为 900℃左右。相继采用精密铸造、定向凝固与单晶技

术、粉末冶金、弥散强化等工艺后，使合金质量及工作温度逐步提高，目前航空发动机在高温条件下成千上万小时长期工作而能确保安全。

二、组成、结构和性能的关系

当前对许多材料的物理现象的了解已比较深入，而对材料的力学性质则仍然停留在比较肤浅的阶段，如材料断裂问题，虽然已经有近一个世纪的研究，但还有许多问题很不清楚。因为它对结构非常敏感，影响因素众多，所以只能用一些宏观参数来表征，如屈服强度、断裂强度、断裂韧性等。可以从一些基本问题（如表面与界面、缺陷及其与原子间的相互作用等）着手进行探索，深入研究材料的断裂。要与微观、宏观结合起来研究材料的性能，许多宏观现象取决于微观结构，包括分子、原子，甚至深一层的粒子。对使用条件下材料性能的研究，也要从原子组成与结合力、热力学与动力学等方面出发，研究其强度、形变、损伤及破坏过程，即所谓的微观力学。通过宏观力学和微观力学的结合，对材料力学行为才会有一个全面的认识，目前运用已有知识进行设计，预测值与实际值差距还很大，需要投入更大的力量进行探索。

三、重视高精度仪器设备的发展

事实说明，科学仪器每前进一步，就会有新的科学发现，对事物的了解就会更深一步。随着电子显微镜技术的不断提高，其能力达到可以分辨单原子的程度，从而才会有准晶态的发现。因此，在历年诺贝尔奖中有相当大的比例授给了仪器原理的发现者（如第一个诺贝尔物理学奖获得者伦琴）。

目前，机械设计中广泛使用的是"损伤容限"设计，就是零件在使用过程中允许有一定大小的裂纹存在，只要在产生灾害性破坏限度以下，就判定为可靠。因此，能确定裂纹在构件中的部位、形状及大小的无损伤探测装置就是关键，否则就可能造成失误。例如，工程陶瓷材料目前存在的最大问题是质量稳定性，因此，发展高精度的无损伤探测技术，对陶瓷产品进行在线在位即时监控，以确保产品性能的可靠性是当务之急。

应该指出的是，科学仪器的发展往往来自研究工作者的需要和实践，而不是仪器制造者或厂商，后者只是把前者的新发现、新发明制作成商品，提高精度、增加精度而已。因此，研究工作者必须重视仪器的发展，否则很难使研究工作走在世界的前列。

四、运用计算机开展研究

计算机的发展使过去一些无法解决的问题能迅速而准确地得到解答。近年来，使用计算机的材料数据库和材料设计蓬勃发展，可以预测，未来在材料研究中必将更多地使用计算机。

五、交叉学科和复合材料

材料学科本来就涉及多学科、多领域，在研究中更应重视不同门类之间的交叉、不同材料之间的借鉴和互补。复合材料由于其能取长补短和具有协同效应产生新的功能，往往能出奇制胜，因此，对复合材料的研究将变得越来越重要。

六、纳米技术的应用

纳米技术在底层上给材料技术以变革，它也是解决材料诸多问题的可行的战略途径，未来纳米技术将在材料技术中起先锋作用。

七、界面工程和晶界工程

微观结构是材料宏观性能的决定因素，而晶界和界面在很大程度上影响材料的微观结构。绝大多数材料又都是由多晶体组成或由不同材料复合而成，几乎所有材料问题都会涉及晶界和界面，解决了晶界和界面问题，也就基本解决了材料问题。

八、材料设计和分子设计

未来的材料研究必然是材料设计，这也是材料科学达到自身理想目标所要经由的唯一途径。

第五节 材料科学与工程专业培养

一、专业范围和基本要求

材料科学与工程是国民经济发展的重要支撑，是航天、航空、信息、国防等高新技术进步的基础。该专业培养从事金属材料、无机非金属材料、高分子材料的制备与加工和电子封装技术领域的高级研究和工程技术人才。是以材料学、化学、物理学为基础，系统学习材料科学与工程专业的基础理论和实验技能，并将其应用于材料的合成、制备、结构、性能、应用等方面研究的学科。

二、业务培养目标

本专业培养具备包括金属材料、无机非金属材料、高分子材料等材料领域的科学与工程方面较宽的基础知识，能在各种材料的制备、加工成型、材料结构与性能等领域从事科学研究与教学、技术开发、工艺与设备设计、技术改造及经营管理等方面工作，适应社会主义市场经济发展的高层次、高素质全面发展的科学研究与工程技术人才。

三、业务培养要求

本专业学生主要学习材料科学与工程的基础理论，学习与掌握材料的制备、组成、组织结构与性能之间关系的基本规律。受到金属材料、无机非金属材料、高分子材料、复合材料以及各种先进材料的制备、性能分析与检测技能的基本训练。掌握材料设计和制备工艺设计、提高材料的性能和产品的质量、开发研究新材料和新工艺方面的基本能力。

四、应获得的知识和能力

（1）掌握金属材料、无机非金属材料、高分子材料以及其他高新技术材料科学的基础理论和材料合成与制备、材料复合、材料设计等专业基础知识。

（2）掌握材料性能检测和产品质量控制的基本知识，具有研究和开发新材料、新工艺的初步能力。

（3）掌握材料加工的基本知识，具有正确选择设备进行材料研究、材料设计、材料研制的初步能力。

（4）具有本专业必需的机械设计、电工与电子技术、计算机应用的基本知识和技能。

（5）熟悉技术经济管理知识。

（6）掌握文献检索、资料查询的基本方法，具有初步的科学研究和实际工作能力。

五、本专业的相关学科

材料科学与工程学科的研究内容非常广泛，不仅包括金属、无机非金属和高分子等传统的结构材料，而且包含了具有众多特殊性能和用途的功能材料。从研究基础及与专业应用领域相关联的角度出发，与材料科学与工程相关的学科包括化学、物理、机械、工程学、化工、电子电工、计算机科学与技术以及生物和生命科学等。

材料科学与工程学科以材料的成分、结构、工艺和性能为主要研究对象。在材料成分研究方面，主要与化学、物理、数学和计算机等学科相联系；在材料结构研究方面，主要与固体物理、电子学、光学、声学、化学、数学及计算科学等许多基础学科有着不可分割的联系；在材料工艺研究方面，主要与机械、化工、工程学和计算机等学科相联系；在材料应用性能研究方面，更是与几乎所有的高科技领域紧密结合，包括建筑、生命、医药、电子、信息、能源、环境和航空航天等众多尖端领域。在科学技术发展的牵引以及社会需要的推动下，材料科学与工程学科与其他学科专业的交叉面正不断扩大，涉及材料的边缘学科将不断出现。整体看来，材料科学正朝着"大材料"的方向发展。

六、学科结构

学科结构分为两个层次，第一层次是整个学校内各具体学科专业所构成的比例关系和组合方式，第二层次是某一具体专业的知识结构体系。在第一层次上，由于材料科学对现代社会的重要性日益增加，各高校尤其是工科院校和综合大学，都应给材料学科留有足够重要的位置；在第二层次上，材料学科的学科结构必须与其具体的培养方向密切关联。

材料科学与工程为一级学科。各校具体培养方向应该细化。

材料科学的发展，对材料类人才的素质结构、能力结构和知识结构提出了更高的要求。在传统经济模式下，我国材料类人才基本上是按二级、三级专业领域来培养的，这类人才的特点是能在旧的经济模式下很快适应工作岗位，但存在专业面太窄的缺点。后来提出"厚基础、宽口径"的模式，又产生了针对性不足的弱点。各种模式直接导致不同的培养方式和学科结构，值得深入研究。学科结构不合理会导致严重的失衡。

目前许多高校都设置了材料专业，有些具有一定特色，有些则基本没有特色，只是为了设置材料专业而设置它。实际上各校应该根据自己的特点，选择不同的侧重点。这里提供两种途径供高校建设材料专业时参考。一是要结合行业特点，尤其是具有行业特色的专门院校，一定要结合学校的主干专业，发挥行业优势，发挥学校的优势，使培养的学生更能适合社会的需求。二是选择新型材料的突破口，新型材料种类繁多，具有广阔的发展前景并可对国民经济起到巨大的推动作用。通过充分调研，在新型材料各种类中选择一种市场需求量大的、前景发展好的，开设为一个特色专业方向，类似于"定向"或"订单"培养，不去追随总体的就业市场，不与其他院校竞争，而是独辟蹊径。对于新设材料专业，起点高、教师学历高，更具备开辟特色的新型材料方向的优势。

七、主干学科的方法论介绍

材料科学与工程学科研究的终极目标是材料的使用性能，故本学科中的方法论都是围绕一个目的，就是追求材料的高性能化，并生产出满足应用所需综合性能的材料。

从研究路线上看，随着人们对材料性能影响因素认识的深入，本学科的方法论可分为以下四个层次。

（1）第一层次，即试差（错）法，俗称炒菜法。重点研究材料的组成和制备/加工过程（包括成分、工艺）与性能的关系，多退少补，主要是根据实践经验通过大量的实验得到所需的性能。试差法遵循的是组成和制备/加工与性能关系的路线。此法虽然科学性较差，但因其简便易行，至今仍在广泛使用。

（2）第二层次，即剪裁法。随着材料研究的发展和深入，人们认识到试差法忽略了材料的结构对性能的影响。不同组成和制备/加工过程导致了不同的结构，使材料具备了不同的性能，基于这一原理，形成了以结构与性能关系为研究主线的剪裁法。剪裁法根据结构与性能关系进行研究，对结构进行"剪裁"，从而得到所需的性能。随着材料结构的研究方法和表征的技术手段日益丰富和成熟，剪裁法得到了越来越多的应用。

（3）第三层次，即设计/计算材料科学。上述两个层次的研究方法均需要进行大量的实验工作，而且缺少前瞻性。随着计算机技术的飞速发展，人们开始运用计算机技术，对材料的固有性质、组成与结构、制备与加工以及使用性能进行综合研究，其目的在于使人们能主动地对材料进行结构与功能的优化与控制，以便按需要制备新材料。即通过理论与计算预测新材料的组成、结构与性能，或通过理论设计来"定做"具有特定性能的新材料。这种研究方法的特点是：具有前瞻性和创新性，可减少或替代实验工作。在计算科学高度发达的今天，材料设计为越来越多的研究者所采用。

（4）第四层次，即工业化研究。上述三个层次的研究是工业化研究的基础。材料科学与工程学科研究的终极目标是追求材料的高性能化，并生产出满足应用所需综合性能的材料。商品化的材料需要经过一定经济合理的工艺流程才能制成。因此，材料的工业化研究是材料科学与工程学科研究的关键环节，它是一项系统工程，主要研究的内容是如何将实验室的研究成果应用到大规模工业化生产当中，从而实现高性能材料的商品化。

下编
材料各论

第六章

金属材料

第一节　金属材料概述

一、金属及金属材料学

提到金属材料，人们首先想到的是钢铁材料，实际上金属材料的范畴要大得多，地球上 103 种天然元素中金属元素（大部分为过渡族元素，其单质形成金属）有 80 多种，钢铁只是以其中的一种 Fe 元素为主形成的一类物质，以其他金属元素为主形成的物质还有很多，在生产生活和科学研究中同样起着非常重要的作用，有时还是非常关键的作用。只不过 Fe 元素含量最高（高得多）、钢铁材料应用最多，也是我们日常生活和生产科研等活动中须臾所离不开的。实际上钢铁材料是铁和钢两类材料的合称，而且铁和钢是两类差别很大的物质，在实际应用中也有很大的区别，只不过日常生活中的人们往往将它们混为一谈。

金属材料是以金属元素或以金属元素为主而构成的并具有一般金属特性的材料。它是现代工业、农业、国防及科学技术的重要物质基础，各种机器和设备都需要使用大量的金属材料。石油、化工、水利、电力、热工、国防等领域及我们的日常生活中到处可见金属材料。

金属材料学是研究金属材料的成分、组织结构和性能之间关系的科学。

二、金属元素在元素周期表中的排布及原子结构特征

第一主族（除 H 之外）为碱金属元素，第二主族为碱土金属元素。第三副族到第二副族为过渡金属，过渡金属一般密度较大，熔点和沸点较高，有较好的导电性、导热性、延展性和耐腐蚀性。过渡金属的化合物及其溶液大多带有颜色。

金属元素的原子结构特征是：除 Sn、Sb、Bi 等少数几种金属的原子最外层电子数大于或等于 4 以外，绝大多数金属原子的最外层电子数均小于 4，所以其原子容易失去电子而本身常以阳离子形态存在于化合物中。它们的化合物和氢氧化物一般呈碱性。主族金属原子的外围电子排布为 ns^1 或 ns^2 或 $ns^2 np^{1 \sim 4}$，过渡金属的外围电子排布可表示为 $(n-1) d^{1 \sim 10} ns^{1 \sim 2}$。主族金属元素的原子半径均比同周期非金属元素（稀有气体除外）的原子半径大。

金属结构是：金属原子＝金属阳离子和自由电子。二者作用形成金属键。金属阳离子按一定方式紧密堆积，价电子在晶体中自由运动，从而形成金属晶体。

三、合金的基本结构类型

在工程材料中，凡由金属元素或以金属元素为主形成的具有一般金属特性的材料，统称为金属材料。金属材料包括金属和合金。合金是由一种金属与另一种金属或几种其他金属或非金属熔合在一起形成的具有金属特性的物质。

一般来说，纯金属都具有良好的塑性、较高的导电性和导热性，但它们的力学性能如强度、硬度等不能满足工程上对材料的要求（这些均源于其金属键特征），而且纯金属因提炼困难而价格较高。因此，在工程技术上使用最多的金属材料是合金。合金从结构上可分为以下三种基本类型。

（1）混合物合金　是两种或多种金属的机械混合物，是多相体系。此种混合物中组分金属在熔融状态时可完全或部分互溶，而在凝固时各组分金属又分别独自结晶出来，显微镜下可观察到各组分的晶体或它们的混合晶体，混合物合金的导电、导热等性质与组分金属的性质有很大不同，它是其组分金属的平均性质，但混合物体系具有低共熔性质，即混合物熔点低于任一纯物质的熔点。如纯锡的熔点是 232℃，纯铅的熔点是 327.5℃，含锡 63% 的铅锡合金（即焊锡）的熔点只有 181℃。

（2）固溶体合金　是两种或两种以上金属不仅在熔融时能够相互溶解，而且在凝固时也能保持互溶状态的固态溶液。固溶体合金是一种均匀的组织，是单相体系。其中含量多的金属称为溶剂金属，含量少的金属称为溶质金属。固溶体保持着溶剂金属的晶格类型（有时会发生一定程度的畸变），溶质金属可以有限地或无限地分布在溶剂金属的晶格中。根据溶质原子在晶体中所处的位置，固溶体可分为取代固溶体和间隙固溶体，如图 6-1 所示。

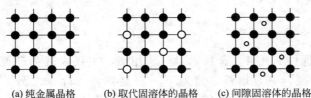

(a) 纯金属晶格　　(b) 取代固溶体的晶格　　(c) 间隙固溶体的晶格

图 6-1　纯金属和固溶体的晶格中原子分布示意图

○ 溶剂原子；● 溶质原子

（3）金属化合物合金　当两种金属元素原子的外层电子结构、电负性和原子半径差别较大时，所形成的金属化合物（金属互化物）称为金属化合物合金。金属化合物的晶格不同于原来的金属晶格。通常分为两类：正常价化合物和电子化合物。

正常价化合物是金属原子间通过化学键形成的。其成分固定，符合氧化数规则。如 Mg_2Pb、Na_3Sb 等属于这类合金，其化学键介于离子键和金属键之间，导热性和导电性比纯金属低，而熔点和硬度却比纯金属高。

大多数金属化合物属于电子化合物，这类化合物以金属键相结合，其成分在一定范围内变化，不符合氧化数规则。例如，Nb_3Sn 可成为超导体。

狭义的合金仅指第一种，即混合物合金。

四、金属材料分类

（1）按冶金工业分　可分为黑色金属和有色金属。黑色金属包括铁、铬、锰。有色金属是指除铁、铬、锰以外的金属。

（2）按密度分　可分为轻金属和重金属。轻金属的密度小于 4.5 g/cm^3。重金属的密度

大于 4.5 g/cm^3。

（3）按储量分　可分为常见金属和稀有金属。常见金属包括铁、铝等。稀有金属包括锆、钒、钼等。

一般把金属材料分为两大类：铁及铁基合金和非铁合金（即黑色金属和有色金属）。铁和铁基合金包括纯铁、工业纯铁、铸铁（白口铁、生铁）和钢。非铁合金是指铁及铁基合金以外的所有金属和合金，如铜、铝、钛、镁及其合金等。我国过去依照前苏联的分类方法把铁及铁基合金和非铁合金称为黑色金属和有色金属，这是不严谨的，为了与国际接轨，比较规范的提法是铁及铁基合金和非铁合金。

本章主要论述铁及铁基合金，兼及非铁合金。铁及铁基合金中，重点论述钢材，对铸铁的主要内容做一定介绍，对铁及工业纯铁做扼要介绍。

铁及铁碳合金	纯铁	工业纯铁	钢	铸铁	渗碳体
碳含量	0	≤0.0218%	0.0218%～2.11%	2.11%～6.69%	6.69%

可以看出，钢铁材料是碳的质量分数为 0～6.69% 的铁及铁基合金，碳含量≥6.69% 时，以铁的晶格为基础的组织结构消失，材料将不再具有金属性质而变成了铁矿石。

普通所说的钢材也叫碳钢，应用极广，种类很多，在钢铁材料中最重要。有很多种分类方法，如按碳含量、按合金元素、按材料质量优劣、按冶炼方法、按金相组织、按性能和用途分类等。

按碳含量可分为低碳钢、中碳钢、高碳钢；按性能和用途可分为合金结构钢（包括工程构件用钢、合金渗碳钢、渗氮钢、碳氮共渗钢、表面淬火用钢、合金调质钢、弹簧钢、轴承钢等）、合金工具钢（包括刃具钢、模具钢、量具钢等）、特殊性能钢（包括不锈钢、耐热钢、耐磨钢、磁钢等）三大类。

五、金属通性

金属为具有金属通性的元素。金属元素性质相似，主要表现为还原性，有光泽，导电性与导热性良好，质硬，有延展性，常温下一般是固体（除汞之外，汞在常温下为银白色液体，俗称"水银"）。延性是指金属能被拉伸成金属丝，展性是指金属能被捶打成金属薄片。金属具有优异的力学性能，可被加工成各种材料，现代生产和使用的金属材料种类很多。为了合理地使用金属材料，充分发挥其性能潜力，以达到提高产品质量、节省金属材料的目的，了解材料的使用性能和工艺性能是十分必要的。使用性能包括力学性能、物理性能、化学性能等；工艺性能包括铸造性能、锻造性能、焊接性能、热处理性能、切削加工性能等。

导热性一般优良；熔点一般较高；标准物态，除汞是液体以外，其余均为固体；导电性一般优良；沸点一般较高；密度一般较大；外观有金属光泽，大部分呈银白色；水溶性为一般不溶或难溶于水。

金属的优异性能来源于金属内部的结构，金属的一般性质与自由电子密切相关。由于自由电子可以吸收各种波长的可见光，随即又发射出来，因而使金属具有光泽、不透明；自由电子可以在整块金属内自由运动，所以金属的导电性和传热性都很好；金属键没有方向性和饱和性，层与层之间可以滑动，使金属有优异的延展性。

金属与非金属的根本区别是金属的电阻随着温度的升高而增大，即金属具有正的电阻温度系数，而非金属的电阻却随着温度的升高而降低，即具有负的电阻温度系数。

金属中熔点最高的是钨，最低的是汞。硬度最高的是铬，最低的是铯。密度最高的是锇，最低的是锂。

第二节　纯铁、渗碳体和工业纯铁

一、纯铁

1. 基本物理参数

铁是元素周期表上第 26 个元素，相对原子质量为 55.85，属于过渡族元素。常压下，熔点为 1538℃，气化点为 2740℃（某些陶瓷近 3000℃ 不软化，保持强度），密度为 $7.87g/cm^3$，弹性模量为 2000MPa。

铁是容易被磁化的物质。磁化率为 10^{-3} 数量级，属于强磁性（磁性可分为抗磁性、顺磁性、铁磁性、反铁磁性）。

一般所谓的纯铁，多少总含有微量的碳，而这微量的碳对铁的力学性能影响却非常大。要得到不含碳的纯铁非常困难，主要原因，一是铁与碳具有非常强的亲和力，很难将其完全分离，二是铁的冶炼过程离不开煤炭，使其不可避免地混入碳素。纯铁的冶炼成本较高。

一般纯铁（典型的含碳 0.001%～0.005% 的多晶体铁），强度低，较少实际用途。屈服强度 σ_s 为 128～206MPa，抗拉强度 σ_b 为 275～314MPa，冲击韧度 σ_k 为 1275～1962kJ/m^2，断面收缩率 ψ 为 70%～80%，硬度为 70～870kgf/mm^2 ❶。室温下纯铁非常柔韧，易变形，范性好，用于特殊用途。

2. 多晶型

固态的铁，在不同温度范围具有不同的晶体结构（多形性）。

（1）室温 α-Fe，体心立方，铁磁性。

（2）770～912℃，非铁磁性。770℃，磁性转变，770℃（居里点）以上磁性消失。点阵不变（仍为体心立方），不属于相变。

（3）912～1394℃，γ-Fe。912℃ 转变为 γ-Fe，面心立方。非平衡时，升温转变高于912℃，降温转变低于912℃，称为相变温度迟滞，具有重要实际意义。α-Fe 的磁性转变没有温度迟滞现象。

（4）1394～1538℃（熔点），δ-Fe。1394℃ 转变为 δ-Fe，重新转变为体心立方，称为高温立方体。至 1538℃ 熔化。

固态下同素异晶晶型转变与液态结晶一样，也要经历成核和长大的过程，为了与液态结晶相区别，称这种固态相变结晶过程为重结晶。1394℃ 以上为通过结晶所形成的初生 δ-Fe 晶粒，降温过程中，1394℃ 以下为经过重结晶后初始的 δ-Fe 晶粒被改造为 γ-Fe 晶粒，温度继续降低到 920℃ 以下，又经过一次重结晶后得到室温 α-Fe 晶粒。降温过程中重结晶温度可以低于正常的相变温度（同样升温过程中重结晶温度可以高于正常的相变温度），α-Fe 晶粒的大小直接与相变的条件有关，重结晶温度越低，晶粒越细小（过冷重结晶细化晶粒），因此可以借助于重结晶细化晶粒，改善组织。

二、渗碳体

渗碳体 Fe_3C 是铁与碳形成的一种间隙化合物（广义上的一种合金形式，因碳含量超过

---

❶ 1kgf/mm^2=9.80665MPa。

在铁中溶解度引起），晶体点阵结构较复杂。碳的质量分数为 6.69%。渗碳体是铁碳合金中的重要基本相。属于正交晶系。具有金属特性（导电性、金属光泽等），和其他碳化物、氮化物一起属于金属化合物。

Fe_3C 能溶解其他元素形成固溶体，在形成固溶体时，小原子（如氮）处于碳原子的位置，金属原子（如锰、铬等）处于铁原子的位置，这种以渗碳体为基的固溶体称为合金渗碳体，表示为 $(Fe，Me)_3C$。

渗碳体的硬度高约 800HB，但范性差，特别是在游离状态下范性几乎为零。熔点为 1227℃。相对于石墨是亚稳相（介稳相）。一定条件下分解，$Fe_3C \longrightarrow Fe+C$（石墨）。

渗碳体显微组织形态很多，不受硝酸、乙醇腐蚀，在显微镜下呈白亮色；在碱性苦味酸钠腐蚀下被染成黑色。在钢和铸铁中与其他相共存时，可以片状、粒状、网状或板状出现。渗碳体是碳钢中主要强化相，其形状、分布对钢性能影响很大。

三、工业纯铁

工业纯铁含少量杂质，强度低，硬度低，塑性好，一般不作为结构材料用，作为磁性材料用。

碳含量≤0.0218%，其显微组织为铁素体＋Fe_3C_{III}。

工业纯铁定义为：纯铁是碳含量小于 0.02% 的铁合金，又称熟铁（碳含量在 0.02%～2.11% 称为钢，碳含量在 2.12%～4.3% 则称生铁）。熟铁较软，具有较好的抗腐蚀性，韧性和延展性较高，硬度和强度较低。

纯度可达 99.8%～99.9%，低于电解铁，故其强度、硬度、弹性模量均比电解铁高，但塑性则较低。工业纯铁用平炉生产，氧化期很长，以除去碳等杂质，故成本很高。在 860～1050℃ 有热脆性，热加工时应特别注意，最好避开这一脆性温度范围。力学性能不受热处理的影响。可用于建筑工程，制造防锈材料、镀锌板、镀锡板、电磁铁芯等。有的工业纯铁还含铜（0.25%～0.30%），以增加耐蚀性。

工业纯铁是钢的一种，其化学成分主要是铁，含量在 99.50%～99.90%，碳含量在 0.0218% 以下，其他元素越少越好。因为它实际上还不是真正的纯铁，所以称这一种接近于纯铁的钢为工业纯铁。一般工业纯铁质地特别软，韧性特别大，电磁性能很好。常见的有两种规格：一种是作为深冲材料的，可以冲压成极复杂的形状；另一种是作为电磁材料的，工业纯铁有高的感磁性和低的抗磁性，广泛用于电子电工、电气元件、磁性材料、非晶体制品、继电器、传感器、汽车制动器、纺机、电磁阀等产品。

因为纯铁的矫顽力小，剩磁小，常用于电磁继电器的铁芯、磁轭，用于螺管电磁铁的铁芯，这在工业设备、电子信息产品中用量最大。例如，碳钢剩磁大，继电器的线圈断电了，在剩磁作用下，常开触头就可能拉不开。也用于电子显微镜磁路、电动机、高能加速器、某些磁控管、某些光电管、某些探测器，还用于精密磁场的磁路。工业纯铁主要用于电磁继电器、铁芯用纯铁、软磁纯铁、磁粉离合器用纯铁、电子锁用纯铁、汽车活塞用电工纯铁、磁屏蔽用纯铁带、航空仪器仪表纯铁、军工纯铁、镀锌锅用纯铁中厚板、电子元器件用纯铁薄板、电磁阀纯铁、磁选机用纯铁、无发纹纯铁、电子管用纯铁、易车削电工纯铁。

因为纯铁硬度低，也称软铁，很少用于结构材料，做一些外壳、面罩还是可以的。纯铁的另外一个特点是，材料缺陷少，不容易生锈。

熟铁是由铁矿石用碳直接还原，或由生铁经过熔化并将杂质氧化而得到的产物。前者冶炼温度较低，采用比较早；后者温度虽然较高，但生铁去碳后由于熔点增高而变稠。两者都不易使渣和铁完全分离，所以熟铁中常含有少量的渣，在加工后显示纤维组织。

中国在春秋、战国时代已经使用生铁。

第三节　钢——碳钢和合金钢

碳的质量分数低于 2.11% 的铁碳合金称为钢。钢的主要成分是铁（Fe）和碳（C），次要成分有硅（Si）、锰（Mn）、硫（S）、磷（P）等。其中，硫、磷是有害元素。

钢较硬，具有良好的延性、展性和弹性，力学性能好，可以锻轧和铸造。在日常生活中常用的刀剪、自行车等都是钢制品。

钢是碳含量在 0.0218%～2.11% 之间的铁合金。

钢大致可分为碳素钢和合金钢两大类。

根据碳含量的多少，碳素钢又可以分为低碳钢（碳含量低于 0.3%）、中碳钢（碳含量为 0.3%～0.6%）和高碳钢（碳含量高于 0.6%）。碳含量越低，钢的韧性越好；碳含量越高，钢的硬度越大。低碳钢和中碳钢常用来制造机械零件、钢管等；高碳钢常用来制造刀具、量具和模具等。

合金钢是在碳素钢中加入一种或几种其他元素而制成有特殊性能的钢。例如，加入镍、铬可制成抗腐蚀性能好的不锈钢；加入锰可制成韧性好、硬度大的锰钢等。

钢材是钢厂提供销售的，由钢锭、钢坯等通过压力加工制成所需要的具有一定的形状、尺寸和力学性能、物理性能、化学性能的钢产品。简言之，钢材就是钢制品，即用钢这种材料制作的成品。

大部分钢材加工都是钢材通过压力加工，使被加工的钢（坯、锭等）产生塑性变形。根据钢材加工温度不同，可以分为冷加工和热加工两种。

钢材的主要加工方法有轧制、锻造、拉拔和挤压。轧制是将钢材金属坯料通过一对旋转轧辊的间隙（各种形状），因受轧辊的压缩使材料截面减小、长度增加的压力加工方法，这是生产钢材最常用的生产方式，主要用来生产钢材型材、板材、管材。分为冷轧、热轧。锻造是利用锻锤的往复冲击力或压力机的压力使坯料改变成所需的形状和尺寸的一种压力加工方法。一般分为自由锻和模锻，常用作生产大型材、开坯等钢材截面尺寸较大的材料。拉拔是将已经轧制的金属坯料（型、管、制品等）通过模孔拉拔成截面减小、长度增加的加工方法。大多用作冷加工。挤压是将钢材放在密闭的挤压筒内，一端施加压力，使金属从规定的模孔中挤出而得到相同形状和尺寸的成品的加工方法。多用于生产有色金属材料。

钢材是国家建设和实现现代化必不可少的重要物资，应用广泛、品种繁多。根据断面形状的不同，钢材一般分为型材、板材、管材和金属制品四大类。为了便于组织钢材的生产、订货供应和搞好经营管理工作，又分为重轨、轻轨、大型型钢、中型型钢、小型型钢、钢材冷弯型钢、优质型钢、线材、中厚钢板、薄钢板、电工用硅钢片、带钢、无缝钢管钢材、焊接钢管、金属制品等品种。

一、铁碳合金的基本相

图 6-2 所示为铁碳合金相图，对钢铁材料具有重要意义。

（1）铁素体　碳溶于体心立方的 α-Fe 所形成的间隙固溶体，常用 F 或 α 表示。铁素体具有体心立方晶格结构，这种晶格的间隙分布较分散，因而间隙尺寸很小，溶碳能力较差，室温溶解度仅为 0.0008%，727℃时，溶解度最大也只有 0.0218%。强度、硬度低，塑性好，性能与纯铁相近，可用于变压器铁芯等。常把碳含量小于 0.0218% 的铁碳合金称为工

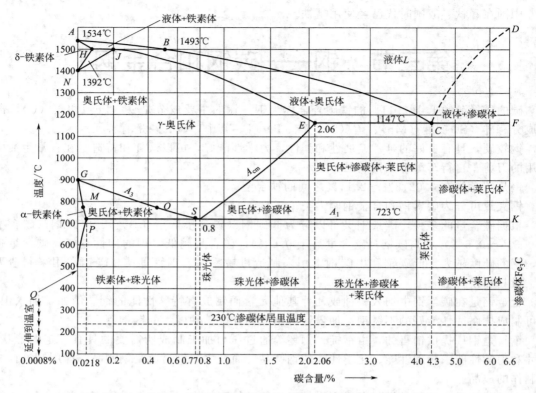

图 6-2　铁碳合金相图（此相图对初学者难度较大，为选讲内容）

业纯铁。

（2）奥氏体　碳溶于面心立方晶格的 γ-Fe 所形成的间隙固溶体，常用 A 或 γ 表示。奥氏体具有面心立方晶格结构，其致密度较大，间隙的总体积较铁素体少，但分布相对集中，具有尺寸较大的间隙，故碳在 γ-Fe 中的溶解度较大，最大为 2.11%（1148℃）。奥氏体的强度、硬度不高，但塑性很好，理论上，常把碳含量在 0.0218%～2.11% 的铁碳合金称为钢，因此，钢材的热压力加工一般都是加热到奥氏体状态进行。碳钢室温下的组织中无奥氏体，但当合金中含有一定量的某些合金元素时，则可得到部分或全部奥氏体组织。

（3）高温铁素体　碳溶于体心立方晶格的 δ-Fe 所形成的间隙固溶体，常用 δ 表示。高温铁素体与铁素体的本质相同，两者的区别仅在于高温铁素体存在的温度范围较铁素体为高。

（4）渗碳体　当铁碳合金碳的质量分数超过碳在铁中的溶解度时，多余的碳在 Fe-Fe₃C 二元合金系中以 Fe₃C 形式存在，因此，它既是铁碳合金中的组元，又是基本相。晶格复杂，硬而脆，其形态、大小、分布对钢的性能影响很大，是铁碳合金中的重要强化相。渗碳体是亚稳相，在一定条件下会分解为铁和石墨状态的自由碳。

（5）珠光体　在组成为 0.77%（共析钢组成）析晶时（727℃），铁素体与渗碳体的机械混合物。金相显微镜下，高倍时渗碳体呈片状分布于铁素体基体上，低倍下珠光体呈层状特征。由于片层厚薄的不同，又有普通珠光体 P（粗珠光体）、索氏体 S（细珠光体）、屈氏体或称托氏体 T（极细珠光体）之分。与铁素体、奥氏体相比，珠光体的强度、硬度明显要高，弹塑性低些。特别地，由不稳定的马氏体经回火后分解转变而得的回火屈氏体、回火索氏体、回火珠光体组织中，渗碳体呈球粒状，强韧性要好得多。

（6）莱氏体　组成为 4.3%（共晶组成）共晶析晶时（1148℃），奥氏体和渗碳体的机械混合物。渗碳体基体上分布一定形态、数量的奥氏体或珠光体。727～1148℃称为高温莱氏体 L'd；727℃以下，其中奥氏体转变为珠光体，称为低温莱氏体 Ld，是珠光体与渗碳体的机械混合物。性能硬而脆，断面呈白亮色，故又称共晶白口铁（白口铁在合金元素尤其是 Si 参与下不稳定分解出片状石墨时，失去白亮光泽，称为灰口铁，灰口铁应用更广）。共晶白口铁的结晶温度在铁碳合金中最低。碳含量在 2.11%～6.69% 的铁碳合金中均有莱氏体，熔点低，硬而脆，仅适宜于铸造成型，因此称为铸铁。碳含量再高，则已无实用价值，不再属于钢铁材料，归入铁矿石等类别。

（7）马氏体 马氏体 M 为碳在 α-Fe 中的"超过饱和"固溶体，由奥氏体淬火冷却后转变而来，是一种非平衡组织，常需再配合回火处理后才可使用。马氏体转变是在低的温度区间内，并且是在连续冷却的过程中高速进行的。此时，铁、碳均来不及扩散，奥氏体中的碳原子基本原位保留在马氏体中。碳含量小于 0.25% 的马氏体称为低碳马氏体，强韧性高，可作为承受冲击的轴、齿轮等的组织；碳含量约 1% 的马氏体，硬、耐磨，但脆性大，常作为要求硬而耐磨的刀具、模具、滚动轴承等的组织。

（8）贝氏体 贝氏体可看作是含碳稍过饱和的极细铁素体上分布弥散的碳化物而组成的机械混合物，当奥氏体冷却较快时，因原子作不充分扩散而转变得到。其中含碳多的贝氏体硬而耐磨，类似于高碳马氏体；含碳低的贝氏体较强韧，类似低碳马氏体，但其韧性却比低碳马氏体要好。

二、碳钢

碳钢是以铁和碳元素为主，含少量 Mn、Si、S、P、O、N 等特意加入元素；碳为主合金元素。

1. 分类

（1）按碳的质量分数 低碳钢（$w_C \leqslant 0.25\%$）、中碳钢（w_C 为 0.25%～0.6%）、高碳钢（w_C 为 0.6%～2.11%，理论值为 2.06%）。$w_C \geqslant 2.11\%$ 时为铸铁，w_C 大于 C 在 Fe 中溶解度时（图 6-2 相图中 QPSECD 线以下），多余的碳则以 Fe_3C 形式析出。铸铁中含渗碳体 Fe_3C。$w_C > 6.69\%$ 时，多余的 C 以游离态或其他形式存在。

（2）按钢的质量（有害杂质 S、P 量） 普通碳钢（$w_S \leqslant 0.055\%$，$w_P \leqslant 0.045\%$）、优质碳钢（$w_S \leqslant 0.040\%$，$w_P \leqslant 0.040\%$）、高级优质碳钢（$w_S \leqslant 0.030\%$，$w_P \leqslant 0.035\%$）。

（3）按用途 碳素结构钢（用于制造各种工程构件如桥梁、船舶、建筑构件等和机器零件如齿轮、轴、连杆、螺栓、螺母等，属于低、中碳钢）、碳素工具钢（用于制造各种工具如刃具、量具、模具等，属于高碳钢）。

（4）按冶炼方法 按冶炼设备分为平炉钢、转炉钢、电炉钢、坩炉钢。按炉衬材料又分为酸性钢和碱性钢。按脱氧程度分为沸腾钢（脱氧不完全）、镇静钢（脱氧比较完全）、半镇静钢（介于二者之间）。

（5）按金相组织 亚共析钢（碳含量小于 0.77%，室温组织为珠光体＋铁素体）、共析钢（碳含量为 0.77%，室温组织为珠光体）、过共析钢（碳含量大于 0.77%，室温组织为珠光体＋二次渗碳体）。

2. 碳钢的牌号及用途

（1）普通碳素结构钢 简称普碳钢，按力学性能供应，国家标准 GB 700—1988 规定有 5 种钢号，Q195、Q215、Q235、Q255、Q275（Q 为屈服点，数字为最低屈服强度）。前三种塑性好、有一定强度，通常轧制成钢板、钢筋、钢管等，可用于制造桥梁、建筑物等构件，也可用于制造螺钉、螺帽、铆钉等；后两种强度较高，常轧制成型钢、钢板做构件用。

（2）优质碳素结构钢　对磷、硫杂质限制较严。钢号用碳的平均质量分数的万分数表示。如 20 号钢、45 号钢，数字分别表示碳质量分数为 0.20% 和 0.45%；15Mn、45Mn 钢，其中的"Mn"表示钢中的锰含量较高。

优质碳素结构钢主要用来制造各种机器零件，10、20 号钢冷冲压性和焊接性良好，可制作冲压件和焊接件，经适当热处理（如渗碳）后可制作轴、销等零件；35、40、45、50 号钢经热处理后可获得良好的力学性能，用于制造齿轮、轴类、套筒等零件；60、65 号钢主要用来制作弹簧。

（3）铸钢　铸钢是在凝固过程中不经历共析转变，用于生产铸件的铁基合金，为铸造合金的一种。铸钢是以铁、碳为主要元素的合金，碳含量为 0～2%。铸钢分为铸造碳钢、铸造低合金钢和铸造特种钢三类。铸钢和铸铁虽同为用于铸造工艺的铁碳合金，但由于所含碳、硅、锰、硫等成分不同，结晶后具有不同的晶相组织结构，因而显示出力学性能和工艺性能的许多差异。例如，在铸造状态下，铸铁的延伸率、断面收缩率、冲击韧性都比铸钢低；铸铁的抗压强度和消震性能比铸钢好；灰铸铁液态流动状态比铸钢好，更适于铸造结构复杂的薄壁类构件；在弯曲试验时，铸铁为脆性断裂，铸钢为弯曲变形等。因此，它们分别适用于铸造不同要求的机件。通常可以从亮度、颗粒、声音、气割性、韧性、耐磨性、抗拉强度等方面区别铸钢和铸铁。

与优质碳素结构钢类似，以钢中碳的平均质量分数的万分数表示，但牌号前冠以"ZG"。如 ZG25，表示 $w_C = 0.25\%$ 的铸钢。

铸钢可用来制造形状复杂而需要一定强度、塑性和韧度的构件，如起重运输机中的齿轮、联轴器及重要的机件。

（4）碳素工具钢　$w_C = 0.65\% \sim 1.35\%$（以碳含量的千分数表示），前面冠以"T"。如 T9、T12，分别表示 w_C 为 0.90% 和 1.2%。

碳素工具钢均为优质钢（对磷、硫杂质有严格限制，$w_S \leqslant 0.040\%$，$w_P \leqslant 0.040\%$）。若为高级优质钢，则在钢号后加注"A"。如 T10A，表示平均（名义）$w_C = 1.0\%$ 的高级优质碳素工具钢（$w_S \leqslant 0.030\%$，$w_P \leqslant 0.035\%$）。

碳素工具钢用途如下：制造刃具、量具、模具。T7、T8 硬度高，韧度较高，可制造冲头、凿子、锤子等工具；T9、T10、T11 硬度更高，韧度适中，制造钻头、刨刀、丝锥、手锯条等刃具和冷作模具等；T12、T13 硬度很高，韧度较差，制作锉刀、刮刀等刃具及量规等量具。

三、合金钢的分类

合金钢 ＝ 铁＋碳＋其他合金元素。

1. 按钢中合金元素总的质量分数分类

分为低合金钢（合金元素＜5%）、中合金钢（5%～10%）、高合金钢（＞10%）。

按所含合金元素种类又分为锰钢、铬钢、硅钢、硼钢、硅锰钢、钒锰钢、铬镍钢、铬钼钢、钒钢等。

2. 按用途分类

（1）结构钢　结构钢一般都是在机械工厂中进行热处理，所以又分为渗碳钢（渗碳处理）和调质钢（淬火和回火处理，不一定都进行高温回火）。

（2）工具钢　分为刃具钢、量具钢、模具钢、其他工具钢。又分为碳素工具钢、合金工具钢、模具钢和高速钢。

（3）特殊性能钢和合金 按特殊物理、化学和力学性质分为不锈钢、耐热钢、热稳定性钢、耐磨钢、具有特殊热膨胀性能的钢、具有特殊磁性和电性能的钢。

3. 按品质（S、P、杂质多少）分类

合金钢种类	w_S	w_P	举例
普通	$<0.05\%$	$<0.045\%$	16Mn
优质	$<0.040\%$	$<0.040\%$	40Cr
高级优质	$<0.030\%$	$<0.035\%$	38CrMoAlA

4. 按金相组织（平衡组织）分类

分为亚共析钢（组织中有多余铁素体）、共析钢（组织中为珠光体）、过共析钢（组织中有多余二次碳化物）、莱氏体钢（组织中有从液体内析出的初生碳化物）。

按空气中冷却后组织又分为珠光体钢（珠光体，或珠光体＋铁素体，如 35CrMo）、贝氏体钢（以贝氏体为主，如 18Mn2CrMoBA）、马氏体钢（以马氏体为主，如 4CrB）、奥氏体钢（全部为奥氏体，如 1Cr18Ni9Ti）、铁素体钢（全部为铁素体，如 1Cr25Ti）。

5. 合金钢的编号

按碳质量分数［结构钢万分之一（两位数），工具钢和特殊性能钢千分之一（一位数）（超过 1％时不标）］、合金元素种类和数量（小于 1.5％时不标，1.5％～2.49％、2.5％～3.49％时分别标 2、3 等）及质量级别。

方法是：碳质量分数＋主要合金元素。如 40Cr、5CrMnMo（工具钢），各合金元素质量分数均在 1.5％以下，碳的平均质量分数分别为 0.40％和 0.50％；CrWMn（也称工具钢，C 含量＞1.0％，Cr、W、Mn 含量均＜1.5％）。

专用钢是在钢号前加其用途的汉语拼音首字母，如 GCr15（滚动轴承钢，碳含量约为 1.0％，铬含量约为 1.5％）、Y40Mn（易切削钢，碳含量约为 0.40％，锰含量小于 1.5％）。

高级优质钢是在末尾加 A，如 20Cr2Ni4A。

第四节 工业用钢

随着工业的发展，特别是国防、交通运输、动力、石油、化工等工业的发展，对材料提出了更高的要求，如高强度、耐高温、耐高压、耐腐蚀、耐低温、耐磨损等。在许多场合下碳钢已不能满足要求，为了解决这些问题，人们在碳钢中特意加入一种或多种合金元素，形成了合金钢（广义上讲，碳钢也是一种合金钢，即铁碳合金）。

合金钢主要有结构钢（各类工程构件用钢、弹簧钢、轴承钢等）、工具钢（刃具钢、模具钢、量具钢）和特殊性能钢（不锈钢、耐热钢、耐磨钢、磁钢等）。结构钢又分为渗碳钢和调质钢。

结构钢用来制造工程结构和机械结构，它包括工程结构钢是和机械制造结构钢两大类。工程结构钢是指专门用来制造各种工程结构的一大类钢种，如制造桥梁、船体、油井或矿井架、钢轨、高压容器、管道、建筑钢结构等，主要是承受各种载荷，要求有较高的屈服强度、良好的塑性和韧性，以保证工程结构的可靠性。由于工作环境是暴露在大气中，温度可低到 -50℃，故要求低温韧性，并要求耐大气腐蚀。此外，还需要有良好的工艺性能，包括经受剧烈的冷变形，如冷弯、冲压、剪切，以及良好的焊接性等。机械制造结构钢用于制造

各种机器零件，如轴类、齿轮、紧固件、轴承和高强度结构，广泛应用在汽车、拖拉机、机床、工程机械、电站设备、飞机及火箭等装置上。这些零件的尺寸虽相差很大，但工作条件是相似的，主要承受拉、压、弯、扭、冲击、疲劳应力等，而且往往是几种载荷同时作用。载荷是恒载或变载，作用力的方向是单向或反复。工作环境是大气、水和润滑油，温度在 −50～100℃ 范围内。机械零件要求良好的服役性能，有足够高的强度、塑性、韧性和疲劳强度等。机械制造结构钢根据钢的生产工艺和用途，可分为调质钢、低碳马氏体钢、超高强度结构钢、渗碳钢、氮化钢、弹簧钢、轴承钢、易削钢等。

合金工具钢是指制造各种切削工具、冷热变形模具、量具以及其他工具的钢，有碳素工具钢和合金工具钢两类。合金工具钢又有低、中、高合金工具钢之分，按用途不同又可分为刃具钢（用于制造各种切削刀具，如车刀、铣刀、钻头、拉刀、铰刀、丝锥等）、模具钢（用于制造各种模具，如热锻模、冷冲模、冷挤模、切边模等）、量具钢（用于制造各种量具，如游标卡尺、螺旋测微器、块规、塞规、环规、样板等）。其中刃具钢和量具钢之间有互换使用性，有的量具钢可制造刃具，有的刃具钢也可制造量具。

一、工程构件用钢和低合金结构钢

工程构件用钢和低合金结构钢均属于低合金高强度钢（普通低合金钢），合金元素含量小于 3%。

工程构件用钢用于桥梁、船舶、车辆、锅炉、高压容器、输油气管道、大型钢结构；低合金结构钢可代替普通碳素结构钢，自重小，可靠耐久。

1. 性能特点

（1）高强度，屈服强度大于 300MPa。

（2）低温韧性好。大型工程构件一旦发生断裂会有灾难性后果，因此要求韧性好。大型焊接结构难免存在各种缺陷，如焊接冷、热裂纹等，必须具有较高的断裂韧度。

（3）具有良好的焊接性和冷成型性。

（4）具有抗腐蚀能力。适宜于大气、海洋环境，用作桥梁、容器、船舶等。

2. 化学成分特点

（1）低碳，碳含量小于 0.20%。保证韧度、焊接性和冷成型性。

（2）Mn 为主合金元素。Ni、Cr 稀缺，Mn 资源丰富。

（3）附加元素为少量 Nb、Ti 或 V，形成细碳化物或碳氮化物，阻碍热压时奥氏体长大，获得细小铁素体。热压时部分附加元素固溶入奥氏体，冷却时弥散析出，起析出硬化作用，提高强度和韧度。

（4）加入少量 Cu（≤0.4%）、P（0.1%），可提高抗腐蚀能力；加入少量稀土，可脱硫、去气、净化钢材，改善韧度和工艺性能。

二、合金渗碳钢

有些工件表面需要有很高的强度和硬度，而心部应有良好的塑性和韧性，为了达到"表硬心韧"的目的，可采用低碳钢渗碳淬火、氮碳共渗、渗氮处理、中碳钢高频感应加热淬火等办法，以获得令人满意的效果。利用这些工艺得到的材料称为表面硬化钢。下面先介绍渗碳钢。

渗碳钢是将低碳钢在活性碳原子介质（CO、CH_4）中加热，形成表面高碳（0.8%～1.2%）渗层而制成的，渗碳后需淬火和低温回火，获得硬度高的耐磨表面，而心部保持高韧度。

渗碳钢用于汽车制造、拖拉机变速齿轮、内燃机凸轮轴、活塞销等，由于工作中受强烈摩擦易磨损，会承受交变载荷，特别是冲击载荷，要求表面耐磨、心部耐冲击。

主要性能如下：渗层硬度高、耐磨性和抗接触疲劳性优异、塑性和韧度适当；心部高韧度（抗冲击和过载）、足够强度（防渗碳层碎裂、剥落）；有良好的热处理工艺性能，在高的渗碳温度下，奥氏体晶粒不易长大，并具有良好的淬透性。

淬透性表示钢在一定条件下淬火时获得淬透层深度和硬度分布的能力，主要受奥氏体中的碳含量和合金元素的影响。钢材淬透性的好坏，常用淬硬层深度来表示。淬硬层深度越大，则钢的淬透性越好，即高淬透性。钢的淬透性主要取决于它的化学成分，特别是含增大淬透性的合金元素，还与晶粒度、加热温度和保温时间等因素有关。淬透性好的钢材，可使钢件整个截面获得均匀一致的力学性能，以及可选用钢件淬火应力小的淬火剂，以减少变形和开裂。由于淬透性是钢在淬火时获得淬硬深度的能力，因此是钢本身固有的属性。从淬硬的工件表面至 50% 马氏体组织的垂直距离称为淬硬深度。

三、渗氮钢、碳氮共渗钢和表面淬火用钢

其他表面硬化钢应用较多的主要有渗氮钢、碳氮共渗钢、表面淬火用钢等。

1. 渗氮钢

渗氮钢广泛用于各种高速传动的精密齿轮、高精度机床主轴和丝杠，以及要求变形小，并且有一定抗热、抗蚀能力的耐磨零件。渗氮钢是专指经渗氮处理的 38CrMoAl 等少数几种钢，不过由于软氮化、离子氮化等新工艺的发展，许多钢种也都可以用来渗氮，如碳钢、合金结构钢、工模具钢、高速钢、不锈钢、耐热钢，甚至铸钢等。

2. 碳氮共渗钢

关于碳氮共渗钢目前共用钢号较少，其中渗碳钢和碳的质量分数较低的调质钢都可作碳氮共渗钢。关于气体软氮化用钢，则不受钢种的限制。

3. 表面淬火用钢

表面淬火用钢一般采用 35、40、45、50、40MnB、40MnVB、35CrMo、40Gr 等中碳钢。淬火前的热处理是调质或正火，淬火后还要进行低温回火或自身余热回火。

四、合金调质钢

1. 调质及调质处理

调质即质量调整、组织调整。组织结构决定材料性能。当金属材料不符合使用要求时，可以通过热处理等方式改变金属材料的组织结构，从而达到改变材料性能的目的。

某些零件要求制作它们的钢材具有很好的综合力学性能，即在保持较高的强度的同时又具有很好的塑性和韧性，人们往往使用调质处理来达到这个目的。通常采用淬火加高温回火进行调质处理。

2. 调质钢

简言之，所谓调质钢，就是经过调质处理的钢。凡适宜进行调质并主要在调质状态下使用的钢统称为调质钢。一般是指碳含量在 0.3%～0.6% 的中碳钢。

调质钢件大多承受多种和较复杂的工作载荷，要求综合力学性能好（高强度、高塑性、

高韧性），调质钢经过调质处理后，其强度、韧度、刚度、耐腐蚀性、耐高温性、耐磨性等性能都会明显提高，在调质状态下钢为回火索氏体组织，具有良好的综合力学性能，即较高强度和足够韧性相结合的性能，因此调质钢广泛用于制造飞机、汽车、拖拉机、机床和其他机械及设备上的各种重要零件，如齿轮、轴类件、连杆、高强螺栓、机床主轴、汽车后桥半轴和机器中传递动力的轴、齿轮等。各类机器上的结构零件大量采用调质钢，是结构钢中使用最广泛的一类钢。

性能要求随受力状况变化。截面受力均匀的零件，如连杆，要求整个截面都有较高的强韧性；截面受力不均匀的零件，如承受扭转和弯曲应力的传动轴，主要要求受力较大的表面区有较好的性能，心部要求可稍低些。

五、弹簧钢

弹簧钢是一种专用结构钢，可用于制造各种弹簧和弹性元件。常见的有板弹簧和螺旋弹簧，此外，还有丝状、片状、盘状和卷状等弹性元件。

弹簧钢是利用弹性变形吸收能量，以缓和震动和冲击，或利用弹性储能起驱动作用。

弹簧钢主要用于制造减缓震动和冲击的弹簧，也广泛用于各种机械和仪表中。

主要性能如下。

（1）高弹性极限 σ_e。保证弹簧具有高的弹性变形能力和弹性承载能力，要求高屈服强度 σ_s 或高屈强比 σ_s/σ_b（σ_b 为抗拉强度）。

（2）高疲劳极限 σ_r。弹簧在交变载荷下工作，主要损坏形式是疲劳折断。σ_b 越高，σ_r 相应也越高。表面质量影响 σ_r 和疲劳寿命，表面不应有氧化、脱碳、裂纹、划伤、折叠、斑疤和夹杂等缺陷。

（3）足够的塑性和韧度，防止因冲击而断裂。

（4）较好的淬透性，不易脱碳和过热，容易卷绕成型。

六、滚动轴承钢

用于制造滚动体（滚珠、滚柱、滚针）、内外套圈，属于专用结构钢，成分上又属工具钢，也可用于制造精密量具、冷冲模、机床丝杠等耐磨件。

轴承元件工作条件复杂而苛刻，因此对轴承钢要求很严。

主要性能如下。

（1）高的接触疲劳强度。轴承元件，如滚珠与套圈，运转时为电接触或线接触，接触处压应力高达 $1500\sim5000MPa$，应力交变次数每分钟达几万次甚至更多，往往造成接触疲劳破坏，产生麻点或剥落。

（2）高的硬度和耐磨性。滚动体和套圈之间不仅有滚动摩擦，还有滑动摩擦，轴承也常常因过度磨损而破坏，因此必须具有高而均匀的硬度（一般应为 $62\sim64HRC$）。

（3）足够的韧度和淬透性。

（4）耐蚀（大气和润滑介质中），良好的尺寸稳定性。

七、合金刃具钢

合金刃具钢用于制造车刀、铣刀、钻头，受工件压力、强摩擦而发热，刃部温度为 $500\sim600℃$，还承受一定冲击和震动。

主要性能如下。

（1）高硬度。要求远高于被切削材料的硬度。一般要求在 60HRC 以上。钢中碳的质量分数越高，硬度也越高，一般都在 0.60%～1.50%。

（2）高耐磨性。耐磨性直接影响使用寿命和加工效率。高的耐磨性取决于钢的高硬度和其中碳化物的性质、数量、大小和分布。一般认为，硬度越高，耐磨性越好（耐磨性还与脆性和摩擦系数有关，所以耐磨性不能与硬度画等号），碳化物的硬度越高、数量越多、颗粒越细小、分布越均匀，则其耐磨性越好。

（3）高红硬性（热硬性）。钢在高温时保持高硬度的能力称为红硬性或热硬性。刃具切削时必须保证刃部硬度不随温度的升高而明显降低。红硬性与钢的回火稳定性和特殊碳化物的弥散析出有关。钢中含有提高回火稳定性的 W、V、Ti、Cr、Mo、Si 等，可提高其热硬性。

（4）足够的强度、塑性和韧度。可防止刃具受冲击或震动、扭转、弯曲时折断和崩刃、掉齿。

八、合金模具钢

合金模具钢是用来制造锻压、冲压、成型和压铸等模的钢种，一般分为冷模具钢、热模具钢两大类。

1. 冷模具钢

对常温下的金属进行变形加工，用于各种冷冲模、冷镦模、冷挤压模和拉丝模，工作温度为 200～300℃。

冷模具钢要承受很大压力、弯曲力、冲击载荷和摩擦，主要损坏形式是磨损，常出现崩刃、断裂、变形等失效形式。

主要性能如下。

（1）高硬度，58～62HRC。

（2）高耐磨性。

（3）足够的强度、韧度和疲劳抗力。

（4）热处理形变小。

（5）良好的淬透性。

2. 热模具钢

对炽热的金属进行变形加工，故也称热锻模钢。用于各种热锻模、热压模、热挤压模、压铸模，工作时型腔表面温度可达 600℃以上。最常用品种有 5CrNiMo 和 5CrMnMo。

热模具钢要承受很大冲击载荷、强烈塑性摩擦、剧烈冷热循环引起不均匀热应变和热应力，以及高温氧化，常出现高温氧化、崩裂、塌陷、磨损、龟裂。

性能要求如下。

（1）高强度、足够的韧性、高的红硬性和高温耐磨性。

（2）高抗氧化能力。

（3）高热强性和足够高的韧度，尤其是受冲击较大的热锻模钢。

（4）高热疲劳抗力，防龟裂。

（5）高淬透性和导热性，因热模具一般较大而不易淬透。

九、合金量具钢

合金量具钢用于制造各种测量工具，如卡尺、千分尺、螺旋测微仪、块规、塞规。量具是用来测量加工零件的工具,在使用过程中经常要与被测零件接触,易受磨损和碰撞,主要受磨损。

性能要求如下。

(1) 高的硬度（62～65HRC,不小于56HRC）和耐磨性。

(2) 高的尺寸精度、尺寸稳定性和足够的韧性。

(3) 热处理变形小,在存放和使用过程中,尺寸不发生变化,良好的加工工艺性能,使其加工后表面粗糙度很低。

成分与低合金刃具钢相同,为高碳（$w_C = 0.9\% \sim 1.5\%$）和加入提高淬透性的元素 Cr、W、Mn 等。

十、不锈钢

不锈钢用于大气和一般腐蚀介质中。要求很高的耐蚀性（实际上也会受腐蚀,但很慢）。

其可用于石油、化工、原子能、宇航、海洋开发、国防工业、尖端工业、日常生活等,及等离子体利用、闪电利用。

它可制造化工中各种管道、阀门和泵、医疗手术器械、防锈刀具和量具。

主要性能如下:耐蚀;高硬度、耐磨（工具）;高强度（重要结构零件）;良好的加工性。

十一、耐热钢和高温合金

耐热钢是高温下具有高的热化学稳定性和热强性的特殊钢。

1. 热化学稳定性

热化学稳定性是指高温下对各类介质化学腐蚀的抗力。包括抗氧化性、耐硫性、耐铅性、抗氢腐蚀性等。其中抗氧化性最重要,在高温空气、燃烧废气等氧化性介质中,氧与金属表面反应生成氧化物层。

金属抗氧化性影响因素包括:取决于氧化物层稳定性、致密性及与基体金属结合力等;570℃以上铁的氧化层主要为 FeO,结构疏松没有保护作用,所以一般钢的抗热氧化性较差。

提高抗热氧化性措施包括:加入 Cr、Si、Al,生成致密的 Cr_2O_3、SiO_2、Al_2O_3 保护膜;加入微量稀土元素 Ce、La、Y 等进一步提高抗氧化性。

2. 热强性

热强性是指高温下具有较高强度的性能。包括短时高温强度（高温屈服强度和抗拉强度）、长时高温强度（蠕变极限和持久强度）——此指标最重要（高温疲劳极限、热疲劳抗力）。

蠕变是指高温下受固定应力作用时变形量随时间缓慢增大（不一定是固定应力）。

蠕变极限有以下两个表示方式:以给定温度下引起规定蠕变速率的应力值表示;以给定温度下规定时间内达到一定蠕变量的应力值表示。

3. 用途和性能要求

耐热钢用于石油化工业高温反应设备和加热炉、火力发电设备的汽轮机和锅炉、汽车和船舶内燃机、飞机喷气发动机、热交换器。其工作条件复杂,工作温度高,汽轮机为 450～600℃,燃气轮机为 1000℃,甚至更高,并要求在高温下长期受载。

主要性能为:优良的高温抗氧化性和高温强度;低膨胀,良好的良导热性,易加工。

十二、耐磨钢

耐磨钢用于运转过程中承受严重磨损和强烈冲击的零件，如车辆履带、挖掘机铲斗、破碎机颚板、铁轨分道岔等。

主要性能如下：很高的耐磨性和韧度。

十三、磁钢（硅钢）

磁钢是制造电机、电器、仪表等不可缺少的金属材料。按其性能和用途的不同，一般分为硬磁钢和软磁钢两种。硬磁钢又称高碳铬钢或铬钴钢；软磁钢又称硅片钢，碳的质量分数很低，小于 0.008%，硅的质量分数为 $1\%\sim4\%$，主要用于制造电机、变压器铁芯等。

第五节 钢材的冶金过程

钢材冶金技术的发展始于 1740 年霍茨曼（Huntsman）的坩埚炼钢法，自 20 世纪 50 年代以后才得到飞速发展，出现了高炉容量大型化、炉料预处理、鼓风技术改善、检测技术和计算机动态控制、真空熔炼法、炉外真空精炼、电渣重熔法、等离子精炼法等，显著提高了钢材产品质量。

一、钢冶金过程热力学

1. 钢冶金概论

钢材的冶金过程可分为炼铁、炼钢、钢的成型加工三个阶段，其传统生产工艺流程如图 6-3 所示。

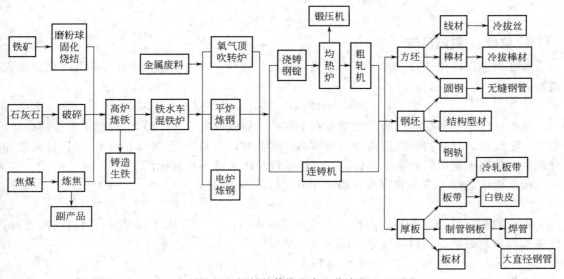

图 6-3 钢材的传统生产工艺流程

炼铁过程又称炼铣过程，须加入较多的石灰石、萤石等，是重要的造渣材料，并起除杂质、助熔剂、冷却剂等作用。因此钢渣中一般含活性 CaO 较多。

生铁（即铸铁，又称铣铁，$w_C = 2.11\% \sim 6.69\%$，与 $w_C < 0.2\%$ 的熟铁有很大差别）冶炼是在高炉中进行的，主要原料为铁矿石、燃料（焦炭）和熔剂（石灰石）。炼钢过程则是在炼钢熔池中的炉渣（或高速吹入的纯氧）与金属液体间发生氧化反应，从而有效去除金属液体中的杂质（包括 C），以获得化学成分和温度均符合要求的钢液。

2. 脱碳反应

脱碳反应是贯穿在炼钢全过程的一个重要反应，因为炼钢的主要目的之一就是要把金属原料中的碳氧化去除至所炼钢种允许的范围之内。

炼钢时，钢液中的碳可同气体氧接触而直接氧化：

$$C + O_2 \longrightarrow CO_2$$

碳也与溶解于钢液中的氧进行间接氧化反应：

$$C + O_2 \longrightarrow CO_2$$

炼钢熔池中的脱碳反应是一个复杂的多相反应动力学过程，包括扩散、化学反应及气泡生成和排出等环节。脱碳反应产生的 CO 气泡有助于钢液的搅动"沸腾"，使成分均匀化，并能有效清除钢液中的气体和非金属夹杂。

3. 硅、锰的氧化和还原

在炼钢过程中，硅、锰同样有直接氧化反应：

$$Si + O_2 \longrightarrow SiO_2$$
$$2Mn + O_2 \longrightarrow 2MnO$$

但主要是间接氧化反应：

$$Si + 2FeO \longrightarrow SiO_2 + 2Fe$$
$$Mn + FeO \longrightarrow MnO_2 + Fe$$

以上反应都是放热反应，所以在低温下就可进行。并且 SiO_2 和 FeO 反应、MnO_2 和 SiO_2 反应形成炉渣：

$$SiO_2 + 2FeO \longrightarrow 2FeO \cdot SiO_2$$
$$SiO_2 + 2MnO \longrightarrow 2MnO \cdot SiO_2$$

4. 脱磷、脱硫反应

磷在钢中以磷化铁（Fe_2P）形态存在，在炼钢过程中，与炉渣的 FeO 和 CaO 化合生成磷酸钙：

$$2Fe_2P + 5FeO + 4CaO \longrightarrow 4CaO \cdot P_2O_5 + 9Fe$$

这个反应是放热反应，所以低温有利于脱磷（但低温反应速率慢）。根据质量作用定律，对于一个反应，反应物的浓度高和生成物的浓度低时，有利于反应正向进行。所以高碱度和强氧化的炉渣也是脱磷的重要条件，这也是酸性炉内去磷困难的原因。

硫在钢中是以 FeS 形式存在，当渣中有足够的 CaO 时：

$$FeS + CaO \longrightarrow FeO + CaS$$

生成的 CaS 不溶于钢液，形成渣漂浮在钢液表面。当渣中 FeO 过量时，反应向左进行，使硫重新回到钢液中。所以在渣中加入碳，则反应产物为：

$$FeS + CaO + C \longrightarrow Fe + CaS + CO$$

由于上述反应的平衡常数与温度成正比，因而炼钢过程中高温有利于脱硫。

5. 脱氧反应

炼钢生产中，大部分时间是向熔池供氧，通过氧化精炼去除金属原料中的硅、碳、锰、磷等杂质，随炼钢过程的进行，金属液体中碳的质量分数不断降低，氧含量逐渐升高，在氧化精炼完成后，金属液体中的氧含量高于成分钢的允许值。在浇铸（凝固过程）中，钢中的气体与非金属夹杂将成为影响钢质量的主要因素，因而在炼钢末期和出钢浇铸时需要进行脱氧工艺操作。脱氧是用脱氧剂除去钢液中残留的氧化亚铁中的氧，还原出铁，脱氧剂则被氧化，脱氧产物聚集上浮到钢液表面。脱氧反应为：

$$x\mathrm{M} + y\mathrm{O} \longrightarrow \mathrm{M}_x\mathrm{O}_y$$

式中，M 为脱氧剂的脱氧元素。

脱氧方法分为沉淀脱氧和扩散脱氧两种。沉淀脱氧是将脱氧剂直接加入钢液中，使脱氧剂直接与钢液的氧化亚铁反应进行脱氧。它的优点是速度快，缺点是脱氧产物 MnO、SiO_2、Al_2O_3 容易留在钢液中。扩散脱氧是将脱氧剂加在炉渣中，使脱氧剂与炉渣的氧化亚铁反应。按照分配定律，在一定温度下，FeO 在炉渣中和钢液中的浓度之比为一常数。当炉渣的氧化亚铁减少后，钢液的氧化亚铁向炉渣中扩散，达到间接脱氧的效果。尽管其速度慢，但是钢液干净。可以采用沉淀脱氧和扩散脱氧相结合的方法，即用锰铁进行沉淀预脱氧，再用炭粉和硅铁进行扩散脱氧，最后用铝进行沉淀脱氧。这样，既保证质量，又缩短脱氧时间。

实际炼钢时，选择脱氧剂必须考虑它的脱氧能力、熔点及脱氧产物性质等因素。首先，脱氧剂应具有较好的脱氧能力，即与铁相比，脱氧剂中的脱氧元素应当具有对氧更大的化学亲和力，或者说脱氧元素形成的脱氧产物（氧化物）的分解压力比氧化铁的小。在钢液中脱氧元素和氧结合的能力顺序为 Al＞Ca＞Si＞Mn，这几种元素是目前广泛使用的元素。其次，脱氧剂的熔点必须低于钢液温度，因为脱氧所必需的时间取决于脱氧剂在钢液中的溶解速度和均匀扩散的速度，因而目前大多数脱氧剂均采用熔点较低的合金，通常采用的脱氧剂有锰铁、硅铁和铝等，其他脱氧剂还有硼、钛和钙等。再次，脱氧产物应较易上浮排除，或残留在钢中的脱氧元素对钢的性能应无损害。

二、炼钢工艺和炉外精炼

钢铁冶金生产中普遍采用的是氧气顶吹转炉和电炉，此外，也大量发展了特种冶炼技术，如电子熔炼法（EBM）、等离子感应熔炼法（RIF）、电渣重熔法（ESR）、真空电弧重熔法（VAR）等。

1. 氧气顶吹转炉炼钢法

氧气顶吹转炉于 1952 年首先在奥地利 Linz 厂和 Donawitz 厂投入使用。由于该炼钢法具有生产效率高、产品成本低、质量好以及建厂投资少、速度快等优点，目前已成为世界上广泛采用的炼钢方法。氧气顶吹转炉由炉体及倾动设备、吹氧设备、废气处理设备、供料设备四部分组成，氧气顶吹转炉炉体以其中心线为对称型（图 6-4），外壳为钢板焊接结构，内衬由镁砖、焦油白云石砖或焦油镁砖砌成。氧气顶吹转炉炼钢是靠插入炉内的喷枪向熔池喷吹高纯度高压氧气进行的，其原料包括铁水、废钢、铁合金及造渣材料等。炼钢主要包括装料、吹炼、测温、取样及出钢几个阶段。

2. 电弧炉炼钢法

电弧炉炼钢是以三相交流电为电源，通过石墨电极与炉料

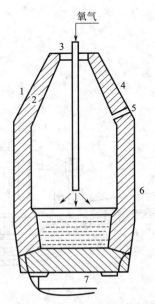

图 6-4　氧气顶吹转炉示意图
1—炉壳；2,4—炉衬；3—炉帽；
5—出钢口；6—炉身；7—炉底

间产生高温电弧来完成钢的冶炼，如图 6-5 所示。电弧炉的主要设备包括炉用变压器、电弧炉炉体及电极升降机构三部分。电弧炉炉体主要包括炉壳、石墨电极、炉门、炉盖、倾动机构等构件。电弧炉炼钢的主要工艺过程包括以下几个阶段。

（1）补炉期 在电弧炉冶炼过程中，耐火炉衬受到高温电弧、金属熔体、机械冲击（装料），尤其是含 $8\% \sim 10\%$ MgO 的碱性炉渣的侵蚀，炉衬局部会受到破坏，一般每炉出钢后都要及时补炉。补炉操作要求"高温、快补、薄补"。

（2）装料期 装料操作要求"快装、紧密、布料合理"。目前大多采用炉顶装料工艺，即将全部炉料按一定顺序预先装入特制料篮，用吊车吊到炉体之上，对好炉膛中心，下降到一定高度后打开料篮使炉料装入炉内，快速装料可避免炉膛热量损失、熔化电耗增加、冶炼时间延长。

（3）熔化期 熔化开始后，金属液体与炉气直接接触，首先产生大量的 FeO。等到炉渣覆盖液面后，直接氧化困难。此后生成的 FeO，一部分扩散到炉渣表面，重新被氧化，一部分按照分配定律进入钢液，硅、锰、磷在较低温度下氧化，并同氧化钙形成炉渣。

（4）氧化期 钢液脱氧的基本反应为 $C + O \longrightarrow CO$，在 CO 气泡表面，原子状态的 H、N 结合成氢气和氮气分子进入到 CO 气泡中，随着 CO 气泡上浮，钢液中的氢气和氮气，一直会跟随着 CO 气体逸出熔池。氧化期的另一个重要任务是脱磷，控制渣的 FeO 和 CaO 的浓度，使氧化的磷形成稳定的 $4CaO \cdot P_2O_5$ 渣。

（5）还原期 还原期的任务是脱氧、脱硫、调整温度和成分。在还原过程中，脱氧反应为 $FeO + C \longrightarrow Fe + CO$，石灰脱硫生成 CaS 进入渣中，$FeS + CaO \longrightarrow CaS + FeO$。

3. 喷粉冶金

喷粉冶金是 20 世纪 60 年代发展起来的强化冶炼技术。其原理是把某些炼钢原料制成粉末状，然后用气体作为载体将它们喷入转炉、电弧炉、平炉或钢包中，如图 6-6 所示。喷粉冶金增加了金属液体与喷粉材料的反应界面，强化了金属液体搅拌，使碳反应加速，能最大限度地去除钢中磷、硫杂质。喷粉冶金的特点如下。

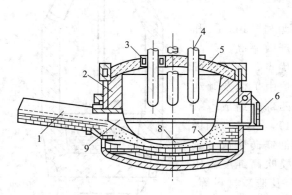

图 6-5 炼钢电弧炉示意图

1—出钢槽；2—炉墙；3—电极夹持器；4—电极；
5—炉顶；6—炉口；7—炉底；8—熔池；9—出钢口

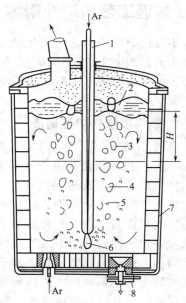

图 6-6 钢包粉末冶金

1—喷枪；2—渣；3—钙气泡；4—气泡；
5—钙粒子；6—喷射区；7—钢包；8—滑动水口

（1）扩大了反应表面积。喷入的粉料与熔池金属间的热交换和传质过程可以在粉料或反应产物上浮至熔池表面以前充分进行，甚至在熔池深处完成，这就大大加快了喷吹物料与熔池组元反应的速率，并改善了它们的反应条件。

（2）可以连续和可控供料。连续供料可以均衡冶金反应过程，提高冶炼效果，通过调节供料、供气参数或采用专用装置，还可以按数量、品种、喷入次序等控制粉料的喷吹，以实现对钢液内反应进行更合理的控制。这种控制往往对钢中夹杂物数量、形态以及组成等冶金效果具有决定性意义。

（3）解决了微合金化元素和易氧化元素的加入问题。对于密度显著小于或显著大于钢液的合金材料，在炼钢温度下蒸气压很高的元素和有毒气体的元素，用常规加料方式是有困难的，如钙（沸点 1489℃，1600℃下蒸气压 1.98atm❶）、镁（沸点 1105℃，1600℃下蒸气压 25atm）在钢液精炼中之所以能广泛应用，也是在喷射冶金出现之后。

（4）所有反应均在熔池被强烈搅拌下进行。

4. 钙处理技术

钙由其成本低廉、原料易得，在钢中有独特的作用，而受到人们的重视。在钢中加钙的主要作用有以下几个。

（1）能细化钢的晶粒、脱硫，并改变非金属夹杂物的成分、数量和形态。

（2）改善钢的耐蚀性、耐磨性、耐高温和低温性能；提高钢的冲击韧性、疲劳强度、塑性和焊接性能；增加钢的冷镦性、防震性、硬度、接触持久强度。冷镦就是利用模具在常温下对金属棒料镦粗（常为局部镦粗）成型的锻造方法，通常用来制造螺钉、螺栓、铆钉等的头部，可以减少或代替切削加工。

（3）在铸钢中加钙使钢水流动性大为提高；铸件表面光洁度得到改善；铸件中组织的各向异性得以消除；其铸造性能、抗热裂性能、力学性能、切削加工性能均有不同程度的提高。

（4）能改善钢的抗氢致裂纹性能和抗层状撕裂性能，以延长设备、工具的使用寿命。

（5）钙加入钢中可用作脱氧剂和孕育剂，并起微合金化作用。

5. 真空处理技术

钢液真空处理技术是对氧气转炉、电弧炉等生产的钢液进行处理，降低其中的氢、氧、氮和夹杂，提高钢质量的一种技术。钢水真空处理的方法，大致可分为四类：液面脱气法（图 6-7）、滴流脱气法（图 6-8）、提升脱气法（DH）（图 6-9）、RH 循环脱气法（图 6-10）。

(a) 不搅拌　　　　　　　(b) 喷吹惰性气体　　　　　　(c) 电磁搅拌

图 6-7　液面脱气法示意图

液面脱气法是指在出钢后将钢包置于真空室内，抽真空使钢中气体由液面逸出的方法。滴流脱气法则是把钢水以流束状注入置于真空室内的容器中，由于真空室压力低，流束膨胀并以滴状下降，使钢水快速脱气的方法。真空提升脱气设备主要由真空室、提升机构、加热

---

❶ 1atm＝101325Pa。

装置、合金加入装置及真空抽气系统组成。而 RH 循环脱气法则通过真空、吹氩和重力作用使钢液连续流经真空室而实现脱气处理。

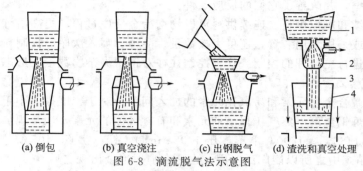

(a) 倒包   (b) 真空浇注   (c) 出钢脱气   (d) 渣洗和真空处理

图 6-8   滴流脱气法示意图

1—钢包；2—真空室；3—渣管；4—接受精炼钢液的渣包

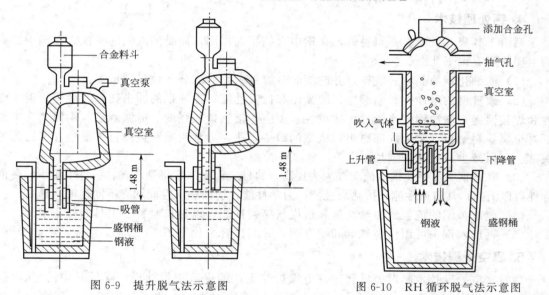

图 6-9   提升脱气法示意图   图 6-10   RH 循环脱气法示意图

6. 钢的特种冶炼技术

钢的特种冶炼大致分为两类，即一次熔炼法和将母材重新熔化、在水冷结晶器中控制凝固的二次熔炼法。

特种冶炼的方法很多，其中真空感应炉炼钢方法是将感应炉置于真空中进行熔化、精炼的方法，特点是利用电磁感应加热在金属材料中产生交变感生电流熔炼金属，利用真空加速脱碳，去除夹杂和气体。

电渣重熔则是把一般冶炼方法炼成的钢或合金制成电极，利用熔渣的电阻热进行重熔精炼的工艺方法。在电渣重熔过程中，当电流通过时，炉渣产生的电阻热使之呈高温熔融状态，形成渣池，经过渣池加热，自耗电极端部出现熔化金属薄层，并在电极中央聚成熔滴并逐渐长大，当熔滴尺寸足够大时，开始出现缩颈，颈部电流剧增，在熔滴脱落时，与电极产生瞬间空隙，电压突增，空隙击穿产生电弧，使熔滴分散成小珠粒，经过渣池的渣洗，进入熔池。其特点是熔滴渣洗使钢液和炉渣间有效接触面积增大，冶金反应能够充分、快速完成，电渣重熔钢与普通炼钢、浇铸的钢相比，组织致密、成分均匀，并且没有缩孔、疏松、夹杂物聚集等缺陷。

真空电弧重熔技术（VAR）则是在高真空下，被冶炼的金属材料（自耗电极）在水冷铜结晶器中被熔化，然后在其中逐层凝固成坯的工艺。其过程是首先在自耗电极端部与结晶器间引发电弧，即在自耗电极端部和熔池之间构成等离子区，温度极高，熔化电极端部，形成熔滴，进行物理化学反应。它能改善钢锭的结晶组织和减少金属中的气体，主要用来熔炼钛、钨、锆、钽、铌、钼等活泼金属和难熔金属及其合金，也用来冶炼耐热钢、不锈钢、轴承钢、工具钢等优质合金钢以及镍基高温合金等特殊合金。

此外，电子束熔炼技术、等离子弧熔炼技术等也是应用广泛的二次重熔炼钢技术。除上述单炼之外，还有双联冶炼工艺，如真空感应炉＋电渣重熔、真空感应炉＋电子束精炼等。

三、轧制工艺简介

利用轧机，使金属产生塑性变形，把钢锭或钢坯变成具有一定形状和尺寸规格钢材的过程称为轧钢。轧钢的分类方法很多，主要有以下几种。

（1）按轧制温度可分为热轧和冷轧。热轧是把钢锭加热至单相固溶体的温度后进行压力加工，在再结晶温度之上终止变形。因为被轧金属温度高，所以塑性好，变形抗力小，适合轧制较大断面尺寸、塑性较差或要求变形量较大的材料，如铸锭开坯、轧制各种型材等。冷轧则是钢锭不预加热，直接用冷料进行轧制。轧制产品表面光洁，尺寸精确，具有加工硬化效应和较高的强度和硬度。但冷料的变形抗力大，适用于轧制塑性好、尺寸小的线材、薄板等。

（2）按轧制时坯件与轧辊的相对位置可分为纵轧、斜轧、横轧，如图 6-11 所示。纵轧是轧件在互相平行、反向旋转的两轧辊之间发生塑性变形，变形方向与轧辊轴线垂直。这是应用最广的轧制方法。开坯，各种板、带、线、管、型材等，大多是用这种方法轧制的。斜轧则是坯件在互相成一定角度并同向旋转的两轧辊之间进行塑性变形。这种方法适用于轧制某些变截面的金属材料。横轧是坯件轴线与轧辊轴线互相平行，工件变形方向与轧辊轴线平行并绕自身轴线旋转，这种轧制方法多用于轧制车轮、轮箍、齿轮等环形工件。

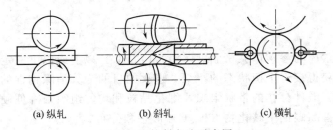

(a) 纵轧   (b) 斜轧   (c) 横轧

图 6-11 轧制方法示意图

第六节 钢材的热处理

刚加工出来的机件，由于工艺过程比较仓促等原因（要保证较高的生产速率），材料内部的结构不甚完善，有时难以满足应用的要求，需要采取措施将其性能调整到最佳状态，这种调整的措施中最重要的一种就是热处理。

热处理就是将钢在固态下于一定介质中加热到预定的温度，保温预定的时间，以预定的方式冷却下来。目的是改变整体或表面组织，并能消除钢材经铸造、锻造、焊接等热加工工艺造成的各种缺陷，细化晶粒，消除偏析，降低应力，使组织和性能更加均匀，从而使工件的性能发生预期的变化，获得所需性能。

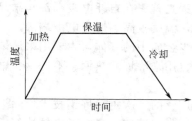

图 6-12　热处理工艺曲线示意图

热处理是改善金属使用性能和工艺性能的一种非常重要的方法，在机械工业中，绝大部分重要机件都必须经过热处理。钢的热处理是重要的金属加工工艺。

根据所要求的性能不同，热处理类型有多种，其工艺都包括上述加热、保温和冷却三个阶段，如图 6-12 所示。对钢材来说，普通热处理形式主要有退火、正火、淬火、回火四种。另外，还有表面热处理和化学热处理等。

热处理的目的是通过调整钢材内部的结构组织来调整性能。以 45 钢（属于亚共析钢）为例，其室温平衡组织为铁素体＋珠光体，珠光体为铁素体与渗碳体片层相间的机械混合物（类似于固溶体，图 6-13）。

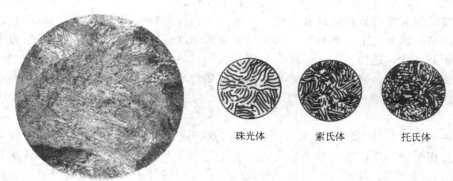

(a) w_C=0.8%的钢的珠光体组织　　　　　(b) 珠光体、索氏体、托氏体组织

图 6-13　珠光体组织及珠光体、索氏体、托氏体组织示意图

一、退火

将钢加热至铁素体与渗碳体共析温度（线）（727℃）以上或以下一定温度，保温一定时间，缓慢冷却，以获得接近平衡状态的组织。退火的目的为：消除钢锭的成分偏析，使成分均匀化；消除铸件、锻件存在的带状组织，细化晶粒和均匀组织；降低硬度，改善组织，以便于切削加工；改善高碳钢中碳化物（Fe_3C）形态和分布。

退火过程：钢材→加温→保温→缓慢冷却→近平衡组织。

根据加热温度的范围可分为两类：加热至铁素体与渗碳体共析温度 727℃ 以下的软化退火、再结晶退火、去氢退火；加热至铁素体与渗碳体共析温度 727℃ 以上的完全退火、不完全退火、球化退火、等温退火、扩散退火等。下面根据处理目的和要求的不同，介绍几种主要的退火方式。

（1）完全退火　又称重结晶退火，常用于亚共析钢（低于共析点组成），高于铁素体在奥氏体中完全溶解温度 20～30℃。保温一定时间后缓慢冷却（随炉冷却），以获得近平衡组织。

目的：将铸、锻热加工造成的晶粒粗大、大小不均匀的晶粒细化，提高力学性能，或使中碳以上钢和合金钢达近平衡态，降低硬度，改善切削加工性。

（2）等温退火　加热到高于铁素体在奥氏体中完全溶解温度（或高于铁素体与渗碳体共

析温度 727℃），保温适当时间后较快冷却至珠光体区某一温度，再保温，使奥氏体转变为接近平衡组织然后缓慢冷却。

目的：与完全退火相同，但转变易控制，能获得预期的均匀组织；对奥氏体较稳定的合金钢，可缩短退火时间。

（3）球化退火　使钢中碳化物球状化，用于过共析钢（高于共析点组成，如工具钢、滚珠轴承钢等）。

目的：使渗碳体 Fe_3C 球化，降低硬度，改善切削加工性，为淬火做组织准备。

（4）扩散退火　也称均匀化退火，加热到略低于始熔温度，长时间保温并缓慢冷却。

目的：减少钢锭、铸件的化学不均匀性。

（5）去应力退火　550～600℃低温退火。

目的：消除铸造、锻造、焊接和机加工、冷变形等冷热加工在工件中造成的残留内应力。

二、正火

将钢加热至铁素体完全溶于奥氏体的温度（线）以上（对于亚共析钢），或渗碳体完全溶于奥氏体的温度（线）（对于过共析钢）以上，超过 30～50℃ 或更高温度，保温足够时间，在静止空气中冷却，均匀冷却得珠光体组织（一般为索氏体）。正火的目的为：对于大锻件、截面较大的钢材、铸件，用正火来细化晶粒，均匀组织，如消除带状组织，这方面相当于退火的效果；低碳钢正火，可提高硬度，改善切削加工性；对某些中碳钢或中碳低合金钢可改善综合力学性能；可消除过共析钢的网状碳化物。

正火与完全退火主要区别在于，冷却速度快，得到珠光体组织细小，因而强度、硬度也高。一般用于以下几个方面。

（1）作为最终热处理。可细化奥氏体晶粒，使组织均匀化；减少亚共析钢中铁素体，使珠光体含量增多并细化，以提高强度、硬度和韧度。适于力学性能要求不很高时的普通结构钢零件。

（2）作为预先热处理。截面较大的合金结构钢件，在淬火或调质处理（淬火＋高温回火）前常进行正火，以消除带状组织等，并获得细小而均匀的组织。对于过共析钢，可减少二次渗碳体量（脆性大），并使其不形成连续网络，为球化退火做组织准备。

（3）改善切削加工性能。低碳钢或低碳合金钢退火后硬度太低，不便切削加工。正火可提高其硬度，改善其切削加工性能。

三、淬火

将钢加热到铁素体与渗碳体共析温度 727℃ 和铁素体完全溶于奥氏体的临界点（线）以上，在水或油介质中快速冷却。

淬火工艺的实质是加热至奥氏体化后，进行马氏体（或贝氏体）转变。得到的主要是马氏体（或下贝氏体），以及残余奥氏体及未熔的第二相。淬火的主要目的是把奥氏体化工件淬成马氏体，以便在适当温度回火后，获得所需力学性能。但由于受过冷奥氏体稳定性、截面尺寸、淬火冷却速度的影响，一般淬火后不一定能获得全部马氏体，还可能有贝氏体、珠光体型组织存在。一般来说，工件在淬火过程中会产生变形甚至开裂，其原因是由于淬火应力的存在，淬火应力分为热应力和组织应力。热应力是工件在加热或冷却时，由于不同部位的温度差异，导致热胀冷缩不一而产生的应力，而组织应力则是工件在冷却时，由于温差造成的

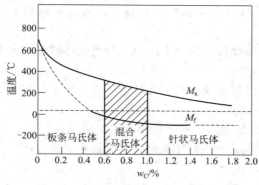

图 6-14　马氏体形态与碳含量的关系

不同部位组织转变不同时性而引起的应力。

马氏体形态分为板条状和针状（或片状），取决于奥氏体中碳的质量分数、原始奥氏体晶粒的大小和形成条件，如图 6-14 所示。$w_C < 0.6\%$ 时，基本是板条马氏体；$w_C < 0.25\%$ 时，为典型板条马氏体；$w_C = 0.6\% \sim 1.0\%$ 时，为板条与针状马氏体的混合组织。

隐晶马氏体为细奥氏体转变成的马氏体，光学显微镜下分辨不出组织特征。奥氏体越小，马氏体越细。

淬火加热温度的选择应以得到均匀细小的奥氏体晶粒为准，以便随之退火后获得细小的马氏体组织。共析钢和过共析钢加热温度为共析温度 727℃ ＋（30～50℃），此温度范围一般在渗碳体完全溶于奥氏体的临界温度以下；亚共析钢加热温度为铁素体完全溶于奥氏体的临界点（线）＋（30～50℃）。

如果亚共析钢在共析温度 727℃ 与铁素体完全溶于奥氏体的临界温度之间加热，加热时为奥氏体和铁素体两相，淬火冷却后，组织中除马氏体外还保留一部分铁素体，将严重降低钢的强度和硬度，因此要高于临界溶解线。但淬火温度也不能超过临界点（线）过多，否则会引起奥氏体晶粒粗大，导致淬火后马氏体晶粒粗大，使韧性降低。一般原则上规定亚共析钢淬火温度在铁素体完全溶于奥氏体的临界点（线）以上 30～50℃。由于这一温度处于奥氏体单相区，故又称完全淬火。

过共析钢加热温度选择的理由，是因为它在淬火之前都要进行球化退火，使之得到粒状珠光体组织，淬火加热时组织为细小奥氏体晶粒和未熔的粒状碳化物，淬火后得到隐晶马氏体和均匀分布在马氏体基体上的细小粒状碳化物组织。这种组织不但具有高强度、高硬度、高耐磨性，而且也具有较好的韧性。如果淬火温度超过渗碳体完全溶于奥氏体的临界温度（线），加热时碳化物将完全溶入奥氏体中，使奥氏体碳的质量分数增加，淬火后残余奥氏体量增加，钢的硬度和耐磨性降低，同时奥氏体晶粒粗化，淬火后容易得到含有显微裂纹的粗片状马氏体，使钢的脆性增大。此外，淬火加热温度提高时，淬火应力大，工件表面氧化、脱碳严重，也增加了工件淬火变形和开裂的倾向。所以过共析钢一般采用共析温度 727℃ ＋（30～50℃）温度加热。因此温度范围基本处于渗碳体＋奥氏体范围，故称为不完全淬火。

淬火钢应用，一般需回火后使用。原因在于：淬火钢得到很脆的马氏体，有内应力，易变形和开裂；淬火马氏体和残余奥氏体均为亚稳相，因此不稳定，导致零件尺寸变化，对精密零件不允许；需要获得要求的强度、硬度、塑性和韧度的配合，以满足零件使用要求。

钢的淬透性是指加热奥氏体化后的钢接受淬火的能力，其大小用一定条件下淬火时钢的淬透层深度来表示，主要取决于钢的临界冷却速度的大小。淬硬性则是指钢在淬火后能够达到的最高硬度，主要与碳的质量分数有关。

四、回火

淬火后，加热至铁素体和渗碳体共析温度 727℃ 以下某温度，保温冷却，消除内应力，使之转变为稳定的回火组织。

1. 钢在回火时的组织转变

不稳定的马氏体和残余奥氏体转变为稳态。经历以下四个阶段。

（1）马氏体分解 200℃以下。马氏体中的碳以 ε 碳化物形式析出，而使过饱和度减小，正方度降低，形成的组织为回火马氏体。

（2）残余奥氏体分解 200～300℃。马氏体不断分解为回火马氏体，体积缩小，降低了对残余奥氏体的压力，使之转变为下贝氏体，下贝氏体与回火马氏体本质相似。残余奥氏体从 200℃开始分解，300℃基本完成，得到的下贝氏体不多，所以此阶段的组织主要还是回火马氏体。

（3）回火托氏体形成 250～400℃。马氏体和残余奥氏体在 250℃以下分解形成 ε 碳化物和过饱和度较低的 α 固溶体后，继续升高温度，过饱和固溶体很快转变为铁素体；亚稳的 ε 碳化物也逐渐变为稳定的渗碳体，至 400℃基本完成，形成铁素体和细粒状渗碳体的混合组织，称为回火托氏体。

（4）渗碳体聚集长大 400℃以上。回火托氏体中的 α 固溶体已恢复为不再过饱和的铁素体，但仍保留着原马氏体的形态，与此同时，渗碳体微粒不断聚集长大，于约 400℃时聚集球化，600℃以上时迅速粗化，形成铁素体和粗化的渗碳体的混合组织，称为回火索氏体。

2. 回火的分类

重要的机器零件都要淬火和回火。回火过程不仅要保证组织转变，而且要消除应力，故应有足够的保温时间，一般为 1～2h。

力学性能取决于淬火质量和回火合理性，在淬火得到细小马氏体的前提下，主要取决于回火温度。回火温度是决定回火后组织和机件性能的最重要因素，在选择回火温度时，应避开低温回火脆性温度区（300℃左右）。进行高温回火时，对于具有高温回火脆性的合金钢，尽量采用 600℃以上回火，保温后采用水冷或油冷，避免出现高温回火脆性。

（1）低温回火 150～200℃ 得到回火马氏体。目的是降低淬火应力，提高韧度，保持淬火后的高硬度、高耐磨性。主要用于处理各种高碳钢工具、模具、滚动轴承以及渗碳和表面淬火的零件。

（2）中温回火 350～500℃ 得到回火托氏体（屈氏体），则得到高弹性和屈服强度及一定的韧度。主要用于处理各种弹簧。

（3）高温回火 500～650℃ 得到回火索氏体，其综合力学性能最好，强度、塑性、韧度都较高。属于调质处理（淬火＋高温回火）。广泛用于各种重要机器结构件，特别是受交变载荷的零件，如连杆、轴、齿轮等，也可作为某些精密工件如量具、模具等的预先热处理。

3. 回火脆性

回火后冲击韧性明显下降的现象称为回火脆性，如图 6-15 所示。

（1）低温回火脆性 回火温度在 250～400℃之间，第一回火脆性，具有不可逆性，几乎所有的钢都存在低温回火脆性。不在该温度区间回火可避免；钢中加少量硅可使脆化温度区提高。

（2）高温回火脆性 回火温度在 450～650℃区间，第二回火脆性，具有可逆性，与加热、冷却条件有关。慢冷时或长期保温时出现，加热至600℃以上快冷可避免。

尽量减小钢中杂质元素的质量分数或加入 Mo 等合金元素。

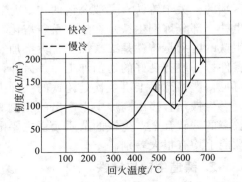

图 6-15 钢的韧度（脆性）和回火温度

第七节　铸铁

钢铁材料是铁碳合金材料的总称，普通人可能以为碳含量越高则钢的属性越强，其实不然。铸铁才是钢铁材料中碳的质量分数最高的那一部分。碳含量继续升高时，材料将失去金属材料的某些性能，变为铁矿石等材料。

化学组成为 Fe＋≥2.11％的 C（理论值为 2.06％）＋Si、Mn、P、S 等合金元素的铁碳合金，已不属于钢材范围，可以称为铁材料。铁材料有生铁和铸铁之分。

铸铁是使用历史悠久的重要工程材料。我国春秋时期发明生铁冶铸技术（以陶器为冶炼容器），并用其制造生产工具和生活用具，比西欧各国早 2000 多年。现在铸铁仍是工程上最常用的金属材料，广泛应用于机械制造、冶金、矿山、石油化工、交通领域等。据统计，按质量计算，铸铁件在农业机械中占 40％～60％，汽车和拖拉机中占 50％～70％，机床制造中占 60％～90％。铸铁之所以应用广泛，除了它具有较好的性能外，更在于它的生产设备和工艺简单，价格便宜。

一、铸铁概念和定义

人们通常所说的"铁"，其实不是纯铁，而是碳含量为 2.11％～6.69％的铁碳合金，比钢的碳含量还多。大多数实用化的铁碳含量为 2.11％～4.30％，即处于亚共晶铁组成范围之内。

碳是钢铁材料的基本组成和重要组分。碳在铁碳合金中的存在形态决定了钢铁材料的基本性质。钢中的碳是以固溶状态（体心立方、面心立方、密排六方等，α、γ、δ 相等）或以碳化物 Fe_3C（渗碳体）状态存在于铁碳合金中。铸铁中的碳，同样有钢中碳的那几种形态，但不同的是，由于铸铁中碳的质量分数较大以及炼制工艺等方面的原因，碳的形态呈现更多的游离石墨状态，使得铸铁的性能显著区别于钢材，而且游离石墨的各种形态决定了各类铸铁不同的性能。所以，石墨状态及其组织和分布是影响铸铁性能的最重要的因素之一，很多研究和工艺加工都是围绕游离石墨进行的。

关于"铁"的概念，一直比较混乱，各种书上没有统一的解释，有的还互相矛盾或自相矛盾。对各种铁的概念和分类进行梳理，可将铁材料做如下描述。

1. 生铁与铸铁

人们一般有生铁、铸铁、熟铁等概念。很多书上把生铁和铸铁等同，其实二者是有一定区别的。关于铸铁，一般公认的定义是：铸铁是含碳大于 2.11％的铁碳合金，它是将铸造生铁（部分炼钢生铁）在炉中重新熔化，并加进铁合金、废钢、回炉铁调整成分而得到。与生铁的区别是铸铁是二次加工，大都加工成铸铁件。铸铁件具有优良的铸造性，可制成复杂零件，一般有良好的切削加工性。另外，还具有耐磨性和消震性良好、价格低等特点。由此可见，严格意义上讲生铁是铸铁的一种主要原料，而不是铸铁本身。

生铁是直接由高炉中生产出的粗制铁，它是碳含量为 2.11％～6.67％并含有非铁杂质较多的铁碳合金。生铁的杂质元素主要是硅、硫、锰、磷等。熟铁则与生铁和铸铁在成分和性能上均有很大差别。

2. 铸造生铁与铸铁

生铁按其用途可分为炼钢生铁和铸造生铁两大类。习惯上把炼钢生铁称为生铁，把铸造生铁简称为铸铁，这种提法也有问题（实际上这里也部分地把生铁和铸铁混为一谈了），铸造生铁还是生铁中的一种，而铸铁是用生铁为原料加工制作的材料。

3. 炼钢生铁和铸造生铁

相同点是：都可以炼钢；都是碳含量为 $2.11\%\sim6.69\%$ 的铁碳合金；液态结晶时都有共晶转变，因而具有良好的铸造性能。

区别如下。

（1）炼钢生铁就是经高炉冶炼后得到的铁水。炼钢生铁主要是对铁水的温度和成分（主要是 P、S、Si）有要求。当铁水成分不达标时，不能满足炼钢要求，就把它铸造成生铁块（不是铸铁），在炼钢时，少量加入，当作废钢来使用。铸造生铁需要控制成分，加入一定量的合金元素。同时需要控制凝固过程或热处理，控制石墨化过程，满足一定的组织，达到一定的力学性能。所以铸造生铁贵，炼钢不划算。

（2）炼钢生铁硅含量按国家标准要控制在 1.25% 以下。随着炼钢和炼铁技术的发展，直接用铁水炼钢的生铁硅含量一般控制在 $0.5\%\sim0.6\%$。碳以 Fe_3C 状态存在。故硬而脆，断口呈白色。铸造生铁硅含量为 $1.25\%\sim3.6\%$。铁水中碳多以石墨状态存在。断口呈灰色，质地软而易切削加工。铁水先在高炉中主要从矿石中冶炼出来，这时候的铁水碳含量和杂质都较高，可以用来铸成生铁块送到转炉去炼钢，通常炼钢的时候还要加些碳含量较低的废铁。这种铁水也可以进一步冶炼去掉些杂质（包括近一步脱碳）和使 Fe_3C 分解（为此有时会加入硅，炼钢时不仅不需加入硅，而且不允许硅含量过高）呈石墨状态析出，用作浇铸铸件（铸铁）。

（3）一般来讲，炼钢生铁的碳含量高，在过共晶成分，铸造生铁的碳含量低，在亚共晶成分，它们进一步冶炼降碳（包括掺低碳的废铁），碳含量进一步降低就成了钢。

炼钢生铁与铸造生铁最大的区别就是，炼钢生铁对金相组织没有要求。

4. 生铁与熟铁

与生铁相对的是熟铁。人们一般将铁分为生铁和熟铁，生铁是碳含量高于钢材的铁碳合金（$w_C=2.11\%\sim6.69\%$），而熟铁是铁含量低于钢材的铁碳合金（$w_C<0.02\%$），是用生铁精炼而成的比较纯的铁，又称锻铁、纯铁，技术名称为工业纯铁。熟铁质地很软，塑性好，延展性好，可以拉成丝，强度和硬度均较低，容易锻造和焊接。我们知道生铁硬而脆，熟铁软而韧（可塑性好），其原因就在于生铁碳含量高（高于钢），熟铁碳含量低（低于钢）。因为要经过精炼过程，熟铁的成本要大于生铁。

5. 白口铁与灰口铁（HT）

铁碳合金铸铁中的碳主要以 Fe_3C 形式存在时，其断口有白亮光泽，故称其为白口铁。这种铁在高温组织中渗碳体量多，脆性大。也就是说，白口铁只能铸造不能锻造，故又称白口铸铁。白口铁是完全按照 Fe-Fe_3C 相图进行结晶而得到的铸铁，由于存在有大量硬而脆的 Fe_3C，硬度高，脆性大，很难切削加工。很少用来直接制造机器，主要用于炼钢原料或制造可锻铸铁的毛坯。在实际中这样严格的系统是不存在的，通常所说的白口铁是 C 基本上以 Fe_3C 形式存在而很少游离石墨，因此断口基本上呈白色。

也有人将白口铁按用途分为制钢生铁（炼钢原料）和铸造生铁（供铸造用的），硅的质量分数较高。因此白口铁也称白口铸铁。

灰口铁则是铁中的碳主要以石墨形态出现而 Fe_3C 较少，断口呈灰色。

铸铁中的碳很容易从奥氏体、铁素体、珍珠体、渗碳体等组织中游离出来，使得材料断口呈灰色，所以，实际中大量存在和应用最多的是灰口铁。我们经常听说的球墨铸铁就是白口铁加入了稀土镁球等球化剂得到，而可锻铸铁由白口铸铁通过退火处理得到。

白口铸铁和灰口铸铁性能差别很大。白口铸铁很少应用，对其分析主要具有理论意义；灰口铸铁应用广泛，在实际应用中应避免灰口铸铁白口化而导致的性能恶化。

另外，还有断面介于白色和灰色之间的，称为麻口铸铁。麻口铸铁是介于白口铸铁和灰口铸铁之间的一种铸铁，其断口呈灰白相间的麻点状，性能不好，极少应用。

上述是理论上生铁、熟铁、铸铁、炼钢生铁、铸造生铁、白口铁、灰口铁等的区别。但实际生活和工作中，人们还是习惯把生铁和铸铁等同起来，尤其是习惯把炼钢生铁称为生铁，铸造生铁称为铸铁。

二、铸铁的组织、分类及应用

各种铸铁力学性能见表 6-1。

表 6-1　各种铸铁的力学性能

材料种类	组织	抗拉强度 σ_b/MPa	屈服强度 $\sigma_{0.2}$/MPa	抗弯强度 σ_{bb}/MPa	伸长率 δ/%	冲击韧度 α_K/(kJ/m²)	硬度/HB
铁素体灰口铸铁	F+G片	100～150	—	260～330	<0.5	10～110	143～229
珠光体灰口铸铁	P+G片	200～250	—	400～470	<0.5	10～110	170～240
孕育铸铁	P+G细片	300～400	—	540～680	<0.5	10～110	207～296
铁素体可锻铸铁	F+G团	300～370	190～280	—	6～12	150～290	120～163
珠光体可锻铸铁	P+G团	450～700	280～560	—	2～5	50～200	152～270
铁素体球墨铸铁	F+G球	400～500	250～350	—	5～20	>200	147～241
珠光体球墨铸铁	P+G球	600～800	420～560	—	>2	>150	229～321
白口铸铁	P+Fe₃C+L'd	230～480	—	—	—	—	375～530
铁素体蠕墨铸铁	F+G虫	>286	>204	—	>3	—	>120
珠光体蠕墨铸铁	P+G虫	>393	>286	—	>1	—	>180
45 钢	F+P	610	360	—	16	800	<229

注：F 表示铁素体，P 表示珠光体，G 表示石墨，L'd 表示高温莱氏体。

铸铁中的 C 主要以渗碳体形态存在时，断口呈白色光泽，为白口铸铁；C 主要以游离石墨形态存在时，断口呈灰色，为灰口铸铁。一般所说的铸铁，通常指灰口铸铁，或称灰铸铁。

（一）白口铸铁

白口铸铁是组织中完全没有或几乎完全没有石墨化碳，全部以渗碳体（Fe₃C）形式存在的一种铁碳合金，碳、硅含量较低，断口呈银白色。凝固时收缩大，易产生缩孔、裂纹。由于有大量硬而脆的 Fe₃C，白口铸铁硬度高、脆性大、很难加工，不能承受冲击载荷，不能进行切削加工，很少在工业上直接用来制作机械零件，只用于少数要求耐磨而不受冲击的制件，如拔丝模、球磨机铁球等。大多用作炼钢和可锻铸铁的坯料。由于其具有很高的表面硬度和耐磨性，又称激冷铸铁或冷硬铸铁。

（二）非白口铸铁

灰口铸铁（HT）的碳含量较高（2.7%～4.0%），这种铸铁中的碳大部分或全部以自由状态的片状石墨形态存在，断口呈暗灰色，简称灰铁。有一定的力学性能，铸造性能良好，切削加工性好，具有减摩性，耐磨性好（片状石墨存在），减震性好，加上它熔化配料简单，成本低，广泛用于工业中制造结构复杂的铸件和耐磨件。熔点低（1145～1250℃），凝固时收缩量小，抗压强度和硬度接近碳素钢。用于制造机床床身、气缸、箱体等结构件。其牌号以"HT"后面附两组数字表示，例如 HT20-40（第一组数字表示最低抗拉强度，第二组数字表示最低抗弯强度）。

由于灰口铸铁内存在片状石墨，而石墨是一种密度小、强度低、硬度低、塑性和韧性趋于零的组分。它的存在如同在钢的基体上存在大量小缺口，既减小承载面积，又增加裂纹源，所以灰口铸铁强度低、韧性差，不能进行压力加工。为改善其性能，在浇铸前在铁水中加入一定量的硅铁、硅钙等孕育剂，使珠光体基体细化。

按基体组织不同，分为铁素体基灰口铸铁、珠光体-铁素体基灰口铸铁和珠光体基灰口铸铁三类。

石墨的形态和分布是影响铸铁性能的最重要因素之一。石墨化程度不同，得到的铸铁类型和组织也不同。表 6-2 中列出铸铁经不同程度的石墨化后所得到的组织及其类型。

表 6-2　铸铁经不同程度的石墨化后所得到的组织及其类型

名　称	石墨化程度			显微组织
	第一阶段	第二阶段	第三阶段	
灰口铸铁	充分进行	充分进行	充分进行	F+G(石墨)
	充分进行	充分进行	部分进行	P+F+G
	充分进行	部分进行	不进行	P+G
麻口铸铁	部分进行	部分进行	不进行	Ld+P+G
白口铸铁	不进行	不进行	不进行	Ld+P+Fe$_3$C

灰口铸铁的组织由石墨和基体两部分组成，基体可以是铁素体（F）、珠光体（P）或铁素体加珠光体，相当于钢的组织。因此铸铁的组织可以看成是钢基体上分布着石墨夹杂。

一般根据石墨的形态对非白口铸铁进行分类。

1. 按化学成分

（1）普通铸铁　是指不含任何合金元素的铸铁，如灰铸铁、可锻铸铁、球墨铸铁等。

（2）合金铸铁　是指在普通铸铁内加入适量合金元素（如硅、锰、磷、镍、铬、钼、铜、铝、硼、钒、锡等），用以提高某些特殊性能而配制的一种高级铸铁。合金元素使铸铁的基体组织发生变化，从而具有相应的耐热、耐磨、耐蚀、耐低温或无磁等特性。用于制造矿山、化工机械和仪器、仪表等的零部件。

2. 按生产方法和组织性能（碳在铸铁中存在的状态及形式）

除白口铸铁和少量麻口铸铁外，具有片状石墨的铸铁为灰口铸铁（HT），包括普通灰口铸铁和孕育铸铁两种；具有团絮状石墨的铸铁为可锻铸铁；具有球状石墨的铸铁为球墨铸铁；具有蠕虫状石墨的铸铁为蠕墨铸铁。各种铸铁中的石墨形态如图 6-16 所示。

（1）普通灰铸铁　这种铸铁中的碳大部分或全部以自由状态的片状石墨形式存在，其断口呈暗灰色，有一定的力学性能和良好的被切削性能，普遍应用于工业中。

（2）孕育铸铁　石墨变细小而均匀分布，经过这种孕育处理的铸铁，称为孕育铸铁。这是在灰铸铁基础上，采用"变质处理"而成，又称变质铸铁。其强度、塑性和韧性均比一般灰铸铁好得多，组织也较均匀。主要用于制造力学性能要求较高，而截面尺寸变化较大的大型铸件。

（3）可锻铸铁　可锻铸铁是由一定成分（碳、硅含量较低）的铁碳合金铸成白口铸铁坯

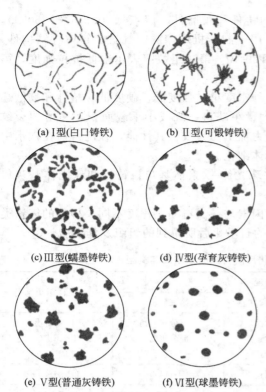

(a) I 型(白口铸铁)

(b) Ⅱ型(可锻铸铁)

(c) Ⅲ型(蠕墨铸铁)

(d) Ⅳ型(孕育灰铸铁)

(e) Ⅴ型(普通灰铸铁)

(f) Ⅵ型(球墨铸铁)

图 6-16　各种铸铁中的石墨形态

件，再经过长时间高温退火处理（石墨化退火），使渗碳体分解出团絮状石墨而成，即可锻铸铁是一种经过石墨化处理的白口铸铁。石墨呈团絮状分布，比灰铸铁具有较高的韧性，又称韧性铸铁，简称韧铁。其组织性能均匀，耐磨损，有良好的塑性和韧性。常用来制造承受冲击载荷的铸件。用于制造形状复杂、能承受强动载荷的零件。可锻铸铁是另一种形式的灰铸铁，其实它并不可以锻造。又称"玛钢"。

可锻铸铁按热处理后显微组织不同分为两类。一类是黑心可锻铸铁和珠光体可锻铸铁。黑心可锻铸铁组织主要是铁素体（F）基体＋团絮状石墨；珠光体可锻铸铁组织主要是珠光体（P）基体＋团絮状石墨。另一类是白心可锻铸铁，白心可锻铸铁组织取决于断面尺寸，小断面的以铁素体为基体，大断面的表面区域为铁素体，心部为珠光体和退火碳。

（4）球墨铸铁　它是通过在铁水（球墨生铁）浇铸前往灰口铸铁铁液中加入一定量的球化剂（常用的有硅铁、镁等）和墨化剂，经球化处理后使铸铁中石墨球化结晶而获得的。析出的石墨呈球状，简称球铁。碳全部或大部分以自由状态的球状石墨存在，断口呈银灰色。比普通灰口铸铁有较高强度、较好韧性和塑性。由于碳（石墨）以球状存在于铸铁基体中，改善其对基体的割裂作用，球墨铸铁的抗拉强度、屈服强度、塑性、冲击韧性大大提高。并具有耐磨、减震、工艺性能好、成本低等优点，现已广泛替代可锻铸铁及部分铸钢件、锻钢件，如曲轴、连杆、轧辊、汽车后桥等。其牌号以"QT"后面附两组数字表示，例如QT45-5（第一组数字表示最低抗拉强度，第二组数字表示最低延伸率）。用于制造内燃机、汽车零部件及农机具等。它和钢相比，除塑性、韧性稍低外，其他性能均接近，是兼有钢和铸铁优点的优良材料，在机械工程上应用广泛。

（5）蠕墨铸铁　蠕墨铸铁是将灰口铸铁铁水经蠕化处理后获得，析出的石墨呈蠕虫状。力学性能与球墨铸铁相近，铸造性能介于灰口铸铁与球墨铸铁之间。用于制造汽车的零部件。

（6）特殊性能铸铁　这是一种有某些特性的铸铁，根据用途的不同，可分为耐磨铸铁、耐热铸铁、耐蚀铸铁等。大都属于合金铸铁，在机械制造上应用较广泛。

在相同基体组织情况下，其中以球墨铸铁的力学性能（强度、塑性、韧性）为最高，可锻铸铁次之，蠕墨铸铁又次之，灰铸铁最差。但由于灰铸铁成本低廉，并具有铸造性、可加工性、耐磨性及减震性均优良的特点，是工业中应用最广泛的一种铸铁。

灰铸铁抗拉强度及硬度的变化是由于基体组织及石墨大小、数量不同的结果。纯铁素体为基体的灰铸铁，强度、硬度最低。纯珠光体为基体的灰铸铁，强度、硬度较高。改变基体中铁素体及珠光体相对含量，可得不同的抗拉强度及硬度的灰铸铁。石墨呈粗片状的灰铸铁，抗拉强度较低；石墨呈细片状的灰铸铁，其抗拉强度较高。灰铸铁中碳的存在状态及其基体组织取决于铸件冷却速度。

（三）合金铸铁

1. 耐磨铸铁

耐磨铸铁要求在磨粒磨损条件下工作，要有高而均匀的硬度。白口铁耐磨，但脆性大，不耐冲击。

将白口铸铁激冷可获得冷硬铸铁。即用金属型铸造耐磨表面，其他部位采用砂型。同时调整铁水成分，采用高碳低硅，保证白口层深度，使心部为灰口铸铁组织，有一定强度。

在润滑条件下工作的耐磨铸铁，要求在软基体上牢固地嵌有硬组织。软基体磨损后形成的沟槽可保持油膜。珠光体组织能满足此要求，铁素体为软基体，渗碳体为硬组织，石墨片又会起储油和润滑作用。为了进一步改善珠光体灰铸铁的耐磨性，常提高 P 至 $0.4\%\sim0.6\%$，生成磷化物 Fe_3P，呈断续网状形态分布在珠光体基体上，其硬度高且耐磨。在此基础上，还可加入 Cr、Mo、W、Cu 等合金元素，改善组织，进一步提高基体强度和韧度，从而使铸铁的耐磨性得到更大提高。

2. 耐热铸铁

耐热铸铁是适于高温下工作的铸铁。用于制造炉底板、换热器、坩埚、热处理炉内的输送链条。

灰口铁高温下表面易氧化和烧损，氧化气体沿石墨片边缘和裂纹内渗会造成内部氧化，灰口铁中渗碳体还会分解成石墨，这些都会导致热稳定性下降。而球墨铸铁中，石墨孤立分布不会构成气体渗入通道，故耐热性好。

在灰口铁加入 Al、Si、Cr 等，一方面可在铸件表面形成致密氧化膜阻碍继续氧化，另一方面使基体变为单相铁素体，不发生渗碳体石墨化，从而改善耐热性。

耐热铸铁常见品种有高铬、高硅、高铝耐热铸铁和球墨铸铁。

3. 耐蚀铸铁

耐蚀铸铁主要用于化工部门，制造阀门、管道、泵、容器等。

普通铸铁因组织中的石墨和渗碳体促进铁素体腐蚀，因而耐蚀性差。

在普通铸铁加入 Si、Cr、Al、Mo、Cu、Ni，在表面形成保护膜，或提高基体电极电位，从而提高耐蚀性。

耐蚀铸铁常见品种有高硅、高硅钼、高铬、高铝耐蚀铸铁。

第八节　非铁金属（有色金属）及其合金

非铁金属及其合金具有许多特殊的力学、物理和化学性质，因而成为现代工业、国防、科学研究中不可缺少的材料，工业应用较多的有 Al、Cu、P、Mg、Ti 以及轴承合金。本节做基本介绍。

一、铝及铝合金

纯铝密度为 $2700kg/m^3$，仅为铁的 1/3。铝合金密度也很小。采用各种强化手段后，铝合金强度可与低合金钢相近，而比强度超过一般高强钢。铝及铝合金具有优良的物理、化学性能。导电性好，仅次于银、铜，室温电导率为铜的 64%，资源丰富，成本低，耐大气腐蚀，抗氧化，磁化率极低（近非铁磁性材料）。其加工性能好，退火状态塑性好，可冷拔成丝，切削性好，热处理后强度极高，铸造性极好。

由于具有上述特点，铝及铝合金在电气工程、航空和宇航工业、一般机械和轻工业中应用广泛。

1. 纯铝

铝中经常含有 Fe、Si、Zn 等杂质，使性能下降。纯铝强度很低，不能作结构材料。

（1）高纯铝　99.93%～99.99%，主要用于科学研究、电容器制造。

（2）工业高纯铝　98.85%～99.9%，主要用于铝箔、包铝、冶炼铝合金原料。

（3）工业纯铝　98.0%～99.0%，牌号为 L1、L2、L3、L4、L5，牌号越大，纯度越低。主要用于电线、电缆、器皿、配制合金。

2. 铝合金

加入合金元素后，获较高强度，并保持了良好加工性。冷变形、热处理可大幅度改善性能。可用于制造承受较大载荷的机器零件和构件。

铝合金可根据成分和工艺分为形变铝合金和铸造铝合金，如图 6-17 所示。

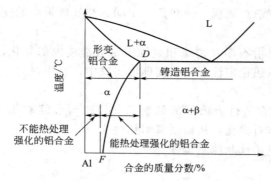

图 6-17　铝合金分类示意图

（1）形变铝合金　成分低于 D 的合金，加热时能形成单相固溶体组织，塑性较好，适于变形加工。其中，成分低于 F，不能进行热处理强化（不会析晶分相），为不可热处理强化的铝合金；成分在 $F \sim D$ 之间，可进行固溶-时效强化（可析晶分相），为可热处理强化的铝合金。

（2）铸造铝合金　成分接近 D，熔液流动性好，熔点低，适于铸造。一部分在形变铝合金范围内。

铸造铝合金的形状较复杂、组织较粗大、严重偏析（成分不均匀），因此与形变铝合金热处理相比，固溶处理温度要高，保温时间要长，使粗大析出物尽量溶解，并使固溶体成分均匀化。加热后一般用水冷却，而且多人工时效。

二、铜及铜合金

铜及铜合金具有优异的物理、化学性能。导热性、导电性优异，抗蚀能力高，抗大气和水蚀。它是抗磁性物质。具有良好的加工性能，塑性好，易冷热变形，铸造性能好。还具有某些特殊力学性能，减摩、耐磨，高弹性极限和疲劳极限。另外，其色泽美观。

铜及铜合金应用于电器、仪表、造船、机械制造工业。铜储量较小，因此价格昂贵，用于特殊需要（要求特殊磁性、耐蚀、力学性能、加工性能、特殊外观等）时使用。

（一）纯铜（紫铜）

纯铜呈紫红色，用于导电体及配制合金。其强度低，不宜作结构材料。

1. 工业纯铜

牌号有 T1、T2、T3、T4 四种，编号越大，纯度越低。紫铜加工产品的牌号、成分和用途见表 6-3。

表 6-3　紫铜加工产品的牌号、成分和用途

牌号	代号	$w_{Cu}/\%$	杂质			用途
			$w_{Bi}/\%$	$w_{Pb}/\%$	杂质总量/%	
一号铜	T1	99.95	0.002	0.005	0.05	导电材料和配制高纯度合金
二号铜	T2	99.90	0.002	0.005	0.1	导电材料,制作电线、电缆等
三号铜	T3	99.70	0.002	0.001	0.3	一般用铜材,制作电器开关、垫圈、铆钉、油管等

2. 无氧铜

也属于工业纯铜,牌号为 TU1、TU2 等,氧的质量分数极低（≤0.003%）。能抵抗氢的作用,不发生氢脆。主要用于电真空器件或高导电性导线。

（二）铜合金

加入合金元素后,获较高强度,并保持了纯铜某些优良性能。

1. 黄铜

是指铜锌合金。

（1）普通黄铜　铜锌二元合金,力学性能随铜的质量分数变化。变形加工性好,铸造性好。耐蚀,与纯铜接近,超过铁、钢及许多合金钢。

单相黄铜的牌号为 H80、H70、H68,H 表示黄铜,后面数字表示铜含量。塑性好,适于冷轧板材、冷拉线材和管材及形状复杂的深冲零件。

双相黄铜的牌号为 H62、H59。可热变形,通常热轧成棒材、板材,也可用于铸件。

（2）复杂黄铜　铜锌合金＋Al、Fe、Si、Mn、Ni、Pb、Zn,目的是获得更高的强度、耐蚀性和铸造性。

复杂黄铜包括铅黄铜、锡黄铜、铬黄铜、硅黄铜、锰黄铜、铁黄铜、镍黄铜。编号方法是 H＋辅加元素符号＋Cu 质量分数＋辅加元素质量分数。如 HPb60-1,表示 Cu 60%、Pb 1%,其余为 Zn 的铅黄铜。铸造黄铜在编号前加 Z。

2. 青铜

原指铜锡合金,习惯称含 Al、Si、Pb、Be、Mn 的铜基合金。实际包括锡青铜、铝青铜、铍青铜等。也可分为压力加工青铜（青铜加工产品）、铸造青铜。

编号方法是 Q＋主加元素符号＋主加元素质量分数＋其他元素（Zn）质量分数。QSn4-3 表示 Sn 4%、Zn 3%,其余为 Cu 的锡青铜。铸造青铜在编号前加 Z。

（1）锡青铜　锡含量为 3%～14%,＜5% 时适于冷加工,5%～10% 适于热加工,＞10% 适于铸造。

铸造收缩率很小,可铸形状复杂零件。但铸件形成分散缩孔,使密度降低,高压下易渗漏。在大气、海水、蒸汽中耐蚀性比纯铜和黄铜好（盐酸、硫酸、氨水除外）。

加入 Pb 提高耐磨性、切削加工性;加入 P 提高弹性极限、疲劳强度、耐磨性;加入 Zn 缩小结晶范围,改善铸造性。

应用于造船、化工、机械、仪表等工业中,主要制造轴承、轴套等耐磨件、弹簧和抗蚀、抗磁零件。

（2）铝青铜　力学性能高于黄铜和锡青铜。一般铝含量为 5%～12%。

结晶范围很小,流动性好,缩孔集中,易获得致密件,而且不偏析,耐磨性和耐蚀性（大气、海水、碳酸、大多数有机酸）均比黄铜和锡青铜好。

加入 Fe、Mn、Ni 等，进一步提高强度、耐磨性、耐蚀性。

应用于轴套、齿轮、涡轮等在复杂条件下工作的高强度耐磨件、弹簧和其他高耐蚀弹性元件。

（3）铍青铜　铍含量为 $1.7\%\sim2.5\%$，力学性能与铍的质量分数及热处理有关。

铍含量上升，硬度、强度提高，塑性稍降；$Be>2\%$ 时，强度、硬度稍增，塑性显著降低。

弹性极限、疲劳极限高，耐磨性、耐蚀性优异，导电性、导热性好，耐寒，不产生冲击火花。但价格昂贵。

应用于精密仪器的重要弹簧件、钟表齿轮、高速高压轴承及衬套等耐磨件、电焊机电极、防爆工具、航海罗盘等重要机件。

（4）硅青铜　主要用作弹簧、涡轮、蜗杆等耐蚀耐磨件。

3. 白铜

主合金元素为 Ni。

普通白铜仅含 Cu、Ni。编号方法是 B（白铜）＋Ni 的质量分数。B19 表示 Ni 19％的普通白铜。

加入 Zn、Mn、Fe 分别称为锌白铜、锰白铜、铁白铜。编号方法是 B/其他元素符号/Ni 名义质量分数/其他元素名义质量分数。BZn15-20 表示 Ni 15％、Zn 20％的锌白铜。

固态铜与镍无限固溶。因此工业白铜为单相固溶体，普通白铜强度高、塑性好，可冷热变形，冷变形能提高强度、硬度。抗蚀、高电阻。

应用于船舶仪器零件、化工机械零件、医疗器械。高锰的锰白铜可做热电偶丝。

三、钛及钛合金

钛及钛合金密度较低，比强度高，耐高温，耐腐蚀，低温韧性好。但加工条件复杂，成本高。

1. 纯钛

密度低，熔点高，线膨胀系数小，导热性差，塑性好，强度低，易加工成丝和薄片，在大气、海水中耐蚀性好，在硫酸、盐酸、硝酸、氢氧化钠介质中稳定，抗氧化能力优于大多数奥氏体不锈钢。

结构在 $<882.5℃$ 时六方密排，$\alpha\text{-Ti}$；$882.5℃$ 至熔点时体心立方，$\beta\text{-Ti}$；$882.5℃$ 时同素异构转变，即 $\alpha\text{-Ti} \rightleftharpoons \beta\text{-Ti}$，对材料强化有重要意义。

杂质一般有氢、碳、氧、铁、镁，使强度、硬度提高，塑性、韧性下降。

工业纯钛品种可制作在 350℃ 以下工作、强度要求不高的零件。按杂质含量，牌号有 TA1、TA2、TA3，编号越大，杂质越多。

2. 钛合金

合金元素 Al、B、Mo、V，溶入 $\alpha\text{-Ti}$ 中，形成 α 固溶体，溶入 $\beta\text{-Ti}$ 中，形成 β 固溶体。

根据使用状态的组织不同，分为 α 钛合金、β 钛合金、$\alpha+\beta$ 钛合金。牌号分别以 TA、TB、TC 加上编号表示。

（1）α 钛合金　钛中加入 Al、B 等 α 稳定元素获得。室温强度稍低，但 $500\sim600℃$ 高温强度高，组织稳定，抗氧化、抗蠕变，焊接性能好。

热处理时不能淬火强化，主要依靠固溶强化，只进行退火（变形后消除应力或消除加工硬化的再结晶退火）。

典型牌号为 TA7，成分为 Ti-5Al-2.5Sn，在 500℃ 以下使用。主要用于制造导弹燃料罐、超声速飞机涡轮机匣。

（2）β 钛合金　钛中加入合金元素 Mo、Cr、V，具有较高的强度、优良的冲压性能。

热处理时可淬火或时效强化。时效状态下，为 β 相和弥散分布的细小 α 相粒子。

典型牌号为 TB1，成分为 Ti-3Al-13V-11Cr，在 350℃ 以下使用。适于制造压气机叶片、轴、轮盘等重载回转件、飞机构件。

（3）α+β 钛合金　塑性好，易锻造、压延、冲压。

热处理时可固溶和时效强化，强度可提高 50%～100%。

典型牌号为 TC4，成分为 Ti-6Al-4V，淬火时效后，为 α（块状）+β+α（针状）。其中针状 α 相是时效过程中从 β 相中析出的。

强度高，塑性好，组织稳定（400℃），蠕变强度高，低温韧性好，耐蚀性好（海水应力腐蚀和热盐应力腐蚀）。

应用于适于在 400℃ 以下长期工作、要求一定高温强度的发动机零件及低温下使用的火箭、导弹的液氢燃料罐。

四、镁及镁合金

1. 纯镁

镁为银白色金属，熔点为 651℃，沸点为 1205℃，密度为 1749kg/m³，为铝的 2/3，是最轻的工程金属（锂在高效电池、能源工业等领域有重要应用，但不属于工程金属）。

电极电位低，耐蚀性差（无保护膜），在潮湿空气和海水中易受腐蚀，温度升高时易氧化乃至燃烧，力学性能低，尤其是塑性比铝低得多（因其晶型为密排六方），故不能作结构材料。

2. 镁合金

合金可作结构材料，应用越来越广。

密度低，比强度高，比刚度高，可减轻发动机或其他零件自重。抗冲击载荷能力高于铝合金，可制造受猛烈碰撞的零件。还具有优良的可加工性和可抛光性。

按产品状态分为铸造镁合金、形变镁合金。铸造镁合金分为高强铸造镁合金（如 ZM5、ZM1、ZM2 等）、耐热铸造镁合金（如 ZM3 等）。形变镁合金包括 MB1、MB2、MB8、MB15 等。

其他非铁金属还包括镍及镍合金（耐热耐蚀）、稀有金属（锂、钨、钼、锆、铍等）、稀土元素及其合金等。

五、轴承合金

轴承合金用于制造滑动轴承的轴瓦和内衬，用于汽车、拖拉机、机床和其他机器中，承受强摩擦，受轴径传递的周期载荷。

轴承合金具有足够的强度和硬度，以承受轴颈较大单位应力；足够的塑性和韧度，以承受轴颈周期性载荷、冲击、震动；良好的磨合能力，与轴较快地紧密配合；高的耐磨性，与轴摩擦系数小，能保持润滑油以减小磨损；良好的耐蚀性、导热性，较小的膨胀系数，防止摩擦升温咬合。

　　性能特点是：既软又硬，减小轴磨损，传递承载力。硬度太高时，轴颈易磨损；太软时，承载能力低。

　　组织特点是：软基体上分布着硬颗粒，运转时软基体受磨损而凹陷，硬颗粒将凸出于基体之上，使轴与轴瓦的接触面积减小，而凹坑能储存润滑油，降低轴和轴瓦之间的摩擦系数，减少轴和轴瓦的磨损。另外，软基体能承受冲击和震动，使轴和轴瓦良好配合，并能起镶嵌外来硬物的作用，保证轴颈不被擦伤。作用机理见图 6-18。或硬基体上分布着软颗粒。作用机理分析与软基体硬颗粒类似。

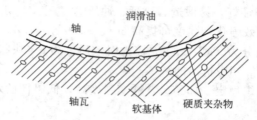

图 6-18　软基体硬颗粒轴瓦与轴的接触面

　　常用品种（按合金元素分）有锡基、铅基（此两种称为巴氏合金）、铝基、铜基。

　　编号方法是 Z（铸造）＋Ch（轴承）＋基本元素符号＋主加元素质量分数＋辅加元素（一般为 Cu）质量分数。如 ZChSnSb11-6，表示 Sb 11％、Cu 6％的锡基铸造轴承合金。

1. 锡基轴承合金（锡基巴氏合金）

　　软基体硬颗粒型，常用牌号为 ZChSnSb11-6。

　　摩擦系数小，膨胀系数小，塑性、导热性好，但疲劳强度低，许用温度低（低于 150℃）。

　　应用于制作重要轴承，如汽轮机、发动机和压气机等大型机器的高速轴瓦。

2. 铅基轴承合金（铅基巴氏合金）

　　软基体硬颗粒型，典型牌号为 ZChPbSb16-16-2，成分为 Sb 16％、Sn 16％、Cu 2％，其余为 Pb。

　　铸造耐磨性好（但比锡基轴承合金低），价廉。

　　应用于制造中、低载荷轴瓦，如汽车、拖拉机曲轴的轴承等。

3. 铜基轴承合金

　　常见的有铅青铜 ZQPb30、锡青铜 ZQSn10-1 等。

　　（1）铅青铜 ZQPb30　成分为 Pb 30％，其余为 Cu。硬基体软颗粒型。与巴氏合金相比，疲劳强度和承载能力高，耐磨性、导热性好，低摩擦，可在 250℃ 较高温度下正常工作，可制造高速重载柴油机的轴承。

　　（2）锡青铜 ZQSn10-1　成分为 Sn 10％、P 1％，其余为 Cu。具有高强度。可制造高速重载柴油机的轴承。

　　锡基、铅基、不含锡的铅青铜基合金强度低，需镶嵌在轴瓦上，形成双金属轴承。

　　含锡铅青铜是锡溶于铜中，使合金强化，强度高，可直接制成轴承或轴套使用。

4. 铝基轴承合金

　　新型减摩材料，密度低，导热性好，疲劳强度高，耐蚀，原料丰富、价廉；但膨胀系数大，运转时容易与轴咬合。

　　（1）铝锑镁轴承合金　$w_{Sb} = 3.5％ \sim 4.5％$，$w_{Mg} = 0.3％ \sim 0.7％$，其余为铝。该合金

用 08 钢作衬背，一起轧制成双合金带。它具有高的抗疲劳性和耐磨性，但承载力不大。适于制造载荷不超过 20MPa、滑动速度不大于 10m/s 条件下工作的轴承，如承受中等载荷的内燃机轴承等。

（2）高锡铝基轴承 $w_{Sn}=20\%$，$w_{Cu}=1\%$，其余为铝。该合金用 08 钢为衬背，轧制成双合金带。它的疲劳强度高，耐热性、耐磨性、耐蚀性好，可代替巴氏合金、铜基轴承合金、铝锑镁合金，用于汽车、拖拉机、内燃机。

（3）铝石墨轴承合金 它的摩擦系数与铝锡轴承合金相似，由于石墨具有良好的润滑作用和减震作用，故该种减摩材料在干摩擦时具有自润滑性能，工作温度达 250℃时仍具有良好的性能。

第七章

无机非金属材料

无机非金属材料是以某些元素的氧化物、碳化物、氮化物、卤素化合物、硼化物以及硅酸盐、铝酸盐、磷酸盐、硼酸盐等物质组成的材料。它的范围很广，几乎包括了除金属材料、高分子材料以外的所有材料。无机非金属材料的提法是 20 世纪 40 年代以后，随着现代科学技术的发展从传统的硅酸盐材料演变而来的。无机非金属材料是与有机高分子材料和金属材料并列的三大材料之一。

无机非金属材料的主要品种有水泥、玻璃、陶瓷、搪瓷、砖瓦、石灰、混凝土、耐火材料、天然矿物、如氧化物陶瓷、非氧化物陶瓷、复合陶瓷、玻璃陶瓷（微晶玻璃）、MDF 水泥、纤维增强混凝土等。

无机非金属材料有许多共同的优良性能。如熔点高，硬度高，强度高，弹性模量大，耐高温，耐氧化，耐腐蚀，耐磨损，化学稳定性高等。有些还具有某些独特的物理化学性能，如介电、压电、铁电、光学、导电、磁性及其他功能转换特性等。无机非金属材料可作为结构材料和功能材料用于各种工程领域。

无机非金属材料应用十分广泛，从日常生活到各种工业领域，如冶金、化工、交通、建筑、能源、窑炉、机械设备、电工、电子、食品、光学、信息、生物技术、医疗技术、照明、新闻、情报技术，并广泛渗透到各个高科技和尖端科技领域。某些材料已成为科技发展的关键材料和瓶颈材料。

无机非金属材料的缺点是脆性大，韧性低。纳米技术是解决陶瓷脆性问题的战略途径。

本章主要介绍陶瓷、水泥、玻璃、混凝土、耐火材料。以介绍生产生活中常见的传统材料品种为主。

第一节　陶瓷材料

一、陶瓷概念和定义

目前世界上尚没有统一的关于陶瓷的定义。一般认为，陶瓷是以主要组成为无机非金属成分的一种或多种材料为原料，依照人的意图通过特定的物理化学工艺，在高温下以一定的温度和气氛（或不经过高温）制成的具有一定形状的坚硬制品。表面可以施釉或不施釉。陶瓷定义还有广义和狭义之分。

广义定义：无机非金属材料的统称。以无机非金属为主要组成的原料制成的制品。主要包括水泥、玻璃、陶瓷、搪瓷、耐火材料、砖瓦等。

通常意义上的陶瓷为狭义陶瓷，其定义可描述为，陶瓷是以主要组成为无机非金属成分的一种或多种材料为原料，经原料处理、成型、烧成等工序制成的具有一定形状的坚硬制品。在此意义上陶瓷分为普通陶瓷和特种陶瓷（也称现代陶瓷、先进陶瓷、精细陶瓷等）两类。

普通陶瓷定义：以黏土（$Al_2O_3 \cdot 2SiO_2 \cdot 2H_2O$）、长石（$K_2O \cdot Al_2O_3 \cdot 6SiO_2$、$Na_2O \cdot Al_2O_3 \cdot 6SiO_2$）、石英（$SiO_2$）为主要原料，经原料处理、成型、烧成等工序制成的具有一定形状的坚硬制品。

特种陶瓷定义：用化工原料及人工合成原料为主要原料，以传统陶瓷生产方法为基础，制得的具有独特性能的氧化物和非氧化物陶瓷。

陶瓷品种繁多，每一个品种都很复杂，各品种之间差异较大。

二、陶瓷的种类和范畴

按陶瓷发展的状况可分为传统陶瓷和先进陶瓷两大类；按烧结程度和吸水率可分为陶器和瓷器两大类；按其结构特征和性能特点可细分为土器、粗陶、精陶、炻器、瓷器等几大类。

（一）普通陶瓷（传统陶瓷）

陶瓷，一般指陶器和瓷器的合称。普通陶瓷是以黏土为主要原料烧成的制品，是一种多晶、多相（晶相、玻璃相、气相）的聚集体，成分中含硅酸盐。传统陶瓷所用原料一般由三种不同性质的组分组成，即可塑性黏土、非可塑性（瘠性）石英和助熔剂长石，故有三组分陶瓷之称。制造程序可分为原料处理、泥料制备、成型、干燥、烧成等几个步骤。成型方法大致有旋坯、压坯（压制）和注坯（浇注）三种。制品有的有釉，有的无釉，对日用、建筑卫生等陶瓷，要求具有美术装饰作用。传统陶瓷按其所用原料、烧成温度及制品性质的不同，分为土器、陶器、炻器、瓷器等。

1. 土器

又名瓦器，一种低级的粗陶器，渗水，无釉。用铁含量较高的黏土作原料，成型后在较低的温度下烧成，常用于制作砖、瓦、盆、罐、管等。由于其吸水率和加工精致程度与陶器相比无严格界限，故二者常易混淆。

2. 陶器

坯体烧结程度差，断面粗糙而无光泽，机械强度较低，吸水率大的制品。按坯体颜色可分为灰陶、红陶、黑陶、彩陶、白陶；按制造工艺和制品性能可分为粗陶和精陶；按用途可分为日用陶瓷和建筑卫生陶瓷等。

粗陶，相当于土器。因其烧结程度较低，其强度也较低。由于含有较多的 Fe_2O_3，而使坯体带有一定颜色。粗陶的制作工艺比较简单，主要用于对其性能要求较低的消费场合，如某些缸、盆、花盆等。大多数古陶器属于这个范畴。

精陶，施釉（或不施釉）的白坯或浅色坯的陶器。用可塑法、注浆法或半干法成型，素烧后施釉，一般是釉烧温度（1060～1150℃）低于素烧温度（1240～1280℃），也有采用施釉前不经过素烧的一次烧成法制造的。按坯体性质可分为硬质精陶（长石质精陶）及软质精陶（石灰石质精陶）；按用途可分为日用精陶及建筑卫生精陶等。长石质精陶主要包括某些日用器皿、建筑卫生器皿、釉面砖、装饰器皿（花瓶、花钵等）等，其吸水率一般为9%～12%；石灰石质精陶主要包括一些日用器皿、彩陶等，吸水率为18%～22%。

值得指出的是，随着近年来原料种类的扩充和工业废渣的利用，精陶和粗陶的材质、用途、工艺、性能等方面都与上述传统分类方法存在一定差异，烧成温度的范围变化也较大，并且有关陶器方面的研究仍在发展变化中。

3. 炻器

又名缸器，介于陶器与瓷器之间的制品。由于坯料中含较多的伊利石类黏土，易于致密烧结，无釉制件也不透水（吸水率在6%以下），无透光性。许多化工陶瓷和建筑陶瓷都属于炻器范围，吸水率在3%以下。坯体接近白色的炻器称为细炻器，具有抗冲击、抗无机酸的腐蚀（氢氟酸除外）以及热稳定性较好的特点。粗炻器一般带有一定颜色，主要包括某些日用器皿、建筑用品、地砖、锦砖等，吸水率为4%~8%；细炻器主要包括日用器皿、化学工业用品、电气工业用品、低压电瓷、耐酸砖、青瓷、卫生陶瓷等，吸水率为0~1.0%。

炻器一词为外来语，源自日本，意为火造之坚硬器物。以前一些人据此认为中国只是近代才有了炻器，它是舶来品。这是不符合事实的，经科学考证，证明日本的炻器相当于我国的缸器，这是我国古已有之的。

4. 瓷器

烧结程度高，坯体坚硬致密，断面细腻有光泽，施釉或无釉的制品。瓷体结构中有玻璃相、莫来石晶体、方石英晶体、石英残骸和大小不等的气泡，基本不吸水。原料需经过精选或淘洗，施釉制品可一次烧成或二次烧成，采用二次烧成时，釉烧温度低于素烧温度。按用途可分为日用瓷、工艺美术瓷、建筑卫生瓷、工业用瓷、高压电瓷、高频装置瓷等。我国瓷器的制造有着悠久的历史，关于瓷器的概念也有一个发展过程，最早的瓷器是指坯体较陶器坚实致密，所谓"质坚不可以刀削"的带釉制品。唐代始烧造成功高火度的瓷器，初具"洁白、质坚、半透明"等特色。宋代瓷业兴盛，出现了定、汝、官、哥、钧等名窑，但由于"重釉轻质"，瓷胎均带有深浅不等的颜色，例如"传世哥窑"以黑胎、紫口铁足为其特征。直到明清时期，对瓷器才确立了"洁白、致密、半透明"的质量要求。

瓷器按材质可分为许多类，如长石质瓷、绢云母质瓷、滑石瓷、骨质瓷、高石英质瓷、宝石瓷等。此外，根据不同需要还有许多其他分类方法。

表7-1为普通陶瓷的一种分类方法。

表7-1　普通陶瓷的一种分类方法

类别	主要种类	按用途、特征、性能细分的品种
日用陶瓷	餐具	中餐具：盘、碗、碟、羹匙、壶、杯等
		西餐具：碗、盘、碟、糖缸、奶盅、壶、杯等
	茶具、咖啡具	茶盘、水果盘、点心盘、杯、壶、碟等
	酒具	酒壶、酒杯、杯托、托盘
	文具	笔筒、笔洗、水盂、调色盒、笔架
	陈设陶瓷（美术陶瓷）	花瓶、灯具、雕塑瓷、薄胎碗等
建筑卫生陶瓷	建筑陶瓷	玻化砖（渗花和非渗花）、彩釉砖、锦砖（马赛克）、内墙砖、外墙砖、腰线砖、广场砖、劈裂砖（劈离砖）、园林陶瓷等
	卫生陶瓷	洗面器、坐便器、小便器、洗涤器、水箱、水槽、存水弯、肥皂盒、手纸盒、沐浴盒
电瓷	低压电瓷	用于1kV以下的电瓷
	高压电瓷	用于1~110kV的电瓷，如普通高压瓷、铝质高强度瓷
	超高压电瓷	用于110kV以上的电瓷

续表

类别	主要种类	按用途、特征、性能细分的品种
化工陶瓷	耐酸砖	耐酸砖、耐酸耐温砖
	耐酸容器	储酸缸、酸洗槽、电解槽、耐酸塔等
	耐酸机械（部件）	耐酸离心泵、风机、球磨机等
	化学瓷	瓷坩埚、蒸发皿、研钵（氧化铝等材质）、漏斗、过滤板、燃烧舟等

（二）特种陶瓷（先进陶瓷、精细陶瓷）

1. 先进陶瓷的类别和概况

除上述普通陶瓷之外，近代发展了不含硅酸盐的化合物陶瓷，如氧化物、碳化物、氮化物、硼化物、硅化物、氟卤化物、硫化物或其他无机非金属材料制成的（单相、两相或三相）陶瓷，即是先进陶瓷，又称现代陶瓷、新型陶瓷、精细陶瓷、工程陶瓷、新型陶瓷、近代陶瓷、高技术陶瓷、高性能陶瓷。

此外，还有在陶瓷中掺入金属的金属陶瓷和以金属纤维或无机非金属纤维增强的纤维增强陶瓷。

特种陶瓷是采用高度精选的原料，具有能精确控制的化学组成，按照便于进行结构设计及控制制造的方法制造、加工的，具有优异特性和功能的陶瓷。

特性和功能如下：高强度、高硬度、高熔点、耐腐蚀、耐磨损、抗热震、抗蠕变、抗氧化、绝缘、介电、半导性、导电、透光、荧光、光波导、磁性以及压电、热释电、铁电、光电、电光、声光、磁光、核功能、超导、生物相容性、催化、过滤等。

应用于高温、机械、电子、光电子、计算机、航天、通信、能源、环保、原子能、医学工程领域等。

特种陶瓷的特点是：使用高纯原料，采用传统陶瓷工艺，具有特殊性能。

特种陶瓷按化学成分分为氧化物陶瓷、非氧化物陶瓷；按应用分为结构陶瓷、功能陶瓷。其种类繁多。

陶瓷生产在日常生活、工农业生产、现代科技、现代化建设中具有广泛的应用，在某些高技术领域已成为关键材料和瓶颈材料，正在寻求突破，并有明确目标。

表 7-2 为特种陶瓷的一种分类方法。

表 7-2　特种陶瓷的一种分类方法

功能	性能	用途	品种举例
热学功能	耐热性		ThO_2、HfC
	隔热性		氧化物纤维、空心球
	导热性		BeO
	集热性		LaB_6、NbC
力学功能	硬度、耐磨性	切削工具	Al_2O_3、金刚石、WC
		研磨	TiC、SiC、ZrO_2
		耐磨（轴承、密封件）	Si_3N_4、Al_2O_3、SiC
	高强度	发电机、发动机叶片	Si_3N_4、SiC、AlN
	耐磨性	固体润滑剂、脱模剂	BN、$MoSi_2$、C
	低膨胀	精密机械零部件	Al_2O_3

续表

功能	性能	用途	品种举例
生物功能	生物适应性	人工骨骼、牙齿	Al_2O_3、羟基磷灰石等
	吸附性	催化剂载体	SiO_2、Al_2O_3、沸石
		生物反应器	石英玻璃
化学功能	催化剂作用	催化剂	$SnO_2 \cdot Al_2O_3$、MnO_2、沸石
	耐腐蚀性	化学装置、热交换器	Al_2O_3、ZrO_2、B_4C、TiN
电磁功能	绝缘性	集成电路基片	Al_2O_3、$MgAl_2O_3$、BeO
	导电性	电阻发热体	ZrO_2、$MoSi_2$、SiC
	压电性	点火元件	$Pb(Zr,Ti)O_3$
		调频、电视	ZnO、$LiNbO_3$
		钟表压电振子	石英、$LiNbO_3$
	半导性	热敏电阻	FeO、CoO、MnO、SiC、$BaTiO_3$
		太阳电池	CdS、Cu_2S
		非线性电阻	$ZnO \cdot Bi_2O_3$、SiC
		气体、吸附性半导体	SnO_2、ZnO
	磁性	硬磁性体	$(Ba,Sr)O \cdot 6Fe_2O_3$
		软磁性体（磁带存储件）	石榴石型铁氧体、稀土石榴石
	介电性	低频用电容	$BaTiO_3 + SnO_2 + Bi_2O_3$等
	离子导电性	电池	β-Al_2O_3、$ZnO(CaO、Y_2O_3)$
	电子发射性	电子枪用热阴极	LuB_4
光学功能	聚光性		TiN、TiC、CaF_2、CoO
	荧光特性	激流二极管	GaP
		激光器	稀土化合物
	透光性	钠蒸气灯、透明电极	Al_2O_3、MgO、BeO、SnO_2、LaO_3
	感光性		光色玻璃
与原子能、热核反应有关的功能	核反应堆材料	核燃料	UO_2、UC
		减速剂、反射剂	C、B_4C
		核燃料包覆材料	C、SiC
	热核反应堆材料	真空第一壁材料	C、SiC、Si_3N_4、B_4C

2. 先进陶瓷的特点及与传统陶瓷的区别

（1）在原料上　突破了传统陶瓷以黏土为主要原料的界限，先进陶瓷一般以提纯的氧化物、氮化物、硅化物、硼化物、碳化物等为主要原料。

（2）在成分上　传统陶瓷的组成由黏土的成分决定，所以不同产地和炉窑的陶瓷有不同的质地，由于先进陶瓷的原料是纯化合物，因此成分由人工配比决定，其性质的优劣由原料的纯度和工艺，而不是由产地决定。

（3）在制备工艺上　突破了传统陶瓷以炉窑为主要生产手段的界限，广泛采用真空烧结、保护气氛烧结、热压、热等静压等手段。20世纪70年代初，德国固体化学家Schafer提出了"软化学"（chemie douce）来描述一种新的材料制备方法。软化学技术是一类"绿色"材料技术，用于材料制备的软化学过程有很多种，目前较为常用的有化学前驱体过程、溶胶-凝胶（sol-gel）过程、有机元素化合物热解法、嵌入反应法、水热法、离子交换法、熔盐（助熔剂）法、自组装法、生物矿化过程等。其中在陶瓷材料制备中最为常用的是溶胶-凝胶过程。

（4）在性能上 先进陶瓷具有不同的特殊性质和功能，如高强度、高硬度、耐腐蚀、导电、绝缘，以及在磁、电、光、声、生物工程各方面具有的特殊功能，从而使其在高温、机械、电子、计算机、宇航、医学工程各方面得到广泛的应用。

3. 结构陶瓷和功能陶瓷

（1）结构陶瓷 具有突出的力学性能、热学性能、化学性能。如强度、高温强度、刚度、韧性、耐磨性、硬度、疲劳强度、高温蠕变性等。

常用的有氧化物陶瓷、碳化物陶瓷、氮化物陶瓷、硼化物陶瓷、硅化物陶瓷。

氧化物陶瓷是高温结构材料用的陶瓷，指熔点超过 SiO_2 熔点（1728℃）的氧化物烧结体。大致有六十余种，常用的有 Al_2O_3、ZrO_2、MgO。常用的 Al_2O_3 陶瓷主要是 $\alpha\text{-}Al_2O_3$。

非氧化物陶瓷包括碳化物陶瓷、氮化物陶瓷、硫化物陶瓷、硅化物陶瓷、硼化物陶瓷。其中，碳化物陶瓷、氮化物陶瓷特别重要。碳化硅（SiC）陶瓷具有金刚石结构。

（2）功能陶瓷 以热学、光学、声学、电学、磁学、化学、生物学等性能，以及彼此间耦合等性能为特征。力学性能、部分热学性能和化学性能为交叉性能。

应用于能源开发、空间技术、电子技术、光电子技术、传感技术、激光技术、红外技术、生物技术、环境科学等。

例如，热释电陶瓷，用于红外探测，制作各种传感器元件；铁电陶瓷，可以自发极化，用于信息技术中的记忆元件，比硅元件性能更好，功能更强大；压电陶瓷，具有压电效应，可实现力与电信号的相互转换；半导体陶瓷，又称敏感陶瓷，以半导体理论为基础，利用缺陷化学方法和动力学方法研究，主要有热敏、压敏、气敏、湿敏、光敏等陶瓷；磁性陶瓷，包括含铁的铁氧体陶瓷、不含铁的磁性陶瓷，多为半导体材料，著名的有铁氧体陶瓷；其他功能陶瓷材料，主要有电介质陶瓷（绝缘陶瓷、装置陶瓷）、陶瓷电容器、超导陶瓷、化学功能陶瓷、生物功能陶瓷、热功能陶瓷等。

三、传统陶瓷品种及应用

本节仅介绍传统陶瓷品种及应用，至于特种陶瓷或先进陶瓷，则品种更加丰富，应用更是渗透到现代社会生活的方方面面，即便简明、扼要地介绍，也需要一本专著。特种陶瓷同时属于新材料，因此将在新材料章节中概述。

普通陶瓷是指以黏土类及其他矿物原料经粉碎加工、成型、烧成等过程制成的多晶、多相、硬质硅酸盐陶瓷材料。

普通陶瓷即狭义上的传统陶瓷概念。这类陶瓷是人们日常生活和生产工作中经常遇见和使用的，范围很广。有些传统陶瓷门类，尤其是按性质、种类、用途等分类时，无严格界限，并且经常互相交叉。按原料、烧成温度和制品性质分为陶器（土器、粗陶、精陶）、炻器、瓷器（吸水率、烧结程度）。按用途分为日用陶瓷、建筑卫生陶瓷、化工陶瓷、电工陶瓷、工艺陶瓷、美术陶瓷、工业用瓷。

普通陶瓷质地坚硬，不氧化生锈，耐腐蚀，不导电，耐一定高温，加工成型性好，成本低。用于电气、化工、建筑、纺织、日用等领域。

传统陶瓷的组成系统有 K-Al-Si、Mg-Al-Si、Ca-Al-P-Si 系统。

（一）日用陶瓷

凡是生活中的陶瓷器皿称为日用陶瓷，包括饮食用具、厨房用具、储藏物品用具及日常生活中使用的其他陶瓷器具。英文"whiteware"大致也是指这些生活资料，可直译为"白色制品"或更清楚些的"白胎陶瓷器皿"，但日用陶瓷中还有一些是多少带色胎的器皿。按坯体的结构特征分，日用陶瓷中有瓷器、陶器、精陶、炻器等；日用陶瓷还可按用途分为餐具、酒具、茶具、咖啡具、旅馆瓷、缸器等；按性质可分为硬质瓷、软质瓷、细瓷、粗瓷、薄胎瓷等；按材质可分为长石瓷、滑石瓷、绢云母瓷、熔块瓷、骨质瓷、高石英瓷、焦宝石瓷；还可按瓷器的特征等来进行分类，如鲁玉瓷、金光瓷、玉兰瓷、青花瓷等。

（1）瓷器　瓷器烧结程度高，坯体坚硬致密，断面细腻有光泽，有釉或无釉，基本不吸水（0.5％以下）。

日用陶瓷主要要求较高的白度、光泽度、透光度、热稳定性、强度。

瓷器按内在质量（烧成温度）分为硬质瓷和软质瓷。硬质瓷是指组成中熔剂组分（长石、方解石等）含量少、烧成温度相对较高（1320～1450℃）的瓷器，具有较高的机械强度、良好的介电性能、化学稳定性和热稳定性，釉面硬度大，用作化工瓷、电瓷和高级日用瓷；软质瓷是指组成中熔剂组分含量多、烧成温度相对较低（1150～1250℃）的瓷器，瓷体中玻璃相含量多，透光度高，多用于制造高级餐茶具和陈设瓷。普通陶瓷品种，取决于原料成分、配比、细度和致密度、成型、烧成等因素。

（2）陶器　土质陶器是用80％～85％的塑性难熔黏土和耐火黏土以及烧过的石英（15％～20％）制成。坯体分为有色、白色两种，一般显黄色，它属于廉价的日用器皿，经常施透明或不透明釉，主要用于农村。

陶器吸水率高，断面粗糙，强度低，一般在1000℃左右烧成。主要有粗陶器、普通陶器、细陶器（釉面砖等），或分为土器、粗陶、精陶。

精陶是指覆盖透明釉坯体呈白色或象牙色的多孔性陶瓷制品，是继瓷器之后兴起的一种新型高级细陶器。精陶在18世纪出现于英国，最初精陶只限于日用器皿和装饰品（日用精陶），直到19世纪末才开始有精陶质釉面砖和建筑卫生器（建筑精陶）。按其坯体中熔剂种类不同，又可分为石灰质精陶（软质精陶）和长石质精陶（硬质精陶）。

近年来，随着新技术的发展，又出现了许多新材质的精陶制品，如硅灰石质、透辉石质、叶蜡石质等。为解决世界上日益严重的能源危机、资源危机和治理工业废料的污染，人们开发出各种地方材料，利用低劣质原料、大自然废料、工业尾矿、工业废渣等生产陶瓷材料，如钒钛黑瓷、黄河淤泥沙墙地砖、黄（红、黑）土质粉煤灰墙地砖等，取得了一系列令人瞩目的成果。

（3）炻器　炻器是介于陶器与瓷器之间的陶瓷制品。炻器与陶器的区别在于，陶器坯体是多孔性的，而炻器坯体气孔率较低，是致密烧结的。炻器与瓷器的区别在于，炻器坯体一般都带色且无半透明性。炻器制品按用途不同分成建筑炻器（铺地砖、铺路砖、污水管等）、化工炻器（耐酸砖、耐酸坛、耐酸化工设备及其附件等）、日用炻器（缸器、餐具、茶具）以及装饰炻器（屋外陈设装饰品与花盆）等。炻器也常按其坯体的致密性、粒度、均匀性以及粗糙程度分成粗炻器与细炻器。江苏宜兴紫砂属于炻器范畴，大致发源于宋代。炻器有较高的机械强度、良好的耐酸性，热导率较瓷器低，而其热稳定性较瓷器好，因此炻器获得广泛应用。此外，炻器强度高，可使用品质较低的原料，而且价格较瓷器低廉，故宜于制造日用餐具与茶具等。近几十年来，山东省张店陶瓷厂（华光陶瓷）率先生产炻质旅馆瓷和咖啡具，产品远销澳大利亚、美国、中国香港等国家和地区，在国内外处于领先地位。临沂陶瓷厂生产的炻质耐热瓷，效果也较好。

（二）陈设陶瓷

陈设陶瓷是专供陈设观赏的艺术制品，如挂盘、花瓶、精雕细刻的人物、动物、景物、瓷板画、薄胎碗之类。陈设陶瓷还包括稀有的古瓷、园林的盆景、精美的花盆以及属于日用瓷范围的某些精美的品种。各种大小工艺品、各种人物、动物、器物造型、浮雕、刻瓷、塑像、陶瓷影像、陶瓷桌凳、花架、仿古瓷、黑陶、古建筑瓷、琉璃瓦、笔筒、喷泉、壁饰、各类装饰物品等，也都属于陈设陶瓷的范畴。

陈设陶瓷多以艺术釉装饰。商代起我国就发明了用颜色釉装饰陶瓷，并相继发展了青瓷、唐三彩、铜红釉、窑变花釉、结晶釉、碎纹釉、乌金、祭红、郎窑红、三阳开泰、兔毫、玳瑁、雨点、金星、无光星点等各种类型和色调的艺术釉，使陈设陶瓷大为发展，其中常用的品种有以下几种。

（1）铜釉和铁釉系列　铜釉可显绿色、蓝色和红色，著名的有钧红（釉中常含 Pb）、郎窑红、祭红、美人醉等本色釉以及它们所组合成的窑变花釉等珍品；铁釉中著名的有乌金釉、黑天目、柿釉、油滴釉、兔毫釉、铁砂釉、铁红釉等。

（2）花釉系列　一般将花釉归纳为两大系统：一种为还原焰窑变花釉，如红釉系花釉（包括铜红系窑变花釉），因起源于钧窑，也可称之为钧釉花釉，此釉为红底上呈现出蓝白交错的生动色丝，另外，还有蓝钧花釉等；另一种为氧化焰烧成的黑釉系花釉，它起源于黄道窑，又称黄道窑系花釉，河北邯郸磁州窑即属此系。如器形适当，黑釉系花釉可出现羽毛状彩色纹样，所以极适于装饰禽兽造型的艺术品。三阳开泰是用乌金和郎窑红两种色釉交织填涂的综合艺术釉，多用来装饰花瓶。黑釉系花釉由于窑变作用，往往呈现的不全是黑色，有时以黄色、灰白色等为主。

（3）碎纹釉（开片釉）系列　碎纹釉是利用坯釉膨胀系数的差异人为地在釉中造成清晰的开裂纹样，使陈设陶瓷具有独特的艺术效果。由于裂纹形态不一，其名称也随之各异，如鱼子纹、百圾碎、冰裂纹、龟裂纹等品种。

（4）结晶釉系列　是指釉面分布着星形、针状或花叶形粗大聚晶体的一种装饰釉。我国古代的天目、油滴、兔毫等釉中的晶粒大小属于微晶范畴，只有砂金釉才具有肉眼可见的小晶粒。按釉中结晶剂的种类可将其分为六类，即硅酸锌、硅酸钛、硅锌钛、硅锌铅、锰钴、砂金等结晶釉。陈设陶瓷所用釉，除上面各品种外，还有鱼子釉、羽毛釉、电光釉、夜光釉、变色釉等。

陈设陶瓷造型精美，品种繁多，流光溢彩，变化万千，素称土与火的艺术，至真至纯，美轮美奂，把整个世界装扮得无比绚丽。

（三）紫砂器

紫砂器是宜兴等地用紫砂泥、红泥或绿泥等制成的质地较坚硬的陶制品。紫砂壶是明、清以来广为流传的日用茶具，紫砂花盆为装饰园林的盆景所不可或缺的，在国际上都享有很高的声誉，许多国家竞相仿制。制品外部不施釉，经 1100～1180℃氧化气氛烧成，精细制品烧成后再经抛光或擦蜡。外观颜色有栗色、米黄色、朱砂色、紫黑绿色等，品种繁多，造型精巧，古朴优雅，具有民族特色。

紫砂器以我国陶都宜兴见长。宜兴的产品，大部分属于炻器、精陶类。并表现出精湛的装饰艺术，产品誉满海内外，尤以紫砂壶最著名。明人文震亭《长物志》赞曰："茶壶以砂者为上，盖既不夺香，又无熟汤气"，"能发真茶之色、味、香"，"用以泡茶，不失原味"，

"越宿暑月不馊"，"壶若用久，涤拭日佳"，可见其性能之美妙。其优异性能概括为，热稳定性好，坚固耐用，茶色清香无异味，透气性好而不馊茶，越用越光亮、越好用，泡茶用时间长了再用清水冲饮，也能发出幽香之气等。除紫砂壶外，宜兴的砂锅烹调味美、煮汤无烟火气，具有热稳定性好、经久耐用、传热快、使用方便等优点，颇受中外人士的青睐。

除宜兴外，目前我国各地还有许多紫砂器具厂，如浙江长兴地区，山东淄博、枣庄、临沂、梁山等地，品种有茶具、花盆、园林陶瓷、衣架等。紫砂器多属于日用陶瓷的范畴，也具有陈设陶瓷的功用。

（四）建筑、卫生、电工、化工陶瓷

建筑、卫生、电工、化工陶瓷属于普通工业陶瓷，大部分属于炻瓷（半瓷）、精陶。

建筑陶瓷用于陶管、内墙砖、外墙砖、马赛克、陶瓷大板、玻化砖、高档渗花砖、人造石材、曲面板材、钒钛黑瓷。粗陶包括砖瓦、陶罐、盆罐、日用缸器（瓦缸）；精陶包括釉面砖、锦砖、瓷缸、建筑卫生器皿、日用器皿、化学用品、电气工业用品；炻瓷包括外墙砖、地砖、耐酸瓷砖、日用炻瓷、陈列品。

卫生陶瓷有陶质、炻质、瓷质。包括洗面器、浴盆、水箱、卫生器具。

电气绝缘陶瓷有电瓷、绝缘子。使用的釉料有白色釉、棕色釉、天然釉。按电压可分为低压电瓷（<1kV）、高压电瓷（1～110kV）、超高压电瓷（>110 kV）；按用途可分为线路电瓷、电器电瓷、电站电瓷。

化工陶瓷用于化学、化工、制药、食品等领域，分为工业用及实验室用。其耐酸、耐高温，具有一定强度和热稳定性。要求原料钾、钠含量少。

1. 建筑陶瓷

用于建筑装饰的陶瓷制品称为建筑陶瓷，可分为内墙面砖、外墙面砖（彩釉砖）、铺地砖、锦砖、陶管、琉璃等品种。制品可分为有釉、无釉两种。制造方法可采用半干法、可塑法、注浆法等。其性能特点是有较好的耐磨性、抗冷冻性、耐腐蚀性、热稳定性和较高的强度等，对其吸水率也有严格的要求。

建筑陶瓷按材质分为石灰石质、叶蜡石质、长石质、硅灰石质、煤矸石质、粉煤灰质、黄河泥沙质、赤泥质、磷矿渣质等；按性质可分为陶质、炻质和瓷质等。可见其原料来源丰富，产品种类繁多，因而应用也就非常广泛。

（1）釉面砖，又称内墙面砖　用于内墙装饰的薄片精陶建筑材料。可分为正方形、矩形、异形配件砖等品种。按其组成区分为石灰石质、长石质、硅灰石质、叶蜡石质等。其化学成分（质量分数）为：SiO_2 60%～70%，Al_2O_3 15%～22%，CaO 1.0%～10%，MgO 1.0%～3.0%，R_2O<1.0%。将磨细的泥浆脱水干燥并进行半干法压型（湿法），素烧后施釉入窑釉烧，或生坯施釉一次烧成。也有采用注浆法成型的。釉面砖的主要物理性能为：耐急冷急热性150℃温差一次不裂，吸水率不大于23%，白度不小于78%（彩色釉面除外），耐蚀性好，抗折强度不小于16.67MPa，适用于建筑物内墙装饰。传统的釉面砖一般为白质坯体，后来随着乳浊釉研究的进展和原料范围的扩大，也出现了色坯釉面砖，在原料加工处理方面，突破了传统的湿法研磨脱水干燥工艺，发展了喷雾干燥工艺及原料干法粉碎配料后直接掺水造粒的干法生产工艺，大大提高了生产效率，节约了能源。

（2）外墙面砖　用于外墙装饰的板状建筑陶瓷材料，可分为有釉、无釉两种。有长方形、长条形、异形、立体砖等式样。陶瓷原料经粉碎筛分后进行半干法成型（或用湿法进行原料处理，料性更佳），入窑烧成无釉外墙面砖。带釉制品可在干坯或素坯上施以釉料再经釉烧而成。近些年来发展了生坯施釉后一次烧成的工艺。通常利用原料中天然含有的矿物质和赤铁矿等进行自然着色，也可在泥料组成中引入各种金属氧化物等进行人工着色，近几年也有不着色的白色或灰色坯体的，釉面装饰多为彩色釉面，故称彩釉砖，也有用白色釉面装饰的。制品的主要物理性能为：耐急冷急热性 130℃ 温差两次不裂，抗折强度为 24.5MPa，抗冷冻循环 20 次不裂，带釉制品吸水率不大于 10%（企业内控一般为 4%～8%），耐磨、耐蚀。

（3）铺地砖　用于地面装饰的板状陶瓷建筑材料，有方形、长方形、八边形等式样。砖面可制成单色或饰以花纹图案，坯料化学成分（质量分数）为：SiO_2 60%～70%，Al_2O_3 20%～30%，R_2O 4%～7%，RO 微量。陶瓷原料经粉碎筛分后进行半干法成型，入窑焙烧成无釉铺地砖。也可施以透明釉一次烧成。坯料中常有含铁的矿物自然着色，也可加入各种金属氧化物进行人工着色。制品的吸水率为 4%～10%，耐磨性为 $1.0～2.0g/cm^2$，耐酸度大于 98%，耐碱度大于 85%。

（4）锦砖　又名马赛克　用于建筑上组成各种装饰图案的片状小瓷砖。化学成分（质量分数）为：SiO_2 65%～75%，Al_2O_3 20%～25%，MgO 0.1%～0.4%，CaO 0.5%～1.0%，R_2O 4%～7%，Fe_2O_3 0.1%～0.5%。将磨细的泥浆经脱水干燥后，坯料用半干法成型，窑内焙烧而成。为使制品着色，可在泥料中引入各种着色剂，如 CeO、Fe_2O_3 等。制品的主要物理性能为：吸水率不大于 0.2%，耐磨性不大于 $0.1g/cm^2$。锦砖质地坚硬，色泽艳丽，图案优美，主要用于铺地或内墙装饰，也可用于外墙饰面，并且特别适宜于卫生间地面铺设。另有玻璃马赛克，不属于建筑陶瓷范畴。

（5）陶管　内外表面都上釉的不透水的陶质管子，可分为直管、异形管、地漏管、异径管等品种。坯体化学成分（质量分数）为：SiO_2 55%～60%，Al_2O_3 25%～30%，Fe_2O_3 1.5%～2.0%，MgO 0.5%～1.5%，CaO 0.3%～1.0%。一般是挤管成型，施以土釉入窑烧成。也可以在烧成过程中施以盐釉。制品的主要物理性能为：耐内压为 $3～4kgf/cm^2$❶，吸水率为 6%～9%，耐酸度 94%～98%。可用作工厂污水管、生活下水管等。如用作农业排水灌溉管道，其耐压指标应在使用内压 $5～8kgf/cm^2$ 的 2 倍以上。

（6）琉璃　用于建筑及艺术装饰的带色陶器，一般施以铅釉烧成。琉璃是祖国陶瓷宝库中的古老珍品之一。自北魏年间（公元 380～534 年）已有琉璃瓦生产，到唐代琉璃艺术已取得卓越成就。色釉有黄、绿、蓝、白、赭等色，特别是晋南的三彩法花尤其著称于世。古代琉璃盛行于山西各地，故又有山西琉璃之称。琉璃有筒瓦、屋脊、花窗、栏杆等百余种。将普通陶瓷原料制成塑性坯泥，并进行机压或石膏模型印坯，也可采用注浆成型，施釉后焙烧成制品。通常采用二次烧成，随着釉料不同，也可采用一次烧成。琉璃制品耐风雨侵蚀，不易褪色和剥釉，又具有色彩绚丽、造型古朴、结构合理、富有我国传统的民族性等特点，因此用以建造亭、台、楼、阁，显得格外雄伟壮丽。

（7）地板砖　楼房地面、客厅等处铺设用的大型地面砖，最小的边长为 200mm，最大的边长达 1m，俗称陶瓷大板。采用大吨位压机（500～3000t）压制成型，流水线干燥、施釉、印花作业，吊装式大型辊道窑烧成。目前全国约有 400 多条地板砖生产线，大部分从国外引进主机，国内设计建造窑炉，也有全套引进的。大吨位压力成型机是地板砖生产的关键，以前我国不能制造自己的大吨位压机，有的厂采用引进国外部件而由国内组装的办法，效果也不太理想。目前大吨位压机已能实现国产化。

2. 卫生陶瓷

用于卫生设施的带釉陶瓷制品称为卫生陶瓷，可分为洗面器、坐便器、蹲便器、小便

---

❶ $1kgf/cm^2 = 98.0665kPa$。

器、妇洗器、洗涤槽、水箱、浴盆等近 30 个品种及各种配套小件。坯体化学成分（质量分数）为：SiO_2 64%～70%，Al_2O_3 21%～25%，MgO 1.0%～1.3%，CaO 0.5%～0.6%，R_2O 2.5%～3.0%。一般采用注浆法成型，将磨细后的坯体泥浆注入不同类型的石膏模内，得到各种坯体，施釉后于窑内烧成得白色或彩色制品。瓷质或半瓷质卫生陶瓷的主要物理性能为：耐急冷急热性 100℃ 温差三次无炸裂，吸水率小于 4.5%，普釉白度大于 60%，白釉白度大于 70%。卫生陶瓷制品除硬质精陶外，大多属于炻器，吸水率为 3%～5%，还有瓷质的，吸水率≤0.5%。

卫生陶瓷制品要与配件组装后才具有实际使用价值。卫生陶瓷配件是与卫生陶瓷制品配套使用的附属物件，一般有铜质金属配件，如坐便器水箱开关、洗面器龙头等。此外，也有橡胶、塑料等材质做成的配件，如防漏水塞、坐便器盖板等。

3. 电瓷

电瓷，又称电工陶瓷或电力陶瓷，是电力系统中电气绝缘用的硬质瓷件，分为瓷绝缘子和电器用瓷套两大类。常用的瓷质为长石质瓷，机械强度较高的瓷质为高硅瓷和铝质瓷。随着科学的发展，许多电力设备要在高温、高介或高频条件下工作，因而在电瓷品种中也出现了氧化镁、氧化铍、氧化锌、氮化物、莫来石-堇青石等特种电工陶瓷。如陶瓷电容器，以钛酸盐类高介瓷制成；陶瓷开关灭弧罩，以氧化铝陶瓷制成；陶瓷线性电阻，以氧化铝、黏土加炭粉烧成；陶瓷非线性电阻，由 SiC 加黏土等烧成；还有陶瓷 ZnO 非线性电阻，以 ZnO 为基体，附加少量 B_2O_3、MnO_2、Sb_2O_3、Co_2O_3、Cr_2O_3 烧成。

电瓷是作为隔电、机械支持及连接用的瓷质绝缘器件，它由瓷件和金属附件组成。虽然瓷坯较脆、加工困难、制造复杂而又不容易制得精确尺寸，然而与其他材料相比，仍具有绝缘性能好、机械强度高、能经受季节转变时的温度变化、化学稳定性好、不易老化、在机械负荷的长期作用下不会产生永久变形等优点，因而在工业中的应用已有一百余年的历史。由于用途广，工作条件复杂，所以品种多，形状不一。按电压区分时，一般以用于 1kV 以内的称低压电瓷，用于 1～110kV 以内者为高压电瓷，用于 110kV 以上者为超高压电瓷。按用途又可分为线路用、电器用和电站用三类。目前按绝缘子体内最短击穿距离是否小于其外部在空气中的闪络距离的一半，将其分成可击穿型和不可击穿型两大类。针式、蝶式、盘形悬式线路绝缘子和针式支柱、空心支柱、套管、电站电器绝缘子都属于可击穿型；横担、棒形悬式线路绝缘子和棒形支柱、容器瓷套、电站电器绝缘子都属于不可击穿型。另外，尚有低频、高频、户内、户外、防污绝缘子、火花塞等之分。

衡量绝缘子质量的主要指标是它的电学性能、力学性能、热学性能和防污能力四个方面。

另外，在新型陶瓷中，类似的概念还有：绝缘陶瓷，用于电子技术、微电子技术和光电子技术中起绝缘、支撑、保护作用的陶瓷装置零件、集成电路等陶瓷基片以及陶瓷封装等瓷料，如高频绝缘子、插座、瓷轴、瓷管、基板、波段开关片等，又称装置陶瓷；电介质陶瓷，指用于微电子技术的各类电容器陶瓷；电解质陶瓷，指一类电导率可与液体电解质比拟的固态离子导体，被称为快离子导体或固体电解质。

4. 化工陶瓷

化工陶瓷即是由陶瓷材料组成的化工设备。根据品种分类有泵、鼓风机、印板机、阀门、容器、塔类、填料、耐酸耐温砖等。其坯料的化学成分（质量分数）为：SiO_2 60%～70%，Al_2O_3 25%～35%，Fe_2O_3 0.5%～3%，TiO_2 0.4%～0.8%，CaO 0.3%～1.0%，R_2O_3 2%～5%。化工陶瓷是用可塑性黏土、长石、焦宝石或矾土等原料配合，经破碎及练泥开片，以手工捣固、印坯、浇注等方法制成生坯，经高温焙烧而成。具有优异的耐腐蚀性（氢氟酸和热浓碱除外），不易氧化。在所有的无机酸和有机酸等介质中，其耐腐蚀性、耐磨性、不污染介质等远非耐酸不锈钢所能及，广泛使用于石油、化工、化肥、制药、食品、造纸、冶炼、化纤等工业，使用温度可在 $-15\sim100\text{℃}$，温差不大于 50℃。性脆、机械强度不高和耐急冷急热性差等是其缺点。

化工陶瓷不但要求耐化学品腐蚀性能好，而且还要求不渗透、机械强度高、热稳定性好。但要同时满足这些要求是困难的，因此根据不同要求，可以生产耐酸陶瓷、耐酸耐温陶瓷和工业陶瓷三种化工陶瓷。

（五）纺织陶瓷、多孔陶瓷、化学瓷

这几类陶瓷是传统陶瓷之外的三组分陶瓷，但它们同属普通陶瓷的范畴。

1. 纺织陶瓷

纺织陶瓷即是用陶瓷材料制作的各类导丝器（如导丝钩、导丝叉、导丝管、导丝环、导丝块等），用于纺织机上纤维通过的部位。要求是：瓷质细腻，硬度高，耐磨性好，工作面光滑，对纤维摩擦系数小。天然纤维纺织工业中常用一般硬质瓷及高铝瓷，合成纤维及玻璃纤维则用钢玉、铬刚玉或人造蓝宝石等制成的导丝器。成型方法大都采用热压铸。

2. 多孔陶瓷

含有大量闭口气孔或贯通性开口气孔的陶瓷制品，称为多孔陶瓷。如空心球及用作绝热或隔声的材料中含有大量闭口气孔；而过滤陶瓷则含有大量贯通性开口气孔。气孔的形成主要是在配料中添加发泡剂，有时也加入一些可燃烧的有机物，或采用海绵浸渍泥浆成型等。成型可用注浆、热压铸、捣打、等静压等方法，对多孔陶瓷的气孔，要求分布均匀，孔径控制在 $0.5\sim300\mu\text{m}$ 范围内。制品还应具有一定的机械强度和耐化学品腐蚀性、耐冷热急变性等。化工生产中的催化剂载体、沸腾床气体分布板等也多用多孔陶瓷制成。

多孔陶瓷的主要性能指标有气孔率、微孔直径、透气度、渗水率、机械强度、耐酸碱腐蚀性等。多孔陶瓷由于具有耐高温、耐化学腐蚀、强度高、孔径分布均匀、原料来源广、成本低、使用寿命长等优点，在国民经济的许多部门已得到广泛应用。其应用情况基本上可分为应用条件截然相反的两种类型：一是两种物相分离；二是把一种物相分散到另一种物相之中，也就是使两相结合。多孔陶瓷的应用主要分为以下几个方面。

（1）液体过滤　滤除悬浮液中的固体粒子，把两种不相混溶的液体加以分离，用作耐碱多孔陶瓷、滤水器等。

（2）气体过滤　气体和固相分离（除尘器等），气体和液体分离（除雾器等）。

（3）散气　又称充气、布气。一是把气体分散到液体之中（隔板、分散、发散）；二是把气体分散到固体之中（空气分布板、空气滑板、流化态粉料运输等）。

（4）催化剂载体　如氧化铝多孔陶瓷表面涂覆铂催化剂，净化涂料厂、炼油厂和其他类似工厂的臭气。

另外，多孔陶瓷在特殊应用方面也很广泛。例如，在电子工业和高温工程中可用作绝缘防辐射板；高气孔率（54%）的石英质多孔元件可用于将被吸附的液体逐渐放出的装置中等。

3. 化学瓷

制药工业、化学工业、化学实验室等用的陶瓷器皿，是在配料中含黏土成分比较高（50%左右）的硬质瓷范围。硬度、机械强度比较高，耐化学品腐蚀性和热稳定性也比较好。

有坩埚、蒸发皿、燃烧舟、燃烧炉管、漏斗、研钵、过滤板、热电偶瓷管、球磨瓷坛、瓷衬砖、瓷球等。材质主要有莫来石质、刚玉-莫来石质、刚玉质、氧化镁陶瓷、氧化锂陶瓷、氧化锡陶瓷等。

就实用的要求而言，优良的化学瓷应具备下列性能。

（1）玻化完全，吸水率接近于零。

（2）能耐急冷急热的变化。

（3）能抵抗酸、碱、盐等化学药品的侵蚀。

（4）经过多次的灼烧和冷却后，其重量的变化必须极小。

（5）须具有足够的化学强度。性能优良的化学瓷都含有大量的莫来石，同时坯体组成中的游离石英含量应尽量少，以防使用中多次灼烧和冷却而发生开裂。

化学瓷成型方法有注浆法、可塑法，较多采用的是注浆法。化学瓷坯釉一次烧成。

四、传统陶瓷基本制备方法和技术

基本流程如下：原料制备（处理）→成型→干燥→施釉→烧成→后处理。主要是三大工序，其中原料是基础，烧成是关键，成型是保证。

普通陶瓷的传统制备技术，有的多达 20 多个环节，每一个环节都对产品性能影响甚大。

（一）原料处理和配制

1. 传统陶瓷三组分原料——黏土、石英、长石

原料是基础，决定质量和工艺。

（1）黏土　铝硅酸盐矿物（含水）提供塑性。Al_2O_3 提供强度和耐火性。

黏土有各种颜色，包括白色，如苏州土、唐山小白干等。

（2）石英　瘠性原料，与长石形成玻璃相，增加密度，减少变形；与黏土中 Al_2O_3 形成莫来石，形成骨架。

石英有七种晶型，相互转变时有体积变化，尤其是 573℃ 的转变极容易出问题（烧成后冷却时），一般采取急冷度过的方法。

石英要求外观光泽晶莹。

（3）长石　架状。包括：钠长石、钾长石（正长石）；钙长石、钡长石（斜长石）。

生产用长石往往是几种长石的互溶物，含杂质，无固定熔融温度。

长石熔融后溶解部分黏土分解物和石英，促进成瓷，降低烧成温度（助熔作用），形成玻璃相。

钠长石呈白色，钾长石呈肉红色。

其他添加物包括：MgO、ZnO，有利于强度、耐碱；Al_2O_3、ZrO_2，促进强度、抗热震；SiC，提高导热性和强度。

其他原料包括碳酸盐类、滑石、硅灰石、骨灰等，起熔剂作用、瘠化作用或调整坯料性能作用。

陶瓷釉料用原料包括特殊熔剂原料、化工原料。

生产用辅助材料包括石膏、各种外加剂等。

2. 原料处理

包括拣选、破碎、淘洗、配料、混合、磨细、滤水、加工练泥、制成坯料（可塑泥料、粉料、料浆）等工序。

（1）原料加工与坯料制备　图7-1所示为传统陶瓷坯料制备的一般工艺流程。

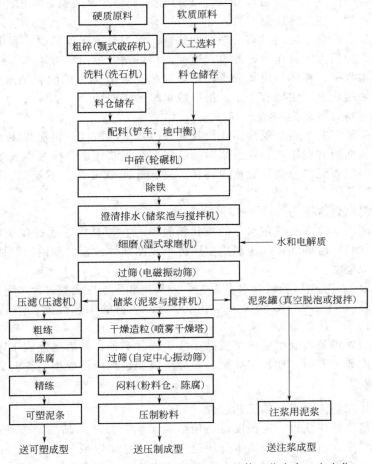

图 7-1　传统陶瓷坯料制备的一般流程（具体工艺中有一定变化）

　　上述流程为传统流程，具体生产工艺中根据具体情况会有一些变化。例如，有时要增加原料煅烧、黏土风化等环节；随着生产技术的进步，一些工厂会采取一些新的工艺，如中碎时用雷蒙磨、采用自动配料系统、计算机控制等。

　　（2）原料精加工（或精选）　对原料进行分离、提纯和除去各种有害杂质。对高档卫生陶瓷和日用陶瓷很重要。

　　（3）原料煅烧　改善结构便于粉碎，调整晶型转化避免在产品中的体积变化，烧去有机质减少收缩等。

　　（4）黏土风化　露天堆放，经受阳光、风雨、冰冻作用，便于破碎，破坏原有结构，便于混合，提高可塑性。

　　（5）坯料　将陶瓷原料经过配料和加工后，得到的具有成型性能的多组分混合料。主要有三种：注浆坯料、可塑坯料、压制坯料。用于三种不同的成型方法。

（二）坯料成型

1. 成型

成型就是将制备好的坯料制成具有一定大小、形状的坯体的过程。成型的目的是使产品具有一定形状、尺寸、密度和必要的强度（满足半成品搬运时的要求）。成型要求坯体致密且均匀，具有一定强度（干燥前后），形状、尺寸应与最终产品协调，考虑干燥和烧成收缩。成型方法主要有可塑、注浆、压制三种。

（1）可塑成型法　基于坯料具有可塑性的特性。将泥料置于模具内，利用模具或刀具等运动造成的压力、剪切力、挤压力等外力，迫使泥料可塑变形而制得坯体。一定时间后，模具吸水，坯体脱水收缩，坯体与模具分离，即可脱模。含有黏土的配料加水可获得可塑性，可塑性不足时可加塑化剂。主要有手工、挤压或机械加工成型。

可塑法成型泥料含水率为 18%～25%。

（2）注浆成型法　基于石膏模为多孔模具能吸收水分的特性。将泥浆注入多孔模具，模具吸水，模具内表面附着泥层，一定吸浆时间后将多余泥浆倾出，模具继续吸水，附着泥层脱水收缩，模具与附着泥层分离，脱模得坯体。适用于形状复杂、不规则、薄壁、大体积、尺寸要求不严的产品。

注浆法成型泥浆含水率为 45%～55%。

（3）压制成型法　将含有一定水分的粒状粉料填充在模具内，通过压头模具压缩粉料，制得具有一定形状和强度的坯体。压制成型所得半成品坯体致密。新的压制成型法主要有干压成型法、硬塑成型法。

压制成型分为干压成型（粉料含水率为 3%～5%）和半干压成型（含水率为 6%～10%）。

成型方法选择主要考虑产品形状、大小、厚薄、坯料的工艺性能、产品产量和质量要求、劳动条件和技术经济指标等。

成型工序的后处理是将成型后的半成品，经干燥、上釉，然后送烧成工序。

还有许多其他成型方法，如真空成型、等静压成型、热压铸成型、注射成型等。

2. 坯体干燥

坯体干燥是排除坯体中水分的工艺过程。

干燥的目的是使坯体获得一定强度以适应后续运输、修坯、黏结、施釉等操作的要求，并避免在烧成过程中，由于大量残留水分快速汽化而使坯体爆裂、开裂。

坯体的结构特点是：具有许多毛细孔，孔中含有水分。所含水分分为化学结合水、吸附水、自由水。干燥对象是自由水。

干燥收缩是指干燥过程中自由水排除，颗粒靠近，体积收缩。收缩大小与黏土性质、坯料组成、含水率、加工工艺等有关。

干燥开裂是指不均匀收缩导致坯体变形和开裂。影响因素有坯料性质、干燥方式、干燥速度等。

干燥方式分为自然干燥、人工干燥（或强化干燥）。自然干燥是将坯体置于自然空气中，坯体水分逐渐自然蒸发而使坯体得到干燥；强化干燥为利用外加热源对坯体加热，加速坯体干燥。自然干燥周期长，受天气情况制约，需对坯体人工翻转，劳动强度大，干燥过程不易控制，易出现质量缺陷。现多为强化干燥。

（1）热空气干燥　对流换湿换热，热空气以一定流速流经坯体表面，将热量传给坯体，同时将坯体蒸发出的湿空气带走，逐渐实现对坯体的干燥。换热的目的还是蒸发换湿。

常用的热空气干燥设备设施有室式干燥、隧道干燥、链式干燥等。

（2）电热干燥　将工频交变电流直接通过被干燥坯体内部进行内热式干燥。

（3）高频干燥　以高频或相应频率的电磁波辐射使坯体内水分子产生弛张式极化，转化为干燥的热能而使坯体干燥。

（4）微波干燥　以微波辐射使生坯内水分子运动加剧，转化为热能干燥生坯。

（5）红外线干燥　利用红外线辐射使生坯内水分子的键长和键角振动，偶极矩反复改变，转化为热能干燥坯体。

（6）综合干燥　利用上述各方法的特点联合使用干燥生坯。例如，英国 Drimax 带式快速干燥器采用带式运输，红外线辐射和热风干燥交替进行，使干燥过程更趋合理、经济、高效。

（三）制品的烧成

1. 烧成概念

为了获得所要求的使用性能，对成型后经干燥的坯体进行高温处理的工艺过程称为烧成。

烧成的目的是去除有机质，减少气孔，产生新物质，增加强度，获得所需性能。

烧结的概念是坯体中的液相量达到 50% 以上、坯体基本不含气相的状态，而烧成后的坯体液相含量一般不超过 30%，有的烧成过程甚至不产生液相。因此，烧成是一个工艺概念，即使对同一种配料，由于要求不同，烧成的控制温度可能不同，而烧结是一个物理概念，必须达到一定的烧结程度，对某一种配料，达到烧结时的液相量是一定的，烧结的温度也是一定的。

2. 烧成过程

（1）蒸发阶段（室温至 300℃）　主要是排除坯体干燥后的残余水分，蒸发阶段结束后，坯体完全干燥，收缩很小，强度增大。此阶段的变化属纯物理现象。

（2）氧化物分解和晶型转化阶段（300～950℃）　发生较复杂的物理化学变化，包括黏土矿物中结构水的排除，有机物、无机物的氧化，碳酸盐、硫化物等的分解，石英的晶型转变（β 型石英→α 型石英）等。

（3）玻化成瓷阶段（950℃至烧成温度）　此阶段的过程有液相形成、组分溶解、固相反应、晶相析出、传质进行、烧结成瓷。

（4）冷却阶段（烧成温度至室温）　主要在原长石区域析出或长大成二次莫来石，但数量不多。此阶段液相黏度大，不发生结晶，而在 350～750℃ 之间玻璃相形成。

陶瓷组织结构如下：显微结构中，点状的为一次莫来石，针状的为二次莫来石，可观察到块状残留石英、小黑洞气孔。

影响产品质量的因素有原料成分、纯度、细度、坯料均匀性、成型密度、升温速度、烧结温度、窑内气氛、冷却制度。

坯体在烧成过程中所发生的一系列物理化学变化在不同阶段进行的程度和状况决定了陶瓷制品的质量和性能。

3. 烧成方式

（1）一次烧成　将生坯施釉后入窑仅经一次高温煅烧制得陶瓷产品。

（2）二次烧成　生坯施釉前先进行一次煅烧，煅烧后的坯体称为素坯，将素坯施釉后，入窑进行第二次煅烧。分为两种方式：高温素烧，低温釉烧；低温素烧，高温釉烧。

烧成方式可分为明焰烧成、隔焰烧成、半隔焰烧成；又可分为氧化气氛烧成、还原气氛烧成、中性气氛烧成、保护气氛烧成；还可分为真空烧成、压力烧成等。

烧成方式的选择主要依据产品大小、形状和性能要求以及窑炉制造水平和综合经济效益等。

4. 烧成制度

陶瓷产品的烧成过程历经高温，情况复杂，其中温度、压力、气氛的影响均较大。

（1）温度制度　烧成过程中对各阶段温度变化的控制。主要参数有升温速度、最高烧成温度、保温时间和冷却速度等。

（2）压力制度　窑内热空气压力的控制。相对于窑外大气压，窑内压力的大小和变化趋势直接影响窑内热空气流动方向和流动速度，从而影响烧成过程的换热传质和物理化学变化。窑内压力小于窑外压力为负压，窑内压力大于窑外压力为正压。对于隧道窑来讲，一般控制预热带为负压，烧成带为微负压或微正压，冷却带为正压，零压位的位置一般在烧成带与冷却带之间。窑内压力的正负、大小、变化情况，尤其是零压位的确定和稳定，对窑炉烧成是很重要的。

（3）气氛制度　窑内热空气中 CO 比例较大时，为制品的化学变化提供还原环境，称为还原气氛；窑内热空气中 CO_2 比例较大时，为制品的化学变化提供氧化环境，称为氧化气氛。氧化气氛和还原气氛可使陶瓷坯体中的某些元素物质呈现不同的化合价态，从而赋予产品不同的外观颜色和内在性质，因此，窑内气氛控制非常重要，尤其是对一些气氛比较敏感的产品，以及原料中含 Fe、Ti 等较高的坯体。主要参数有强氧化气氛、氧化气氛、中性气氛、弱还原气氛、还原气氛、强还原气氛等。

5. 窑炉和窑具

（1）窑炉　按其结构分为隧道窑、辊道窑、推板窑（多孔窑）、圆窑、方窑、龙窑、直焰窑、倒焰窑、抽屉窑（梭式窑）、钟罩窑及各种电热窑炉。

所用燃料有固体（煤）、液体（重油、柴油）、气体（液化气、天然气、水煤气）和电等。如隧道窑，有煤烧隧道窑、油烧隧道窑、气烧隧道窑、电烧隧道窑等。

（2）窑具　支撑或托放陶瓷坯体的耐火制品。主要有窑车、匣钵、棚板、支柱、垫片、滚珠等。

（四）釉料制备与施釉装饰

釉料是指熔融覆盖在陶瓷坯体表面上的一层很薄的均匀玻璃质层。

施釉的目的是，改善产品技术性质和使用性质，提高装饰质量。提高强度，防止渗水、透气，使制品平滑光亮，增加美感，保护釉下装饰等。

1. 釉料制备

要使烧成后在釉料内形成一定结构（晶体、微晶、玻璃、气相、一定的化合物和矿物），达到一定性能。釉层中的相组成直接影响釉面透光度、光泽度、白度、热稳定性、坯釉适应性、机械强度等。釉的宏观性质取决于它的显微结构，釉的显微结构又取决于釉的组成、制备工艺、施釉方法、烧成制度。

坯釉适应性问题是坯体和釉层的性能要能够适应，否则，坯体和釉层结合不好，造成脱釉、开裂、橘釉、热稳定性差等缺陷。一般是以坯定釉，即调整釉料以适应坯体的要求，最重要的是坯体和釉层热膨胀系数的匹配性，由于釉层（玻璃质）的抗压强度高于其抗拉强度，往往调整釉料的组成和工艺使其热膨胀系数略低于坯体的热膨胀系数，以便在烧成后的冷却过程中，由于釉层收缩较小，坯体收缩较大，坯体层拉着釉层收缩，而使釉层内受到压应力。

（1）配方设计（化学成分）　主要考虑经验、相图（也是上升到理论的经验）。预计在一定条件下可能形成的结构和具有的性能。

（2）确定釉料组成　设计原料配比。有时省去配方化学组成设计，直接根据经验进行原料配比设计计算。

（3）釉用原料　除黏土、长石、石英外，还有各种矿物原料、化工原料，有时多达十几种。要求原料纯度高，成分稳定。

（4）调制釉浆　根据配方设计确定的釉料组成制备釉浆。

生料釉是将全部原料直接加水制备成的釉浆。

熔块釉是将原料中部分可溶性的原料（B_2O_3 等）和铅化合物（有毒性的原料等），先经 $1200\sim1300℃$ 的高温熔化，然后投入冷水中急冷，制成熔块（将可溶物和有毒物固定，急冷后熔块炸裂，结构破坏，易于粉碎），再与生料混合研磨制成的釉浆。

土釉是将易熔黏土研磨制得的单原料釉浆。用于要求不高的陶瓷器皿。

盐釉是在烧成过程中向窑内喷入盐溶液，与坯体表面产生反应形成很薄的釉层。

2. 施釉

要求坯体表面清洁，具有一定吸水性。烧结程度高的素烧坯体需要加热到一定温度以便黏附足够的釉浆。

施釉基本方法包括浸釉、淋釉、喷釉。其他还有静电施釉、流化床施釉、釉纸施釉、干压施釉等。

五、陶瓷基本性质

（一）陶瓷一般性能

普通陶瓷是经配料、成型、烧结而制成。组织中主晶相为莫来石（$3Al_2O_3 \cdot 2SiO_2$）占 $25\%\sim30\%$，次晶相为 SiO_2；玻璃相占 $35\%\sim60\%$，是以长石为熔剂，在高温下溶解一定量的黏土和石英而形成的液相冷却后所得到的；气相占 $1\%\sim3\%$。该种陶瓷质地坚硬，不导电，能耐 $1200℃$ 高温，加工成型性好，成本低廉。缺点是含较多玻璃相，高温下易软化，强度较低，耐高温性能及绝缘性能不如特种陶瓷。这类陶瓷产量大，广泛应用于电气、化工、建筑、纺织等工业部门。用作工作温度低于 $200℃$ 的酸碱介质容器、反应塔管道、供电系统的绝缘子、纺织机械中的导纱零件等。

陶瓷是多相结构，瓷体主要由玻璃相、气相和多种晶相组成。陶瓷的相组成和结构，在很大程度上决定了陶瓷的性能。

陶瓷材料性能特点是：各类陶瓷的性能不一，但也有其共性，如硬度高、刚度大、强度高、熔点高、耐腐蚀、电绝缘、塑性与韧性低等。这些性能特点是由陶瓷的键型、晶体结构、显微组织（相分布、晶粒形状和大小、气孔数量和大小分布、杂质、缺陷）等因素所决定的。

1. 力学性能

陶瓷的力学性能包括机械强度、弹性、硬度、高温力学性能（高温强度、高温蠕变、抗热震性）。

（1）高硬度　归功于较高的电子云重叠程度（共价晶体）或较高的离子堆积密度（离子晶体）。

（2）刚度大　刚度由弹性模量 E 衡量，反映化学键能。陶瓷材料的强大的离子键和共价键使其具有很高的弹性模量，数倍于金属，比高聚物高 $2\sim4$ 个数量级。

陶瓷的弹性模量还与相的种类、分布、数量、气孔率有关。$E/E_0 = 1 - kP$，E_0 为气孔率为 0 时的弹性模量，P 为气孔率，k 为常数。

温度对弹性模量也有影响。

（3）强度高　化学键型决定强度，陶瓷材料的共价键、离子键的键合能力都很高。对于陶瓷材料，实际强度为理论强度的 1/100，归咎于陶瓷材料中的大量缺陷和气孔。

影响强度的因素有成分组织纯度、杂质、缺陷、气孔、密度、晶粒大小、应力状态等。

陶瓷材料强度特性是，高温强度优于金属，高温抗蠕变能力强，抗氧化，适宜作高温材料。

（4）塑性与韧性低　塑性和韧性是陶瓷材料的最大弱点。少数有一定塑性，如 MgO、KCl、KBr。一般室温伸长率为 0。

陶瓷材料无塑性变形，低应力下易断裂，具有脆性，是裂纹扩展导致脆性断裂。

裂纹产生的原因是，温度应力不均匀，表面刻痕，化学腐蚀。

裂纹扩展产生的原因是，尖端的应力集中不能松弛。

（5）提高陶瓷材料强度及减轻脆性的途径　裂纹是各种缺陷共同导致的。强化措施包括消除各种缺陷、阻止缺陷发展。具体方法有：制造微晶、高密度、高纯度陶瓷，提高晶体完整性，达到"细、密、匀、纯"，如热压 Si_3N_4、纤维、晶须；使表面呈压应力，抵消、缓解表面拉应力（陶瓷抗拉强度极低）；可采用淬火法、离子交换法、化学法；复合强化，使用碳纤维、SiC 纤维等。

2. 热学性能

陶瓷的热学性能包括熔点、热容、热膨胀系数、导热性、抗热震性。

（1）熔点　属于高温材料，熔点高，化学稳定性好（抗氧化等）。

（2）热容　随温度升高而增大，至一定温度后不再改变。与气孔率有关，多孔、轻质、保温。

（3）热膨胀系数　与晶体结构和键型有关。一般为 $10^{-6} \sim 10^{-5} K^{-1}$，较小。

（4）导热性　与原子振动有关。陶瓷多为绝热材料，但氧化铍陶瓷导热性好。

（5）抗热震性　与线膨胀系数、导热性和韧性有关。陶瓷多数抗热震性差，但碳化硅陶瓷抗热震性好。

3. 电学性能

陶瓷的电学性能有绝缘能力、电阻率、介电常数、介电损耗等。陶瓷材料电学性能变化范围大，大多为绝缘体。

（1）绝缘性　陶瓷可制作绝缘器件，包括低压、中压、高压和超高压器件，其绝缘、高强、化学性质稳定、尺寸稳定。

（2）介电性　作为陶瓷电介质，相关的介电性有介电极性、介电损耗、介电强度（介电能力）等。陶瓷可制作高频高温器件，其介电损耗小。

（3）半导性　某些陶瓷具有半导性。其成分 SnO_2、CaO、MgO 性质稳定（通常 ZrO_2 为高温良导体）。例如半导体陶瓷、导电陶瓷、快离子导体陶瓷、超导陶瓷。

4. 光学性能

普通陶瓷的光学性能主要有透光度、白度、光泽度（对釉面而言）、乳浊度。由于晶界、气孔作用，陶瓷一般不透明。对某些具有特殊光学性能的特种陶瓷，称为光学陶瓷。

（1）透明陶瓷　应用控制晶粒直径技术可使某些氧化物陶瓷透明，如透明 Al_2O_3 陶瓷。

（2）光学陶瓷　具有透光性、导光性、光反射等功能。用作透明材料、红外光学材料、光传输材料、激光材料。

5. 化学性能

陶瓷具有优异的抗化学侵蚀能力是源于瓷体致密，又有釉层，使其广泛用作化学、化工、建筑卫生陶瓷。陶瓷还具有很高的生物稳定性和一定的自洁能力，适宜制作餐具、茶具和酒具。

（1）稳定性　陶瓷结构稳定，原因为金属离子被氧离子屏蔽，很难氧化。高温（1000℃）下仍不氧化。

（2）抗蚀性　陶瓷抗蚀能力高，耐酸碱盐、熔融非铁金属（Cu、Al 等），但高温熔盐和氧化渣等对陶瓷会有一定的腐蚀。

（3）耐酸性　陶瓷耐酸性优于耐碱性。但长期暴露于环境中也会受到酸碱盐和水及水汽等一定的侵蚀。

6. 磁学性能

磁根源为电子轨道运动和自旋；所有物质都有磁性；电、磁可转换；磁场无处不在（超导状态除外）；超导体具有完全抗磁性。

磁性陶瓷包括含铁的铁氧体陶瓷、不含铁的非铁氧体陶瓷。多属于半导体材料。

（1）铁氧体磁性材料　有软磁铁氧体、永磁铁氧体、旋磁铁氧体、矩磁铁氧体、磁泡材料、磁光材料、压磁铁氧体等。

（2）稀土永磁材料　比普通铁氧体磁性材料磁性强几十倍到数百倍，如第三代永磁王——钕铁硼。

（二）先进陶瓷的特性和应用领域

除普通陶瓷之外，陶瓷还有结构陶瓷、功能陶瓷，以及在陶瓷中渗入金属的金属陶瓷和以金属纤维或无机非金属纤维增强的纤维增强陶瓷。在成型工艺上，也突破了传统方法，而采用热压铸、热压、热锻、等静压、气相沉积等方法。这些陶瓷由于其化学组成、显微结构以及性能不同于普通陶瓷，故称为特种陶瓷。其不同的化学组成和组织结构决定不同的特殊性能和功能，如高强度、高硬度、高韧性、耐腐蚀、导电、介电、绝缘、磁性、透光、半导体以及压电、铁电、反铁电、光电、电光、声光、磁光、变色、光敏、臭敏、触敏等。由于性能特殊，这类陶瓷可作为工程结构材料和功能材料应用在高温、机械、生物以及电子、计算机、激光、核反应、宇航等方面，成为现代尖端科学技术的重要组成部分。

由于大多数先进陶瓷是离子键或共价键极强的材料，所以与金属和聚合物相比，它熔点高，抗腐蚀和抗氧化，耐热性好，弹性模量、硬度和高温强度高。许多陶瓷，如 Al_2O_3、ZrO_2、Si_3N_4、SiC 等陶瓷，已成为优异的高温结构材料。和传统陶瓷一样，它的最大缺点是塑性变形能力差，韧性低，不易成型加工。由于这一缺点，材料一经制成，其显微结构就难以像金属和合金那样可通过变形求得改善，特别是其中的孔洞、微裂纹和有害杂质，不可能通过变形改变其形态或消除。与此同时，陶瓷力学性能的结构敏感性比金属和合金要强得多，从而陶瓷材料受力时产生突发性脆断。陶瓷材料韧化问题的研究是当前陶瓷材料重要的研究领域之一，已取得了引人注目的进展。陶瓷的功能及其应用举例见表 7-3。

许多先进陶瓷都具有优良的介电性能、耐磨性能、隔热性能、压电性能和透光性能。应该指出，许多陶瓷都具有十分优异的综合性能。例如，Si_3N_4 既具有优良的力学性能，可作为结构材料，又有高的硬度、低的热膨胀系数、高的热导率、好的耐腐蚀性、绝缘性等，可以用作刀具材料、耐腐蚀材料和电磁方面应用的材料。Al_2O_3 除了广泛用作电瓷（装置瓷）

表 7-3　陶瓷的功能及其应用举例

按功能分类	功能	氧化物陶瓷应用	非氧化物陶瓷应用
力学功能	研磨和耐磨性	磨料,砂轮	磨料,砂轮,轴承
	切削性	刀具	刀具
	高强度	复合材料	发动机部件,燃气机叶片
	润滑性		固体润滑剂,脱模剂
电磁功能	绝缘性	基片,绝缘件	基片,绝缘件
	介电性	电容器	
	导电性	电池,发热元件	发热元件
	压电性	振荡器,点火元件	
	磁性	磁芯	
半导体功能	热敏性	温度传感器,过热保护器	
	光敏性	光传感器	
	气敏性	气敏元件,气体警报器	
	湿敏性	湿敏传感器,湿度计	
	压敏性	压敏传感器	压敏传感器
光学功能	荧光性	激光器	激光二极管,发光二极管
	透光性	钠蒸气灯灯管,透光电极	窗口材料
	透光偏振性	偏光元件	
	光波导性	光导纤维,胃镜纤维管	
	反光特性	聚光材料	聚光材料,热反射玻璃
热学功能	耐热性	耐热结构材料,耐火材料	耐热结构材料
	隔热性	隔热材料	隔热材料
	导热性	基板,散热器件	基板
生物、化学功能	生物适应性	人工骨,人工牙	人工关节,人工骨
	吸附性	催化剂载体	
	催化作用	控制化学反应,净化排出气体	
	耐腐蚀性	化学装置,热交换器	化学装置,热交换器,热电偶保护套,坩埚
与原子能有关的功能	核反应	核燃料	核燃料
	吸水中子	控制材料	控制材料
	中子减速	减速剂	减速剂,反射剂
	其他		包覆材料,热核反应堆材料
超导功能		超导体	

外，又是最重要的刀具材料、磨料、砂轮材料。SiC 既有优良的高温力学性能，是极有前途的高温结构材料，又是常用的发热体材料、非线性压敏电阻材料、耐火材料、砂轮和磨料以及原子能材料。ZrO_2 既是优良的刀具材料，又是好的发热体材料、耐火材料、高温结构材料，特别是它还具有优良的半导体特性，可用作敏感元件。Al_2O_3、ZrO_2 等还是有名的宝石材料，可用作饰品和轴承。因此，我们必须十分注意发掘陶瓷材料的综合潜力，不断开拓它的新的应用领域，以适应新技术发展对材料的需求。

六、陶瓷生产主要技术装备

（一）原料处理设备

1. 粉碎设备

（1）粗碎　处理后的物料直径大于100mm。颚式破碎机可用于粗碎和中碎。分为复杂摆动式颚式破碎机和简单摆动式颚式破碎机。颚式破碎机的规格用其进料口的尺寸（宽×长）来表示，单位为mm。主要有150mm×250mm、200mm×350mm、250mm×400mm、400mm×600mm等几种，还有一些大型和特大型的颚式破碎机。

（2）中碎　粉碎细度为颗粒直径在30～100mm之间。轮碾机分为水轮碾和干轮碾等。雷蒙磨（环辊磨）可用于中碎和细碎。锤式粉碎机可用于中碎和细碎。

（3）细碎　粉碎细度为颗粒直径在3～30mm之间。球磨机有各种规格，装料量从几十克到几十吨都有。分为干法球磨和湿法球磨等。

（4）粗细磨　粉碎细度为颗粒直径在0.1～3mm之间。

（5）精细磨　粉碎细度为颗粒直径在0.1mm以下。

（6）超细磨　粉碎细度为颗粒直径在0.004～0.02mm之间。超细磨有振动磨、流能磨、胶体磨。

（7）筛选设备　筛选设备有筛分设备（如电磁振动筛）、磁选设备（如除铁器）。

2. 泥浆输送、搅拌设备

泥浆输送、搅拌设备有泥浆泵、隔膜泵、泥浆池、泥浆搅拌机（如螺旋搅拌机）。

3. 压滤、练泥设备

压滤、练泥设备有压滤机系统（如箱式压滤机）、练泥机系统（如双轴搅拌机、练泥机、真空练泥机）。

4. 制粉设备

制粉设备有打粉机、喷雾干燥塔。

5. 除尘设备

除尘设备有旋风收尘器、袋式收尘器、湿法收尘器、电磁收尘器、现代高效收尘系统。

（二）成型设备

1. 注浆成型设备

注浆成型设备有石膏模、离心注浆机、真空注浆机、自动注浆成型机。

2. 塑性成型设备

塑性成型设备有手拉坯成型机、模压成型机、滚压成型机、旋坯成型机。

3. 压制成型设备

压制成型设备有半干压成型机（如手动螺旋压坯机、摩擦压力机）、干压成型机。

4. 先进成型设备

先进成型设备有热压注成型机、冷等静压成型机、热等静压成型机、喷射成型机。

5. 干燥设备

干燥设备有隧道式干燥器、链式干燥器、转盘式干燥机、液压推板式干燥机。

6. 修坯设备

修坯设备有修坯机、行列式双头精坯机、挖底机。

（三）烧成设备（热工设备）

1. 窑炉

窑炉有竖穴窑、横穴窑、龙窑、升焰式圆窑、升焰式方窑、直焰窑、馒头窑、倒焰窑、阶级窑（阶梯窑）、蛋形窑（景德镇窑）、隧道窑、辊道窑、多孔窑（推板窑）、梭式窑（抽屉窑）、钟罩窑、电窑。

2. 窑车

窑车有窑车、拖车、推车器（如螺旋式推车器、液压式推车器）。

3. 窑具

窑具有匣钵、耐火材料、支垫、棚板、隔焰板。

（四）釉料制备设备

1. 制釉设备

制釉设备有球磨机。

2. 施釉设备

施釉设备有施釉机、喷釉机、淋釉机、浇釉机、甩釉机。

3. 装饰机械

装饰机械有彩绘机、划线镶金机、贴花镶金机、自动套色印花机、凹版印刷丝网印花机、装饰印花机。

第二节　水泥及胶凝材料

现代水泥的历史并不长，是从 1824 年波特兰水泥诞生之日发展起来的。水泥是最重要的建筑材料之一，被称为三大基本建设材料之一（水泥、木材、钢材）。

水泥的英文 cement 一词由拉丁文 caementum 发展而来，是碎石及片石的意思。水泥的作用主要是将砂石、砖瓦等建筑材料黏结在一起，它是一种胶凝材料，并且在众多胶凝材料中占有突出地位。

一、水泥与胶凝材料概述

（一）胶凝材料及其分类

胶凝材料定义为：能将散状材料（砂子、石子）或纤维材料胶结在一起，经物理、化学作用，由浆体硬化而成为坚固的人造石材的材料。胶凝材料分为有机和无机两大类。

有机胶凝材料是指化学组成主要为有机成分的可以起到胶凝固结作用的材料。如石油沥青、煤沥青、各种天然和人造树脂等。

无机胶凝材料是指化学组成主要为无机非金属成分的可以起到胶凝固结作用的材料。按照固化条件分为气硬性和水硬性两类。气硬性胶凝材料只能在空气中硬化而不能在水中硬化，如石灰、石膏、菱苦土、镁质胶凝材料、水玻璃等。水硬性胶凝材料和水拌和后既能在潮湿空气中硬化又能在水中硬化，如各种水泥等。

气硬性和水硬性胶凝材料的主要和本质区别是：是否有水或 O_2 的参与。水硬性胶凝材料在干燥空气（没有水蒸气）的环境中是不能硬化的。而气硬性胶凝材料在水中隔绝空气（O_2）的情况下不能硬化。

（二）水泥的概念和定义

我们经常接触到水泥或水泥产品，它对我们来说是再熟悉不过的东西，我们实际上是生活在水泥制品的世界里。水泥可以用来建设高楼大厦，也可以用来修筑公路、建设大坝，在一切建设项目和建筑工程中都离不开水泥，因此可以说，当代经济的发展和社会的发展离不开水泥。水泥是无机非金属材料中使用量最大的一种建筑材料和工程材料，广泛用于建筑、水利、道路、石油、化工以及军事工程中。近年来，工业发达国家因水泥需要量基本达到饱和，水泥年产量已趋于平稳或下降，而中国等发展中国家的水泥年产量则增长较快。

水泥为青灰色粉状物料（白色水泥、彩色水泥、某些特种水泥除外）。图 7-2 为水泥粉料的性状。水泥可以散装运输（水泥罐车），也可以成袋封装运输。水泥与砂子等混合后加水，可制得水泥砂浆，用于黏结砖瓦、石料等砌筑墙体；水泥与砂子、石子等混合后加水，可制得水泥混凝土砂浆，用于混凝土浇筑和预制混凝土构件等。图 7-3 为水泥混凝土砂浆。混凝土砂浆可制得各种预制件，除主要用于制作建筑物预制构件外，还可制作园林园艺构件及其他工具和制品。图 7-4 为水泥混凝土建筑预制件。图 7-5 为水泥混凝土小船。图 7-6 为水泥园艺装饰品构件。

图 7-2　水泥粉料的性状

(a) 现场拌制的砂浆

(b) 商品混凝土砂浆

图 7-3　水泥混凝土砂浆

水泥定义为：凡细磨材料，加入适量水后，成为塑性胶体，既能在水中硬化，又能在空气中硬化，并能把砂石或纤维等材料牢固地胶结在一起的（水硬性胶凝）材料，统称为水泥。

水泥作用过程是：细磨→适量水→塑性浆体→潮湿空气或水中硬化→将砂、石材料胶结在一起。

(a) 预制板(建筑楼板)

(b) 水泥管道

(c) 水泥花砖

图 7-4 水泥混凝土建筑预制件

图 7-5 水泥混凝土小船

（三）气硬性无机胶凝材料

1. 石膏胶凝材料

石膏胶凝材料主要成分为硫酸钙，是一种传统材料，历史悠久，发展前景广阔。在化工、医药、工艺美术、建筑材料等领域应用广泛。可用作围护材料、功能材料。包括建筑石膏、高强石膏、模型石膏、硬石膏水泥等。

（1）石膏胶凝材料的原料　有天然二水石膏（$CaSO_4 \cdot 2H_2O$）和天然硬石膏（无水石膏，$CaSO_4$），及工业副产品石膏（化工石膏），如磷石膏、氟石膏等。

天然二水石膏为生石膏，属于沉积岩石，呈白色，加热炒制后可得半水石膏（$CaSO_4 \cdot \frac{1}{2}H_2O$），根据炒制条件不同（是否加水蒸气及炒制温度不同）可分别得 β 型和 α 型半水石膏。

$$CaSO_4 \cdot 2H_2O \xrightarrow[110\sim170℃]{干燥空气} CaSO_4 \cdot \frac{1}{2}H_2O + \frac{3}{2}H_2O\uparrow$$
$$(\beta\text{-半水石膏})$$

$$CaSO_4 \cdot 2H_2O \xrightarrow[120\sim140℃]{加压蒸汽} CaSO_4 \cdot \frac{1}{2}H_2O + \frac{3}{2}H_2O\uparrow$$
$$(\alpha\text{-半水石膏})$$

β 型半水石膏是建筑石膏主要成分；α 型半水石膏是高强建筑石膏主要成分。
天然硬石膏属于沉积岩石，多呈白色。可制造硬石膏水泥。

(a) 水泥花瓶柱　　　　　(b) 水泥园艺装饰品

(c) 水泥园艺构件

图 7-6　水泥园艺装饰品构件

工业副产品石膏中，磷石膏是氟磷灰石 $[Ca_5F(PO_4)_3]$ 生产磷酸时的工业副产品，残渣为 $CaSO_4 \cdot 2H_2O$（磷石膏）。氟石膏是萤石粉（CaF_2）和硫酸生产氢氟酸时的副产品，残渣为 $CaSO_4$（氟石膏）。

石膏水化是建筑石膏加适量水拌和成为二水石膏的过程。

按含结晶水多少，石膏可分为二水石膏（天然二水石膏和化工石膏）、半水石膏（建筑石膏和高强度石膏）、可溶石膏（Ⅲ型石膏，含 0.06～0.11 个结晶水，半水石膏在 170～300℃脱水制得）、无水石膏（300～700℃脱水为Ⅱ型石膏，＞700℃变为过烧石膏，1000℃变为Ⅰ型石膏）。

石膏制品特性是：质轻、保温、隔声、吸声、不燃、热容大、吸湿大，可调节室内温度、湿度，造型施工方便。

石膏应用于石膏板（纸面、空心、装饰）、多孔石膏制品（微孔、泡沫、加气）、石膏雕塑、建筑装饰、室内抹灰、粉刷、涂刷涂料打底。

(2) 石膏变体　图 7-7 为石膏的脱水转变及各种石膏变体。共有 9 种变体。

α型和β型的区别是：主要依据宏观特性（标准稠度需水量、抗压强度、水化热等）和结构特性（结晶形态、晶粒分散度、晶型转化温度等）。

(3) 建筑石膏的硬化　硬化过程是：与水混合→可塑浆体→失去塑性而产生强度→坚硬固体。

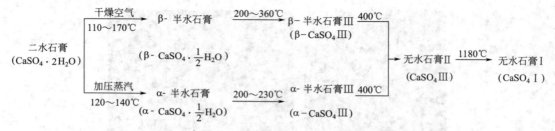

图 7-7　石膏的脱水转变及各种石膏变体

$$CaSO_4 \cdot \frac{1}{2}H_2O + \frac{3}{2}H_2O \longrightarrow CaSO_4 \cdot 2H_2O$$

半水石膏比二水石膏溶解度大得多，不断溶解，并转化成二水石膏，二水石膏不断析出，如此循环，直至半水石膏完全溶解转变。

（4）建筑石膏的性能　技术要求有强度、细度、凝结时间。强度、细度有国家标准；凝结时间随煅烧火候和杂质含量而变，一般要求建筑石膏初凝时间不小于 6min，终凝时间不大于 30min。

主要特点是，凝结硬化快，体积微膨胀（0.5%～1.0%），孔隙率高（50%～60%），体积密度小（600～1100kg/m³），保温性、吸声性好，防火性好，强度低，抗冻性、耐火性、抗渗性差。

（5）建筑石膏的应用　用于室内抹灰、粉刷，制作各种板材，如纸面石膏板、装饰石膏板、吸声用穿孔石膏板、纤维石膏板、空心石膏条板、防水石膏板、石膏复合板、石膏砌块等。

（6）高强石膏　在压蒸锅内（0.123MPa，120～140℃）蒸练得 α 型半水石膏，需水量少，强度高（7d 后达 15～40MPa），密度大。

应用于强度要求较高的抹灰工程、装饰工程和石膏板，掺入防水剂用于湿度较高的环境，加入有机材料可配成黏结剂，特点是无收缩。

2. 石灰

石灰是主要成分为碳酸钙的石灰岩或其他天然原料及工业废渣，经高温煅烧得到的氧化钙。其在建筑上使用较早。分为块状生石灰（CaO）、生石灰粉（磨细生石灰，CaO）、消石灰粉［熟石灰粉，Ca(OH)₂］、石灰浆［Ca(OH)₂，3%～4%H₂O，石灰膏］、石灰水（透明液体）。

（1）石灰的煅烧　碳酸钙煅烧分解，为可逆吸热反应。

$$CaCO_3 \longrightarrow CaO + CO_2 \uparrow$$

煅烧温度在 1000℃左右，有时为了加速分解过程，可适当提高温度。若因火候和温度控制不均匀，会造成欠火石灰和过火石灰，影响使用性能。

石灰石中常含有碳酸镁，煅烧后转化为氧化镁。石灰中 MgO 含量≤5% 为钙质石灰；MgO 含量＞5% 为镁质石灰。

（2）石灰的消化（熟化）　生石灰与水充分反应得氢氧化钙变成粉末的方法称为石灰消解，产品为消石灰粉。过程为可逆放热，体积增加 1～2.5 倍。

$$CaO + H_2O \longrightarrow Ca(OH)_2$$

工地消化方法有：消化成石灰浆用于砌筑或抹灰；消化成消石灰粉用于拌制石灰土、三合土。

（3）石灰浆体的硬化　包括干燥硬化、碳酸化、石灰浆体硬化。

干燥硬化是指自由水蒸发，$Ca(OH)_2$ 硬化；碳酸化是指从空气中吸收 CO_2 生成 $CaCO_3$，晶相相互共生或与石灰颗粒和砂粒相胶结，硬化过程中提高强度；石灰浆体硬化是指干燥、结晶、碳化。

$$Ca(OH)_2 + CO_2 + nH_2O \longrightarrow CaCO_3 + (n+1)H_2O$$

特性是，硬化时体积收缩，硬化后晶体交织共生，获得强度，价廉，耐火性差，强度低。

（4）石灰的应用　用于建筑工程，如砌筑砂浆、灰浆、粉刷材料、石灰乳抹灰，石灰土、三合土，无熟料水泥及各种硅酸盐混凝土制品（加气混凝土、灰砂砖、蒸压粉煤灰砖等）、碳化制品，还用于制碱、造纸、冶金、农业等。

在公路建设中用作二灰稳定碎石基层材料。

3. 其他气硬性胶凝材料

（1）镁质胶凝材料　包括苛性苦土（菱苦土，主要成分为 MgO）、苛性白云石（主要成分为 MgO 和 $CaCO_3$）。经煅烧再细磨得镁质胶凝材料。

主要原料有天然菱镁矿（主要成分为 $MgCO_3$）、天然白云石（主要成分为 $MgCO_3 \cdot CaCO_3$ 复盐）。

拌和时不直接用水，用水时强度很低。用一定浓度的 $MgCl_2$ 溶液或 $MgSO_4 \cdot 7H_2O$ 溶液调和，或用 $FeSO_4$（铁矾）与 $MgCl_2$ 混合溶液调和。

特性是快硬性。用于制作锯末地板、空心隔板、刨花板和玻纤波形瓦以及配制砂浆。

（2）水玻璃　俗称泡花碱，是能溶于水的硅酸盐，由不同比例的碱金属和 SiO_2 组成。最常用的是硅酸钠水玻璃（$Na_2O \cdot nSiO_2$）和硅酸钾水玻璃（$K_2O \cdot nSiO_2$）。

湿法生产是将石英砂和苛性钠溶解在压蒸锅内，蒸压加热并搅拌，直接反应生成液体水玻璃。

干法生产是将石英砂和碳酸钠细磨拌匀，在 $1200 \sim 1400℃$ 熔化，反应、冷却，形成固体水玻璃，在水中加热溶解成液体水玻璃。

特性是气硬性。在空气中吸收 CO_2 形成无定形硅胶，并逐渐干燥而硬化。具有良好的黏结力，堵塞毛细孔隙，防水渗透性好，不燃烧，耐酸性好。

应用于堵漏和抢修屋面刚性防水层，配制耐酸或耐热砂浆或混凝土，配制碱矿渣水泥，配制灌浆材料，加固地基。

二、水泥的分类和范畴

（一）水泥的分类

1. 按组分分类

按照水泥中所含水硬性物质的不同，水泥可分为硅酸盐系、铝酸盐系、硫铝酸盐系、铁铝酸盐系、氟铝酸盐系、火山灰或潜在水硬性、其他活性材料为主要组分的水泥。

例如，硅酸盐系水泥即为水泥成品中所含的那些主要起胶结作用的矿物质，都是硅酸盐矿物，或者说都属于硅酸盐系统。生产该种水泥的原料也基本上都属于硅酸盐系统。其他类别类推。

2. 按用途和性能分类

按用途和性能分为通用水泥和特种水泥。

（1）通用水泥（硅酸盐类水泥）　分为七大系列或称七大水泥，即硅酸盐水泥、普通硅酸盐水泥、矿渣硅酸盐水泥、火山灰质硅酸盐水泥、粉煤灰硅酸盐水泥、复合硅酸盐水泥、石灰石硅酸盐水泥。

硅酸盐水泥是硅酸盐类水泥基本品种，为纯熟料水泥，或称波特兰水泥。以适当成分的生料，烧至部分熔融，所得以硅酸钙为主要成分的硅酸盐水泥熟料，加入 $0\sim5\%$ 的石灰石或粒化高炉矿渣和适当石膏细磨成水硬性胶凝材料，称为硅酸盐水泥。其他品种硅酸盐水泥是改变水泥熟料各成分之间比例，或在硅酸盐水泥熟料中掺入一定数量的混合材而制成的水硬性胶凝材料。熟料中掺加混合材的水泥也称混合材水泥。

混合材水泥（矿渣、粉煤灰、石灰石、火山灰、窑灰）在技术经济上有重要意义，可以节约成本、调整性能，但要符合国家规定并试验验证。混合材的品种很多。水泥混合材分为活性混合材和非活性混合材两类。

活性混合材是指凡天然或人工矿物原料，磨成细粉，加水后本身不硬化（或有潜在水硬性），但与激发剂混合，加水拌和后，不但能在空气中硬化而且能在水中硬化者。

非活性混合材是指凡天然或人工矿物原料，磨成细粉，与石灰混合，加水拌和后，不能或很少生成具有胶凝性的水化产物，在水泥中主要起填充作用者。

（2）特种水泥　包括专用的或具有某些特性的水泥。

例如，快硬高铝水泥，用于快速抢修工程；水工水泥，用于水利工程、海水工程、常与侵蚀介质接触的地下或水下工程；膨胀水泥，用于防渗堵漏；自应力水泥，用于应力压力管；耐高温水泥，用于炉衬材料；油井水泥，用于油井开发；白色和彩色水泥，用于装饰；高硫酸盐水泥，用于抗硫酸盐侵蚀的环境等。

G 级油井水泥、大坝砌筑水泥、道路硅酸盐水泥等是具有专门用途的水泥，称为专用水泥。

快硬硅酸盐水泥、抗硫酸盐水泥、低热矿渣硅酸盐水泥、膨胀硫铝酸盐水泥、磷铝酸盐水泥和磷酸盐水泥是某种性能比较突出的水泥，称为特性水泥。

3. 按主要技术特性分类

按快硬性（水硬性），分为快硬和特快硬两类；按水化热，分为中热和低热两类；按抗硫酸盐性，分为中抗硫酸盐腐蚀和高抗硫酸盐腐蚀两类；按膨胀性，分为膨胀和自应力两类；按耐高温性，铝酸盐水泥的耐高温性以水泥中氧化铝含量分级。

还有一些其他分类方法，如分为少熟料或无熟料水泥等。

（二）水泥命名的原则

水泥的命名按不同类别分别以水泥的主要水硬性矿物、混合材种类、用途和主要特性进行，并力求简明准确，名称过长时，允许有简称。

通用水泥以水泥的主要水硬性矿物名称冠以混合材名称或其他适当名称命名。专用水泥以其专门用途命名，并可冠以不同型号。特性水泥以水泥的主要水硬性矿物名称冠以水泥的主要特性命名，并可冠以不同型号或混合材名称。以火山灰性或潜在水硬性材料以及其他活性材料为主要组分的水泥是以主要组成成分的名称冠以活性材料的名称进行命名，也可再冠以特性名称，如石膏矿渣水泥、石灰火山灰水泥等。

三、常见的水泥品种及应用

水泥为三大固体材料之一（三大固体材料是钢材、木材、水泥），是重要建筑材料和工程材料。在工业、农业、国防、城建、水利、海洋开发及拌制混凝土、砂浆和水泥制品等方面有重要应用。在交通建设中用于制作水泥稳定碎石基层材料。

水泥特别适用于制造混凝土、预制混凝土、清水混凝土、玻璃纤维增强混凝土产品、黏合剂等特别场合，普遍用于彩色路面砖、透水砖、文化石、雕塑工艺品、水磨石、耐磨地坪、腻子等，具有高光线反射性能，使制造的路沿石、路标、路中央分隔线拥有更高的交通安全性能。

白色水泥多为装饰用途，而且它的制造工艺比普通水泥要简单很多。主要用来勾白瓷片的缝隙，一般不用于墙面，原因就是强度不高。其在建材市场或装饰材料商店有售。

水泥品种很多，目前已达 100 余种。

(一) 水泥类型的定义

1. 硅酸盐水泥

由硅酸盐水泥熟料、0～5％石灰石或粒化高炉矿渣和适量石膏磨细制成的水硬性胶凝材料，称为硅酸盐水泥，分为 P.Ⅰ 和 P.Ⅱ，即国外通称的波特兰水泥。

2. 普通硅酸盐水泥

由硅酸盐水泥熟料、6％～20％混合材和适量石膏磨细制成的水硬性胶凝材料，称为普通硅酸盐水泥（简称普通水泥），代号为 P.O。

3. 矿渣硅酸盐水泥

由硅酸盐水泥熟料、20％～70％粒化高炉矿渣和适量石膏磨细制成的水硬性胶凝材料，称为矿渣硅酸盐水泥，代号为 P.S。

4. 火山灰质硅酸盐水泥

由硅酸盐水泥熟料、20％～40％火山灰质混合材和适量石膏磨细制成的水硬性胶凝材料，称为火山灰质硅酸盐水泥，代号为 P.P。

5. 粉煤灰硅酸盐水泥

由硅酸盐水泥熟料、20％～40％粉煤灰和适量石膏磨细制成的水硬性胶凝材料，称为粉煤灰硅酸盐水泥，代号为 P.F。

6. 复合硅酸盐水泥

由硅酸盐水泥熟料、20％～50％两种或两种以上规定的混合材和适量石膏磨细制成的水硬性胶凝材料，称为复合硅酸盐水泥（简称复合水泥），代号为 P.C。

7. 中热硅酸盐水泥

以适当成分的硅酸盐水泥熟料加入适量石膏，磨细制成的具有中等水化热的水硬性胶凝材料，称为中热硅酸盐水泥。

8. 低热矿渣硅酸盐水泥

以适当成分的硅酸盐水泥熟料加入适量石膏，磨细制成的具有低水化热的水硬性胶凝材料，称为低热矿渣硅酸盐水泥。

9. 快硬硅酸盐水泥

由硅酸盐水泥熟料加入适量石膏，磨细制成早期强度高的、以 3d 抗压强度表示标号的水泥，称为快硬硅酸盐水泥。

10. 抗硫酸盐硅酸盐水泥

由硅酸盐水泥熟料加入适量石膏，磨细制成的抗硫酸盐腐蚀性能良好的水泥，称为抗硫酸盐硅酸盐水泥。

11. 白色硅酸盐水泥

由氧化铁含量少的硅酸盐水泥熟料加入适量石膏，磨细制成的白色水泥，称为白色硅酸盐水泥。

12. 道路硅酸盐水泥

由道路硅酸盐水泥熟料、0～10％活性混合材和适量石膏磨细制成的水硬性胶凝材料，称为道路硅酸盐水泥（简称道路水泥）。

13. 砌筑水泥

由活性混合材加入适量硅酸盐水泥熟料和石膏，磨细制成主要用于砌筑砂浆的低标号水泥，称为砌筑水泥。

14. 油井水泥

由适当矿物组成的硅酸盐水泥熟料、适量石膏和混合材等磨细制成的适用于一定井温条件下油井、气井固井工程用的水泥，称为油井水泥。

15. 石膏矿渣水泥

以粒化高炉矿渣为主要组分材料加入适量石膏、硅酸盐水泥熟料或石灰磨细制成的水泥，称为石膏矿渣水泥。

（二）常见水泥品种及应用

1. 硅酸盐水泥

波特兰水泥是由硅酸盐水泥熟料、适量石膏磨细制成的水硬性胶凝材料。加入石膏主要起缓凝作用，调节凝结时间以满足使用要求。

原料有石灰质原料、黏土、铁粉、石膏、混合材、添加剂、外加剂（使用时）。

生产工艺如下：原料粉碎→配料→生料研磨→高温煅烧→熟料磨细→成品。

由于硅酸盐水泥硬度高、强度高，适用于重要结构的高强混凝土、预应力混凝土，也适用于制造强度要求高、养护时间尽量短的水泥制品；硅酸盐水泥凝结硬化快、抗冻，适于早强、快凝、冬季严寒施工及严寒地区遭受反复冻融的工程。

由于水泥水化时生成较多的氢氧化钙，故耐水及其他介质腐蚀性差，不适宜于流动淡水及有水压作用的工程，尤其不耐海水、矿物水；耐热性差，不适宜于耐热工程，更不能用作耐热混凝土；放热量大，不宜用作大体积混凝土如大坝、大型基础、桥梁、桥墩等建筑物。

2. 掺混合材的硅酸盐水泥

波特兰水泥中掺入不同比例的各种混合材，可制成多种水泥。如普通水泥、矿渣水泥、火山灰硅酸盐水泥等。

（1）普通硅酸盐水泥（普通水泥，P.O）　加入少量混合材，特性与硅酸盐水泥相近。

这种水泥由于混合材加入量较少，混合材对基础水泥的性能影响不大，水泥性质仍接近硅酸盐水泥，用途也与其基本相同。

（2）矿渣硅酸盐水泥（矿渣水泥，P.S）　加入粒化高炉矿渣（1/3火山灰质混合材代替矿渣）。

矿渣水泥具有早期强度低、后期强度高、水化热低、耐热性好、耐蚀性强、安定性较好等优异性能，但也有保水性较差、泌水性较大、硬化后的干缩也较大的缺陷。

利用耐蚀性和耐水性好的特点，矿渣水泥适用于地下、水中及海水中的工程，以及经常有较高水压作用的工程。由于耐热性好，还可用在受热工程，配制耐热混凝土。矿渣水泥水化热较低，适于大体积混凝土使用，但不适于冬季施工。

（3）火山灰及粉煤灰硅酸盐水泥（P.P 和 P.F）　加入火山灰或粉煤灰。两类性质差别不大。

这种水泥早期强度低，后期强度增长较快，28d 后，强度可以超过同标号硅酸盐水泥，水化热低，耐腐蚀性强，耐热性差，抗冻性差。

可用于制作大体积混凝土构件，还可用于淡水、硫酸盐侵蚀的工程，但效果不如矿渣水泥。不适于冬季施工，也不适于早期强度要求较高的工程、受高热作用的工程以及遭受反复冻融的工程。

3. 专用水泥

品种很多，这里主要介绍四种。

（1）砌筑水泥　由活性混合材或水硬性工业废料，加入少量硅酸盐水泥熟料和石膏，磨细制成。

砌筑水泥价格便宜，对于我国大量的砖混结构有着特殊的意义，用量很大。它用于工业与民用建筑的砌筑砂浆和内墙抹面砂浆，不得用于混凝土结构工程，用作其他用途时，必须通过试验。

（2）道路水泥　以适当成分的生料部分熔融，C_4AF 含量较高（＞16％）的硅酸盐水泥熟料，加入 0～10％活性混合材和适量石膏，磨细而成。这种水泥耐磨性好，收缩小，抗冻，抗冲击，抗折强度高，耐久性好。

道路工程要求其耐磨性好、收缩小、抗冻性好、弹性模量低、应变性好、抗冲击、抗折强度高、耐久性良好。

提高 C_4AF 含量（脆性小、收缩小），以提高抗折强度、耐磨性；限制 C_3A 含量，以降低水化物数量，减小干缩率。

道路水泥是道路工程的专用水泥，国外应用较多。我国南方地区有一些高等级的水泥混凝土路面。

（3）大坝硅酸盐水泥（大坝水泥）　是一种低水化热水泥。

减少 C_3A 和 C_3S，可降低水化热，提高耐蚀力，同时保证一定强度，C_3S 也不能太少。

这种水泥是适用于侵蚀环境中的大体积混凝土。在大坝水泥的基础上，加入适量矿渣等混合材，可进一步降低水化热，并提高耐蚀性。我国实际生产 3 个品种：硅酸盐大坝水泥、普通大坝水泥、矿渣大坝水泥。前两种抗冻性、耐磨性较好，早期强度高，但水化热仍较大，耐蚀性较差，后一种正好具有与前两种相反的性质。硅酸盐大坝水泥和普通大坝水泥适用于大坝溢流面的面层和水位变动频繁处，要求有较高耐磨性和抗冻性的工程，矿渣大坝水泥则适用于大坝或大体积混凝土内部及水下工程。

低水化热水泥主要用于大坝和大体积混凝土工程。在大坝坝体内部，基本上处于绝热状态（即水化热不能散发出去），因水泥水化放热而引起内部温升可达 20～40℃，使混凝土内部和表面温差大，因此而造成的应力足以使混凝土开裂。为此，人们研究开发了中热硅酸盐水泥、低热矿渣硅酸盐水泥和低热微膨胀水泥。

（4）油井水泥　专用于油井、气井的固井工程。它的主要作用是将套管与周围的岩层胶结固封，封隔地层内油、气、水层，防止互相窜扰，以便在井内形成一条从油层流向地面、隔绝良好的油流通道。

油井水泥是由水硬性硅酸钙为主要成分的硅酸盐水泥熟料，加入适量石膏，磨细而成。它分为A、B、C、D、E、F、G、H八级，包括普通型抗硫酸盐、中等抗硫酸盐和高抗硫酸盐三类。不同深度的油井应该使用不同组成的水泥。

4. 特性水泥

特性水泥是具有各种特性和特种要求的水泥。七大类，六个系列。下面介绍几个有代表性的品种。

（1）快硬硅酸盐水泥 早期强度增长较快，称为早强水泥，制作工艺基本同硅酸盐水泥。

快硬水泥主要有快硬硅酸盐水泥、快硬硫铝酸盐水泥、快硬高强铝酸盐水泥、快硬铁铝酸盐水泥、特快硬调凝铝酸盐水泥等品种。

调节矿物组成及控制生产措施，提高 C_3A 和 C_3S（熟料中硬化最快的成分），适当增加石膏掺量，提高细度，可提高早期强度。

快硬水泥水化放热大，抗蚀能力差，易吸潮变质。一般储存期不应超过1个月。

快硬水泥凝结硬化快，强度高，使用时养护龄期短，施工周期短。广泛用于道路、抢险、军事、备战工程和其他一些特殊工程领域。主要用于配制早强、高强混凝土，紧急抢修工程、低温施工工程、高强度混凝土构件等。

（2）膨胀水泥和自应力水泥 补偿一般硅酸盐水泥硬化时的收缩，避免混凝土内部出现裂纹。按其主要组成可分为硅酸盐型、铝酸盐型、硫铝酸盐型和铁铝酸盐型，均可制得膨胀水泥和自应力水泥。

膨胀水泥是不收缩水泥或补偿收缩水泥，膨胀性较低，限制膨胀时产生的压应力能大致抵消干缩拉应力。

自应力水泥具有高膨胀性，而钢筋不膨胀，配制混凝土后，由于握裹力，使钢筋混凝土中形成来自钢筋的压应力，成为预应力混凝土。因水泥自身膨胀导致压应力，故称自应力水泥。

作用原理是，使水泥在水化硬化时生成水化硫铝酸钙，在这一过程中产生较大膨胀。

加膨胀剂（高铝水泥和石膏），以高铝水泥为主要成分外加石膏，无水硫铝酸钙熟料加石膏，可获得高膨胀性。

此水泥不透水性显著提高，结构致密，抗冻、抗蚀。

膨胀水泥适用于补偿收缩混凝土结构工程、防渗层及防渗混凝土、构件的接缝及管道接头、结构的加固与修补、固结机器底座及地脚螺栓、浇筑装配式构件间的接头或建筑物之间的连接处，以及堵塞空洞、修补裂缝等。自应力水泥用于制造预应力钢筋混凝土压力管及其配件，适用于既要承受一定的拉应力，又要求有极好的抗渗性的构件，如输水、油、气的压力管。

（3）高铝水泥 以铝酸钙为主、氧化铝含量约50％的熟料磨细而成，又称铝酸盐水泥。

高铝水泥的特点是强度发展非常快，在标准养护条件下，1d 的强度可达 28d 强度的 50％～55％。水泥强度等级以 3d 抗压强度表示，分为 42.5MPa、52.5MPa、62.5MPa、72.5MPa 四种。它是一种强度较高的水泥。

高铝水泥的抗硫酸盐性好，抗渗性好，化学稳定性好，耐高温性较好，主要用于配制膨胀水泥、自应力水泥和耐热混凝土，特别是低钙铝酸盐水泥，可做各种高温炉内衬。适于设备基础快速维修。

（4）抗硫酸盐水泥 是一种对硫酸盐的腐蚀性具有较高抵抗能力的水硬性胶凝材料。它是以适当成分的生料烧至部分熔融，得到以硅酸钙为主、硅酸三钙和铝酸三钙含量受到限制的熟料，加入适当石膏磨细而成。

抗硫酸盐水泥适用于海港、地下、隧道、桥梁基础等工程。

（5）装饰水泥（白色水泥和彩色水泥）　主要用于建筑装饰。装饰水泥常用于装饰建筑物的表层，施工简单，造型方便，容易维修，价格便宜。

白色硅酸盐水泥（白色水泥）是以硅酸钙为主要成分，加入少量铁质熟料及适量石膏磨细而成。Fe_3O_4 很少（0.35%～0.4%），尽量除去其他着色氧化物（MnO_2、TiO_2、铬、钴）等。

白色水泥用于水磨石的面层胶凝材料，高级建筑物饰面和粉刷，加入矿物原料制彩色水泥。

彩色水泥的生产方法有间接法和直接法两种。间接法是在白色水泥或普通硅酸盐水泥粉磨时将彩色颜料和外加剂掺入、混匀，成为彩色水泥。直接法是在水泥生料中加入着色物质，煅烧彩色水泥熟料，磨制成彩色水泥。常用的彩色掺加颜料有氧化铁（红、黄、褐、黑）、二氧化锰（褐、黑）、氧化铬（绿）、钴蓝（蓝）、群青蓝（靛蓝）、孔雀蓝（海蓝）、炭黑（黑）等。装饰水泥与硅酸盐水泥相似，施工及养护工艺相同，但比较容易污染，器械、工具必须干净。

四、水泥基本生产工艺

图 7-8 是水泥生产工厂全景。水泥的生产工艺主要包括生料研磨制备、生料煅烧成熟料、熟料磨细、成品储存或包装出厂几大环节。最主要的生产工艺简称为"两磨一烧"，即生料研磨、水泥熟料粉磨、生料煅烧成熟料。图 7-9 为水泥生产工艺流程。图 7-10 为水泥生产工艺环节。

图 7-8　水泥生产工厂全景

水泥就是经两磨一烧工艺［生料研磨成球（一磨）、入窑高温烧成（一烧）、熟料研磨成粉（另一磨）］生产的水硬性胶凝材料。

生料制备（一磨）主要是将石灰原料（石灰岩、泥灰岩、贝壳等）、黏土原料（黄土、黏土、页岩等）与少数校正原料（低品位铁矿石、尾矿等铁质校正原料，或砂岩、河沙等硅质校正原料）经破碎后，按一定比例配合，装至球磨机中磨细，并调配成为成分合适、质料均匀的生料。制备方法有湿法和干法两种。

熟料煅烧（一烧）是将生料在水泥窑内煅烧（如加热至 1500℃ 左右）至部分熔融，得到以硅酸钙为主要成分的硅酸盐水泥熟料的过程。

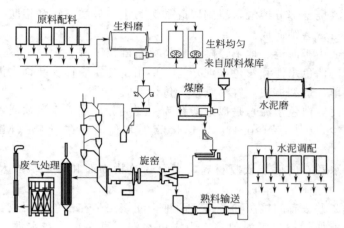

图 7-9　水泥生产工艺流程

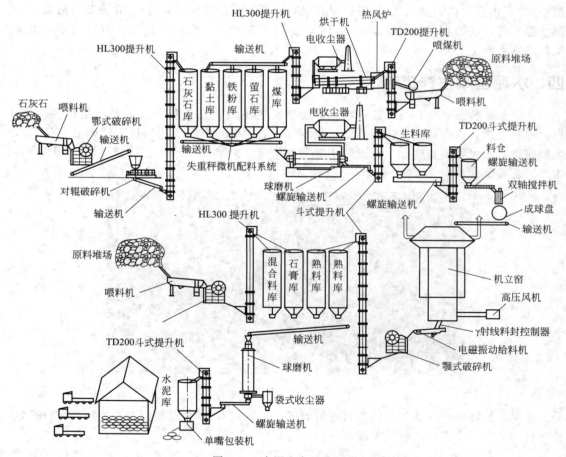

图 7-10　水泥生产工艺环节

　　水泥粉磨（另一磨）是将水泥熟料加入适量石膏，有时还添加一些混合材和外加剂，共同磨细达到一定细度水泥的过程。水泥粉磨后，水泥粉体的比表面积约为 $300m^2/kg$。

　　硅酸盐类水泥的生产工艺在水泥生产中具有代表性，是以石灰石和黏土为主要原料，经破碎、配料、磨细制成生料，然后喂入水泥窑中煅烧成熟料，再将熟料加适量石膏（有时还掺加混合材或外加剂）磨细而成。

（一）生料制备

水泥生产随生料制备方法不同，可分为干法（包括半干法）与湿法（包括半湿法）两种。

1. 干法生产

干法是将原料同时烘干并粉磨，或先烘干经粉磨成生料粉后，喂入干法窑内煅烧成熟料的方法。但也有将生料粉加入适量水制成生料球，送入立波尔窑内煅烧成熟料的方法，称为半干法，仍属干法生产的一种。

干法一般采用闭路操作系统，即原料经磨机磨细后，进入选粉机分选，粗粉回流入磨再进行粉磨的操作，并且多数采用物料在磨机内同时烘干并粉磨的工艺，所用设备有管磨、中卸磨及辊式磨等。

新型干法水泥生产线是指采用窑外分解新工艺生产的水泥。其生产以悬浮预热器和窑外分解技术为核心，采用新型的原料、燃料均化和节能粉磨技术及装备，全线采用计算机集散控制，实现水泥生产过程自动化和高效、优质、低耗、环保。

新型干法水泥生产技术是 20 世纪 50 年代发展起来的，日本、德国等发达国家以悬浮预热和预分解为核心的新型干法水泥熟料生产设备率占 95％，中国第一套悬浮预热和预分解窑于 1976 年投产。该技术的优点是传热迅速，热效率高，单位容积较湿法水泥产量大，热耗低。

干法生产的主要优点是热耗低（如带有预热器的干法窑熟料热耗为 3140～3768J/kg），缺点是生料成分不易均匀，车间扬尘大，电耗较高。湿法生产具有操作简单、生料成分容易控制、产品质量好、料浆输送方便、车间扬尘少等优点，缺点是热耗高（熟料热耗通常为 5234～6490J/kg）。

2. 湿法生产

湿法是将原料加水粉磨成生料浆后，喂入湿法窑内煅烧成熟料的方法。也有将湿法制备的生料浆脱水后，制成生料块入窑煅烧成熟料的方法，称为半湿法，仍属湿法生产的一种。

湿法通常采用管磨、棒球磨等一次通过磨机不再回流的开路系统，但也有采用带分级机或弧形筛的闭路系统的。

（二）熟料煅烧

煅烧熟料的设备主要有立窑和回转窑两类，立窑适用于生产规模较小的工厂，大、中型厂宜采用回转窑（由于小厂生产能耗大、污染重，目前立窑生产基本淘汰）。

1. 立窑

窑筒体立置不转动的称为立窑。分为普通立窑和机械立窑。普通立窑是人工加料和人工卸料或机械加料和人工卸料；机械立窑是机械加料和机械卸料。机械立窑是连续操作的，它的产量、质量及劳动生产率都比普通立窑高。

2. 回转窑

窑筒体卧置（略带斜度，约为 3％）并能作回转运动的称为回转窑。分为煅烧生料粉的干法窑和煅烧料浆（含水量通常在 35％左右）的湿法窑。

（1）干法窑　干法窑又可分为中空式窑、余热锅炉窑、悬浮预热器窑和悬浮分解炉窑。

20 世纪 70 年代前后，发展了一种可大幅度提高回转窑产量的煅烧工艺——窑外分解技术。其特点是采用了预分解窑，它以悬浮预热器窑为基础，在预热器与窑之间增设了分解炉。在分解炉中加入占总燃料用量 50%～60% 的燃料，使燃料燃烧过程与生料的预热和碳酸盐分解过程，从窑内传热较低的地带移到分解炉中进行，生料在悬浮状态或沸腾状态下与热气流进行热交换，从而提高传热效率，使生料在入窑前的碳酸钙分解率达 80% 以上，达到减轻窑的热负荷，延长窑衬使用寿命和窑的运转周期，在保持窑的发热能力的情况下，大幅度提高产量的目的。

（2）湿法窑　用于湿法生产中的水泥窑称为湿法窑，湿法生产是将生料制成含水量为 32%～40% 的料浆。由于制备成具有流动性的泥浆，所以各原料之间混合好，生料成分均匀，使烧成的熟料质量高，这是湿法生产的主要优点。

湿法窑可分为湿法长窑和带料浆蒸发机的湿法短窑，长窑使用广泛，短窑已很少采用。为了降低湿法长窑热耗，窑内装设有各种形式的热交换器，如链条、料浆过滤预热器、金属或陶瓷热交换器。

（三）水泥粉磨

水泥熟料的细磨通常采用圈流粉磨工艺（即闭路操作系统）。为了防止生产中的粉尘飞扬，水泥厂均装有收尘设备。电收尘器、袋式收尘器和旋风收尘器等是水泥厂常用的收尘设备。

由于在原料预均化、生料粉的均化输送和收尘等方面采用了新技术和新设备，尤其是窑外分解技术的出现，一种干法生产新工艺随之产生。采用这种新工艺使干法生产的熟料质量不亚于湿法生产，电耗也有所降低，已成为各国水泥工业发展的趋势。

（四）水泥厂生产典型工艺示例

原料和燃料进厂后，由化验室采样分析检验，同时按质量进行搭配均化，存放于原料堆棚。黏土、煤、硫铁矿粉由烘干机烘干水分至工艺指标值，通过提升机提升到相应原料储库中。石灰石、萤石、石膏经过两级破碎后，由提升机送入各自储库。

化验室根据石灰石、黏土、无烟煤、萤石、硫铁矿粉的质量情况，计算工艺配方，通过生料微机配料系统进行全黑生料的配料（所需燃料全部配入原料中研磨），由生料磨机进行粉磨，每小时采样化验一次生料的氧化钙、三氧化二铁和各细度的百分含量，及时进行调整，使各项数据符合工艺配方要求。磨出的黑生料经过斗式提升机提入生料库，化验室依据出磨生料质量情况，通过多库搭配和机械倒库方法进行生料的均化，经提升机提入两个生料均化库，生料经两个均化库进行搭配，将料提升至成球盘料仓，由设在立窑面上的预加水成球控制装置进行料、水的配比，通过成球盘进行生料的成球。所成之球由立窑布料器将生料球布于窑内不同位置进行煅烧（立窑），烧出的熟料经卸料管、鳞板机送至熟料破碎机进行破碎，由化验室每小时采样一次进行熟料的化学、物理分析。

根据熟料质量情况由提升机放入相应的熟料库，同时根据生产经营要求及建材市场情况，化验室将熟料、石膏、矿渣通过熟料微机配料系统进行水泥配比，由水泥磨机分别进行 425 号、525 号普通硅酸盐水泥的粉磨，每小时采样一次进行分析检验。磨出的水泥经斗式提升机提入三个水泥库，化验室依据出磨水泥质量情况，通过多库搭配和机械倒库方法进行水泥的均化。经提升机送入两个水泥均化库，再经两个水泥均化库搭配，由微机控制包装机进行水泥的包装，包装出来的袋装水泥存放于成品仓库，再经采样化验检验合格后签发水泥出厂通知单。

五、水泥熟料中的主要矿物及对水泥性能的影响

1. 硅酸盐水泥熟料矿物

硅酸盐水泥的主要化学成分为氧化钙（CaO）、二氧化硅（SiO_2）、三氧化二铁（Fe_2O_3）、三氧化二铝（Al_2O_3）。硅酸盐水泥生料在高温窑内煅烧过程中发生干燥、脱水、碳酸盐分解、固相反应、熟料烧结、冷却等一系列物理和化学变化（表7-4），最后在硅酸盐水泥熟料中形成四种主要熟料矿物（表7-5）。

表 7-4　煅烧水泥熟料发生的物理和化学变化

温度/℃	物 理 和 化 学 变 化
100	干燥,自由水蒸发
500	黏土原料脱水,失去结构水
900	$CaCO_3$分解反应生成 CaO,放出 CO_2
900～1200	CaO 与铝硅酸盐(脱水黏土矿物)发生固相反应,C_2S、C_3A、C_4AF 开始形成
1200～1280	液相开始出现,水泥熟料逐渐烧结,C_2S 与 CaO 逐渐溶解在液相中,并反应生成 C_3S
＞1280	液相量增加,C_2S 不断溶解、扩散,C_3S 晶核不断形成,长大成 C_3S 固溶体,熟料烧结,四种主要矿物生成

表 7-5　硅酸盐水泥熟料主要矿物组成

矿物	化学成分	简略符号
硅酸三钙(alite)	$3CaO \cdot SiO_2$	C_3S
硅酸二钙(belite)	$2CaO \cdot SiO_2$	C_2S
铝酸三钙(alkali solid solution)	$3CaO \cdot Al_2O_3$	C_2A
铝酸四钙(ferrite phase solid solution)	$4CaO \cdot Al_2O_3 \cdot Fe_2O_3$	C_4AF

2. 水泥水化、凝结、硬化

水泥加水拌和后，成为具有可塑性的半流体（可塑性泥浆），并立即发生水化反应。随着水化的不断进行，水泥将逐步变稠失去塑性，并保持原来的形状，但尚不具备强度的过程，称为水泥的凝结（分为初凝及终凝）。随着水化的进一步进行，水泥浆将产生明显的强度，并逐步发展为坚硬的人造石——水泥石的过程，称为硬化。水泥的水化是复杂的化学反应，凝结、硬化实际上是一个连续、复杂的物理和化学变化过程，是水化反应的外观表现，其凝结、硬化阶段是人为划分的。

凝结时间是指水泥从拌水开始到失去流动性，即从可塑状态发展到固体状态所需要的时间，又分为初凝时间和终凝时间。初凝时间是水泥从水泥拌水到水泥浆开始失去塑性的时间；终凝时间是水泥拌水到水泥浆完全失去塑性的时间。

施工中要求水泥的凝结时间有一定的范围。如果凝结过快，混凝土很快会失去流动性，从而影响振捣；相反，如果凝结过慢，就会影响施工速度。因此，国家标准规定了水泥的初凝时间和终凝时间。

凝结时间的测定是采用标准稠度的水泥净浆，在一定的温度和湿度条件下进行。由加水时算起，至试针沉入净浆中距底板 0.5～1.0mm 时为止，所需时间为初凝时间，此时净浆

开始失去可塑性；至试针沉入净浆中不超过 1.0mm 时为止，所需时间为终凝时间，此时净浆完全失去可塑性而开始进入硬化期。

水化产物 C_3A 生成最快，C_3S、C_4AF 也很快，C_2S 较慢。生成一系列新的化合物，钙矾石、水化硅酸钙、氢氧化钙、水化硫铝酸钙与水化硫铁酸钙的固溶体，放出水化热。

水泥凝结和硬化时的典型反应如下：

（1）C_3S 的水化

$$3CaO \cdot SiO_2 + nH_2O \longrightarrow xCaO \cdot SiO_2 \cdot yH_2O（凝胶）+ (3-x)Ca(OH)_2$$

（2）C_2S 的水化

$$2CaO \cdot SiO_2 + nH_2O \longrightarrow xCaO \cdot SiO_2 \cdot yH_2O（凝胶）+ (2-x)Ca(OH)_2$$

（3）C_3A 的水化

$$3CaO \cdot Al_2O_3 + 6H_2O \longrightarrow 3CaO \cdot Al_2O_3 \cdot 6H_2O（水化铝酸钙，不稳定）$$

$$3CaO \cdot Al_2O_3 + 3CaSO_4 \cdot 2H_2O + 26H_2O \longrightarrow 3CaO \cdot Al_2O_3 \cdot$$
$$3CaSO_4 \cdot 32H_2O（钙矾石，三硫型水化铝酸钙）$$

$$3CaO \cdot Al_2O_3 \cdot 3CaSO_4 \cdot 32H_2O + 2(3CaO \cdot Al_2O_3) + 4H_2O \longrightarrow$$
$$3(3CaO \cdot Al_2O_3 \cdot CaSO_4 \cdot 12H_2O)（单硫型水化铝酸钙）$$

（4）C_4AF 的水化

$$4CaO \cdot Al_2O_3 \cdot Fe_2O_3 + 7H_2O \longrightarrow 3CaO \cdot Al_2O_3 \cdot 6H_2O + CaO \cdot Fe_2O_3 \cdot H_2O$$

衡量水泥的性质和质量的指标有密度、容重、细度、需水性、凝结时间、安定性、强度及标号、型号、水化热等。其中水泥的安定性是非常重要的，安定性不良会造成建筑物失效和重大事故。安定性是水泥浆体在硬化后体积变化的稳定性。若水泥硬化后体积变化不稳定，产生不均匀的变化，即所谓安定性不良，会使混凝土产生膨胀性裂纹而降低工程质量。衡量水泥获得一定稠度所需水量多少的性质称为需水性。强度是选用水泥的重要技术指标。水泥硬化产生的强度是逐渐增长的，因此，水泥标号是以不同龄期的抗压强度和抗折强度来划分的。我国规定，需测定硅酸盐水泥水化 3d、7d、28d 的抗压强度和抗折强度，根据 28d 的抗压强度确定水泥标号（其他水泥品种另有规定）。例如，28d 抗压强度为 42.5MPa 的水泥标号为 425。

水泥速凝是指水泥的一种不正常的早期固化或过早变硬现象。高温使得石膏中结晶水脱水，变成浆状体，从而失去调节凝结时间的能力。假凝是指水泥加水拌和后，几分钟内就显示凝结的特点，而实际并非真正凝结的现象。假凝现象与很多因素有关，一般认为主要是由于水泥粉磨时磨内温度较高，使二水石膏脱水成为半水石膏的缘故。当水泥拌水后，半水石膏迅速与水反应成为二水石膏，形成针状结晶网状结构，从而引起浆体固化。另外，某些含碱较高的水泥，硫酸钾与二水石膏生成钾石膏迅速长大，也会造成假凝。假凝与快凝不同，前者放热量甚微，而且经剧烈搅拌后浆体可恢复塑性，并达到正常凝结，对强度无不利影响。

3. 主要熟料矿物与水泥性能

水泥熟料中，主要有 C_3S、C_2S、C_3A、C_4AF 四种矿物，这四种矿物加水后的反应及水化产物所反映的性质，决定了水泥的性质。如果四种矿物比例发生变化，水泥性能就发生变化。水泥中有害成分是游离 CaO、MgO。各组分性能不同，组分发生变化时，得各种不同性质的水泥。如提高 C_3S 含量，可提高水泥强度；提高 C_3A 和 C_3S 含量，可提高凝结速度制得快硬水泥；降低 C_3A 和 C_3S 含量、提高 C_2S 含量，可制得低、中热水泥；提高 C_4AF 含量、降低 C_3A 含量，可制得道路水泥。

六、水泥主要性能和标准要求

1. 硅酸盐水泥的主要性能

（1）水泥的凝结时间　初凝和终凝（见上）。国家标准规定了初凝时间和终凝时间，并用维卡仪进行测量。

（2）水泥强度　水泥强度是直接反映水泥的质量水平和使用价值的重要标志，是设计混凝土配合比的重要依据。由于水泥在硬化过程中强度是逐渐增长的，所以提到强度就必须同时说明该强度的养护龄期，才能加以比较。水泥强度等级（水泥标号）是按规定龄期抗压强度和抗折强度来划分，其含义是要求各龄期的抗压强度和抗折强度达到规定的指标。硅酸盐强度等级分为 42.5、42.5R、52.5、52.5R、62.5、62.5R。R 型水泥为早强型水泥。

（3）体积变化　由于水泥水化前后总体积变化、湿度和温度的影响以及大气作用等各种原因，硬化水泥浆体必然有一定的体积变化，如因化学反应导致水泥-水体系的总体积收缩的"化学减缩"、硬化水泥浆体的体积因含水量变化而产生的"湿胀干缩"、由于空气中的 CO_2 与水泥浆体的 $Ca(OH)_2$ 作用导致硬化浆体减少的"碳化收缩"等。这些体积变化又会在不同程度上影响到其他的物理性能、力学性能和耐久性能。硬化水泥浆体的体积变化，尤其是显著而不均匀的体积变化，称为水泥的安定性，它是由于熟料内含有过多的游离氧化钙（或游离氧化镁）或由于石膏掺入量过多产生的。如果所生产的水泥在硬化过程中有体积安定性不良，就不得出厂使用。

（4）环境介质的侵蚀、水泥耐久性　硅酸盐水泥硬化后，在通常使用条件下，一般有较好的耐久性。但是，在环境介质的作用下，会产生一系列化学、物理和物理化学变化而逐渐被侵蚀。严重的会使硬化水泥浆体强度降低，甚至会崩溃破坏。按自然界侵蚀介质的种类可分为淡水侵蚀、酸及酸性侵蚀、硫酸盐侵蚀和含碱溶液侵蚀。

2. 硅酸盐水泥的品质指标（国家标准要求）

（1）不溶物　Ⅰ型硅酸盐水泥中不溶物不得超过 0.75%，Ⅱ型硅酸盐水泥的不溶物不得超过 1.5%。

（2）氧化镁　水泥中氧化镁不得超过 5.0%，如果水泥压蒸安定性合格，则水泥中氧化镁含量允许放宽到 6.0%。

（3）三氧化硫　水泥中 SO_3 含量不得超过 3.5%。

（4）烧失量　Ⅰ型硅酸盐水泥中烧失量不得大于 3.0%，Ⅱ型硅酸盐水泥中烧失量不得大于 3.5%。

（5）细度　指水泥颗粒的粗细程度。颗粒越细，硬化得越快，早期强度也越高。硅酸盐水泥比表面积大于 $300m^2/kg$。

（6）凝结时间　硅酸盐水泥初凝时间不早于 45min，终凝时间不迟于 6.5h。实际上初凝时间控制在 1~3h，而终凝时间控制在 4~6h。水泥凝结时间的测定由专门的凝结时间测定仪进行。

（7）安定性　指水泥在硬化过程中体积变化的均匀性能。水泥中含杂质较多，会产生不均匀变形。这一指标很重要。用煮沸法检验必须合格。

（8）强度　各强度等级水泥的各龄期强度不得低于表 7-6 中的数值。

（9）碱含量　水泥中的碱含量按 $Na_2O + 0.658K_2O$ 计算值来表示，若使用活性骨料，用户要求提供低碱水泥时，水泥中碱含量不得大于 0.60%，或由供需双方商定。应避免或减少碱集料反应。

表 7-6　硅酸盐水泥的强度指标（GB 175—1999）

强度等级	抗压强度/MPa		抗折强度/MPa	
	3d	28d	3d	28d
42.5	17.0	42.5	3.5	6.5
42.5R	22.0	42.5	4.0	6.5
52.5	23.0	52.5	4.0	7.0
52.5R	27.0	52.5	5.0	7.0
62.5	28.7	62.5	5.0	8.0
62.5R	32.0	62.5	5.5	8.0

（10）密度与容重　标准水泥密度为 $3.1g/cm^3$，容重通常采用 $3100kg/m^3$。

（11）水化热　水泥与水作用会产生放热反应，在水泥硬化过程中，不断放出的热量称为水化热。

（12）标准稠度　指水泥净浆对标准试杆的沉入具有一定阻力时的稠度。

3. 水泥的安定性

在水泥的各项性能指标中，安定性对水泥工程和制品特别重要。

水泥在硬化过程中，如果不产生不均匀的体积变形，并不会因此产生裂缝、弯曲等现象时，则称为体积安定性合格；如果水泥硬化后体积产生了不均匀变化，造成有害的膨胀，将使建筑物开裂，甚至崩溃，则称为安定性不合格。此种水泥不能在工程中使用。

如果水泥中含有过多的游离氧化钙或氧化镁，特别是颗粒较粗，而且在工厂的存放时间又较短时，就会产生安定性不合格的现象。因为这种过火（1000℃以上）的氧化钙与氧化镁没有完全经过充分熟化，本身水化很慢，在水泥凝结以后即在有水泥石约束的条件下才开始水化，产生体积膨胀后，就会形成开裂现象。此外，如果水泥中三氧化硫含量过多时，会生成硫铝酸钙，体积膨胀，也将造成安定性不良。

检验水泥安定性，应按 GB/T 750—1992 进行。检验过程是采用标准稠度的水泥净浆进行，将其制成一定形状的（直径 70～80mm，中心厚约 10mm，边缘渐薄）试饼，放入沸煮箱内沸煮 4h，如煮后的试饼经肉眼观察未发现裂纹，用直尺检查也无弯曲现象时，则称为安定性合格；反之，则为不合格。

安定性的检验方法除了上述试饼法之外，还有雷氏夹法和测长法等。后两种方法虽然具有定量的数值界限，但方法复杂，复演性也差；而试饼法则具有设备简单、操作方便、反应敏感，而且观察直观、复演性好等一系列优点，所以至今仍列为国家标准方法。

沸煮法只能检查出游离氧化钙的破坏作用。由于过火的氧化镁比过火的氧化钙水化速度更慢，因此用沸煮法不能发现由氧化镁所引起的不安定性，只有通过高温、高压的压蒸试验，才能判断这种现象。而三氧化硫所引起的不安定性，只有采用冷饼法、水浸法才能进行检验，即将试饼放在 20℃±3℃ 的水中养护 28d 后，检查是否有不安定现象。因为当温度超过 60～70℃ 时，将不能形成产生体积膨胀的硫铝酸钙。

由于国家标准已对氧化镁及三氧化硫含量做了限量规定，故压蒸法及水浸法两项检验一般可以不做。

4. 水泥质量的经验判断法

（1）"望"泥知优劣　首先，从外观上看包装质量。看是否采用了防潮性能好而不易破损的覆膜编织袋，看标识是否清楚、齐全。通常，正规厂家出产的水泥应该标有以下内容：

注册商标、产地、生产许可证编号、执行标准、包装日期、袋装净重、出厂编号、水泥品种等。而劣质水泥则往往对此语焉不详。其次，仔细观察水泥的颜色。一般来讲，水泥的正常颜色应呈灰白色，颜色过深或有变化有可能是其他杂质过多。

（2）"闻"泥析品质　这里的"闻"不是指闻气味，毕竟闻水泥对消费者是不安全的，这里的"闻"是指"听"，听商家介绍关于水泥的配料，从而来推断水泥的品质。国内一些小水泥厂为了进行低价销售，违反水泥标准规定，过多地使用水泥混合材，没有严格按照国家标准进行原料配比，其产品性能可想而知。而正规厂家在水泥的原料选择上则十分严谨，生产出的水泥具有凝结时间适中、黏结强度高、耐久性好的特点。

（3）"问"泥的来源　主要是询问水泥的生产厂家和生产工艺，看其"出身"是否正规，生产工艺是否先进。当前，非法建材装修市场上的水泥产品以小立窑工艺生产的居多，不但产品质量十分不稳定，也是环保的大敌；而一些专业大厂采用新型干法旋窑生产，采用先进的计算机技术控制管理，能够确保水泥产品质量稳定。

（4）"切"泥知寿命　这步主要是用手指来给水泥"号脉"，辨别其出厂时间的长短。水泥也有保质期，一般而言，超过出厂日期 30d 的水泥强度将有所下降。储存 3 个月后的水泥其强度下降 10%～20%，一年后降低 25%～40%。能正常使用的水泥应无受潮和结块现象，如果是优质水泥，用手指捻水泥粉末，会感到有颗粒细腻的感觉。包装劣质的水泥，开口检查会有受潮和结块现象；如果是劣质水泥，用手指捻水泥粉末，会有粗糙感，说明该水泥细度较粗、不正常，使用的时候强度低，黏性很差。

5. 水泥污防标准

水泥工业的碳排放量仅次于电力行业，资源消耗与生态破坏问题突出的水泥厂即将迎来新一轮淘汰潮。

国家环境保护部颁布《水泥工业污染防治技术政策》和《水泥工业污染防治最佳可行技术指南》。这两份文件所传达的信息是：国家将通过水泥工业污染防治技术标准的收紧，全面削减水泥工业的污染物排放，同时化解水泥工业产能过剩的问题；不论是技术政策还是技术指南，都应该具有强制性。

据中国环境科学研究院、中国水泥协会介绍，水泥行业是重点污染行业，其颗粒物排放量占全国颗粒物排放量的 20%～30%，二氧化硫排放量占全国排放量的 5%～6%，有些立窑在生产中加入萤石以降低烧成热耗，还造成周边地区的氟污染。

水泥行业是我国继电力、钢铁之后的第三家用煤大户，我国水泥熟料平均烧成热耗为115kg/t，比国际先进水平高 10%。全国现有规模以上水泥生产企业约 4000 家，新型干法水泥生产线超过 1500 条。水泥行业 CO_2 的排放仅次于电力行业，位于全国第二。水泥企业的矿山资源消耗与生态破坏也是突出问题。

据中国环境科学学会、合肥水泥研究设计院编制的《水泥工业污染防治最佳可行技术指南》介绍，编制组 2010 年对 158 家水泥企业进行调研，对于每条 5000t/d 熟料新型干法水泥生产线而言，企业每年需缴纳排污费 90 万～100 万元。

如果通过技术改造和监管到位，颗粒物排放减少 50%，氮氧化物排放减少 25%，每年可减少排污费约 30 万元，相当于每年每吨水泥少交费 0.15 元，按全国水泥量 18.6 亿吨计算，每年可减少排污费达 2.79 亿元。同时减少了粉尘、二氧化硫、二氧化氮的污染，环境及社会效益巨大。

如果水泥行业能达到 30% 的原料/燃料替代率，则每年可减少二氧化碳排放 2.8 亿吨，同时因降低化石燃料的使用而节省成本达 3720 亿元，产生巨大的环境及经济效益。

6. 水泥检验报告

检验报告内容应包括出厂检验项目、细度、混合材品种和掺加量、石膏和助磨剂的品种及掺加量、属旋窑或立窑生产及合同约定的其他技术要求。当用户需要时，生产者应在水泥发出之日起 7d 内寄发除 28d 强度以外的各项检验结果，32d 内补报 28d 强度的检验结果。

七、水泥生产主要技术装备

水泥生产主要技术装备包括生料研磨制备、煅烧、熟料细磨、储存或包装设备。

1. 水泥生料研磨制备设备

生料研磨制备设备包括颚式破碎机、锤式破碎机、反击式破碎机、冲击式破碎机、圆锥式破碎机、复合式破碎机、对辊式破碎机、球磨机、管磨机（开路系统、闭路系统）、水泥立磨、选粉机、烘干机、粉磨辊压机。

2. 水泥煅烧设备

煅烧设备包括立窑、旋窑（回转窑）、分解炉、托轮、冷却机、输送机、喂料机、提升机、收尘器。

3. 水泥熟料细磨设备

熟料细磨设备有熟料磨。

4. 水泥储存或包装设备

储存或包装设备有包装袋、包装机。

第三节　玻璃与非晶态材料

一、玻璃、无定形态材料和非晶态材料的概念

玻璃绚丽多彩，晶莹璀璨，和人类有着紧密的关系，我们的周围几乎处处都可以看见用玻璃制造的物品，例如，门窗上装着的玻璃，喝水用的各种式样的玻璃杯，装汽水或酒的各种玻璃瓶，墙上挂着奖状的玻璃镜框，桌上插着鲜花的玻璃花瓶，还有小朋友们玩的五颜六色的玻璃球，真是不胜枚举。

迄今发现最早的玻璃是距今 5500 年前埃及法老墓中的墨绿色玻璃顶珠，中国在 3000 多年前的商朝也有了比较成熟的玻璃制造技术。尽管发现得最早的玻璃不是中国人制造的，但有充分证据表明中国古代玻璃为中国古人的独立发明。

1. 物质的存在状态

自然界中，物质常以三种状态存在：固、液、气。除此三种常态外，物质存在还有第四态等离子态、第五态中子态等形式。

原子模型角度分为有序（晶体）、无序［气、液（液晶除外）、非晶固态］。

2. 晶态和非晶态

固态物质具有一定形状和体积，并且具有一定强度，在工程中应用较多。一般将固体分为晶态、非晶态。

（1）晶态　是指微观上质点有序排列、质点处于稳定的能量低位、具有各自构造的

物质。

（2）非晶态　特指不具格子构造的固体。

非晶态是指组成物质的原子、分子的空间排列不呈现周期性和平移对称性。玻璃是非晶态的一种形态，一般具有短程有序、长程无序的特点。短程有序是指微观上在一定范围内质点排列呈现有规律重复排列。长程无序是指微观上超出一定范围质点排列不再呈现规律性。

提到短程有序，一般意指晶态的长程有序遭到破坏，只是由于原子间的相互关联作用，使其在小于几个原子间距的小区域内（1.0～1.5nm）仍保持着形貌和组分的某些有序的特征。

简言之，凡非晶态固体都共同遵守相同的结构特征——有序缺乏和亚稳性（恰恰是非晶态的无序性造成它没有共同特征）。

3. 玻璃及玻璃的本质

玻璃通常是指熔融、冷却、固化的硅酸盐化合物。即，凡熔体通过一定方式冷却，因黏度逐渐增加而具有固体性质与一定结构特征的非晶态物质，都称为玻璃。或者说，玻璃是从熔体冷却，在室温下还保持熔体结构的固体物质状态，习惯上称之为"过冷的液体"。石英砂是熔制玻璃的主要原料，其他原料还有纯碱和石灰石等。玻璃制作的一般工艺为，按一定配比制成配合料，经粉碎、过筛、混合、熔融、澄清、均化，然后加工成型，并进行热处理制成产品。

玻璃类物质（包括某些非晶高聚物）有三种力学状态，它们是玻璃态、高弹态和黏流态。当温度升高到一定范围后，材料的形变明显增加，并在随后的一定温度区间形变相对稳定，此状态即为高弹态，温度继续升高，形变量又逐渐增大，材料逐渐变成黏性的流体，此时形变不可能恢复，此状态即为黏流态。我们通常把玻璃态与高弹态之间的转变，称为玻璃化转变，它所对应的转变温度即是玻璃化转变温度 T_g，或称玻璃化温度。玻璃制造过程中另一个重要参量是玻璃形成温度 T_f，即高弹态和黏流态之间转化所对应的温度。对不同的玻璃，T_g 和 T_f 数值各不相同，但它们所对应的玻璃黏度却是一致的，即各种玻璃 T_g 时的黏度有固定值，各种玻璃 T_f 时的黏度也有固定值，表观上以温度显示而实质上表征黏度特征的温度称为等黏温度。T_g 和 T_f 是两个最重要的等黏温度。

玻璃的本质就是短程有序、长程无序，其显著特征是具有玻璃化转变温度的非晶态物质。

4. 玻璃态与无定形态

玻璃态的特征是具有玻璃化转变温度。

无定形态是没有玻璃化转变现象的非晶态，如凝胶、无定形碳等。

由此可见，玻璃态和无定形态都属于非晶态，它们之间有一定区别。但通常情况下，也将玻璃态、无定形态、非晶态作为同义词，实际上玻璃态只是非晶态中的一类。

广义非晶态包括：普通低分子非晶态（如非晶半导体的非晶金属）；氧化物和非氧化物玻璃；非晶高分子聚合物。

5. 玻璃的通性

（1）各向同性　玻璃态物质的质点排列是无规则的，是统计均匀的，所以，玻璃中不存在内应力时，其物理化学性质在各个方向上都是相同的。

（2）介稳性　玻璃是由熔体急剧冷却而得，由于在冷却过程中黏度急剧增大，质点来不及作形成晶体那样的有规则排列（能量最低排列），系统的内能尚未处于最低值，在一定外界条件下它仍然具有自发放热（能量）转化为内能较低的晶体的倾向。玻璃的这种能量状态称为介稳性。

（3）无固定熔点 固体的熔化实质上就是微观上质点的自由移动。晶体内的质点处于力的平衡状态，各质点的自由移动所需的能量相同。即，所有质点都可在同一温度下脱离约束而自由移动，即在特定温度下晶体由固态变为液态，表现为有固定熔点。玻璃体微观结构上，每个质点与其相联系的其他质点间，未达到平衡状态。即，质点间的化学键作用力均不相同，这些作用力需要在不同的温度下才能脱离约束，因此玻璃体在加热时黏度变化是渐进的，由固体转变为液体是在一定温度区间（转化温度范围内）进行的，表现为没有固定熔点。

（4）性质变化的连续性和可逆性 玻璃态物质从熔融态到固体状态的性质变化过程是连续的和可逆的。其中有一段温度区域呈塑性，称为转变区域或反常区域。

二、玻璃的分类和范畴

玻璃态的特点是由熔融物冷却硬化而得，热力学能和熵高于相应的晶体，短程有序而长程无序，从熔融态转化为固态时有一转变温度 T_g。

玻璃的分类方法很多，可根据化学组成、氧化物成分、产品用途、制品性质和应用领域等分类。

（一）按组成分类

按组成一般可分为元素玻璃、氧化物玻璃、非氧化物玻璃。

1. 元素玻璃

元素玻璃由单一元素的原子构成。硫玻璃在433K以上淬冷，硒玻璃在493K以上淬冷，碲玻璃在刚超过726K高黏度液态急速淬冷，非晶态碲薄膜通过气相沉积来制备。

2. 氧化物玻璃

工业玻璃原料包括主要原料和辅助原料。其中主要原料为多种无机矿物，如石英砂、硼砂、硼酸、重晶石、碳酸钡、石灰石、长石、纯碱；另加少量辅助原料，目的是起澄清、着色、乳浊、助熔、氧化、还原等作用。

氧化物玻璃的形成遵循扎哈里阿森原理，为多面体结构单元（四面体），通过桥氧与相邻多面体无序连接成三维空间网络。

按成分，玻璃可分为钠钙玻璃、铅玻璃、硼硅酸盐玻璃（硬质玻璃）、高硅氧玻璃、特种玻璃、有色玻璃、无碱玻璃、石英玻璃、硅铝酸盐玻璃、微晶玻璃等。

玻璃还有硅酸盐、硼酸盐、锗酸盐、磷酸盐、砷酸盐、钒酸盐、铝酸盐、钼酸盐、钛酸盐、铌酸盐、镓酸盐、钨酸盐、钽酸盐、锑酸盐、铋酸盐、碲酸盐、硒酸盐等氧化物玻璃。其他氧化物玻璃有混合阴离子玻璃（氧氮化物玻璃、卤氧化物玻璃）。以熔融无水盐或从水溶液中制造的有硝酸盐、硫酸盐、乙酸盐等玻璃。研究最多的是硅酸盐、硼酸盐、磷酸盐玻璃。

（1）单组分氧化物玻璃 如熔融石英玻璃、氧化硼玻璃、二氧化锗玻璃等。

（2）多组分氧化物玻璃 以氧化物硅酸盐、硼酸盐、磷酸盐等为基础，加入其他氧化物组分（Na_2O、Al_2O_3、MgO、TiO_2）而形成。二元系统有碱（Na_2O、K_2O、Li_2O）硅酸盐玻璃、碱土（CaO、MgO、BaO）硅酸盐玻璃、钠硅酸盐玻璃、镁硅酸盐玻璃、碱硼酸盐玻璃、碱土偏磷酸盐玻璃等；三元系统有钠铝硅酸盐玻璃、硼铝硅酸盐玻璃、铝钾硼酸盐玻璃、钡铝硼酸盐玻璃等；还有三元以上多元系统等。

3. 非氧化物玻璃

（1）硫族（S、Se、Te）化合物玻璃 以除氧外的第Ⅵ族为桥接配位原子形成多面体。其可分为纯硫族化合物、Ⅴ-Ⅵ族化合物、Ⅳ-Ⅵ族化合物、Ⅲ-Ⅵ族化合物、金属硫族化合物、卤素硫族化合物等。

它是半导体材料，具有优异的光学、电学和光致转变性质，可用许多方法制备成块状玻璃和薄膜。

多应用于透红外光学元件、静电印刷、平版印刷固体电解质、阈值和记忆开关等。

（2）卤化物玻璃 由卤素原子为桥接原子形成三维空间网络。

氟化物玻璃包括 MF_2 基、MF_3 基、ZrF_4 基玻璃以及多元无锆重金属氟化物玻璃。

重卤化物玻璃包括 Cl、Br、I 类的重卤素玻璃，二价、三价、四价金属卤化物玻璃，含 $AgCl$、$CuCl$ 和 AgI 等卤化物的多元系统玻璃，碲卤化物玻璃。

它具有奇异而独特的光学性质，在红外技术、通信网络和分析系统中应用广泛，但稳定性好的少。

其他包括氧化物和非氧化物混合玻璃，如 BeF_2-Al_2O_3-P_2O_5 玻璃、PbO-ZnF_2-TeO 玻璃、As_2S_3-As_2Se_3-Sb_2O_3 玻璃。

（二）按应用分类

1. 按用途分类

按用途，可分为容器玻璃、仪器及医疗玻璃、平板玻璃、工艺美术玻璃、光学玻璃、光纤玻璃、建筑用玻璃、照明器具玻璃、纤维及泡沫玻璃、特种玻璃等。

2. 按性质和应用领域分类

按性质和应用领域，可分为建筑玻璃、技术玻璃、日用玻璃、玻璃纤维四种。

3. 按发展阶段分类

按发展阶段，可分为常用玻璃和新型玻璃。

常用玻璃可分为建筑玻璃、日用轻工玻璃、仪器玻璃、光学玻璃、电真空玻璃等几个类别。

（1）建筑玻璃 包括平板玻璃、钢化玻璃、压花玻璃、压延玻璃、磨光玻璃、磨砂玻璃、有色玻璃、玻璃空心砖、夹层玻璃、中空玻璃、玻璃马赛克等。

（2）日用轻工玻璃 包括瓶罐玻璃、器皿玻璃、保温瓶玻璃、工艺美术玻璃等。

（3）仪器玻璃 在耐蚀、耐温方面要求高。主要包括高硅氧玻璃（耐热仪器）、高硼硅仪器玻璃（耐热玻璃仪器、化工反应器、管道、泵）、硼酸盐中性玻璃（注射器、安瓿）、高铝玻璃（燃烧管、高压水银灯、锅炉水管）、温度计玻璃、过渡玻璃等。

（4）光学玻璃 有无色光学玻璃、有色光学玻璃之分。无色光学玻璃按折射率和色散不同，分为冕牌玻璃（或称 K 玻璃，阿贝数小于 50）和火石玻璃（或称燧石玻璃，F 玻璃、石英玻璃，阿贝数大于 50）两大类，用于显微镜、望远镜、照相机、电视机及各种光学仪器；有色光学玻璃用于各种滤色片、信号灯、彩色摄影机及各种仪器显示器。此外，光学玻璃还包括眼镜玻璃、变色玻璃等。

（5）电真空玻璃 主要用于电子工业等，用于玻璃壳、芯柱、排气管及封接玻璃材料。按膨胀系数分为石英玻璃、钨组玻璃、钼组玻璃、中间玻璃、焊接玻璃等。

新型玻璃主要分为微晶玻璃、光导纤维玻璃、激光玻璃、光色玻璃、生物玻璃等几大类。此外，还有半导体玻璃、超声延迟线玻璃、非线性光学玻璃等新型玻璃材料。目前，新型玻璃还在不断发展中。

（三）按性能分类

按光学、热学、电学、力学、化学等特性，可分为光敏、声光、光色、高折射、低散射、反射、半透射、热敏、隔热、耐高温、低膨胀、高绝缘、导电、半导体、超导、高频、耐磨、耐碱、耐酸等玻璃。

其他分类方法还有按玻璃形态分类、按外观分类等。

三、玻璃的结构

玻璃的结构是指质点在空间的几何配置以及它们彼此间的结合状态。

研究方法分为设计模型、实验验证、改进模型三个阶段。

1. 无规则网络结构模型

图 7-11 为无规则网络结构模型。

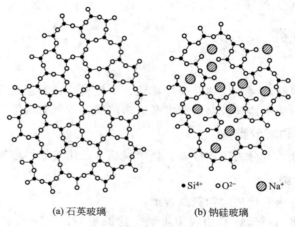

（a）石英玻璃　　　　　　（b）钠硅玻璃

• Si⁴⁺ ○ O²⁻ ◎ Na⁺

图 7-11　无规则网络结构模型

基本原理是：定义一个局部结构单元，通过这些单元无规则地互相连接而形成无规则网络。结构单元取向不受限制。

2. 微晶模型

玻璃与相对应的晶体间某些结构参数相似，X 射线衍射花样相近，配位数相同，故提出微晶模型。

基本原理是：大多数原子与其最近邻原子的相对位置与晶体完全相同，形成微晶，微晶体取向散乱，造成长程无序。

晶子学说认为，玻璃由无数晶子组成，带有点阵变形的有序排列区域，分散在无定形介质中，晶子区到无定形区无明显界限。

其可应用于各种类型非晶态。但可能与非晶态的实际结构差别较大。

3. 硬球无规堆积模型

主要用于分析非晶类金属结构。

基本原理是：Bernal 球辐模型，认为非晶态聚集体能够通过限制外表成为不规则形状而得到。

其应用于简单金属玻璃以及许多贵金属或过渡金属与 C、Si、Ge、P、B 等元素形成的非晶态合金。

以上三种学说各有特点和局限，共同反映长程无序而短程有序。

四、常见玻璃品种及应用

在现代工业中，玻璃不仅是传统的采光和装饰材料，还是一种功能和结构材料。例如，现代建筑中越来越多地采用大面积的窗玻璃和墙体玻璃，甚至双层中空玻璃、吸热玻璃等；又如，在自动化通信中采用的光纤玻璃，可以达到大容量、高敏、抗干扰及保密性好等现代化通信要求；再如，高纯涂层石英玻璃和低碱石英玻璃可用于半导体工业。

玻璃按用途和技术发展阶段可分为常用玻璃（普通玻璃）和新型玻璃（特种玻璃）。

常用玻璃包括大规模生产的平板玻璃、器皿玻璃、电真空玻璃、一般光学玻璃。

特种玻璃包括 SiO_2 含量在 85％ 以上或在 55％ 以下的硅酸盐玻璃、非硅酸盐氧化物玻璃以及非氧化物玻璃。

(一) 常见玻璃品种

1. 钠钙玻璃 （普通玻璃）

钠钙玻璃是将石英加 Na_2CO_3 或 K_2CO_3 加金属氧化物熔制而成，是市场份额占绝对优势的玻璃制品。用于对耐热性、化学稳定性没有特殊要求的玻璃制品，如器皿玻璃、平板玻璃、照明玻璃、瓶罐玻璃、保温瓶玻璃。

2. 铅玻璃

铅玻璃的配料中用 PbO 替代 CaO。PbO 含量高的玻璃对于高能辐射有屏蔽作用，可用于辐射窗口、电视机显像管、光学玻璃（消色差透镜）、装饰玻璃。

3. 硼硅酸盐玻璃

硼硅酸盐玻璃，又称耐热玻璃、硬质玻璃，用 B_2O_3 替代化学成分中的 Na_2O、K_2O、CaO、MgO 等，替代量达一半以上。具有良好的化学稳定性，耐酸碱（氢氟酸、高温磷酸、热浓缩碱液除外），在化学工业中常用作耐蚀玻璃。

4. 石英玻璃

石英玻璃的热稳定性好，耐热性好，耐酸不耐碱，耐辐射。用于宇宙飞船窗、风洞窗、分光光度计。

5. 钢化玻璃

钢化玻璃，又称强化玻璃，由普通玻璃淬火或化学法制得。强度提高 2～4 倍，抗冲击、抗弯、抗热震，破碎时呈圆钝小片不伤人。用于建筑、车辆、飞机窗玻璃。

6. 微晶玻璃

在配料中加入成核剂，经过热处理、光照射、化学处理，在玻璃基体中析出大量微晶。控制微晶种类、大小、数量得到透明、零膨胀、不同色彩或可切削微晶玻璃。应用于特殊性能、功能材料、人造牙齿（生物材料）。

7. 彩色玻璃

彩色玻璃的发明与青铜冶炼相关，冶炼青铜的过程中会形成一定的玻璃物质，铜矿渣中一部分铜离子侵入到玻璃质中，使其呈现出浅蓝色或浅绿色，这些半透明、鲜艳的物质引起了工匠们的注意，后来经过他们的稍稍加工，便制成了精美的玻璃装饰品。彩色玻璃，又称有色玻璃、饰面玻璃，加入着色剂制成，加入锰化合物呈紫色，加入硒化合物呈红色。表面着色的方法是表面离子交换、表面喷涂或表面镀膜。应用于摄影技术、交通信号系统、矫正视力和精密光学仪器、照明、建筑装饰、首饰、高级器皿。

8. 光致变色玻璃

光致变色玻璃的制作方法是加入卤化银，或在玻璃或有机夹层中加入钼和钨的感光化合物。它可随光线增强渐渐变暗，照射停止恢复原颜色。应用于汽车防护玻璃、高级窗玻璃、航空器窗口材料、激光防护、全息技术、光信息存储、光开关、太阳镜。

9. 防护玻璃

防护玻璃的制作方法是加入 Pb^{2+} 等重金属离子。用于屏蔽 X 射线、α 射线、β 射线。射线穿过时，内部产生光电效应，生成正负电子，同时产生激发态和自由态电子，降低入射能量使其不透过。

10. 磨光玻璃

磨光玻璃的制作方法是机械研磨或抛光，物像透过时不变形。分为单面磨光、双面磨光，厚 5～6mm。应用于大型高级建筑门窗采光、橱窗或制镜。

11. 磨砂玻璃

磨砂玻璃，又称毛玻璃、暗玻璃。制作方法是机械喷砂、手工研磨、氢氟酸溶液腐蚀。分为单面磨砂和双面磨砂，光散射，透光而不透视。应用于卫生间、浴室、办公室等的门窗及隔墙、黑板面及灯罩、酒瓶。

12. 压花玻璃

压花玻璃，又称花纹玻璃或滚花玻璃。其采用压延法成型，包括压花、真空镀膜压花、彩色镀膜压花。透光而不透明，美观。应用于装饰、隔断视线、浴室、厕所、低层住宅。

13. 夹层玻璃

夹层玻璃是在两片或多片玻璃间嵌加透明塑料薄片，加热加压黏合而成，属于安全玻璃。特点是透明度好，抗冲击，破碎时碎片不易脱落，不伤人、耐久、耐热、耐蚀、耐寒。应用于汽车和飞机挡风玻璃、防弹玻璃、安全建筑门窗、隔墙、厂房天窗及某些水下工程。

14. 夹丝玻璃

夹丝玻璃是一种安全玻璃。制作方法是将钢丝网压入红热玻璃中，表面可压花、磨光或上色。特点是强度高，破而不缺，裂而不散，避免小块棱角飞出伤人。又称防碎玻璃、钢丝玻璃、防火玻璃。火灾发生时，夹丝玻璃虽炸裂，但由于钢丝的连接作用，炸裂的玻璃仍连在一起，起到隔绝火焰和热量的作用。应用于天窗、天棚顶盖、易受震动门窗、阳台、楼梯、电梯井等。

15. 吸热玻璃

吸热玻璃可吸收红外线，而允许可见光通过。制作方法是引入着色或吸热氧化物，或者采用表面喷涂。其颜色有灰色、茶色、绿色、古铜色、粉红色、金色、棕色。可吸收太阳光辐射热、可见光、紫外线，具有一定透明度，色彩经久不褪。应用于建筑工程门窗、外墙、车船挡风玻璃，采光、隔热、防眩，制成磨光玻璃、钢化玻璃、夹层玻璃、中空玻璃。

16. 中空玻璃

中空玻璃的制作方法是在双层或多层玻璃之间垫以玻璃条或橡胶条，中间充入干燥空气、各种漫反射材料或导电介质。应用于吸收射线及照明、采暖、织布车间、恒温恒湿车间、精密车间、隔热隔声保湿。

17. 电热玻璃

电热玻璃包括导电网电热玻璃和导电膜电热玻璃。导电网电热玻璃是以两块浇注的型料间加以肉眼几乎难见的极细电热丝热压而成。导电膜电热玻璃是以喷有导电膜的薄玻璃与未喷导电膜的厚玻璃热压而成。使用电压为 $190\sim230\mathrm{V}$，表面温度为 $60℃$，透光率为 80%，具有一定抗冲击性，充电加热时表面不结露。应用于陈列橱窗、严寒地区门窗、瞭望塔窗及工业建筑特殊门窗、挡风玻璃。

（二）新型玻璃材料（特种玻璃）

新型玻璃材料是指除常用玻璃以外的，使用精制、高纯或新型原料，采用新工艺，在特殊条件下或经过严格形成过程制成的一些具有特殊功能或特殊用途的玻璃。

新型玻璃可分为光学功能玻璃、电磁功能玻璃、热学功能玻璃、力学功能玻璃、声学功能玻璃、化学功能玻璃、生物功能玻璃。还有微晶玻璃、光导玻璃、凝胶玻璃、光色玻璃等也都属于特种玻璃。应用于原子能、电子、通信、信息、计算机、生物医学、激光等高新技术领域。

1. 光学功能玻璃

光学功能玻璃包括光学玻璃纤维、微透镜玻璃、红外玻璃、激光玻璃、光记忆玻璃、磁光玻璃、声光玻璃、热光玻璃、二阶和三阶非线性光学玻璃、感光玻璃、光致或电致或热致变色玻璃、液晶夹层玻璃、高反射玻璃、防反射玻璃、选择透过玻璃、偏振玻璃等。

（1）光学玻璃纤维　或称光导纤维，是利用光波导原理，用低折射率玻璃作为芯，外面为高折射率玻璃所包围，使光在纤维界面上全反射，达到远距离传输的目的。

（2）光导纤维　是能够以光信号而不是以电信号的形式传送信息的，具有特殊光学性能的玻璃纤维。由于光纤通信技术可以远距离传输巨量信息，因此成为当今最活跃和最有应用前景的新兴科学技术。光纤制备工艺大都采用气相反应法，其原理是：将液态的 $SiCl_4$ 和其他卤化物气化，并在一定的条件下进行化学反应沉积而生成掺杂石英玻璃。由于该方法中所采用的卤化物为半导体工业的通用原料，其纯度极高，又因为该法采用载气将卤化物蒸气带入反应区，从而进一步纯化了反应物，控制了跃迁金属离子的含量。

（3）激光玻璃　是一种固体激光工作物质，它由激活离子和基质玻璃组成。激光玻璃的激活离子主要是稀土离子，如 Nd^{3+}、Yb^{3+}、Er^{3+}、Tm^{3+}、Ho^{3+} 等。基质玻璃有硅酸盐玻璃、磷酸盐玻璃、氟磷酸盐玻璃、氟化物玻璃等。

（4）光致变色玻璃　又称光色玻璃，如含有卤化银（卤化镉、卤化铜）的铝硼酸盐玻璃、含卤化银的铝磷酸盐玻璃等。

光色玻璃是指在适当波长的光（紫外线或短波长光）辐照下改变其颜色，而移去光源时则恢复原来颜色的玻璃。用光致变色玻璃制作的眼镜，像一幅"自动窗帘"，为驾驶人、滑雪者、登山运动员等挡住强光，挡住紫外线，避免眼睛受到伤害。许多光色材料在光的作用下，可以从一种结构状态转变到另一种结构状态，导致颜色的可逆变化。但在经历反复的明暗变化后，它们会出现疲劳现象，而光色玻璃可以避免这种疲劳现象，由于光色玻璃的非晶态特性，它们还具有一些独特的性能。采用与普通玻璃相同的熔制和成型技术，可以制成各种所需尺寸和形状的材料，具有耐化学侵蚀、耐磨等优点。光色玻璃用途很广，例如光色眼镜已商品化，同时在信息存储和显示、图像转换、光强控制和调节等方面获得了广泛应用。

（5）声光玻璃　声波通过光弹效应使玻璃介质的折射率发生周期性变化，起着衍射光栅的作用。光束通过这种光栅就发生衍射，产生衍射光束，这一现象提供了光快速偏转和调制的方法，在显示技术上得到了应用。声光玻璃包括铅硅酸盐玻璃、碲硅酸盐玻璃、硫系玻璃。

（6）磁光玻璃　具有磁光效应。磁光效应包括法拉第旋光效应、克尔效果、磁双折射效应等。其中法拉第旋光效应是指偏振光通过置于磁场中具有磁光性质的物质时，发生偏转而旋转的现象。具有这种效应的玻璃称为法拉第旋转玻璃，如含 Ce^{3+} 或 Pr^{3+} 或 Nb^{3+} 等顺磁离子的硅酸盐、硼酸盐顺磁性质法拉第旋转玻璃等。它们已被用来制造快速光开关、调制器、循环器、隔离器及磁场和电流传感器等。

2. 电磁功能玻璃

电磁功能玻璃包括玻璃半导体、光电导玻璃、快离子导体玻璃、延迟线玻璃、逆磁性玻璃、顺磁性玻璃、铁磁性玻璃、太阳电池玻璃、IC 基板玻璃、IC 光掩膜玻璃、电磁波吸收玻璃、耐辐射玻璃、二次电子发射玻璃等。

3. 热学功能玻璃

热学功能玻璃包括低膨胀玻璃、低膨胀微晶玻璃、封接玻璃、中空玻璃、加气玻璃等。

4. 力学功能玻璃

力学功能玻璃包括高弹性模量氧氮玻璃、高韧性微晶玻璃、高韧性玻璃基复合材料、云母微晶玻璃。

微晶玻璃是材料中微晶体和玻璃相相互均匀分布的材料，又称玻璃陶瓷或结晶化玻璃。我们知道导弹是有"眼睛"的特种炸弹，要让导弹的"眼睛"永远明亮，就要为它添上一双既能经受高速气流、高温的考验，又能对微波放行的"眼睛"，也就是特种玻璃罩，微晶玻璃可以担此重任。微晶玻璃采用高纯原料，加入极少量金属盐类，以此为核心形成无数直径 $0.05\sim1\mu m$ 的微晶，微晶均匀分布并相互支撑，使玻璃变得特别结实。实验证明，微晶玻璃即使加热到 $1300℃$ 也不会变软；将它加热到 $900℃$，再骤然投入到冰水中，也不炸不裂；它能让微波穿透，使导弹的"眼睛"——雷达对微波收发自如，能永远认清目标。微晶玻璃的结构和性能与陶瓷、普通玻璃均不同，其性质由矿物组成与玻璃相的化学组成以及它们的数量来决定，因而它集中了后两者的特点，成为一类特殊的材料。

5. 生物及化学功能玻璃

生物及化学功能玻璃主要包括具有熔融固化、耐腐蚀、选择腐蚀、水溶性、杀菌、光化学反应、分离精制、催化剂载体、生物活性、生物相容性、降解性以及疾病治疗功能的特种玻璃。如放射性废料固体玻璃、抗碱玻璃、化学切削玻璃、抗菌（杀菌）玻璃、自洁玻璃、多孔玻璃、人工骨微晶玻璃、牙冠微晶玻璃、放射性玻璃、磁温治疗玻璃等。

其他特种玻璃包括各种有色光学玻璃、原子技术玻璃、高介电玻璃、强磁性玻璃、闪烁玻璃、高压玻璃、焊料玻璃等。

凝胶玻璃是采用溶胶-凝胶法制备，其基本原理是：将处于液态的适当组成的金属有机化合物，通过化学反应和缩聚作用生成凝胶，经加热脱水并除去杂质，最后烧结形成玻璃材料。凝胶玻璃具有很多优点，如制备温度低，纯度高，可制备多组分氧化物玻璃和涂层等。

五、玻璃的基本生产工艺

制造玻璃的原料分为主要原料和辅助原料两大类。主要原料是引入各种玻璃组成氧化物的原料，如石英砂、长石、石灰石、白云石、纯碱等，它们决定了玻璃的物理、化学性质。辅助原料是使玻璃获得某些特殊性质或加速熔制过程的原料，它们的用量少，起的作用却很关键，可分为脱色剂、着色剂、助熔剂、乳浊剂、氧化剂、还原剂等几类，如三氧化二锑、硝酸钠、芒硝、萤石、炭粉、食盐等。

（一）玻璃的熔制

玻璃的基本生产工艺环节是经粉碎、过筛、混合、熔融、澄清、均化、加工成型、热处理制成产品。

合格的配合料经高温加热形成均匀的、无缺陷的并符合成型要求的玻璃液的过程称为玻璃的熔制过程。玻璃熔制是玻璃生产的重要环节，玻璃制品的产量、质量、成品率、成本、燃料消耗、窑炉寿命都与玻璃熔制过程密切相关。因此，进行合理的玻璃熔制是非常重要的。

玻璃的熔制工艺是生产玻璃过程中最为关键的一环，其目的是将配合料经过高温加热，形成均匀的、无气泡的、符合成型要求的玻璃液。熔制过程大致可以分为五个阶段：硅酸盐形成、玻璃形成、澄清、均化、冷却。玻璃熔制是在耐火砖砌筑的玻璃窑里进行的，先将窑炉加热至 $1250 \sim 1300^{\circ}\mathrm{C}$，加入碎玻璃熟料，使壁上覆上一层熔化的玻璃黏液，然后将制备的粉料送入窑炉，缓慢加热至 $1450 \sim 1500^{\circ}\mathrm{C}$，使玻璃配合料熔融成无固体颗粒的玻璃液。玻璃在熔制过程中形成硅酸盐熔液，在澄清剂的作用下，使玻璃液排出气体夹杂物，进行澄清和均化，最后将玻璃液放入冷却池中冷却。

玻璃熔制的五个阶段互不相同，但又彼此关联，在实际熔制过程中并不严格按上述顺序进行。例如，在硅酸盐形成阶段中又包含玻璃液的均化。熔制的五个阶段，在连续作业的玻璃池窑中，是在不同空间同时进行的（当然同一部分料是在不同空间不同时间进行）；在分批次作业的玻璃坩埚炉中，是在同一空间不同时间进行的。

（二）玻璃的主要成型方法

玻璃的成型方法可分为两类，热塑成型和冷成型，后者包括物理成型（研磨和抛光玻璃等）和化学成型（高硅氧质的微孔玻璃）。通常把冷成型归入到玻璃冷加工中，而这里所言玻璃成型是指热塑成型。

玻璃的成型是指从熔融的玻璃液转变为具有固定的几何形状的制品的过程。主要成型方法有吹制法（空心玻璃制品）、压制法（某些容器玻璃）、压延法（压花玻璃）、浇注法（光学玻璃等）、焊接法（仪器玻璃）、浮法（平板玻璃）、拉制法（平板玻璃）等。

压制成型用于生产较厚工件，如厚板和盘。工件在具有一定形状的铁模中加压成型。

吹制成型用于生产玻璃容器、瓶、灯泡。分为人工吹制和机械吹制，现在一般已淘汰了人工吹制。机械吹制方法是，通过在模子中机械加压使玻璃黏块加工成块，然后将型块放入模中，用压缩空气加压，使型块紧靠模子的内腔，形成所需要的形状。

拉制成型用于生产玻璃棒、管等。这些产品都具有恒定的截面。

连续的玻璃纤维是通过相当复杂的拉丝操作成型的，一般工艺是：熔融玻璃→铂加热室→加热→底部微孔拉制成纤维。

1. 日用玻璃的成型

日用玻璃主要包括瓶罐玻璃、器皿玻璃等，基本上采用吹制法，主要有人工成型和机械成型两种。

（1）人工成型 是一种比较原始的成型方法，但目前在一些特殊的玻璃制品成型中仍在沿用，如仪器玻璃的成型等。

这种方法目前最常见的是人工吹制法，由操作工人用一根空心吹管，以一端挑起熔制好的玻璃料，然后依次经吹成小泡、吹制、加工等操作成型出玻璃制品。这种成型方法要求操作工人具有丰富的工作经验和熟练的操作手法。

（2）机械成型 以机械吹制代替人工吹制，使玻璃制品的成型实现机械化。

一般空心制品的成型机大多采用压缩空气为动力。用压缩空气推动气缸带动机器动作。压缩空气容易向各个方向运动，可以灵活地适应操作制度，而且也便于防止制动事故。除压缩空气外，也有一部分空心制品成型机采用液压传动。空心制品的机械成型可分为供料和成型两大部分。不同的成型机要求的供料方法不同，主要有液流供料、真空吸料、滴料供料三种。成型通常有压制法（生产多种空心和实心制品，如玻璃砖、透镜、电视显像管的面板和锥体、耐热餐具、水杯、烟灰缸等）和吹制法（压-吹法、带式吹制法等）。

2. 平板玻璃的成型

平板玻璃的成型主要有浮法、垂直引上法、平拉法、压延法。

（1）浮法成型 是指熔窑熔融的玻璃液流入锡槽后在熔融金属锡液的表面上成型平板玻璃。锡液密度大、不氧化、与玻璃液不反应、表面张力大（有利于拉薄）、熔点低、沸点高，因此成为浮法的首选载液。

熔窑的配合料经熔化、澄清、均化、冷却成为 1150~1100℃ 的玻璃液，通过熔窑与锡槽相接的流槽，流到熔融的锡液面上，在自身重力、表面张力、拉引力的作用下，玻璃液摊开成为玻璃带，在锡槽中完成抛光与拉薄，在锡槽末端的玻璃带已冷却到 600℃ 左右，把即将硬化的玻璃带引出锡槽，通过过渡辊台进入退火窑。浮法成型如图 7-12 所示。

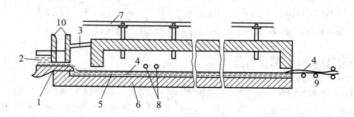

图 7-12 浮法成型

1—流槽；2—玻璃液；3—碹顶；4—玻璃带；5—锡液；6—槽底；7—保护气体管道；
8—拉边器；9—过渡辊台；10—闸板

（2）垂直引上法成型 可分为有槽垂直引上法和无槽垂直引上法两种。

有槽垂直引上法是使玻璃通过槽子砖缝隙成型平板玻璃的方法，如图 7-13 所示。其中槽子砖是成型的主要设备，如图 7-14 所示。

用有槽引上法生产窗玻璃的过程是，玻璃液经槽口成型、水包冷却、机膛退火而成原板，原板经裁板而成原片。其中，玻璃的性质、板根的成型、原板的拉伸力、边子的成型是玻璃成型机里的四个关键部分。

有槽引上法与无槽引上法的主要区别是：有槽引上法采用槽子砖成型，而无槽引上法采用沉入玻璃液内的引砖并在玻璃液表面的自由液面上成型（图 7-15）。由于无槽引上法采用自由液面成型，所以由槽口不平整（如槽口玻璃液析晶、槽唇侵蚀等）引起的波筋就不再产生，其质量优于有槽引上法，但无槽引上法的技术操作难度大。

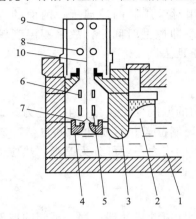

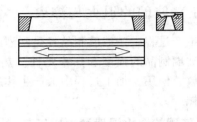

图 7-13　有槽垂直引上法

1—通路；2—小眼；3—大梁；4—槽子砖；

5—主水包；6—辅助水包；7—板根；

8—石棉辊；9—引上机；10—原板

图 7-14　槽子砖

（3）平拉法成型　图 7-16 中的平拉法与图 7-15 的无槽垂直引上法都是在玻璃液的自由表面上垂直拉出玻璃板。但平拉法垂直拉出的玻璃板在 $500 \sim 700\text{mm}$ 高度处，经转向辊转成水平方向，由平拉辊牵引，当玻璃板温度冷却到退火上限温度后，进入水平辊道退火窑退火。玻璃板在转向辊处的温度为 $620 \sim 690℃$。

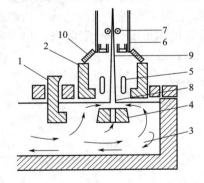

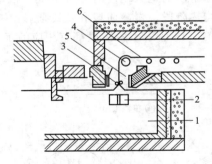

图 7-15　无槽垂直引上法

1—大梁；2—L 形砖；3—玻璃液；

4—引砖；5—冷却水包；6—引上机；7—石棉辊；

8—板根；9—原板；10—八字水包

图 7-16　平拉法成型

1—玻璃液；2—引砖；3—拉边器；

4—转向辊；5—水冷却器；6—玻璃带

（4）压延法成型　用压延法生产的玻璃品种有压花玻璃（$2 \sim 12\text{mm}$ 厚的各种单面花纹玻璃）、夹丝玻璃（厚度为 $6 \sim 8\text{mm}$）、波形玻璃（厚度在 7mm 左右，有大波、小波之分）、槽形玻璃（厚度为 7mm，分为无丝和夹丝两种）、熔融法玻璃马赛克、熔融微晶玻璃花岗岩板材（厚度为 $10 \sim 15\text{mm}$）等。目前，压延法已不再用来生产光面的窗用玻璃和制镜用的平板玻璃。压延法有单辊压延和连续压延法。

单辊压延法是一种古老的方法，把玻璃液倒在浇注平台的金属板上，然后用金属压辊滚压而成平板［图 7-17（a）］，再送入退火炉退火。单辊压延法无论在产量、质量还是成本上都不具有优势，属于淘汰型成型方法。

连续压延法是玻璃液由池窑沿流槽流出，进入成对的用冷水冷却的中空压辊，经滚压而成平板，再送到退火炉退火〔图 7-17（b）〕。采用对辊压制的玻璃板，两面的冷却强度大致相近。由于玻璃液与压辊成型面的接触时间短，即成型时间短，故采用温度较低的玻璃液。连续压延法的产量、质量、成本都优于单辊压延法。

（三）玻璃的退火与淬火

在生产过程中，玻璃制品经受剧烈的、不均匀的温度变化，会产生热应力。这种热应力能降低玻璃制品的强度和热稳定性。热成型的玻璃制品若不经退火令其自然冷却，则在冷却、存放、使用、加工过程中会产生炸裂。玻璃中的应力一般可分为三类：热应力、结构应力和机械应力。

1. 玻璃的退火温度和退火工艺

退火就是消除或减少玻璃制品中的热应力至允许值的热处理过程。不同的玻璃制品有不同的退火要求。薄壁制品（如灯泡等）和玻璃纤维在成型后，由于热应力很小，除适当地控制冷却速度外，一般都不再进行退火。

为了消除玻璃中的永久应力，必须将玻璃加热到低于玻璃化转变温度 T_g 附近的某一温度进行保温均热，以消除玻璃各部分的温度梯度，使应力松弛。这个选定的温度，称为退火温度。玻璃的最高退火温度是指在此温度下经 3min 即能消除 95% 的应力，也称退火上限温度；最低退火温度是指经 3min 只能消除 5% 的应力，也称退火下限温度。最高退火温度和最低退火温度之间，称为退火温度范围。

玻璃退火工艺制度与制品的种类、形状、大小、容许的应力值、退火炉内温度分布等情况有关，采用的退火制度有多种形式。根据退火原理，一般退火工艺可分为四个阶段：加热阶段、均热阶段、慢冷阶段和快冷阶段。按这四个阶段可作出温度-时间曲线，称为退火曲线，如图 7-18 所示。各阶段都有相应的工艺要求和控制参数。

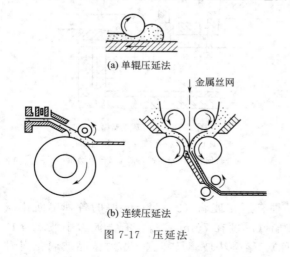

(a) 单辊压延法

(b) 连续压延法

图 7-17　压延法

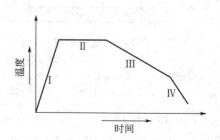

图 7-18　玻璃退火曲线
Ⅰ—加热阶段；Ⅱ—均热阶段；
Ⅲ—慢冷阶段；Ⅳ—快冷阶段

2. 玻璃的淬火

玻璃的实际强度比理论强度低得多，根据断裂机理，无机非金属材料的抗压强度比其抗张强度要高得多，因此可以通过在玻璃表面造成压应力层的方法——淬火（又称物理钢化）使玻璃得到增强，这就是机械因素起主要作用的结果。如图 7-19 所示，玻璃受弯曲应力时（上面承压，上表面受附加压应力，下表面受附加拉应力），淬火玻璃因降低了所承受的张应力（下表面）而使材料得到增强（上表面虽然压应力增加，但正可发挥抗压而不抗张的优势）。

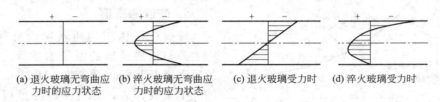

(a) 退火玻璃无弯曲应 (b) 淬火玻璃无弯曲应 (c) 退火玻璃受力时 (d) 淬火玻璃受力时
力时的应力状态   力时的应力状态

图 7-19 淬火玻璃受力时应力沿厚度分布
（正号"＋"表示张应力，负号"－"表示压应力）

若玻璃表面具有有规律的、均匀分布的压应力，就能提高玻璃的强度和热稳定性，玻璃的淬火增强就是应用这一原理。

玻璃的淬火，就是将玻璃制品加热到玻璃化转变温度 T_g 以上 50～60℃，然后在冷却介质（淬火介质）中急速均匀冷却，在这一过程中玻璃的内层和表面将产生很大的温度梯度，初始阶段由此引起的应力由于玻璃的黏滞流动而被松弛，所以造成了有温度梯度而无应力的状态；后期阶段冷却到最后，温度梯度逐渐消除，松弛的应力（内部）即转化为永久应力，这样就造成了玻璃表面均匀分布的压应力层。

这种内应力的大小与制品的厚度、冷却速度、玻璃的膨胀系数有关，因此认为薄玻璃和具有较低膨胀系数的玻璃较难淬火。淬火薄玻璃制品时，结构因素起主要作用；而淬火厚玻璃制品时，则是机械因素起主要作用。

用空气作冷却介质称为风冷淬火；用液体如油脂、硅油、石蜡、树脂、焦油等作淬火介质时称为液冷淬火。此外，还可用盐类如硝酸盐、铬酸盐、硫酸盐等作为淬火介质。

六、玻璃的主要性能和标准

玻璃的性质，即力学、热学、光学、电学、磁学、化学介质等作用于玻璃而得到的响应。玻璃的性质与组成和结构密切相关。

玻璃具有抗压强度高、抗拉强度较低、硬度高、脆性大的特点，它的理论强度更高，约为实际强度的 100 倍以上。

玻璃是一种高透明物质，具有一系列重要光学性质。普通平板玻璃透可见光 80％～90％，不透紫外线，但透红外线。常温下为绝缘体，温度升高，导电性迅速升高，在玻璃化转变温度 T_g 附近急剧增加，熔融态为良导体。导热性差，抗热震性很差，膨胀小。

玻璃的化学性能较稳定，耐酸（氢氟酸除外），抗碱能力差。

各种玻璃性质可归入如下三方面：玻璃熔体的工艺性质，固体玻璃的物理性质，固体玻璃的化学性质。

玻璃的工艺性质主要有黏度和表面张力，玻璃生产过程中的绝大多数工艺参数都是其工艺性质的反映，如熔化温度、澄清温度、成型温度、退火温度等。尽管其具体温度数值因不同组成品种而异，但其黏度和表面张力数值基本都是相同的，因此也称等黏温度。玻璃的物理性质还可分为力学性能和其他物理性能，力学性能具有普遍重要性，故单独列出，包括弹性、强度、硬度和非弹性性质等，其他物理性能则包括密度、热学、光学等性质。玻璃的化学性质也很多，包括耐腐蚀性、耐辐射性、耐老化性等。玻璃一般具有较好的化学稳定性，

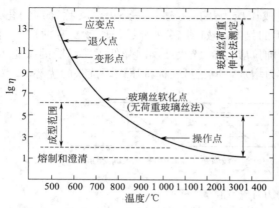

图 7-20　硅酸盐玻璃的黏度-温度曲线

除特种用途外，一般均能满足化学稳定性的要求，故本节主要介绍玻璃的工艺性质和物理性质，玻璃的化学性质从略。硅酸盐玻璃的黏度-温度曲线如图 7-20 所示。

1. 玻璃的密度

玻璃单位体积的质量称为玻璃的密度。它主要与构成玻璃的原子的质量、原子堆积的紧密度及其配位数有关，是表征玻璃结构的一个重要标志，通过密度测量可以有效控制玻璃生产工艺和玻璃组成的恒定性。

玻璃密度与化学成分关系密切，可通过玻璃中氧化物组成比例计算玻璃密度，不同玻璃品种密度差别很大；玻璃密度也与温度有关，温度升高，密度下降，一般工业玻璃，当温度由 20℃升高到 1200℃时，密度下降 6％～12％，在弹性形变范围内，密度的下降与玻璃的热膨胀系数有关；玻璃密度还与热历史有关（从高温冷却通过 $T_f \sim T_g$ 区域时的经历，含停留时间和冷却速度等）。石英玻璃的密度最小，为 2000kg/m³，普通钠钙硅玻璃为 2500～2600 kg/m³。热历史还影响到固体玻璃结构以及与结构有关的许多性能。

在玻璃生产中常出现事故，如配方计算错误、配合料称量差错、原料化学组成波动等，这些均可引起玻璃密度的变化。因此，玻璃工厂常将测量密度作为控制玻璃生产的手段。

测量玻璃密度常用的方法有排液失重法（阿基米德法）、比重瓶法、悬浮法（重液法）。密度计算一般用霍金斯-孙观汉法。

2. 玻璃的力学性质

玻璃是脆性材料。力学性质包括弹性、强度、断裂性质、硬度、非弹性性质等。

（1）弹性　材料在外力作用下发生变形，外力去除后能恢复原来形状的性质称为弹性。玻璃的弹性主要用弹性模量、剪切模量、泊松比和体积模量来表征。

测定玻璃弹性模量的方法有静力学法和动力学法。静力学法是测定玻璃在弹性变形范围内的应力和应变关系的方法，可求得弹性模量、剪切模量和泊松比。动力学法有声频共振法、复合振子法和超声测速法。

玻璃的弹性模量与玻璃的化学组成、温度和热处理密切相关。

（2）玻璃的强度和脆性　玻璃的强度一般较高，但却是脆性材料，尤其是氧化物玻璃。

玻璃的强度一般用抗压强度、抗折强度、抗张强度和抗冲强度等指标表示。玻璃以其抗压强度和硬度高而得到广泛应用，也因其抗折强度和抗张强度不高且脆性大而限制了它的应用。

一般来说，材料的极限强度可以由材料中原子、离子、分子的共同键力来确定，计算出的窗玻璃和瓶罐玻璃理论强度为 11.7GPa，而实际上抗折强度只有 6.68MPa，比理论强度小 2～3 个数量级，为此，Griffith 提出了微裂纹理论来解释玻璃的理论强度与实际强度的差异。玻璃的脆性断裂是没有预兆的。

目前常采用的提高玻璃强度的方法主要有退火、钢化、表面处理与涂层、微晶化及与其他材料制成复合材料。

（3）玻璃的硬度　硬度表示物质抵抗其他物体侵入的能力，表示方法有莫氏硬度、显微硬度、研磨硬度和刻划硬度等。一般玻璃莫氏硬度为 5～7。

玻璃的硬度取决于其组成、结构和温度。一般来说，对于氧化物玻璃，网络形成离子提高玻璃硬度，而网络修饰离子降低玻璃硬度。各种组分对玻璃硬度的促进作用大致为：

$$SiO_2 > B_2O_3 > MgO、ZnO、BaO > Al_2O_3 > Fe_3O_4 > K_2O > Na_2O > PbO$$

（4）其他力学性质 非弹性性质包括致密化、内摩擦（或内耗）。致密化是指当玻璃所受压力很大的情况下，形变可能是不可逆的，这意味着塑性流动的产生导致玻璃密度增大。内耗是指在固体振动过程中，由机械能转变为热能导致振动衰减的现象。玻璃的内耗包括弹性后效、应力弛豫、黏性流动等。影响玻璃内耗的主要因素有温度、频率、玻璃的化学组成等。

3. 玻璃的热学性质

玻璃的热学性质有热膨胀系数、热导率、比热容、热稳定性。其中，热膨胀系数最重要。

（1）线膨胀系数 α_l 是温度升高 1℃ 时，玻璃试样的相对伸长。

（2）体膨胀系数 α_v 主要取决于化学组成（包括离子间的键力、配位数、电价离子间距）、温度和热历史（淬火、退火）。玻璃的热膨胀系数可用加和性法则近似计算。一般 $\alpha_v = 3d_l$。

（3）热稳定性 是玻璃经受剧烈的温度变化而不破坏的能力。影响玻璃热稳定性的因素有玻璃的组成、强度、热膨胀系数、弹性模量、热导率、比热容和密度。其中，凡是能降低玻璃强度的因素，都能使玻璃的热稳定性降低。同时，玻璃耐受急热比耐受急冷的能力强。

4. 玻璃的光学性质

玻璃基本的光学现象和光学性质包括吸收、折射、反射、透光、散射、色散，以及光弹、热光、磁光、电光、声光、非线性、光损伤、发光和受激辐射等。

（1）玻璃的光吸收 光吸收是光损耗两种形式（吸收和散射）之一。分为紫外、红外的特征选择性吸收。红外吸收是多声子吸收过程。紫外吸收与电子跃迁相关。选择吸收由杂质（过渡金属和稀土金属以及 OH^- 等）引起。在可见光区呈现颜色。

（2）玻璃的折射率和色散 这是两个重要光学常数。

单色折射率（n）是指光在真空中的传播速度与其在介质中的传播速度之比，即 $n = c/v$。当光通过玻璃时，会引起玻璃内部质点（电子位移、离子位移、分子转向）极化（变形），为此将用去一部分光的能量而使光的传播速度降低。因此，玻璃的折射率可以理解为光（电磁波）在玻璃中传输速度的降低（与光在真空中的传播速度相比）。一般玻璃的折射率为 1.50～1.75，平板玻璃为 1.52～1.53，个别玻璃（如硫化钾玻璃）可达 2.66。

影响玻璃折射率的因素有玻璃组成、温度、热历史。色散是指折射率随入射光波长的变化而变化的现象。色散可以用平均色散、部分色散、阿贝数、相对部分色散来表示。

（3）玻璃的反射 光线入射＝反射＋折射＋漫反射。反射率是指玻璃表面反射出去的光强与入射光强之比。反射定律为 $R = [(n-1)^2 + \mu^2] / [(n+1)^2 + \mu^2]$，其中，$\mu$ 为消光系数。漫反射主要是由粗糙或不规则的入射和出射表面以及玻璃内部的缺陷引起的。

5. 玻璃的国家标准

玻璃品种很多，用途各异，对其性能的要求也差异较大，因此每种玻璃都有对应的国家标准。因该方面内容较多，故不详述，具体应用时可查阅相应的国家标准。

七、玻璃生产主要技术装备

现代玻璃工业有各种类型的玻璃生产线，如浮法玻璃生产线、钢化玻璃生产线、中空玻璃生产线、夹层玻璃生产线、镀膜玻璃生产线、器皿玻璃生产线、格法玻璃生产线等。

玻璃的生产工艺环节主要包括粉碎、过筛、混合、熔融、澄清、均化、加工成型、热处理、成品检验和包装等。玻璃生产方法根据技术条件有各种选择，玻璃品种又很多，因此玻璃生产机械设备比较复杂。以普通玻璃、通常的生产工艺生产为例，涉及以下机械装备。

（一）玻璃生产原料加工处理设备

原料加工处理环节包括原料的运输和储存、原料的精选、原料的煅烧、原料的破碎、脱水、干燥、筛分、除铁等。

1. 煅烧设备

煅烧设备有加热炉、立式窑等。

2. 破碎设备

破碎设备有颚式破碎机、辊式破碎机、反击式破碎机、锤式破碎机、笼式破碎机、笼形碾、轮碾机等。

3. 干燥脱水设备

干燥脱水设备有离心脱水机、蒸气加热机、回转干燥筒、热风炉、隧道式干燥器等。

4. 粒料输运设备

粒料输运设备有皮带输送机、斗式提升机、气流输送机、管道输送机、料罐、电动葫芦等。

5. 过筛除铁设备

过筛除铁设备有六角筛（旋转筛）、振动筛、摇动筛，物理除铁设备（筛分、淘洗、水力分离、超声波除铁），化学除铁设备（干法、湿法），浮选设备，磁选设备，滚轮磁选机、悬挂式电磁铁、振动磁选机等。

6. 配料设备

配料设备有磅秤、台秤、自动秤、旋转给料器、转动式混料机（箱式、抄举式、转鼓式、V式）、盘式混料机（动盘式、定盘式、碾盘式）、桨叶式混合机等。

（二）玻璃熔制设备

玻璃熔制设备主要有坩埚炉和池窑等，根据技术条件分别有各种不同的形式。

1. 池窑

按使用热源，分为火焰窑、电热窑、火焰-电热窑等；按熔制过程连续性，分为间歇式窑、连续式窑；按烟气余热回收设备，分为蓄热式窑、换热式窑；按窑内火焰流动方式，分为横焰窑、马蹄焰窑、纵焰窑；按制造的产品，分为平板玻璃窑、日用玻璃窑、特种玻璃窑；按窑的规模，分为大型窑、中型窑、小型窑（分别可按窑产量、熔化面积、引上机台数等区分）。

玻璃池窑的主要辅助设备有油枪、助燃风机、池窑的测量控制系统等。

2. 坩埚炉

小规模玻璃制品厂仍在使用坩埚炉。坩埚炉分为闭口式坩埚、开口式坩埚（有圆形、椭圆形等形式）。

另外，辅助的设备有加料机（旋转式加料机、薄层加料机）、电熔辅助加热机等。

(三) 玻璃成型设备

1. 人工成型

人工成型用于制造高级器皿、艺术玻璃及特殊形状的制品。主要分为人工吹制、自由成型（窑玻璃，多种玻璃结合）、人工拉制、人工压制。

（1）人工吹制的主要工具 有吹管（挑料杆）、表面涂覆含碳物质的衬碳膜。

（2）自由成型的特制工具 如钳子、剪子、镊子、夹子、夹板、样模。

人工拉制主要指拉制玻璃管或玻璃棒，是从吹制法中衍生出来的。

人工压制属于半机械化成型，主要工具有实心挑料杆、模型、冲头、模环等。

2. 机械成型设备

机械成型设备有直接以电动机为动力的引上机、拉管机、真空吸料成型机和以空气压缩机为动力的（空心制品等）行列机（瓶罐玻璃）。供料机主要有液流供料、真空吸料、滴料供料三种形式，供料机必须与成型机同步。

（1）压制法成型设备 有模型、冲头、模环，主要采用滴料供料机供料和自动压机成型。

（2）吹制法成型设备 压-吹法成型机，部件有初型模、成型模、冲头、口模、口模铰链、吹气头、模底；吹-吹法成型机，根据供料方式不同分为翻转初型法（滴料供料）、真空吸-吹法（袋式供料机或池窑玻璃液直接吸入）；转吹法，吹-吹法的一种；带式吹制法，辊筒将玻璃料压成带状，在有孔的链带上形成料泡，吹制成型，主要用于生产电灯泡和水杯。

（3）拉制法成型设备 有水平拉制法（丹纳法、罗维法）、垂直引上法（有槽法、无槽法）、浮法。垂直有槽引上法机组主要由引上机（拉管机）、槽子砖组成。

玻璃纤维的拉制主要由熔融的玻璃液通过漏板，或由玻璃棒加热熔融，以高速机械拉制的方法生产。

（4）压延法成型 分为平面压延法和辊间压延法（连续压延、夹丝玻璃压延等）。

（5）浇注法成型 将熔好的玻璃注入模子或铸铁的平台上。

（6）烧结法成型 由粉末烧结成型（球磨机制料，烧结炉烧制）。可分为干压法、注浆法（石膏模）、泡沫法（发泡剂）。

瓶罐玻璃常用成型机械有行列式制瓶机、转台式制瓶机、各种吹泡机、气动＋模式压杯机、拉管机、模具等。

(四) 玻璃退火和淬火设备

玻璃退火和淬火设备有退火窑和淬火炉。

退火窑有间歇式退火窑、半连续式退火窑、连续式退火窑（辊道式、网带式）。

淬火炉有风冷淬火炉、液冷淬火炉、盐类淬火炉、金属粉末淬火炉等。

(五) 玻璃加工设备

玻璃品种繁多，形状变化多端，加工方法更是多种多样。玻璃制品的加工主要分为冷加工、热加工、表面处理、玻璃封接等。

原片玻璃（平板玻璃、浮法玻璃、格法玻璃、压延玻璃、超白玻璃、超薄玻璃等）需要深加工才能形成具有特殊形状、特殊性能和用途的特种玻璃制品。主要的深加工玻璃有钢化玻璃、中空玻璃、夹胶玻璃、防火玻璃、防弹玻璃、汽车玻璃、镀膜玻璃、光学玻璃、热弯玻璃、家用玻璃、安全玻璃、卫浴玻璃、镜子玻璃、有机玻璃、夹层玻璃、强化玻璃、建筑玻璃、丝印玻璃、刻花玻璃、仪表玻璃等。

因此，玻璃加工设备繁多复杂，兹不赘述。

（六）玻璃检验和包装设备

玻璃检验和包装设备有玻璃产品检验工具和玻璃制品包装设备。

玻璃产品检验工具有各类工具、仪器等。

玻璃制品包装设备有包装机，因为各类产品形状各异，包装机的结构也各不相同。

（七）玻璃生产其他设备

玻璃生产其他设备有固体燃料的气化和煤气发生炉。还有余热回收设备等。

余热回收设备有换热器、蓄热室、余热锅炉。

窑具材料有硅砖、白泡石、黏土砖、浇注料、高铝砖、刚玉砖、电熔耐火材料、换热室筒形砖、供料机用砖、坩埚砖等。

第四节　混凝土

严格来讲，混凝土属于复合材料范畴，它与无机非金属材料关系特别密切（几乎全部由无机非金属材料组成）。而且它是一种传统的材料，与现代发展的复合材料有一定差别，其应用非常广泛，属于基础材料，故作为专门类别论述。

水泥混凝土可制备成各种混凝土制品（水泥混凝土块体工程是没有特定形状要求的混凝土制品的特例）。混凝土制品与水泥、水泥混凝土是截然不同的概念，混凝土制品的涵盖面非常大，有其独特的理论基础、各具特色的生产工艺和制备方法，是一门独立的学科。本节主要讨论水泥混凝土的基本原理和基本工艺。

一、混凝土的概念

混凝土是指由胶凝材料将集料胶结成整体的工程复合材料的统称。是一种人造石材。由按一定比例的胶结料、水、粗细集料和外掺剂所组成的混合料，经一定工艺处理加工凝结硬化后，形成具有堆积结构的一种复合材料。

上述定义中，胶结料有无机的、有机的、无机-有机复合的胶结料之分；外掺料包括各种类型的化学外加剂和矿物掺和料；工艺处理加工是指一系列的生产制备过程，如水泥混凝土混合料的搅拌、成型、养护。例如，当所采用的胶结料为水泥时，称为水泥混凝土，这是使用最普遍、研究最多的一种混凝土。又如，以水化硅酸盐类为胶结料，称为硅酸盐混凝土（其实水泥也是硅酸盐），通过钙质原料（石灰、水泥）与硅质原料（粉煤灰、炉渣、砂等），水热合成，按一定工艺制备。

通常讲的混凝土一词是指用水泥作胶凝材料，砂、石作集料，与水（加或不加外加剂和掺和料）按一定比例配合，经搅拌、成型、养护而得的水泥混凝土，也称普通混凝土，它广泛应用于土木工程。

另外，随着经济的发展，交通运输得到迅速发展，其中的公路运输、铁路运输、轨道交通运输等，除了用到水泥混凝土外，还大量使用沥青混凝土，尤其是在路面结构中。沥青混凝土是以沥青为主要胶结料，与一定砂石集料配比的矿料混合料混合，必要时加入一定外掺剂，经拌和、碾压、养护等过程，制得的符合道路使用要求的沥青-砂石复合材料。主要用于路面工程。

本节主要讨论水泥混凝土。

混凝土是当今世界上用量最大的土木建筑工程用结构材料。这种人造石材有很多优点，可根据不同要求配制各种不同性质的混凝土。主要特性是：具有良好的耐久性，能经受水的作用（水渠、水坝、水管、蓄水池）；新拌混凝土具有良好的塑性和稠度，可浇制各种形状和尺寸的构件或结构物，并与钢筋牢固黏结，耐久性好；原料丰富，80％的砂石集料，价廉易得；与大多数工程材料相比，生产能量消耗小，并可使用工业废料作为胶凝材料或集料；结构潜力巨大，可制成许多超巨型结构或特种结构。

缺点是：自重大，抗拉强度和抗折强度低（而抗压强度较大），脆性大，热导率大，保温隔热性差。

在混凝土发展的早期阶段，由于其抗拉强度和抗折强度低，大大限制了其应用。钢筋混凝土技术出现后，尤其是预应力钢筋混凝土技术发展以来，极大拓展了混凝土的应用范围，真正使混凝土成为经济建设不可或缺的材料。将钢筋加入混凝土中，拉应力主要由钢筋承载，大大增加了混凝土的抗拉强度；预应力技术的应用，使混凝土整体受到压应力，当板材受到载荷作用时，板材承受弯曲力，板材的承力面进一步受压（材料本身的抗压强度极大，完全可满足要求），而板材的另一面受拉，必须首先抵消原先施加的预应力（压应力），材料本身才会真正受拉，如此增加了材料的抗弯强度、抗折强度，这实际上是充分利用了材料抗压强度高的优点，而弥补了其抗拉强度低的弱点。

水泥混凝土在水泥、砂石料、水拌和之后、凝结之前的状态，称为混凝土砂浆，如图 7-21 所示。

图 7-21　混凝土砂浆

二、混凝土的分类和范畴

1. 按表观密度分类

分为重混凝土、普通混凝土、轻混凝土。

（1）重混凝土　表观密度小于 2600kg/m³。使用重晶石、铁矿石、钢屑等重集料和钡水泥、锶水泥等重水泥配制。重混凝土不透 X 射线和 γ 射线，又称防辐射混凝土。应用于核能工程的屏蔽结构。

（2）普通混凝土　表观密度为 1900～2500kg/m³。以普通天然砂、石为集料，用于多种建筑承重结构。

（3）轻混凝土　表观密度小于 1900kg/m³。轻集料混凝土，是由浮石、火山渣、陶粒、膨胀珍珠岩、膨胀矿渣、煤渣等配制；多孔混凝土，包括加气混凝土、泡沫混凝土；大孔混凝土，组成中不加细集料。

2. 按用途分类

主要有结构混凝土、防水混凝土、耐热混凝土、耐酸混凝土、收缩补偿混凝土、喷射混凝土、装饰混凝土、大体积混凝土、防辐射混凝土、膨胀混凝土、道路混凝土、纤维增强混凝土等。

3. 按胶结料分类

主要有水泥混凝土、硅酸盐混凝土、石膏混凝土、水玻璃混凝土、沥青混凝土、聚合物混凝土、树脂混凝土等。

4. 按生产和施工方法分类

可分为预拌混凝土（商品混凝土）、泵送混凝土、压力灌浆混凝土（预填集料混凝土）、挤压混凝土、离心混凝土、真空吸水混凝土、碾压混凝土、热拌混凝土等。

三、混凝土常见品种和应用

混凝土按发展阶段可分为普通混凝土和特种混凝土。普通混凝土是指传统上经常使用的混凝土，如上所述，一般是采用普通天然砂、石为集料，以普通硅酸盐水泥等为胶结料，制得的表观密度 $1900\sim2500\text{kg}/\text{m}^3$ 的混凝土，用于多种建筑承重结构。普通混凝土以外的其他类型混凝土，都可归入特种混凝土。

（一）普通混凝土

普通混凝土是以水泥作胶结料将砂石料胶结在一起，没有特殊应用要求的混凝土。

普通混凝土用途广泛，主要用于工业与民用建筑工程、道路工程、大部分工程的基础工程。

（二）特种混凝土

1. 轻混凝土

轻混凝土包括轻集料混凝土、大孔混凝土和多孔混凝土。

（1）轻集料混凝土　凡用轻粗集料、轻细集料、水泥、水配制成的表观密度不大于 $1900\text{kg}/\text{m}^3$ 者，称为轻集料混凝土，如页岩陶粒混凝土、粉煤灰陶粒混凝土等。它具有良好的保温性能，常用作保温材料或结构保温材料。

（2）大孔混凝土　是以粗集料、水泥、水配制而成，也称无砂混凝土。在这种混凝土中，水泥浆包裹在粗集料的表面，将粗集料黏结在一起，但水泥浆并未填满粗集料颗粒之间的间隙，因而形成大孔结构。其表观密度不大于 $1900\text{kg}/\text{m}^3$，主要用于承重或非承重的保温外墙体。

（3）多孔混凝土　以胶结料、微粒硅质组分、发气剂、水按比例配制而成。其内部均布着大量细小封闭气孔（孔径为 $1\sim3\text{mm}$），气孔率高达 85%。根据制造原理的不同，多孔混凝土可分为加气混凝土、泡沫混凝土、充气混凝土。多孔混凝土重量轻，保湿性能好，可加工性好，并可用胶结料黏结，因此其外形尺寸可以灵活掌握，多用于工业与民用建筑中制作屋面板、内外墙板、砌块，以及制作管道保温制品。

2. 高强混凝土

高强混凝土是抗压强度达 $60\sim80\text{MPa}$ 的混凝土。抗压强度大于 80MPa 时称为超高强混凝土。

优点是，在高层建筑中，能减少静荷重，混凝土的断面可较薄，跨度可较长。例如，美国达拉斯中心广场 72 层的大楼结构体系，采用连续周边立柱结构，整个 62 层外立柱使用了 69MPa 的高强混凝土，并将所有载荷集中于外立柱上。与采用钢结构比较，其静荷重大大减少了。

提高强度的方法归纳起来有降低水灰比、降低孔隙率、提高界面强度、改善水泥水化物、利用增强材料及其他强度更高的胶凝材料等。例如，选用 C_3S 和 C_2S 含量高的纯硅酸盐水泥，用硅粉作掺和料，采用高效减水剂（降低孔隙率）、钢纤维或碳纤维增强材料，以及骨料的间断级配等。

高强混凝土除强度高外，还具有低的渗透性、良好的耐久性、高的耐磨性。可普遍用于预应力构件（轨枕、电杆）、高层建筑、桥梁、公路路面、桥面、海洋油田混凝土平台、海岸及近海岸工程等。

3. 流态混凝土

流态混凝土是指运至现场的坍落度在 5～10cm 之间的混凝土拌和物，在浇筑前掺入流化剂或高效减水剂，搅拌 1～5min，得到坍落度在 20cm 左右的混凝土。这种混凝土的特点是大幅度降低水灰比，单位用水量少，具有黏性，容易流动，可自流密实，减少振捣消耗能量，因而可制得高强、耐久、不透水的优质混凝土。流态混凝土适用于高层建筑、大型工业及公共建筑中的基础、楼板、墙板以及地下工程等，尤其适用于工程中钢筋密集、混凝土浇筑振捣困难的部位。

4. 防水混凝土

防水混凝土具有高的抗渗性。主要用于防水工程和抗渗工程或工程的防水和抗渗部位。

按配制方法，常用的防水混凝土可分为以下四类。

（1）骨料级配防水混凝土　将三种或三种以上的不同级配的砂、石按一定比例混合配制，使砂、石混合级配满足混凝土最大密度的要求，提高抗渗性能，达到防水目的。

（2）普通防水混凝土　依据提高砂浆密实性和增加混凝土的有效阻水截面的原理，采用较小的水灰比、较多的水泥用量和较大的砂率、适宜的灰砂比以及使用自然级配等方法，以减小混凝土孔隙率，提高砂浆包裹粗骨料的质量，从而使混凝土具有足够的防水性。

（3）外加剂防水混凝土　通过掺加外加剂的方法改善混凝土的内部结构来提高抗渗性。常用的外加剂有松香热聚物加气剂、氢氧化铁或氢氧化铝溶液密实剂、三乙醇胺加氯化钠及亚硝酸钠复合外加剂等。

（4）采用特种水泥配制防水混凝土　采用无收缩不透水水泥、膨胀水泥、塑化水泥等来配制混凝土。

5. 聚合物混凝土

聚合物混凝土是一种在由胶结料和集料组合的混凝土中，用聚合物将胶结料加以改性而制得的。一般分为以下三种。

（1）PCC 聚合物混凝土　用聚合物乳液拌和水泥及粗细集料而制得。

（2）PIC 聚合物浸渍混凝土　将已硬化的普通混凝土经干燥后浸入有机单体中，再用加热或辐射的方法使渗入混凝土孔隙内的单体进行聚合合成。

（3）PC 聚合物胶结混凝土　也称 REC 树脂混凝土，是以高分子聚合物为胶结料将粗细集料胶结起来的一种有机物和无机物的复合材料。

聚合物混凝土一般具有高的水密性、抗渗性、抗冻性、耐磨性、抗冲击性、耐化学腐蚀性等，适用于桥梁、高速公路路面、涵洞、地下工程以及一些特殊工程等。

6. 纤维增强混凝土

纤维增强混凝土是由水泥、水、粗细集料与不连续而分散的纤维组成的混凝土。用于混凝土的纤维材料的种类很多，有钢纤维、玻璃纤维、石棉纤维、合成纤维（尼龙、聚乙烯纤维等）、碳纤维等。使用纤维，可提高混凝土的韧性，一些纤维还可提高抗拉强度、刚度、承担动载荷能力。纤维增强混凝土适用于机场跑道、公路、桥梁路面工程、水坝、码头、重型设备基础工程以及建筑物的天花板、阳台板、装饰性墙板等。

7. 耐热混凝土

耐热混凝土是指能长期在高温（200～1300℃）作用下保持所需要的力学性能的特种混凝土。它是由适当的胶凝材料、耐热粗细集料和水按一定比例配制而成，有硅酸盐水泥耐热混凝土、铝酸盐水泥耐热混凝土、水玻璃耐热混凝土等。耐热混凝土在土木建筑工程中用于建筑高炉基础、焦炉基础、高炉外壳、热工设备基础及围护结构等。

8. 耐酸混凝土

耐酸混凝土是由水玻璃为胶结料，氟硅酸钠为促凝剂，耐酸粉料和耐酸粗细集料为骨料，按一定比例配制而成。具有耐酸、耐高温、较高的机械强度等优良性能。一般用于储油罐、输油管、储酸槽、酸洗槽、耐酸器材等。

9. 防辐射混凝土

用于防护 γ 射线和中子辐射作用的用重集料和水泥配制的混凝土，称为防辐射混凝土。所用水泥可采用硅酸盐水泥、高铝水泥、特种水泥（钡水泥、锶水泥），重集料有重晶石（$BaSO_4$）、赤铁矿（Fe_2O_3）、磁铁矿（Fe_3O_4）、金属碎块等，以及一些掺和料。

10. 其他特种混凝土

装饰混凝土是利用混凝土本身的水泥和集料的颜色、质感、线形或涂料层而发挥建筑装饰作用，使其表面产生一定装饰效果的一种饰面混凝土。

碾压混凝土是一种超干硬性的混凝土，其坍落度为零。在混凝土硬化时，需用振动碾压机进行压实。

四、混凝土基本生产工艺

混凝土因用途各异而品种繁多，其生产工艺不尽相同，但都是以普通混凝土的制作工艺为基础进行生产的。下面主要论述普通混凝土的基本生产工艺过程。

普通混凝土的制作步骤为组成材料选择、配合比设计、新拌混凝土制备和养护。

（一）组成材料

混凝土的组成材料有水泥、水、细集料、粗集料。为改进工艺性能和力学性能，常加入化学外加剂和矿物掺和料（改进工艺性能和力学性能）。

1. 拌制混凝土所用的水泥产品

拌制混凝土所用的水泥产品应按工程要求、混凝土所处部位、环境条件及其他技术条件，按所掌握的各种水泥特性进行合理选择。

水泥强度等级应与混凝土设计强度相适应。低强高配，达不到要求；高强低配，不能充分发挥胶结料作用，属于浪费。

2. 集料

集料占混凝土总体积的 $60\%\sim80\%$。起骨料作用，赋予混凝土硬化前拌和物一定的和易性，使混凝土比单纯的水泥石具有更高的体积稳定性和耐久性。可按粒径、成因、松散容重或用途分类。

按粒径，可分为细集料（$0.15\sim5.00mm$）、粗集料（大于 $5.00mm$）。

（1）集料特性　有吸水性、粒径、颗粒形状、颗粒级配、表面形貌等，决定新拌混凝土的性质，也是配合比设计的依据。有害杂质会产生不利影响。

（2）含水量　应确定和稳定。不确定时，会由于集料的吸水性，导致在配制混凝土时混凝土用水量和集料用量的误差，将影响水泥的水化，使混凝土出现离析和蜂窝现象等。

（3）粒径　主要考虑粗集料最大粒径的限制。根据国家《混凝土结构工程施工及验收规范》有关规定，粗集料最大粒径是按照混凝土构件截面积、钢筋最小净距、实心板的板厚等确定的。

（4）级配　是颗粒状材料中各级粒径的颗粒的分布状况，即各级粒径的颗粒所占的比例。集料颗粒级配的目的是尽量减少集料之间的孔隙，以利于水泥浆充分填充。达到的效果是节约水泥用量、减少需水量、满足工作性要求。粗集料和细集料级配是通过筛分试验确定的。

（5）粒形和表面特征　不同集料有不同的粒形和表面特征。山砂、碎石多呈棱角，表面粗糙，与水泥黏结较好；河砂、海砂、卵石多呈圆形，表面光滑，与水泥黏结较差。在相同水泥用量和用水量的前提下，使用前者拌制混凝土，流动性较差，但强度较高，而后者则反之。

（6）有害杂质　集料中的有害杂质，如有机杂质、黏土、淤泥、粉尘、脆弱颗粒及反应性物质（硫化物、硫酸盐、活性碳酸盐等），将产生不良影响，妨碍水泥水化，削弱集料与水泥石的黏结，能与水泥的水化产物进行化学反应，并产生有害的膨胀物质等。集料中有害杂质的含量应符合有关规定，含量较多时，应采取淋洗等方法去除。

3. 水

水是混凝土的主要组分之一，在水泥形成过程中起重要作用。水质的好坏影响凝结硬化及强度和耐久性。

混凝土对水的要求不是特别严格，但也要符合要求。一般是能饮用的自来水或清洁的天然水均可采用。

4. 外加剂

外加剂是混凝土中除水泥、水、粗细集料之外的另一重要组分，是在搅拌开始或搅拌过程中加入的。外加剂在混凝土中虽然不是绝对必要的组分（某些混凝土不必加），但在许多场合，它却起了至关重要的作用。尤其是在现代的水泥混凝土工程中，几乎全部使用外加剂，有的是为了加快施工速度，有的为了提高砂浆工艺性能，有的为了改善混凝土某种性能等。但无一例外的，外加剂在利用其优势的同时，都会对混凝土产生一定的负面作用，使用时一是要控制用量，二是要权衡考虑。

加入外加剂的目的与作用是改善和易性，调节凝结硬化速度，改善力学性能，增强钢筋耐蚀性。

常用的外加剂有减水剂、缓凝剂、早强剂、速凝剂、引气剂、防水剂、防冻剂。

（二）普通混凝土的配合比设计

混凝土配合比设计的目标就是确定水泥、水、砂子、石子的比例关系。

通过设计过程所需要确定的指标有水灰比、水与水泥比例、砂率、砂子与石子比例、单位用水量（每立方米）、水泥浆与集料比例、掺和料与外加剂用量。

一般设计步骤是：确定混凝土试配强度；确定水灰比；选取1m³混凝土的用水量，计算混凝土的水泥用量；确定合理的砂率值；计算细集料和粗集料的用量；计算混凝土外加剂用量；集料含水量调整；试配调整，经试验验证，并考虑了实验室条件与施工现场条件的差异后，确定在施工现场采用的水灰比、用水量、砂率、外加剂用量。

（三）普通混凝土的制备

普通混凝土的制备主要包括原材料的加工、运输、浇筑、密实成型、养护等过程。

1. 原材料加工

原材料加工主要是对混凝土采用的块状及粉状物料进行必要的破碎、筛分、磨细及预反应，达到改善颗粒级配、减小粒状物料的空隙率、增加胶凝材料比表面积以及提高其活性的目的。例如，对集料中不符合质量要求的组分（针片状颗粒、黏土及有机物等杂质），用筛、旋、洗等措施予以去除，将有害杂质的影响减小到允许程度以下。又如，需用到粉煤灰掺和料时，需对其进行干燥脱水、磨细处理。

2. 搅拌

通过搅拌工艺，将合格的各组分按一定比例拌和成具有一定均匀性及给定和易性指标的混凝土混合料。即，混凝土搅拌的目的，除了达到均匀混合外，还要达到强化、塑化的作用。若是搅拌不当，会使新拌混凝土混合物外观不均匀，施工和硬化特性不正常。为达到均化、强化、塑化的目的，对于采用搅拌机拌和的混凝土，合理选择搅拌机类型、合理确定搅拌时间和搅拌机转速、合理确定投料顺序都是至关重要的。同时，可以采用一些有利于结构形成的措施，如振动搅拌、超声搅拌、合理提高搅拌时的料温等。

3. 运输和浇灌

搅拌制备好的混凝土混合料，要经过运输和浇灌入模程序。这里，主要是采取适当的措施和操作以防止混凝土混合料中粗集料的离析。

4. 成型

浇灌入模的混凝土混合料必须经过密实成型，才能赋予混凝土制品一定的外形和内部结构。密实成型是利用水泥浆凝聚结构的触变性，对混合料施加外力干扰（振动、离心、压力等）使之流动，以便充满模型，使制品具有所需的形状，更重要的是，使大小不同的颗粒紧密排列，水泥浆则将之黏结成一个坚硬整体。因而密实成型工艺是混凝土内部结构形成的关键阶段。密实成型工艺基本上有以下几种方法：振动密实成型，压制密实成型，离心脱水密实成型，真空脱水密实成型，浸渍、喷射、减压注浆，压力灌浆、复合密实成型工艺等。

5. 养护

为发挥混凝土的最佳性能，应对混凝土进行养护。普通混凝土混合料密实成型后，硬化过程继续进行，内部结构逐渐形成。为使密实成型的混凝土进行水化反应，获得所需的力学性能及耐久性等指标的工艺措施称为养护工艺。养护过程中主要应建立水化反应所需介质温度和湿度条件。根据硬化时温度和湿度条件的不同，养护工艺可分为标准养护、自然养护和加速硬化养护。其中，加速硬化养护工艺按加速硬化作用的实际，可分为热养护法、化学促硬化法、机械作用法。

五、混凝土主要性能和要求

以下主要讨论普通混凝土的性能。

（一）新拌混凝土的性能

新拌混凝土是指凝结硬化前的混凝土。性能包括和易性、坍落度损失、离析、泌水、凝结时间。

1. 和易性（或工作度）

和易性是衡量新拌混凝土是否易于施工操作（搅拌、运输、浇灌、密实成型）和制得质量均匀且密实的混凝土的一种性能，包括流动性、黏聚性、保水性。

（1）流动性　在本身自重或施工机械振捣力作用下，能产生流动并均匀密实地填满模型的性质。

（2）黏聚性　在施工过程中，其组成材料之间有一定黏聚力，不致在运输和浇灌过程中产生分层和离析。

（3）保水性　在施工过程中，具有一定的保水能力，不致产生严重的泌水现象。

新拌混凝土的流动性以坍落度和维勃稠度为指标，按 GB 50164—1992《混凝土质量控制指标》规定进行测试。黏聚性和保水性多以目测评估。

（4）坍落度　适于最大粒径不大于 40mm 和坍落度大于 10mm 的新拌混凝土。图 7-22 为新拌混凝土的坍落度测定。

（5）维勃稠度　坍落度小于 10mm 的干硬性新拌混凝土，用维勃稠度仪测其流动性。图 7-23 为维勃稠度仪。

影响和易性的因素有水泥浆用量、水灰比、用水量、砂率、外加剂。

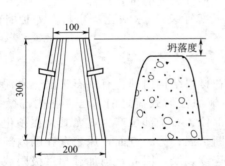

图 7-22　新拌混凝土的坍落度测定（单位：mm）

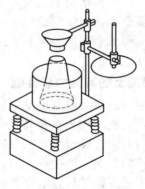

图 7-23　维勃稠度仪

2. 坍落度损失

坍落度损失是指新拌混凝土的坍落度随时间的延长而逐渐减小的现象，是所有的混凝土均会发生的一种正常现象。产生这种现象的原因有水泥的水化、集料吸收水分、水分的蒸发等，并且随温度的升高而加剧。

3. 离析和泌水

离析是新拌混凝土的各个组分发生分离致使其分布不再均匀而失去连续性的现象。这是由于构成拌和物的各组分密度不一（水介质、水泥、集料之间，各种固体粒子的大小、密度不同）引起的。

泌水是水分从新拌混凝土浆体中渗出分离的现象，它是由于组成材料的保水能力不足，不能使全部的拌和水处于分散状态引起的。

离析和泌水都将对硬化后的混凝土性能产生不良影响。

4. 凝结时间

混凝土的凝结时间分为初凝时间和终凝时间。初凝时间表示新拌混凝土已不再能进行正常的搅拌、浇灌和捣实的时间；终凝时间则表明了从这个时间开始，强度将以相当显著的速度增长。显然，混凝土的凝结时间与配制混凝土所用的水泥的凝结时间是不一致的。

（二）硬化混凝土的性质

1. 强度

强度是混凝土最重要的力学指标，分为抗压强度和抗拉强度，其抗压强度远大于抗拉强度（化学键力原因）。工程实践中利用混凝土具有较大抗压强度的特点，用标准实验方法测定混凝土抗压强度作为划分混凝土标号的指标，并以此作为结构设计计算的重要依据。

根据国家标准实验方法 BGJ 107—1987 规定，制作边长 150mm 的立方体试件，在标准条件下（温度 20℃±3℃，相对湿度 90％以上），养护到 28d 龄期，测得的抗压强度值称为混凝土立方体抗压强度。

混凝土强度等级是按照混凝土立方体抗压强度标准（MPa），即采用"C"与立方体 28d 龄期抗压强度标准值来确定。为此，将普通混凝土划分为 C7.5、C10、C15、C20、C25、C30、C35、C40、C45、C50、C55、C60 共 12 个等级。

混凝土在直接受拉时，发生很小变形就要开裂，它在断裂前没有残余变形，是一种脆性破坏。混凝土的抗拉强度只有抗压强度的 $1/20 \sim 1/10$，且随混凝土强度等级的提高，比值有所降低。在工程结构上，混凝土在工作时一般不依靠其抗拉强度。但抗拉强度相对于开裂现象有重要意义，在结构设计中抗拉强度是确定其抗裂度的重要指标。

影响混凝土强度的因素有水泥标号（水泥强度等级）、水灰比、集料、养护时的温度及湿度、龄期。

2. 混凝土的其他力学性能

（1）断裂破坏　混凝土是一种复合材料，在材料结构内部含有砂石集料、水泥石、游离水和气泡，具有非均质多相特性。混凝土在不施加任何载荷之前，已存在内部微裂纹和缺陷。加载后，一方面裂纹可以在硬化水泥砂浆部位、石子部位产生，尤其是在硬化水泥砂浆与石子黏结的界面上产生，并随载荷增加而不断扩展；另一方面，原来存在的内部微裂纹在载荷作用下会逐渐扩展并汇合连通起来，形成连续裂纹，因此，当加载超过极限载荷后，上述这些裂纹迅速扩展，混凝土承载能力下降，变形迅速增加，于是发生混凝土的断裂破坏。

（2）受力变形　在外力作用下，混凝土产生变形。载荷不同，变形不同，图 7-24 为混凝土在压力作用下的应力-应变曲线。由图可知，应力与应变的关系不是直线而是曲线。混凝土的变形包括两种：可恢复的弹性变形和不可恢复的塑性变形。

（3）弹性模量　在应力-应变曲线上任一点的应力 σ 与其应变 ε 的比值，称为混凝土在该应力下的弹性模量。在计算钢筋混凝土裂缝扩展及大体积混凝土的温度应力时，均需了解当时混凝土的弹性模量。一般来说，混凝土强度越高，弹性模量就越大。同时，对于非均质多相混凝土材料，各主要组分的容重和过渡区的特性决定着弹性模量。例如，致密材料具有较高的弹性模量，那么这种集料用量多的混凝土的弹性模量就高。

（4）徐变　又称蠕变。混凝土的徐变是材料在长期连续载荷作用下（不一定是恒定载荷），变形随时间而发展的不平衡过程。硬化混凝土是以黏弹性为主的非均质多相聚集体，从流变学的角度分析，属于麦克斯韦体

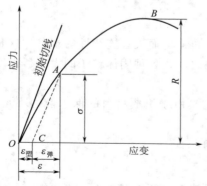

图 7-24　混凝土在压力作用下的
应力-应变曲线

和开尔文体两者共存的聚集体，表现在徐变上就产生了可逆和不可逆两种徐变。

3. 混凝土的耐久性

混凝土具有适宜的强度，除能安全地承受设计载荷外，还应根据其周围的环境条件及在使用上的特殊要求，具有各种特殊性能。例如，承受压力水作用的混凝土，需有一定的抗渗性能；遭受反复冰冻作用的混凝土，需有一定的抗冻性能；遭受环境水侵蚀作用的混凝土，需有一定的抗侵蚀性能；处于高温环境中的混凝土，则需要具有较好的耐热性能等。这些性能决定着混凝土经久耐用的程度，所以统称为耐久性。

（1）混凝土的抗渗性　指混凝土抵抗水、油等液体在压力作用下渗透的能力。它直接影响混凝土的抗冻性和抗侵蚀性。混凝土的抗渗性对于要求水密性的水工工程尤其重要。混凝土的抗渗性主要与其密度及内部孔隙的大小和构造有关。抗渗性可用抗渗标号来表示，抗渗标号分为 S4、S6、S8、S10、S12 共 5 个等级。

（2）混凝土的抗冻性　指混凝土在饱和水的状态下，能经受多次冻融循环而不破坏，同时也不产生严重强度降低的性能。在寒冷地区，特别是在接触水又受冻的环境下的混凝土，要求有较高的抗冻性。混凝土的密实度、孔隙构造和数量及孔隙的充水程度是决定抗冻性的重要因素。

（3）碳化　指混凝土中水泥水化析出的 $Ca(OH)_2$ 与大气中 CO_2 反应生成 $CaCO_3$。碳化使混凝土碱度降低，在钢筋混凝土中将减弱对钢筋的保护作用，可能导致钢筋的锈蚀。同时，混凝土碳化后，由于干缩增大，混凝土可能出现裂纹，对强度产生不利影响。

（4）碱集料反应　指混凝土中水泥水化析出碱（NaOH 和 KOH）与集料中活性 SiO_2 或白云石集料中含有黏土质的碳酸盐反应。前者为碱硅酸盐反应，后者为碱碳酸盐反应。碱硅酸盐反应形成膨胀性的硅酸盐凝胶，会不断吸水膨胀，产生很大的膨胀压，是破坏性膨胀。碱碳酸盐反应将使混凝土的孔隙存在碳酸钙、氢氧化钙、钙矾石等二次反应产物，它们的形成将导致混凝土的开裂。

碱集料反应破坏性很大，尤其是对大体积混凝土，如大坝工程、大型桥梁工程等，将导致混凝土开裂，造成灾难性后果。碱集料反应一直是人们研究的热点。

（5）其他性能　包括在一定体积的混凝土中固体物质填充程度的密实度、因混凝土周围环境湿度变化引起的湿胀干缩性能、温度变形、化学收缩等。

六、混凝土生产主要技术装备

混凝土的生产，分为工程自用混凝土和商品混凝土。商品混凝土因其规模化生产而具有质量稳定、施工方便而及时等特点，应用越来越广泛。商品混凝土的生产，工艺比较固定，并有成套设备（各厂略有差异）。

商品混凝土一般都在混凝土搅拌站和搅拌楼系统中生产。搅拌站设备系统而复杂，搅拌楼则相对简单。

混凝土搅拌站设备是用来集中搅拌混凝土的联合装置，又称混凝土预制场。由于它的机械化、自动化程度较高，所以生产率也很高，并能保证混凝土的质量和节省水泥，常用于混凝土工程量大、工期长、工地集中的大、中型水利、电力、桥梁等工程。随着市政建设的发展，采用集中搅拌、提供商品混凝土的搅拌站具有很大的优越性，因而得到迅速发展，并为推广混凝土泵送施工，实现搅拌、输送、浇筑机械联合作业创造条件。

混凝土搅拌站设备是由搅拌主机、物料称量系统、物料输送系统、物料储存系统、控制系统五大组成系统和其他附属设施组成的建筑材料制造设备。其工作的主要原理是以水泥为胶结材料，将砂石、石灰、煤渣等原料进行混合搅拌，最后制作成混凝土，作为墙体材料投入建设生产。混凝土搅拌站自投入使用以来，在我国建筑建材业一直发挥着重要作用，当然这也是混凝土搅拌站本身所具备的优越的特性所决定的。

混凝土搅拌站设备主要分为砂石给料、粉料给料、水与外加剂给料、传输搅拌与储存四个部分，设备通身采用整体钢结构铸造，优质 H 形钢不仅外观美观大方，还加强了混凝土搅拌站的整体结构强度，设备安装便捷，可应用于各种复杂的地形结构。

混凝土搅拌站设备拥有良好的搅拌性能，设备采用螺旋式双卧轴强制式搅拌主机，不仅搅拌能力强，对于干硬性、塑性以及各种配比的混凝土均能达到良好的搅拌效果，而且搅拌均匀，效率高。

混凝土搅拌站设备不仅具有优良的搅拌主机，还具备各种精良配件，如螺旋输送机、计量传感器、气动元件等，这些部件保证了混凝土搅拌站在运转过程中拥有高度的可靠性、精确的计量技能以及超长的使用寿命。同时，混凝土搅拌站各维修保养部位均设有走台或检梯，而且具有足够的操纵空间，搅拌主机可配备高压自动清洗系统，具有功能缺油和超温自动报警功能，便于设备维修。

混凝土搅拌站设备拥有良好的环保机能，在机器运转过程中，粉料操纵均在全封闭系统内进行，粉罐采用高效收尘器和喷雾等方法大大降低了粉尘对环境的污染，同时混凝土搅拌站对气动系统排气和卸料设备均采用消声装置，有效地降低了噪声污染。

混凝土搅拌站设备的规格大小是按其每小时的理论生产能力来命名的，目前我国常用的规格有 HZS25、HZS35、HZS50、HZS60、HZS75、HZS90、HZS120、HZS150、HZS180、HZS240 等。例如，HZS25 是指每小时生产能力为 $25m^3$ 的搅拌站，主机为双卧轴强制搅拌机。若是主机用单卧轴，则型号为 HZD25。

混凝土搅拌站设备又可分为单机站和双机站。顾名思义，单机站即每个搅拌站有一个搅拌主机，双机站有两个搅拌主机，每个搅拌主机对应一个出料口，所以双机搅拌站是单机搅拌站生产能力的 2 倍。双机搅拌站命名方式是 2HZS，比如 2HZS25 指搅拌能力为 $2×25=50m^3/h$ 的双机搅拌站。

七、混凝土制品简介

混凝土制品，有时也称水泥制品，指的是以混凝土（包括砂浆）为基本材料制成的产品。水泥制品可以由水泥混凝土制成，也可以由水泥砂浆制成。一般由工厂预制，然后运到施工现场铺设或安装。对于大型或重型的制品，由于运输不便，也可在现场预制。有配筋和不配筋的，如混凝土管、钢筋混凝土电杆、钢筋混凝土桩、钢筋混凝土轨枕、预应力钢筋混凝土桥梁、钢筋混凝土矿井支架等。水泥制品就是以水泥为主要胶结材料制作的产品，比如水泥管、水泥花砖、水磨石、混凝土预制桩、混凝土空心砖、加气混凝土砌块、混凝土空心板等，所有的水泥混凝土制品，大到房屋、道路、桥梁、水坝，小到水泥板、水泥砖、水泥包覆层等。以及目前常用的特种水泥砂浆制品，如水泥保温砂浆、水泥修补砂浆等，广泛应用于建筑、交通、水利、农业、电力和采矿等部门。

最常见的水泥或混凝土预制构件或产品如下：铺地砖，用于人行道、小区或公园地面；水泥管，用于城市排水管网、导流沟渠、涵洞；隧道管片，用于盾构或掘进机开挖隧道的支撑衬砌；预应力梁或墩柱，用于高架道路、铁路或跨越河流海湾的桥梁；建筑外墙、楼板、楼梯，用于快速施工建造各种楼房；空心砌块，用于砌筑建筑墙体、挡土墙等；装饰板材（水磨石、文化石等），用于建筑立面或地面装饰；加气混凝土制品（砌块、板条等），用于轻质保温墙体和屋面。

第五节 耐火材料

一、耐火材料的概念

1. 耐火材料的含义

耐火材料，有时也称耐火陶瓷，它基本上是属于结构陶瓷类的材料。

耐火材料是指耐火度不低于1580℃的无机非金属材料（此为常用定义，与后面黏土砖耐火材料、轻质耐火材料的描述不一致）。它广泛应用于冶金（炼铁、炼钢、轧钢、非铁金属冶炼、炼焦）、硅酸盐、化工、机械、动力（窑炉、锅炉）等工业用的窑炉、高温容器及尖端工业（火箭、热核反应）的耐高温材料。

耐火材料一般都是无机非金属材料或无机非金属基复合材料，因为有机材料不耐高温自不待说，金属材料能耐得住如此高温的属凤毛麟角，而且耐火材料还要抗氧化、耐腐蚀，因为是消耗材料、约束材料、保护材料，又要求低成本，因此只有某些无机非金属材料才能达到此要求。

耐火材料是为高温技术服务的基础材料。也包括天然矿物和岩石。在实际应用中，人们往往把用于与高温介质和高温环境相接触的材料统称为耐火材料，即耐火材料是能够抵抗高温环境且可将高温环境与外界隔离开的材料。所谓高温环境或介质的界定，不同的工业和产品会有不同的标准，涉及耐火材料，作者认为，应以普通硅酸盐玻璃（钠钙硅玻璃）的熔化温度（操作温度）为准，这个温度约是1000℃，烧制砖瓦的窑炉所用的耐火材料一般也要达到1000℃以上，陶瓷烤花窑所用耐火材料一般也要至少达到1000℃以上。普通玻璃操作温度，砖瓦窑、烤花窑所用的材料通常称为耐火材料，这些材料一般要求氧化铝含量要高些，而一般的砖瓦可耐800℃的高温，但在1000℃会产生变化，砖瓦不称为耐火材料，因此，将广义的耐火材料的耐火温度下限定义为1000℃是适宜的。

2. 耐火度

耐火度是指表征物体抵抗高温而不熔化的性能指标。耐火度的测定方法是：将试验物料做成规定尺寸的截头三角锥，在一定的升温速度下加热时逐渐软化，由于本身的重量而逐渐弯倒，试锥弯倒至其顶端与底盘接触时的温度即试验物料的耐火度。图7-25为测试耐火度用的耐火锥。生产和研究中利用具有不同耐火度的系列标准耐火锥测定窑内温度。

图7-25　测试耐火度用的耐火锥

3. 耐火材料应具备的性质

耐火材料在使用过程中，受到高温下物理化学作用，容易熔融软化或被熔蚀磨损，或产生崩裂损坏等现象，使操作中断，沾污物料。因此要求耐火材料具有如下性能：高的耐火度、良好的荷重软化温度、高温下体积稳定、热稳定性好、耐蚀性高、耐磨性、透气性、导热性、导电性好、硬度高、外形和尺寸精确。

4. 耐火材料的组成

耐火材料是多种不同化学成分及不同结构的矿物组成的非均质体。其组成包括化学组成和矿物组成。

（1）化学组成　主要由高熔点化合物组成，第二周期Ⅲ-Ⅴ主族如硼、碳、氮、氧的化合物，以氧化物居多。可分为主成分和副成分。

主成分的性质和数量决定耐火材料性质。

副成分包括杂质和外加成分，影响烧结工艺和制品性能。

矿物是由相对固定的化学组成构成的有确定内部结构和一定物理性质的单质和化合物。

（2）矿物组成　包括原料及制品中矿物相的种类、数量、结晶形状、大小及分布情况。

耐火材料中的矿物大都是经热历史形成的，所以耐火材料是人工矿物的集合体（非烧结制品及部分不定形耐火材料除外）。

耐火材料生产过程中，原料成分相同时，若分布不均匀或因工艺不同，会造成制品矿物组成不同，则将导致制品性能出现差异。调整制品化学组成及制品矿物组成，即可调整制品性能。

二、耐火材料的分类和范畴、常见品种和应用

大部分耐火材料以天然矿石（耐火黏土、硅石、菱镁矿、白云石等）为原料，也有某些工业原料和人工合成原料（工业氧化铝、碳化硅、合成莫来石、合成尖晶石等），因此种类繁多。

耐火材料可按化学和矿物组成、制造方法、成型方法、热处理方法、性能、形状、应用等分类。其中以按化学和矿物组成分类最重要、最系统、应用最广泛。图 7-26 为各种耐火材料的分类方法。

耐火材料的种类主要有硅质耐火材料、硅酸铝质耐火材料、镁质耐火材料、白云石质耐火材料、橄榄石质耐火材料、尖晶石质耐火材料、含碳质耐火材料、含锆质耐火材料、特殊耐火材料制品等。

按产品形状、生产工艺、使用特点等，耐火材料的品种可分为耐火砖类、耐火纤维、耐火混凝土。后两者属于不定形耐火材料，而耐火混凝土又是非烧结型的耐火材料。常见耐火砖品种主要有黏土砖、轻质砖、半硅砖、硅砖、高铝砖、镁质耐火砖、碳砖等。

（一）硅酸铝质耐火材料

硅酸铝质耐火材料是以 Al_2O_3 和 SiO_2 为基本化学组成。可分为半硅质耐火材料、黏土质耐火材料、高铝质耐火材料等。

1. 半硅质耐火材料

半硅质耐火材料是指 Al_2O_3 含量为 $15\%\sim20\%$、SiO_2 含量为 65% 的半酸性耐火材料。原料有砂质黏土、酸性黏土、叶蜡石、石英等。大多数情部下是由石英和耐火黏土混合而成的。

半硅质耐火材料的耐火度可达 $1650\sim1710℃$，荷重软化温度为 $1350\sim1450℃$，重烧线变化小，高温体积稳定性好，对酸性、弱酸性介质有较好的抵抗力、抗渣性好。适用于建材工业窑炉的烟道和燃烧室，冶金工业中的化铁炉炉衬、铁水包、烟道系统和燃煤燃烧室墙等。主要用于转炉、电炉、化铁炉等。

2. 黏土质耐火材料

黏土质耐火材料是使用各种黏土作原料，将一部分黏土预先煅烧成熟料或利用耐火砖废品作熟料，并与部分生黏土配制成的 Al_2O_3 含量为 $30\%\sim46\%$ 的耐火制品。

黏土质耐火制品的化学组成变化较大，其性质也在较大范围内波动。一般来说，黏土质

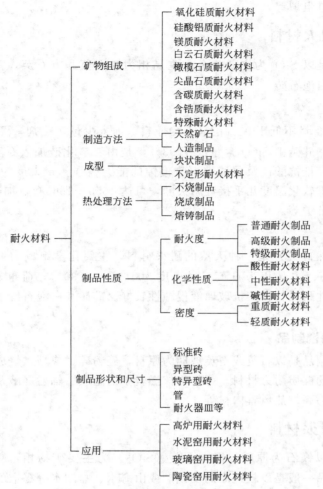

图 7-26 各种耐火材料的分类方法

耐火制品的耐火度为 1580～1770℃，荷重软化温度为 1250～1400℃。制品长期在高温下使用会产生不可逆的体积收缩或膨胀，一般为 0.2%～0.7%，不超过 1%。这类黏土制品属于弱酸性耐火材料，有较强的抗弱酸性熔渣侵蚀的能力。广泛用于建材工业中的水泥窑、玻璃池窑、陶瓷窑、隧道窑、加热炉以及锅炉等热工设备中。

黏土砖的主要成分是氧化铝、二氧化硅，还有少量杂质、三氧化二铁、氧化钾、氧化钠等。黏土砖是中性耐火材料，荷重软化温度为 1350℃，使用温度在 1000℃左右，有很好的抗热震性。在耐火材料中产量最大、使用最广泛。

3. 高铝质耐火材料

高铝质耐火材料是指 Al_2O_3 含量大于 48% 的硅酸铝质耐火材料。在高铝质制品中，主晶相为莫来石，随着 Al_2O_3 含量的增加，莫来石逐渐向刚玉相转化，玻璃相则相应减少，其耐火度、荷重软化温度、抗侵蚀能力等也相应发生变化。

高铝质耐火材料广泛应用于高温窑炉炉风口、热风炉炉顶、水泥窑烧成带、玻璃池窑以及隧道窑的窑衬材料等。

高铝砖中除 Al_2O_3 外，其他组分是二氧化硅，杂质含量极少。耐火度和荷重软化温度都比黏土砖高，抗渣性好，耐压强度大，抗热震性很好。主要缺点是重烧收缩较大，价格较高。用于炼钢炉、电阻炉等。

（二）硅质耐火材料

硅质耐火材料是以 SiO_2 为主要成分。主晶相为鳞石英和方石英，基质为石英玻璃相。典型代表是硅砖、白泡石砖。

1. 硅砖

硅砖是以 SiO_2 含量不低于 97% 的硅石为原料，加入少量矿化剂，经一系列工序加工制得的硅质耐火材料。硅砖中 SiO_2 含量大于 93%，是由二氧化硅加入石灰和黏土烧制而成，属于酸性耐火材料，抵抗酸性及弱酸性熔渣侵蚀的能力很强。耐火度为 1690～1713℃，硅砖高温强度好，荷重软化温度几乎接近耐火度，可达 1650～1660℃，加热时体积发生膨胀，主要用于炼钢炉、窑炉等。

2. 白泡石砖

白泡石砖（天然硅砖）是一种天然的耐火材料，主要化学组成为：SiO_2 73%～90%，Al_2O_3 7.6%～21%。主晶相为石英。耐火度为 1650～1730℃，荷重软化温度为 1570～1630℃，属于半酸性耐火材料，抗玻璃液侵蚀性较好。硅砖和白泡石砖主要用于炼焦炉和玻璃池窑。

3. 熔融石英陶瓷制品

熔融石英陶瓷制品是以石英或石英玻璃为原料，经粉碎、成型、烧成，制得的再结合制品，是一种较新型的硅质耐火材料。可作为核燃料中的基质、辐射屏蔽及核反应堆的隔热材料、玻璃池窑内衬、高炉热风管内衬等。

（三）镁质耐火材料

镁质耐火材料以镁石为原料，以方石英（SiO_2）为主要矿物相，MgO 含量为 80%～85%。镁质耐火制品一般是以较纯净的菱镁矿或由海水、盐湖水等提取的氧化镁为原料，经高温煅烧制成烧结镁石熟料，或经电熔制成电熔镁石熟料，然后将熟料破碎、磨细，根据制品品种经相应配料，再经坯料制备、成型、烧成等工艺过程而制成。制品中相组成为：主晶相方镁石 80%～90%，结合相（硅酸盐、尖晶石等）8%～20%，硅酸盐玻璃相 3%～5%。

一般来说，镁质耐火材料具有耐火度高（2000℃以上）、荷重软化温度高（1500～1650℃）、抗渣性好、热导率高、热膨胀系数较大等特性。镁质耐火材料种类很多，有普通镁砖、镁铝砖、镁铬砖、镁钙砖、镁硅砖、直接结合砖、尖晶石砖、高纯镁砖等。广泛用于玻璃窑蓄热室、水泥窑烧成带、炼钢炉炉衬等。

镁质耐火砖主要是镁砖，也有镁铝砖和镁铬砖等，镁砖中 MgO 含量约为 85%，是碱性耐火材料，耐火度高，但抗热震性很差。主要用于碱性平炉、电炉以及非铁金属冶炼炉。

（四）轻质耐火材料

轻质耐火材料是指气孔率高（65%～78%）、体积密度低（0.50～1.30g/cm³）、热导率小［1.26W/(m·K)］的耐火材料，也称隔热耐火材料。种类较多，一般按体积密度、使用温度、制造工艺等来分类。

1. 按体积密度分

体积密度 0.4～1.3 g/cm³ 为轻质耐火材料；低于 0.4 g/cm³ 为超轻质耐火材料。

2. 按使用温度分

使用温度在 600～900℃ 为低温隔热材料（硅藻土砖、膨胀蛭石、矿渣棉等）；900～1200℃ 为中温隔热材料（膨胀珍珠岩、轻质黏土砖、耐火纤维等）；超过 1200℃ 为高温隔热材料（轻质高铝砖、轻质刚玉砖等）。严格来讲，低温隔热材料和中温隔热材料中的珍珠岩等不能称为耐火材料。

3. 按制造工艺分

轻质耐火材料有多孔制品、轻质制品、多孔轻质制品、化学法制得的多孔制品、轻质耐火浇注料、耐火纤维及制品、空心球制品等。

产品特点是气孔率高，体积密度小，导热性差，隔热性好，重烧收缩小。同时，也存在组织疏松、抗熔渣侵蚀性差、机械强度低、耐磨性差、热稳定性不好等缺点。因此，它只能用于各种热工窑炉、锅炉、冷藏、输油管道等的隔热层和保温层，不能用于承重结构和与炉料接触、磨损严重的部位。

轻质耐火材料的生产方法有燃尽加入物法、泡沫法、化学法、多孔材料法等。

轻质耐火砖含有较多的气孔，不仅耐火，而且隔热，主要用作炉子的保温层。但抗热震性差，抗渣性和耐压强度低，一般不能用作直接与火焰或熔渣接触的内衬。

（五）熔铸耐火材料

熔铸耐火材料是指原料及配合料经高温熔化后浇注成一定形状的制品。配合料的熔融方法有电熔法和铝热法。熔铸耐火材料的种类，常用的有熔铸锆刚玉砖、熔铸莫来石砖、熔铸高铝质砖。其他熔铸制品有熔铸锆莫来石砖，以及石英质、镁质、刚玉质、镁橄榄石质等熔铸制品。

熔铸莫来石制品主要由高铝矾土或工业氧化铝、黏土或硅石进行配料，在电弧炉中经 1900～2200℃ 熔融，再用砂模浇注成型及热处理制成。其主要矿物成分是莫来石。电熔莫来石制品具有很高的机械强度、高的荷重软化温度、高致密度、低气孔率、结晶相含量高、在膨胀曲线上不存在异常现象等特性。适用于玻璃池窑中温度低于 1450℃ 区域的砌筑体。

电熔锆刚玉质耐火材料，又称斜锆石刚玉耐火材料（简称 AZS），主要由 40%～50% Al_2O_3、30%～40% ZrO_2、10%～18% SiO_2 组成。它是以精选的锆英石矿砂和工业氧化铝为原料，首先将粉状原料混合制成料球，在电弧炉内经 2000℃ 左右熔化，然后将熔体浇注入砂模或金属模内成型，经热处理和机械加工得到最终产品。电熔锆刚玉砖中主晶相为紧密共存的斜锆石刚玉共晶，抗侵蚀性能好，热导率高。这种制品适用于冶金工业中直接与金属液和熔渣接触的部位，是抵抗其侵蚀的良好材料。同时，也是建材工业中玻璃池窑受侵蚀最严重的关键部位不可缺少的材料。

熔铸高铝质耐火材料有 $\alpha\text{-}Al_2O_3$、$\alpha+\beta\text{-}Al_2O_3$、$\beta\text{-}Al_2O_3$ 三种，其中 $\alpha\text{-}Al_2O_3$ 和 $\alpha+\beta\text{-}Al_2O_3$ 耐火材料纯度高，杂质含量少，玻璃相含量低，不会污染玻璃液，可用于玻璃池窑中与玻璃接触的部位。

（六）不定形耐火材料

1. 耐火混凝土

耐火混凝土是由耐火骨料和结合剂（胶结材料）及掺和料组成的（非烧结）混合料，其主要结合剂为水硬性胶结材料、气硬性胶结材料、热硬性结合剂。耐火混凝土可以采用浇筑、振动或捣打的方法直接在现场进行施工，有时加促凝剂，也可将耐火混凝土制成具有一定形状和尺寸的预制块供砌筑热工设备使用。

按胶结材料不同，主要品种可分为铝酸盐水泥耐火混凝土、水玻璃耐火混凝土、磷酸和磷酸盐耐火混凝土、硅酸盐水泥耐火混凝土等。

（1）铝酸盐水泥耐火混凝土　一般是用高铝矾土熟料、黏土熟料为骨料，以矾土水泥或低钙铝酸盐水泥为胶结材料制成的。主要用于工作温度在 1350℃左右的无熔渣及无酸碱侵蚀的工业炉炉墙和炉顶，如金属热处理炉等。

（2）水玻璃耐火混凝土　是以水玻璃为胶结材料并与瘠性材料（白云石类材料除外）配制的。为促进其硬化，常加入氟硅酸钠（Na_2SiF_6）作促凝剂。水玻璃耐火混凝土的特点是机械强度随温度升高而增大，而且有较好的耐酸性。用于 1200℃左右的无水和无蒸汽作用的部位，常用作工业炉炉衬。

（3）磷酸和磷酸盐耐火混凝土　是以磷酸或磷酸盐溶液为胶凝剂，以黏土熟料、矾土熟料、刚玉、莫来石、锆英石、铬渣、碳化硅、硅质原料、镁质原料、各种轻质料、膨胀珍珠岩、氧化铝和氧化锆空心球等多种原料为骨料和粉料，另加适当添加剂（促凝剂、缓凝剂、矿化剂等）配制的具有良好性能的耐火混凝土。它的特点是机械强度高、耐磨性好，主要应用于冶金工业中加热炉的高温部位或建材工业中玻璃池窑高温带抢修作业。

耐火混凝土虽然耐火度和荷重软化开始温度比耐火砖稍低，但有其自身的优点，工艺简单，使用方便，可塑性好，可机械施工，成本低，寿命与耐火砖相近，所以使用越来越广泛，可用于加热炉、均热炉的炉衬、炉门、炉墙及电炉出钢槽等。

2. 可塑耐火材料

可塑耐火材料是一种在较长时间内具有较高可塑性且呈软泥膏状的不定形耐火材料。它是由合理级配的颗粒和细粉并加入适当的结合剂、增塑剂和水充分混练而成。结合剂多用黏土和其他化学结合剂（水玻璃、磷酸等）。颗粒或细粉可用各种耐火原料制备，一般占总量的 70％～85％，使用最广的是硅酸铝质耐火原料。可塑耐火材料在高温下具有较好的烧结性和较高的体积稳定性。广泛用于各种工业窑炉的捣打内衬和用作热工设备内衬的局部维修。

3. 耐火纤维

耐火纤维是纤维状耐火材料，是一种高效隔热材料。它具有一般纤维的特性（如柔韧、强度高等），可加工成各种纸、袋、绳、毡、毯等产品，耐高温、耐腐蚀、抗氧化、无脆性、节能显著、使用方便。

硅酸铝耐火纤维是以焦宝石或矾土为原料，在电弧炉中加热熔化，在熔体向外倾倒时，用压缩空气或蒸汽将它吹制成丝。主要成分是氧化铝和氧化硅，还有少量 Fe_2O_3、MgO、CaO、TiO_2、Na_2O 等。

硅酸铝耐火纤维制品有松散棉、纤维毡、湿纤维毡。松散棉由各种长短纤维混合，可直接使用，也是制造其他制品的原料。纤维毡由纤维交错黏压在一起，具有一定的强度，可作高温用板材、隔热填料、炉衬等，能经受机械振动和热膨胀，无须留膨胀缝。纤维毡用胶状的铝质和硅质无机黏结剂浸渍即得湿纤维毡，施工时可用刀、剪等剪切成所需形状，可制作形状复杂的隔热层，施工方便。

其他耐火纤维制品还有用一般造纸机、纺织机生产的纤维纸、纤维绳、纤维布等。

硅酸铝耐火纤维及其制品的特性是：耐火度达 1700℃以上，弹性好，热导率低，热膨胀小，质地轻，抗热震，安装容易。主要用于加热炉、窑炉、管道隔热及密封件。

（七）含碳质耐火材料

含碳质耐火材料是指由碳化物为主要组分的耐火材料，属于中性耐火材料。其中，由无定形碳为主要组分的称为碳素耐火材料（碳砖、碳素糊），由结晶型石墨为主要组分的称为石墨耐火材料（石墨黏土制品、石墨碳化硅制品），由 SiC 为主要组分的称为碳化硅耐火材料。碳化硅材料，无论是在普通工业热工设备中，还是在高科技尖端领域中（如单晶制造用于高功能半导体、通信等），都有重要应用。这里简单介绍碳化硅耐火材料。

SiC 耐火制品是以碳化硅为原料和主晶相的耐火材料。主要品种有黏土和氧化物结合的 SiC 制品、碳结合 SiC 制品、氮化硅（Si_3N_4）结合 SiC 制品、自结合和再结合 SiC 制品、半 SiC 制品等。

虽然碳化硅价格高，但它具有高热导率、高硬度、高强度等突出性能，使之成为重要的耐火材料。主要用于蒸锌炉、闭式烤炉、陶瓷窑的窑具（隔焰传热板、棚板、托板、匣钵等）、炼铁高炉的耐火衬里、炼钢厂的高温耐火材料等。

用黏土作结合剂的 SiC 耐火材料含有 $50\% \sim 90\%$ 的 SiC。这种制品可用于匣钵和棚板等陶瓷窑的窑具、炼焦炉碳化室的耐火材料、炼铁高炉的内衬、金属熔液的出液孔砖、水口砖、输送通道砖、各种加热器内衬、换热器内衬等。

使用碳化硅作结合剂，即由 Si_3N_4 将 SiC 晶粒结合为整体而制成不含玻璃质的耐火制品。Si_3N_4 具有耐磨、耐热、耐酸侵蚀、耐金属熔液和熔渣侵蚀以及强度和硬度高等一系列优异性能，用 Si_3N_4 作结合剂生产的 SiC 制品对温度变化具有很高的稳定性，荷重软化温度高等。可用于各种高温设备中，而且适用于工作温度更高、负荷更大、温度急剧变化更严重的部位。

自结合 SiC 耐火制品是指原生的 SiC 晶体之间由次生的 SiC 晶体结合为整体的制品。再结晶 SiC 耐火制品是原生的 SiC 晶体经过再结晶作用而结合为整体的制品。自结合和再结合 SiC 耐火制品可用于受高温和承受重负荷以及受磨损和有强酸和熔融物侵蚀的部位，如加热炉的滑轨、各种高温焙烧炉内的辊道和高负重窑具等。

碳砖是以无烟煤、焦炭为原料，加入沥青等结合剂，加热混练、成型，在还原气氛中烧成，碳含量大于 $85\% \sim 90\%$。特点是耐火度高，抗渣性强，抗热震性好，高温结构强度高，耐磨。可用于高炉炉缸和炉底、铁合金电炉炉衬以及炼铝电解槽等。

（八）新型耐火材料

新型耐火材料包括石英砖、石墨砖、SiC 制品、Si_3N_4 制品等。

耐火材料是高温技术的基础材料，在钢铁、建材、石化等工业中起着重要的作用。随着高温科学技术及其相应工业的发展，人们对耐火材料从高效、节能、功能化等方面提出了越来越高的要求，高性能新型耐火材料的研制与开发受到了广泛关注。

1. 含碳质耐火制品

含碳质耐火制品有热压碳砖、Sialon（塞隆）结合碳化硅制品等。用于钢铁工业的高炉中。

2. 高效碱性制品

高效碱性制品有直接结合镁砖、高纯镁铝尖晶石砖、直接结合白云石砖、锆白云石砖等。用于建材工业中水泥回转窑高温带。$MgO\text{-}Cr_2O_3\text{-}ZrO_2$ 耐火制品用于石化、垃圾焚烧炉。MgO-尖晶石耐火制品用于钢铁工业中作为碱性滑板。

3. 碳结合制品

碳结合制品有掺 Al-Mg 合金抗氧化剂的 $MgO\text{-}C$ 砖、$MgO\text{-}C$ 导电耐火砖、$MgO\text{-}CaO\text{-}$

C 砖、Al_2O_3-ZrO_2-C 砖、Al_2O_3-MgO-C 砖、Al_2O_3-尖晶石-C 砖、ZrO_2-CaO-C 砖、Al_2O_3-CaF_2-C 砖等。用于钢铁工业中氧气转炉、直流电弧炉、炉外精炼炉、连铸炉、浸入式水口等。

4. 复合耐火制品

复合耐火制品一般是具有高温性能的高效、高技术耐火材料，用于工作条件苛刻的高温部位。实用化的品种有 ZrO_2-Al_2O_3（莫来石）-SiC、ZrO_2-Al_2O_3-BN（氮化硼）、O-Sialon-ZrO_2-C等复合耐火制品。

5. 优质高铝制品

优质高铝制品有：Al_2O_3-ZrO_2 砖、铝镁尖晶石砖，用于建材工业水泥窑；Al_2O_3-SiC砖，用于石化、垃圾焚烧炉。

6. 功能耐火材料

功能耐火材料在高温技术领域起着重要作用，一般用在工作条件苛刻、外形尺寸严格的特殊部位，如电炉炼钢的 MgO-C 导电耐火砖、过滤器的刚玉-莫来石-碳化硅耐火制品、水平连铸分离环的 Si_3N_4-BN 耐火制品等。

7. 新型轻质耐火材料

新型轻质耐火材料主要有微孔碳砖、空心球制品、绝热板、高强度轻质材料等。在工业窑炉中应用，可降低 20%～30% 的能耗。

8. 特种耐火材料

特种耐火材料是一类要求具有高熔点、高纯度、良好化学稳定性和抗热震性的新型耐火材料，主要用于高科技领域中。主要制品有高纯 Al_2O_3、MgO、ZrO_2、BeO、碳化物、氮化物、硼化物、硅化物等制品。

9. 高效新型不定形耐火材料和 ZrO_2 熔铸砖等

高效新型不定形耐火材料包括低水泥浇注料、超低水泥浇注料和无水泥浇注料。如在大型高炉出铁沟使用的 Al_2O_3-SiC-C 浇注料，Al_2O_3-SiO_2、Al_2O_3-尖晶石类自流浇注料，用于钢铁工业中高炉出铁沟、连铸中间包、钢包等。ZrO_2 熔铸砖，用于玻璃池窑中熔炼特种洁净玻璃。

三、耐火材料基本生产工艺

根据所用原料以及对产品的性能要求不同，可采用不同的生产方法，生产各种不同类型的耐火材料。通常有烧结制品、熔铸制品、不定形耐火材料、非烧结制品等不同的生产工艺。

1. 烧结耐火材料

烧结耐火材料有硅酸铝质耐火材料、硅质耐火材料、镁质耐火材料、轻质耐火材料等。烧结制品工艺流程如下：原料加工→配料→成型→干燥→烧成→拣选→成品。

2. 熔铸耐火材料

熔铸耐火材料是以高温熔化后浇注成一定形状的制品。包括电熔法和铝热法两种。
（1）电熔法　电弧炉或电阻炉中煅烧配合料，是熔铸法中的重要方法。
电熔法流程如下：原料配料→电炉熔化→浇注→制品加工→试装配及打印商标→成品。
（2）铝热法　利用铝热反应放出的热将配合料熔化。

熔铸法的特点是，与烧结法比较，致密度高，气孔率小，机械强度和高温结构强度高，高导热性和耐蚀性，质量易控制，但耗电大。

产品有莫来石质耐火材料、锆刚玉质耐火材料、铝氧系耐火材料等。

3. 不定形耐火材料

不定形耐火材料是由合理级配的粒状或粉状料与结合剂共同组成的，不经成型和烧成而直接使用的耐火材料（未包括纤维耐火材料）。

整体耐火材料可制成浆状、泥膏状或松散状，可构成无接缝的整体构筑物。

主要品种有耐火泥、耐火混凝土、耐火可塑料、耐火捣打料、耐火喷涂料、耐火投射料。

优点是，生产简化，延长窑炉寿命，提高设备作业率，实现机械化筑炉，降低劳动强度，降低能耗，推动窑炉结构改革。耐火纤维属于不定形耐火材料，但可用熔融法制得。

四、耐火材料主要性能

耐火材料在使用过程中，承受高温下应力作用、热应力作用、各种化学侵蚀、高温火焰和熔体冲刷、块状物料冲击等，因此对耐火材料性质提出一系列要求。

主要性能包括力学性质（耐压强度、高温抗折强度、黏结强度和高温蠕变）、热物理性质（热膨胀、传导率、温度传导性）、化学性质等。本节主要介绍高温使用性质，包括耐火度、荷重软化温度、高温体积稳定性、抗热震性和耐蚀性。

1. 耐火度

耐火度是指高温作用下达到特定软化程度时的温度，表征材料抵抗高温作用而不变形的能力。

耐火材料的耐火度取决于材料的化学组成、矿物组成和它们的分布情况。耐火度是评价耐火材料的一项重要指标，但不能作为制品使用温度的上限。在耐火度温度下，材料并未在高温下熔化，而是材料的软化点。耐火材料的耐火度一定要高于窑炉的工作温度。

耐火度的直接测定常用耐火锥——标准测温三角锥。常用的测温三角锥有两种：赛格尔锥和奥顿锥。测定时标准耐火锥与底板平面的夹角是 $85°$，至锥顶端接触底板时的温度被定为材料的耐火度。

2. 荷重软化温度

荷重软化温度是指耐火材料在一定的重力负荷和高温热负荷共同作用下达到某一特定压缩变形值时的温度，它表征耐火材料抵抗重力负荷和高温热负荷共同作用而保持稳定、抵抗变形的能力。即材料的高温结构强度。以试样在一定荷重（一般为 $0.2MPa$）加热到高温开始变形（变形量为原始试样的 0.6%）的温度称为荷重软化温度。由于荷重，耐火材料在比熔点低得多的温度下使用会因软化而变形。

化学组成和矿物组成是决定荷重软化温度的主要因素，如制品中存在的结晶、晶体构造和形状，晶相和液相的数量，液相在一定温度下的黏度，晶相和液相的相互作用等，会影响到荷重软化温度。同时良好的成型和烧结工艺有利于提高制品的荷重软化温度。

耐火材料的荷重软化温度，不但反映了耐火材料的高温结构强度，也反映了耐火材料出现明显塑性变形的温度高低。但是，荷重软化温度只能作为耐火材料最高使用温度的参考值。

3. 高温体积稳定性

耐火制品加热至一定温度，冷却后制品长度不可逆地增加或减少称为重烧变化。使耐火制品产生重烧变化的原因，是制品在高温使用条件下发生继续烧结（产生重烧收缩）和继续再结晶（将造成残余膨胀）。因此，耐火制品在高温下使用，过大的重烧收缩或膨胀，将对窑炉砌体产生不利作用，影响砌体整体性，甚至造成砌体结构破坏。

材料在热负荷作用条件下长期使用时，线度或体积会发生不可逆变化，耐火材料抵抗这种不可逆变化的能力称为高温体积稳定性。或者说是在高温作用下外形体积和线度保持稳定而不变形的能力。对烧结制品，一般以无负荷作用下重烧体积变化率和重烧线变化率表示，数值越小，稳定性越高。

重烧变化是评定耐火制品质量的一项重要指标，它可以判别制品的高温体积稳定性，从而确保砌体的稳定性，减少砌体的缝隙，提高其密封性和耐侵蚀性，避免砌体整体结构的破坏。

4. 抗热震性（窑具循环次数）

抗热震性，又称抗热震稳定性，是耐火制品抵抗温度急剧变化而不破坏的能力。

耐火制品在使用过程中，一般都要经历强烈的急冷急热作用，导致制品内部与表面的温差很大，因制品的热胀冷缩产生应力。当这种应力超过制品的结构强度时，就产生开裂、剥落，甚至崩裂。

（1）从耐火制品本身考虑，制品的组织结构、结构强度，制品的形状、大小、厚度，砌体的结构和砌筑方式等，是制品抗热震性的影响因素。

（2）从热应力角度考虑，制品的一些物理性质，如热膨胀系数、热导率、弹性模量等是产生热应力的决定因素。

5. 抗蚀性（抗渣性）

耐火材料的抗蚀性是指材料在高温下抵抗炉料、烟尘、火焰气流、熔渣、其他熔融液等各种介质的物理和化学作用及机械磨损作用而不破坏的能力。耐火材料的抗蚀性与材料的化学组成、矿物组成和性质、炉料的组成和性质、耐火材料的使用温度以及耐火制品的致密度等密切相关。例如，耐火材料使用于高温窑炉的工作条件苛刻部位，在高温下受到各种介质的侵蚀，侵入速度最快的途径是通过气孔侵入，因此提高耐火制品的致密度（或降低开口气孔率）是提高抗蚀性的重要途径。

耐火材料在与熔融液直接接触的高温冶炼炉、熔化炉、煅烧炉、反应炉等窑炉和高温容器中，极易受熔渣侵蚀而破坏。提高耐火材料的抗蚀性，对提高窑具、炉衬及砌体的使用寿命、提高热工设备的热效率和生产效率、降低成本、减少产品因耐火材料而引起的污染、提高产品质量都是很有意义的。

6. 耐真空性

耐真空性是指耐火材料在真空和高温下服役时的耐久性。耐火材料在高温低压下服役时，其中一些组分易挥发，材料与介质间的一些化学反应更易进行，使许多耐火材料的耐久性降低。因此，用于真空熔炼炉和其他真空处理装置的耐火材料，必须考察其耐真空性。

五、耐火材料生产主要技术装备

耐火材料实质上属于陶瓷材料的一种，而且基本上属于结构陶瓷材料，故其生产工艺大致与陶瓷生产工艺相同（可看作某种陶瓷的生产工艺），同样可分为原料处理、成型、烧成三大环节。因此，耐火材料的生产技术装备也与陶瓷生产大致相同，主要分为粉碎设备、成型设备、烧成设备（但耐火材料不经过施釉操作），某些设备可以与陶瓷材料生产通用，只是控制参数有较大差异，如原料粒度一般较陶瓷原料粗，成型大体积耐火制品时要求较高，烧成温度较高等。

第八章

有机高分子材料

通常我们接触的有机高分子材料，范围包括天然的高分子材料（如木材、棉花、皮革等）、人造的有机聚合物合成材料（如塑料、合成纤维、合成橡胶、涂料、黏合剂）。有机高分子材料科学应该包括对天然材料和合成材料的研究，由于合成材料结构、性能、工艺等变化多端，因此是现代有机化学研究的重点，故一般人们提到有机高分子材料，多指合成有机高分子材料，即塑料、合成纤维、合成橡胶、涂料、黏合剂五大类。

有机高分子材料的特点是，质地轻，品种丰富，加工方便，性能好，用途广，发展快，耐高温，高强度，高模量，具有特定性能和功能。

（1）高分子　是含 1000 个单元分子以上的物质，一般为有机质高分子化合物（无机物很难形成超大分子，架状共价键单晶体等除外）。

（2）有机　原指跟生物体有关的或从生物体来的化合物，现指除 CO、CO_2、碳酸、碳酸盐、某些金属的碳化物（如 Ca_2C）和某些非金属的碳化物（如 SiC）之外，含碳原子的化合物。

（3）有机体　是具有生命的个体的总称，包括植物和动物，例如最低等、最原始的单细胞生物和最高等、最复杂的人类。也叫机体。

（4）有机质　一般指植物和动物的遗体、粪便等腐烂后变成的物质，里面含有植物生长所需的各种养料。肥沃的土壤含有机质较多。有机质经过微生物的作用转化生成腐殖质。

（5）有机化合物　或称有机物，是含有机质的物质。具有"有机"性质的化合物，可与生命体发生关系，可衍生出生命体，一般含有碳原子（某些无机碳化物除外），典型的如碳氢化合物等。

有机物可分为低分子有机物和高分子有机物。

低分子有机物是有机高分子单体。某些常见的低分子量有机物有甲烷（CH_4）、乙醇（C_2H_5OH）、乙烯（$CH_2{=}CH_2$）等。

高分子有机物分为天然高分子和合成高分子。天然高分子是指天然橡胶、多糖、多肽、蛋白质、核酸以及木材、棉花、皮革等；合成高分子是指塑料、合成纤维、合成橡胶等。

（6）糖（碳水化合物）　糖类物质是多羟基（2 个或 2 个以上）的醛类（aldehyde）或酮类（ketone）化合物，是在水解后能变成以上两者之一的有机化合物。在化学上，由于其由碳、氢、氧元素构成，在化学式的表现上类似于"碳"与"水"聚合，故又称碳水化合物。

葡萄糖含五个羟基、一个醛基，具有多元醇和醛的性质。葡萄糖是最常见的六碳单糖，又称右旋糖。它以游离或结合的形式，广泛存在于生物界。

（7）纤维素　纤维素（cellulose）是由葡萄糖组成的大分子多糖，不溶于水及一般有机溶剂，是植物细胞壁的主要成分。纤维素是世界上蕴藏量最丰富的天然有机物，占植物界碳含量的 50% 以上。棉花的纤维素含量接近 100%；一般木材中，纤维素占 40%～50%。食物中的纤维素（即膳食纤维）对人体的健康有重要的作用。纤维素也是重要的造纸原料。此外，以纤维素为原料的产品也广泛用于塑料、炸药、电工及科研器材等方面。

（8）氨基酸、多肽、蛋白质　氨基酸（amino acid）是含有氨基和羧基的一类有机化合物的通称。它是含有一个碱性氨基和一个酸性羧基的有机化合物。

氨基酸是构成生命大厦的基本砖石之一。它是构成生物功能大分子蛋白质的最基本物质，使它的分子具有生化活性，与生物的生命活动有着密切的关系。蛋白质是生物体内重要的活性分子，如催化新陈代谢的酶。氨基酸是组成大脑的重要物质，氨基酸含量高达90%以上。现代生物研究发现，人之所以聪明、智慧，与其硕大的大脑分不开。人在进化的过程中，掌握了获取蛋白质（氨基酸）的本领，因此头脑发达、智商极高，逐渐主宰这个世界。

天然的氨基酸现在已经发现的有300多种，其中人体所需的氨基酸约有22种，分为非必需氨基酸和必需氨基酸（人体无法自身合成）。另有酸性氨基酸、碱性氨基酸、中性氨基酸、杂环氨基酸，是根据其化学性质分类的。

肽（peptide）是两个或两个以上氨基通过肽键（一个氨基酸的羧基与另一个氨基酸的氨基缩合，除去一分子水形成的酰胺键）共价连接形成的聚合物。它是氨基酸通过肽键相连的化合物，蛋白质不完全水解的产物也是肽。肽按其组成的氨基酸数目为2个、3个和4个等不同而分别称为二肽、三肽和四肽等，一般由10个以下氨基酸组成的称为寡肽（oligopeptide），由10个以上氨基酸组成的称为多肽（polypeptide），它们都简称为肽。肽链中的氨基酸已不是游离的氨基酸分子，因为其氨基和羧基在生成肽键中都被结合掉了，因此多肽和蛋白质分子中的氨基酸均称为氨基酸（amino acid residue）。

蛋白质（protein）是生命的物质基础，没有蛋白质就没有生命。因此，它是与生命及与各种形式的生命活动紧密联系在一起的物质。机体中的每一个细胞和所有重要组成部分都需要有蛋白质的参与。

蛋白质是由氨基酸以"脱水缩合"的方式组成的多肽链经过盘曲折叠形成的具有一定空间结构的有机化合物，旧称"朊"。氨基酸分子呈线性排列，相邻氨基酸残基的羧基和氨基通过肽键连接在一起。蛋白质是由一条或多条多肽链组成的生物大分子，每一条多肽链有20个至数百个氨基酸残基不等，各种氨基酸残基按一定的顺序排列。氨基酸是蛋白质的基本组成单位。

多肽和蛋白质的区别，主要是多肽中氨基酸残基数较蛋白质少，一般少于50个，而蛋白质大多由100个以上氨基酸残基组成，但它们之间在数量上也没有严格的分界线。除分子量外，现在还认为多肽一般没有严密并相对稳定的空间结构，即其空间结构比较易变，具有可塑性，而蛋白质分子则具有相对严密、比较稳定的空间结构，这也是蛋白质发挥生理功能的基础，因此一般将胰岛素划归为蛋白质。但有些书上也还不严格地称胰岛素为多肽，因其分子量较小。但多肽和蛋白质都是氨基酸的多聚缩合物，而多肽也是蛋白质不完全水解的产物。

（9）高分子化学　是研究有机高分子化合物的合成原理、化学转化及化学结构与性能之间的关系的学科。研究的对象有塑料、橡胶、合成纤维、黏合剂、涂料五类。

由此可见，高分子材料学和高分子化学研究的，只是有机材料中的一部分（高分子部分），一般来讲特指合成高分子材料。

（10）先进高分子材料　例如碳纤维增强高分子复合材料（用于火箭和超声速飞机机身）、高分子半导体、高分子催化剂、生物膜、人工器官等多种高分子材料等。

（11）树脂　树脂通常是指受热后有软化或熔融范围，软化时在外力作用下有流动倾向，常温下是固态、半固态，有时也可以是液态的有机聚合物。天然树脂是指由自然界中动物和植物分泌物所得的无定形有机物质，如松香、琥珀、虫胶等。合成树脂是指由简单有机物经化学合成或某些天然产物经化学反应而得到的树脂产物，如酚醛树脂、聚氯乙烯树脂等。合成树脂是由人工合成的一类高分子聚合物。

树脂种类繁多，而且其结构、性能、应用等都非常复杂。

第一节　有机高分子材料概述

有机高分子材料总体上分为天然高分子材料和合成高分子材料两大类，目前提到有机高分子材料的研究绝大多数涉及合成高分子材料，合成高分子材料也是改变人们现代生活的重要材料。从某种意义上讲，合成高分子是通过化学反应而获得的一系列高分子树脂。

合成树脂最重要的应用是制造塑料。为便于加工和改善性能，常添加助剂，有时也直接用于加工成型，故通常是塑料的同义语。合成树脂还是制造合成纤维、涂料、胶黏剂、绝缘材料等的基础原料。合成树脂种类繁多，其中聚乙烯（PE）、聚氯乙烯（PVC）、聚苯乙烯（PS）、聚丙烯（PP）和丙烯腈-丁二烯-苯乙烯共聚物（ABS）为五大通用树脂，是应用最为广泛的合成树脂材料。

从某种意义上讲，树脂是有机高分子材料的最重要的基础，是有机高分子材料的实质。

一、高分子化合物的基本概念

高分子化合物一般具有的特点为，分子量很高（10000以上），尺度较大（$10^2 \sim 10^4$ nm），为共价键结构，简单分子为基础（单体重复）。

高分子化合物由许多结构相同或相似的重复单元以共价键相连，以长链分子为基础的大分子组成。

合成高分子化合物通常是以分子量低的化合物为原料通过聚合反应而制备的，因此又称聚合物或高聚物。

高分子材料是有机单体聚合而成，为数众多，已知总数近1000万，而且每天都有新的物质不断合成。

单体是用以制备高聚物的分子量低的化合物。一般单体内应有可以打开的双键或三键才能聚合，聚合后单体内双键或三键降低一个等级，即双键变单键，三键变双键。

链节是单体在聚合物内的表现形式。聚合物由许多单体链节相互结合组成。单元（积木组块）数量无限，积木排列方式更是无限。聚合度是聚合物中单体链节的数目。聚合度即重复单元数，是衡量高分子大小的指标。根据分子量（可由实验测得）和单体质量数可计算聚合度。

由于单体聚合反应的随机性，高分子材料中每个高分子的聚合度不同，因此高分子材料是由大小不同的高分子的同系物组成的，实验测出的高分子分子质量实际上是大小不同高分子同系物分子量的平均值，即高分子的相对分子质量。

现有多种测定分子量的方法，如依数性法等，但对高分子体系，测出的都是相对分子质量，相应地由此计算出的聚合度也是统计平均聚合度。

例如，制备聚氯乙烯的单体是氯乙烯（C_2H_3Cl），制备聚己二酰己二胺的单体是乙二酸和己二胺，这两种高分子化合物的分子结构式可表示如下：

$$\left[\!\!-CH-CH_2\!-\right]_n \qquad \left[\!\!-NH(CH_2)_6NHOC(CH_2)_4CO\!-\right]_n$$
$$\quad\ \ \big|$$
$$\quad\ \ Cl$$

式中，括号内为高分子的重复单元，即链节；n 是组成高分子的重复单元个数，称为聚合度，n 通常为 $10^3 \sim 10^5$，可见，同一种高分子化合物所含链节数并不相同，所以高分子化合物实质上是链节相同而聚合度（链节数）不同化合物组成的混合物。高分子化合物的分子量和聚合度都具有平均意义。

二、高分子化合物的命名

与低分子有机化合物类似，高分子化合物的命名方法有习惯命名法和系统命名法。系统命名法比较严谨，但很烦琐，所以常用习惯命名法。另外，还有商品名称命名法。

1. 习惯命名法

在单体名称前加"聚"或在单体名称后加"树脂"。例如，完全按单体名称加"聚"命名的聚乙烯、聚氯乙烯、聚甲基丙烯酸甲酯（有机玻璃）；部分按单体名称加"聚"命名的聚己二酰己二胺、聚对苯二甲酸乙二醇酯；按单体名称或简称加后缀"树脂"或"橡胶"命名的酚醛树脂（单体为苯酚和甲醛）、醇酸树脂（单体为丙三醇和邻苯二甲酸酐）、丁（二烯）苯（乙烯）橡胶、乙（烯）丙（烯）橡胶。

2. 商品名称命名法（保护商品名称或专利商标名称）

如聚酰胺常用商品名为尼龙，尼龙-66 表示聚己二酰己二胺（第一个 6 表示有 6 个碳原子的己二胺，第二个 6 表示有 6 个碳原子的己二酸）；聚对苯二甲酸乙二醇酯称为涤纶；聚乙烯醇缩甲醛称为维尼纶等。

3. 系统命名法（化学名称）

根据链结构确定名称。把高分子化合物的链节按有机化合物系统命名法命名，前面再加"聚"字。例如，聚乙烯 $\text{+CH}_2\text{—CH}_2\text{+}_n$ 称为聚 1,2-亚乙基；聚甲醛 $\text{+CH}_2\text{—O+}_n$ 称为聚氧化亚甲基。因为化学名称烦琐，仅用于学术文献，实际应用中多以习惯命名代替化学名称。

此外，高分子化合物的名称还常用英文名称缩写表示（标准缩写，简便）。如 PVC（聚氯乙烯）、PE（聚乙烯）、PTFE（聚四氟乙烯）、POM（聚甲醛）、PA（聚酰胺）等。缩写应采用印刷体，大写，不加标点。

三、高分子化合物的分类

1. 按高分子主链结构和链组成分类

按高分子主链结构和链组成分类，可分为碳链、杂链、元素有机、芳杂环四类。

（1）碳链高分子化合物　主链只含碳原子。一般由烯烃或二烯烃及其衍生物聚合而成，如聚乙烯、聚苯乙烯、聚丁二烯等。

（2）杂链高分子化合物　主链中除含碳原子外，还有少量其他原子，如氧、氮、硫等杂原子。一般由多官能团的低分子有机化合物通过缩合聚合制得，如聚酯、聚酰胺、聚醚等。

（3）元素有机高分子化合物　主链中一般无碳原子，主要由硅、硼、铝、磷、氧、氮等原子组成，如聚有机硅氧烷。

（4）芳杂环高分子化合物　其特点是主链含有大量芳香环或杂环，或芳杂环兼有。这是 20 世纪 60 年代后发展起来的新型耐热高分子化合物，如聚对羟基苯甲酸酯、聚苯并咪唑。

2. 按聚合反应类型分类

按聚合反应类型分类，可分为加成聚合物（加聚物）和缩合聚合物（缩聚物）。

（1）加聚物　是烯烃类单体通过双键的加成反应聚合得到的产物。一般要用到引发剂。

加聚物的化学组成与单体的化学组成完全相同，只是价键结构有所变化，所以加聚物的分子量就是单体分子量的整数倍（单体分子量×聚合度）。

（2）缩聚物　是通过单体分子中官能团之间的缩合聚合反应得到的产物。

缩合聚合反应的产物除了缩聚物之外，还有水、醇等小分子副产物，所以单体与缩聚物的化学组成不完全一致。

3. 按高分子材料的使用性能分类

按高分子材料的使用性能分类，可分为塑料、橡胶、纤维、黏合剂、涂料、功能高分子等。这实际上是按照材料分类而不是按聚合物分类，因为同一种聚合物根据不同配方和加工条件，往往可做成不同的材料。

4. 按链的结构分类

按链的结构分类，可分为线型结构（直链、支链）、体型结构（网状、立构）。线型结构又分为均聚物（仅有一种结构单元）、共聚物（具有两种或两种以上结构单元简单重复）、嵌段共聚物（两种或两种以上结构单元排列形式不同）、交替共聚物、接枝共聚物、无规共聚物。

第二节　高分子材料的结构与性能

高分子化合物结构的研究内容是高分子链结构和凝聚态结构。链结构又分为近程结构和远程结构。凝聚态结构比较复杂，分为非晶态结构、晶态结构、液晶结构、取向结构等。有人将近程结构、远程结构、凝聚态结构对应地称为一次结构、二次结构、三次结构。

结构决定性能这一材料科学的基本原则，在这里同样有效。

一、高分子化合物的基本链结构概述

高分子化合物的结构主要是指分子链结构与形态、分子链排列，它们影响和决定高分子材料的塑性、弹性、力学性能、电绝缘性、化学稳定性等。高分子化合物的几何形状如图 8-1 所示。

1. 分子链的结构与形态

根据分子链的结构、形态，高分子分为线型和体型。线型的分子链很长，链可以转动，会有许多分子空间形态，并不断变化。绝大多数分子有强烈卷曲倾向，称为链的柔顺性，影响弹性和塑性。

2. 高分子链的聚集态结构

高分子链的聚集态结构是指分子链之间的排列和堆砌结构。

固态高分子按聚集态分为晶态和非晶态。晶态中含有结晶区（规则排列）和非结晶区（卷曲），一个链可贯穿几个结晶区和非结晶区；非结晶态为分子链无规则排列。

结晶程度大时，机械强度、硬度、密度、耐热性、耐溶剂性都提高。

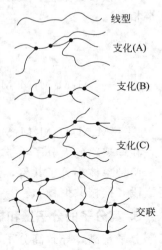

线型
支化(A)
支化(B)
支化(C)
交联

图 8-1　高分子化合物
的几何形状

3. 立构规整性

高分子立体异构，简称立构。指的是组成相同、链结构相同，但立体构型不同，即三维化学键连接排列不同。可分为两类：一类是手性碳原子产生的光学异构体；另一类是分子中双键或环上的取代基空间排布不同的几何异构体。

手征性是指两个物体看起来完全一样，像左右手那样互呈实物与镜像关系而不能完全重合的特性称为手征性，简称手性。

高分子立体规整性用立体异构性数目的倒数表示（无异构为1）。

高分子立体规整性的重要性是影响邻近分子聚集方式，从而影响分子间力，使材料力学性能不同。

另外，还有全同立构、无规立构、几何异构等概念。商品聚丙烯属于全同立构，力学性能好，应用广泛；无规立构聚丙烯不能用作工程材料。几何异构中的有规几何异构有顺式（取代基在双键同侧）、反式（取代基在双键异侧）。

4. 共聚物

由单一结构单元组成的高分子称为均聚物。由两种或更多种小分子一个接一个连接成链状或网状的高分子称为共聚物。共聚物有多种结构单元，连接单元和数量可能有多种不同情况，更加复杂。

二元共聚物为 $\{M_1\}_a\{M_2\}_b$，其中，M_1、M_2 为两种结构单元，a、b 为其连续连接的数目。

(1) 无规共聚物　$a\neq b$，a、b 均不为常数，但数目较小，从几到几十不等，按一定概率分布。

(2) 交替共聚物　$a=b=1$，交替排列，是无规共聚物的一个特例。

(3) 嵌段共聚物　$a\neq b$，a、b 均不为常数，但数目很大，从几十到几百甚至几千，两种均聚物大分子相互嵌接。

$$\sim\sim\sim M_1 M_1 M_1 M_1 M_1 M_1 M_2 M_2 M_2 M_2 M_2 M_2 M_1 M_1 M_1 M_1 M_1 M_1 \sim\sim\sim \quad \text{（ABA 型）}$$

$$\sim\sim M_1 M_1 M_1 M_1 M_1 M_1 M_2 M_2 M_2 M_2 M_2 M_2 \sim\sim \quad \text{（AB 型）}$$

(4) 接枝共聚物　大分子主链上 a 数目很大，b 为零，支链上 a 为零，b 很大（主链、支链相对）。

$$M_2 M_2 M_2 M_2 M_2 M_2\ M_2 M_2 M_2 \sim\sim$$
$$M_2$$
$$\sim\sim M_1 M_1 M_1 M_1 M_1 M_1 M_1 M_1 M_1 M_1 M_1 M_1 M_1 M_1 M_1 M_1 M_1 M_1 M_1 \sim\sim$$
$$M_2$$
$$\sim\sim M_2 M_2 M_2 M_2 M_2 M_2 M_2 M_2$$

在均聚物的大分子主链上接上另一种结构单元的支链（均聚物）。

两种单体小分子共聚，只能得到无规或交替共聚物，以无规共聚物为主，特定方式下可得嵌段和接枝共聚物。

5. 高分子的分子量和机械强度都与其链结构有关

分子量高，导致高分子具有一定机械强度，可作为结构材料。

强度产生的原因是高分子为长链结构，范德华力大，长链相互缠绕，超过单体的共价键力。

二、高分子化合物（非晶态）的三种物理状态

高分子材料的刚性、弹性、塑性，主要取决于分子链间作用力、柔顺性、温度。

线型高分子化合物随温度的升高会依次呈现玻璃态、高弹态、黏流态三种状态。高分子化合物状态与温度的关系如图 8-2 所示。

1. 玻璃态

温度较低，整个分子链以及由若干链节组成的分子链段都处于冻结状态，只有键角和基团能运动，内部结构似玻璃，短程有序，长程无序。

2. 高弹态

温度升高，整个分子链仍不能移动，仅分子链段可通过单键旋转，在外力下可逆变形（弹性变形），呈高弹态。如常温下的橡胶。

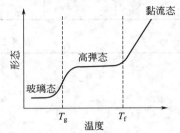

图 8-2　高分子化合物
状态与温度的关系

3. 黏流态

温度继续升高，整个分子链都可自由运动，能流动，成为黏稠液体。如室温下的胶黏剂和涂料。黏流态的形变不可逆，又称塑性态。塑料加工是在黏流态下进行的。

三种物理状态随温度变化而相互转化，有一定转化温度范围。

高聚物三种力学状态中有两个转变：一个是玻璃化转变（玻璃态⇌高弹态），转变温度称为玻璃化转变温度或玻璃化温度；另一个是流动转变（高弹态⇌黏流态），转变温度称为流动温度，都具有重要的工艺性质。各种材料的某一转变温度的高低不同，但在这各种转变温度下，各种材料经历某一转变时的黏度却是相同的，因此转变温度也称等黏温度，玻璃化温度（T_g）和流动温度（T_f）都是等黏温度。

塑料的玻璃化温度高于室温；橡胶的玻璃化温度低于室温。

橡胶在高弹态下使用，要求低玻璃化温度、高流动温度，高弹、耐寒、耐热。

塑料在玻璃态下使用，要求玻璃化温度尽可能高。流动温度低有利于加工，但耐热性差。

对于体型高分子，分子链被化学键牢固地连接在一起，故难以改变形态，没有黏流态，交联程度太大时甚至没有高弹态，一直保持玻璃态。表 8-1 为几种高分子材料的玻璃化温

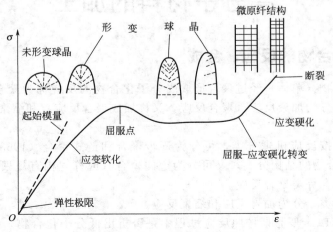

图 8-3　高分子化合物的应力-应变曲线

度。高分子化合物的应力-应变曲线如图 8-3 所示。高分子材料的电导率与其他材料的比较见表 8-2。

表 8-1   几种高分子材料的玻璃化温度

高聚物	聚苯乙烯	有机玻璃	聚氯乙烯	聚乙烯醇	聚丙烯腈	尼龙-66	天然橡胶	丁苯橡胶	氯丁橡胶	硅橡胶
$T_g/℃$	80～100	57～68	75	85	>100	48	−73	−75～−63	−50～−40	−100

表 8-2   高分子材料的电导率与其他材料的比较

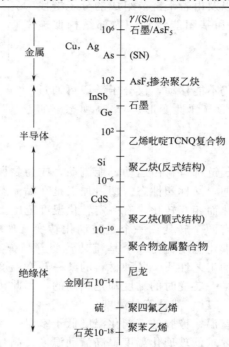

第三节   高分子化合物的反应、合成和
高分子材料的加工

一、高分子化合物的反应、合成

由低分子化合物（单体）经过聚合形成高分子化合物的反应称为聚合反应。总体分类，从大的方面来说，分为加聚反应（聚合反应，又称加成聚合反应）和缩聚反应（缩合反应或缩合聚合反应）。

高分子的合成按反应机理分类，可分为逐步聚合和链式聚合（1953 年 P.J. 弗洛里提出）。按单体和聚合物的结构分类，又可分为定向聚合（或称立构有规聚合）、异构化聚合、开环聚合和环化聚合等类聚合反应。

按反应过程分类，分为加聚反应和缩聚反应。

1929 年，W.H. 卡罗瑟斯按照反应过程中是否析出低分子化合物，把聚合反应分为缩聚反应和加聚反应。

1. 加聚反应

由一种或多种单体经过加成反应相互结合生成高分子化合物的反应称为加聚反应。加聚反应是指 α-烯烃、共轭双烯和乙烯类单体等通过相互加成形成聚合物的反应，所得聚合物称为加聚物，其主要特点是反应过程中不生成小分子副产物，高分子化合物结构单元的化学组成和分子量与单体基本相同。在加聚反应中，单体必须有不饱和键或环状结构。反应时，这类单体在光、热或引发剂作用下，不饱和键或环状结构打开，然后相互加成结合生成高分子化合物，如氯乙烯合成聚氯乙烯等。

$$n\,CH_2\!=\!CHCl \xrightarrow{\text{引发剂}} \left[-CH_2-CH-\right]_n$$
$$\hspace{3cm} | $$
$$\hspace{3cm} Cl$$

2. 缩聚反应

按照逐步反应的机理，由具有两个或两个以上官能团（—OH、—NH$_2$、—COOH 等）的单体相互缩合（多次缩合）形成高分子化合物，同时放出水、醇、氨或氯化氢等低分子副产物的反应，所得聚合物称为缩聚物。由于析出了低分子化合物，所以生成的高分子化合物的结构单元的化学组成和分子量与单体不同，如 6-氨基乙酸在引发剂作用下合成聚酰胺（尼龙-6）。

$$n\,NH_2(CH_2)_5COOH \xrightarrow{\text{引发剂}} \left[-NH-\!\!\left(CH_2\right)\!\!-CO-\right]_n + n\,H_2O$$

如果单体中只含有两个能参加反应的官能团，则生成线型聚合物，例如尼龙、涤纶、腈纶等；如果单体分子中含有三个或更多个能参加反应的官能团，则生成体型缩聚物，例如涂料工业中的醇酸树脂是由三元醇（甘油）和二元酸酐（邻苯二甲酸酐）缩聚而成。

二、高分子材料的加工概述

1. 高分子材料加工的基本内容

（1）成型加工　高分子材料是通过各种适当的加工工艺制成制品的。不同类型的高分子材料有不同的成型加工工艺，如塑料的挤出、压延、注射、压制、吹塑，橡胶的硫化、开炼、密炼、挤出、注射等。在成型加工过程中，物料的形态和结构都会发生显著变化，从而改变材料的性能。当选择某种高分子材料时，不但要考虑其潜在的优越性能，还必须考虑其成型加工工艺的可能性和难易度。较之其他材质，高分子材料的发展更密切地与聚合工艺和成型加工技术的发展相关。

高分子材料类型和品种繁多，成型加工的工艺和方法随类型和品种而异，而且同一类型和品种还可有多种成型加工方法，并且成型加工工艺不断发展，每时每刻都有新的工艺和方法出现。具体内容结合各类高分子材料的讲述进行介绍。

（2）组分调配　虽然某些高分子材料是由纯聚合物构成的，但大多数高分子材料除基础组分聚合物之外，尚需加入其他辅助组分才能获得具有实用价值和经济价值的材料。不同类型的高分子材料需要不同类型的添加成分，有些是改善制品性能的，有些是改善成型加工性能的。

2. 高分子添加剂

有时高分子添加剂对高分子材料的物理化学性能和加工工艺性能至关重要。
（1）塑料添加剂　有增塑剂、稳定剂、填料、增强剂、颜料、润滑剂、增韧剂等。
（2）橡胶添加剂　有硫化剂、促进剂、防老剂、补强剂、填料、软化剂等。

（3）涂料添加剂　有颜料、催干剂、增塑剂、润湿剂、悬浮剂、稳定剂等。

可见，高分子材料是组成相当复杂的一种体系，每种组分都有其特定的作用。所以要全面了解一种高分子材料，不但需要研究其基础组分聚合物，还需了解其他组分的性能和作用。

第四节　高分子各论

合成高分子材料总体上分为结构材料（主要利用其良好的力学性能，所占份额最多）和功能材料（具备某种特殊功能，也称功能高分子）。结构材料分为量大面广的通用高分子材料、高温情况下（100℃）具有高强度（50MPa）的工程塑料、复合材料。通用高分子材料包括塑料中的"四烯"（聚乙烯、聚丙烯、聚氯乙烯、聚苯乙烯），讲五大塑料则还包括居于首位的尼龙——既可为塑料又可为纤维，纤维中的"四纶"（涤纶、锦纶、腈纶、维纶），橡胶中的"四胶"（丁苯橡胶、顺丁橡胶、异戊橡胶、乙丙橡胶），还有涂料、胶黏剂等。工程塑料是指强度高、刚度高、韧性好、耐磨、耐热的优质塑料，可替代金属或陶瓷用于车辆、船舶、飞机、电子设备，广泛应用的有聚甲醛、聚酰亚胺、聚砜、聚碳酸酯、聚芳醚、聚芳酰胺以及一些氟塑料。各种纤维与高分子树脂制成的复合材料也属于工程塑料，质地轻、高强度、高刚度、耐热、耐烧蚀、抗辐射、吸波，用于建筑、交通运输、化工、船舶、航空航天、通用机械等领域。还有功能高分子，例如，具有压电效应的聚偏氯乙烯，具有感光功能的感光树脂，具有吸附分离性能的离子交换树脂，可富集液体和气体的分离膜，具有化学功能的高分子试剂、催化剂、固定化酶，具有医药和生物功能的人体软、硬组织的高分子生物材料和高分子药物，作为临床诊断和分析化验用的高分子材料等。

高分子材料按发展阶段和水平可分为传统高分子材料和功能高分子材料。前者主要包括塑料、橡胶、合成纤维、黏结剂、涂料五大类，它们可在不同条件下相互转化。例如，采用不同的合成方式和成型工艺，尼龙材料既可制成塑料，也可制成纤维，后者种类繁多，用途甚广。本节主要讨论传统高分子材料。

一、塑料

塑料是指在加温加压下，将树脂加工塑制，常温固化制成的一类高分子材料。具有质地轻、耐腐蚀、电绝缘、化学惰性、加工方便等特点。迄今已有300多种塑料。按用途可分为通用塑料和工程塑料。

（一）塑料的组成、性能、分类和用途

1. 塑料的组成

塑料以合成树脂为主要成分，加入填料和用于改善性能的各种添加剂。塑料也可只由单一的纯树脂制成，如用聚甲基丙烯酸甲酯制成的有机玻璃等。

（1）合成树脂　常占塑料成分的 40%～70%，最高可达 100%。合成树脂使塑料具有塑性，它还起黏结剂作用，将其他成分黏结在一起使之成型。合成树脂的种类和含量决定了塑料的基本性质（添加剂有时也能大幅度改进性能），故塑料常以树脂的名称来命名，如聚乙烯塑料、聚苯乙烯塑料、聚四氟乙烯塑料、酚醛塑料等。

（2）填料　是塑料中另一重要成分，加入量可达 40％～70％。填料可改进塑料的力学性能、热学性能、电学性能以及加工性能，多数填料主要起增加机械强度的作用，同时可降低原料成本。填料的品种、数量、质量等也对塑料的性能有很大影响。可作为填料的物质很多，如无机填料碳酸钙（石灰石）、硅藻土、钛白粉、石墨、滑石粉、石英粉、云母、高岭土等；还有有机填料，如木粉、植物纤维、棉布、纸等；如采用金属粉末作为填料，可赋予制品良好的导电性和导热性。

在塑料中加入一些强有力的纤维性材料（称为增强材料），可提高材料的力学性能，尤其是可显著提高拉伸强度和弯曲强度。典型的增强材料有玻璃纤维、石棉、麻丝、棉绒、纸筋等，性能突出的有碳纤维、硼纤维、陶瓷纤维、合成纤维。加有增强材料的塑料称为增强塑料，其中由片状增强材料制得的称为层压塑料，包括纸层压板、布层压板、玻璃布层压板、木层压板等。增强塑料已广泛用于工业及航空航天等尖端技术领域。

由玻璃纤维或其织物制得的玻璃纤维增强塑料，因机械强度很高，接近甚至超过钢材的强度，俗称玻璃钢。制造玻璃钢所用合成树脂主要有不饱和聚酯树脂、环氧树脂、酚醛树脂、有机硅树脂，其中以不饱和聚酯树脂应用最为普遍。

塑料中加入填料后，实际上已成为一种复合材料，即树脂基复合材料。

（3）添加剂　种类繁多，各起不同的作用。

添加剂有固化剂、增塑剂、着色剂、稳定剂（防老剂）、阻燃剂、抗静电剂、发泡剂、润滑剂、增白剂、结晶调节剂、流动性改性剂等。

2. 通用塑料和工程塑料

通用塑料是指产量大、价格低、多用于日常生活和包装材料的塑料。通用塑料的产量占塑料总产量的 80％左右，包括聚乙烯、聚氯乙烯、聚苯乙烯、聚丙烯和酚醛塑料、氨基塑料六大品种。其中后两者是热固性塑料，前四种乙烯类塑料是热塑性塑料。如聚氯乙烯常用于制造塑料门窗、各种管道、塑料薄膜等；聚苯乙烯常用于制造化工储酸槽、仪器外壳、泡沫塑料制品等。

工程塑料是指可作为工程材料使用和代替金属使用的塑料，可用以制造机械零部件。这一类塑料具有良好的力学性能和尺寸稳定性，机械强度高，有良好的耐磨性、耐热性和化学稳定性，如聚酰胺、聚甲醛、聚碳酸酯、聚四氟乙烯、聚砜、ABS 等。如聚碳酸酯常代替金属和玻璃制造齿轮、轴承等机械零件和灯罩、仪表面板、防弹玻璃等；聚四氟乙烯俗称"塑料王"，有优异的耐腐蚀性能、耐磨性能、耐寒耐热性能和电绝缘性能，是特别适用于化工行业高温、腐蚀环境中设备的零件和电绝缘材料及航天、核能、医疗器械等行业的特种材料。

3. 热塑性塑料和热固性塑料

塑料按受热时的表现可分为热塑性塑料和热固性塑料。

热塑性塑料受热能软化或熔化，具有可塑性，可塑制成一定形状，冷却后变硬。该过程可反复进行。一般来说，热塑性塑料柔韧性大、脆性低，但刚性、耐热性、尺寸稳定性较差。

热固性塑料受热不能软化也不会熔化，温度过高时将导致材料分解。热固性塑料制品主要成分是体型结构的聚合物（交联结构），所以刚性较高、耐热、不易变形。由于其机械强度一般都不大，所以多数要加填料增强。这类塑料的共同特点是所用原料均为分子量较低（数百至数千）的线型和支链型预聚体，其分子内存在反应性基团，在成型过程中通过自身或与固化剂反应，由线型结构转化为体型结构。

（二）塑料的成型

1. 注射成型

注射成型包括加料、熔融、注射、冷却、脱模五个步骤（图8-4）。

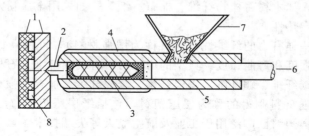

图 8-4　注射成型示意图

1—压模；2—喷嘴；3—分流梭；4—加热套；5—料筒；6—柱塞；7—料斗；8—制件

塑料粉或颗粒料由料斗加入电加热的料筒中，受热软化成流动状态，通过柱塞加压，使料液以较快速度通过喷嘴，最后注入温度较低的闭合模具内，经一定时间冷却即凝固成型，脱模后便得制品。当柱塞后退时，塑料粉或颗粒料又落入料筒的空隙部分，开始下一周期的生产。

注射成型主要适用于热塑性塑料的加工，具有周期短、效率高的优点，并可完全自动化。可生产电气零件、塑料鞋、塑料盆、玩具、日用器皿、周转箱等制品。

如将柱塞改成螺杆，则可使塑料混炼塑化更加均匀，已被广泛采用。

2. 挤出成型

挤出成型是生产管材、棒材、板材、薄膜以及被覆塑料的电线、电缆等连续制品的成型方法。与注射成型类似，也适用于热塑性塑料的加工。

单螺杆挤出机如图8-5所示。塑料粉或颗粒料经料斗连续加入电加热料筒，由于料筒的传热及塑料与螺杆之间的剪切摩擦热，使塑料熔融而成流动状态，并由螺杆把料液挤向机头，经模具的口模缝隙挤出，被空气或水冷却而成为一定形状的连续制品。

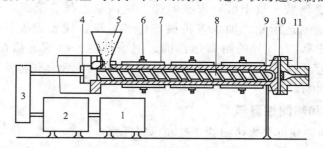

图 8-5　单螺杆挤出机示意图

1—电动机；2—变速箱；3—传动机构；4—止推轴承；5—料斗；6—冷却系统；
7—加热器；8—螺杆；9—料筒；10—粗滤板及滤网；11—机头口模

3. 吹塑成型

吹塑成型包括吹塑薄膜和吹塑中空制品，往往与挤出成型连在一起。吹塑薄膜如图8-6所示。将连续从挤出机挤出的管状坯料，在机头引入压缩空气，使塑料管吹胀成为极薄的圆筒，再经一系列导辊卷取制品，以后可加工成塑料袋或剖开成为塑料薄膜。塑料瓶的吹塑成型如图 8-7 所示。从挤出机挤出的管状坯料置于两半组合的模具中，用压缩空气吹胀型坯使之紧贴于模壁，冷却后脱模即可得到诸如瓶子、圆筒、圆球等空心制品。

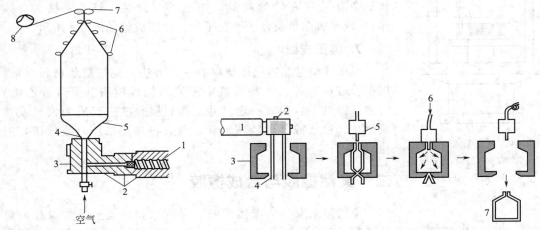

图 8-6　吹塑薄膜示意图
1—挤出机料筒；2—加热器；
3—吹塑管状薄膜；4—模具；
5—芯轴；6—导向辊；
7—夹紧辊；8—卷取装置

图 8-7　塑料瓶的吹塑成型示意图
1—挤出头；2—机头；3—吹塑模具；4—塑料型坯；
5—吹塑喷嘴；6—压缩空气；7—产品

4. 压延成型

压延成型如图 8-8 所示。压延成型是连续成型中不用模具的成型方法，主要用于制造聚氯乙烯的薄膜和片材，先把聚氯乙烯粉料与增塑剂、稳定剂、填料、着色剂等在捏合机中捏合成均匀的预增塑料，再在二辊压延机上加热剪切，塑化成为塑化料，随后送至加热的三辊或四辊压延机上加热压延，通过调节最后一对辊筒的间距来决定制品的厚度，最后经冷却辊冷却就得到薄膜或片材。此法可用于生产人造革。

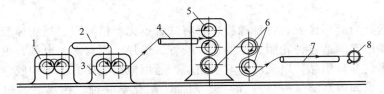

图 8-8　压延成型示意图
1,3—辊压机；2,4—运输带；5—三辊压延机；6—冷却辊筒；7—导辊；8—卷取装置

5. 浇注成型

浇注成型是直接把液态单体、预聚体或甲阶热固性树脂注入模型中，在常压或低压下加热固化的方法。适用于流动性大而收缩率较小的树脂品种，既适用于某些热塑性塑料，又可用于部分热固性塑料。酚醛、环氧、不饱和聚酯、丙烯酸酯、甲基丙烯酸酯类等都可采用浇注成型。工程塑料 MC 尼龙就是在常压下将熔融的己内酰胺单体直接浇注入模，在强碱性物质引发作用下进行负离子聚合而得到制品。

6. 模压成型

模压成型是热固性塑料的主要成型方法之一。把粉状、片状或颗粒状的原料放在金属模

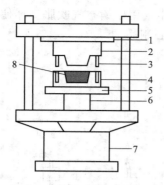

图 8-9　模压成型示意图
1,5—轧辊；2—阳模；3—导柱；
4—阴模；6—柱塞；
7—压机；8—模塑物

具中使之加热软化，并借助热压机的加压而充满整个模腔，同时发生化学反应而固化，脱模后即得模压制品。此法可制造形状复杂或带有嵌件的制品，如电器（开关、灯头、插头、插座）、汽车方向盘及盒子、盘子等。模压成型如图 8-9 所示。

7. 层压成型

层压成型是制造层压塑料的一种方法。先把层状材料（纸、棉布、玻璃布等）在浸胶机中浸渍热固性树脂（甲阶或乙阶）溶液，经烘干后裁成一定尺寸，然后层叠在一起成为板材或卷成棒状、管状或其他特殊形状，最后再加热加压（或低压）固化成型。

二、天然橡胶与合成橡胶

橡胶按来源分为天然橡胶、合成橡胶两类。天然橡胶来自橡胶树，其产量远远不能满足需求，而且种植橡胶树要受地理位置限制，因此人们发展了合成橡胶，合成橡胶使用量是天然橡胶的 6 倍。

（一）组成

天然橡胶的基本组成是 1,4-聚异戊二烯，相对分子质量在 3×10^5 左右。从橡胶树上割胶可得乳白色液体胶乳，胶乳是橡胶的水分散体，含胶量为 30%～40%，此外，还有 6%～11% 的非橡胶物质，如蛋白质、树脂（丙酮抽提物）、糖类和灰分等。除部分胶乳经浓缩后可直接作为胶乳工业的原料外，绝大部分胶乳要经凝固加工成固体生胶，才能作为橡胶制品厂的主要原料。

最初人们使用异戊二烯单体合成了异戊橡胶，后来用有类似结构的丁二烯等物质开发了一系列合成橡胶。丁苯橡胶、顺丁橡胶、丁基橡胶、异戊橡胶、乙丙橡胶、氯丁橡胶、丁腈橡胶是合成橡胶的七个主要品种，其中丁苯橡胶占合成橡胶总产量的 60%，其次是顺丁橡胶。

橡胶按用途分为通用橡胶、特种橡胶，有时二者也无严格界限。通用橡胶产量大而价格相对较低，主要用于制造各种轮胎、运输带、胶管、垫片、密封圈、电线、电缆等其他工业品，胶鞋、热水袋等日用品，以及医疗卫生用品。通用橡胶主要有丁苯橡胶、顺丁橡胶。能满足某些特殊要求如耐高温（耐热）、耐寒、耐油、耐化学腐蚀、耐臭氧、耐辐射等的橡胶称为特种橡胶，用于制造在特定条件下使用的橡胶制品。特种橡胶主要有硅橡胶、氟橡胶、丁腈橡胶、聚氨酯橡胶。

1. 橡胶制品的组成

橡胶制品的主要成分是生橡胶，再加入各种配合剂，有时还要加入骨架材料。

（1）生橡胶　未经硫化配炼的天然橡胶和合成橡胶均称为生橡胶。生橡胶决定橡胶制品的主要性能。

（2）配合剂　如硫化剂、促进剂、补强填充剂、着色剂、防老剂。加入生橡胶中，用以改善制品性能和加工工艺性能。硫化剂和促进剂使长链分子间发生部分交联，使聚合物既保持弹性，又不会产生分子链间的滑动；补强填充剂可提高橡胶制品的强度，赋予制品耐磨、耐撕裂、耐热、耐寒、耐油等特性，常用的有炭黑、白炭黑、陶土等。

（3）加固材料　有些橡胶制品需用纺织材料（帘布、线绳、针织品等）或金属材料加固，以增加强度，防止变形。加固材料可看作是橡胶产品的骨架，如轮胎中加入帘子线以增强，胶管中加入金属螺旋线以防止其被压扁。

2. 常用橡胶举例

丁苯橡胶是合成橡胶中产量最大、用途最广的一种，主要用于生产轮胎、运输带、鞋底、防振橡胶垫等；氯丁橡胶主要用于制造耐老化的电线、电缆，耐油和耐蚀的运输带和胶鞋等；硅橡胶的耐温性和耐老化性好，主要用作高温高压设备的衬垫、油管衬里、火箭和导弹零件及电绝缘材料，此外，硅橡胶具有生理惰性、无毒，故可用于医用高分子材料和食品工业。

（二）橡胶的加工

橡胶制品分为干胶制品和胶乳制品两类，二者的原料和工艺均不相同。橡胶的加工就是由生胶制成干胶制品或由胶乳制得胶乳制品的生产过程。

1. 干胶制品的生产

无论是天然还是合成的生胶，虽有良好的弹性，但都没有足够的强度，由于冷流现象（自重下徐变），其尺寸稳定性也不佳，因而不能直接制成制品来加以利用。干胶制品的生产过程包括素炼、混炼、成型、硫化四个步骤。

（1）素炼　生胶必须经过硫化才能获得良好的力学性能，如要硫化，就必须加入硫化剂等配合剂，但是生胶的高弹性却使配合剂不易混入，这样就必须先将生胶素炼。

生胶在炼胶机中因受机械的、热的和化学的三种作用而使分子量下降，因而弹性降低、塑性增加的过程，称为素炼。素炼通常在辊筒炼胶机上进行，炼胶机由两个以不同线速度相对旋转的辊筒组成。

素炼可使生胶降低弹性、增加塑性，这一过程对天然橡胶是必不可少的；至于合成橡胶，则应视品种而定，有些合成橡胶的生胶本身具有一定程度的可塑性，因而可不必经过素炼而直接混炼。

（2）混炼　将塑性适宜的橡胶原料与配合剂一起在炼胶机中均匀混合的过程称为混炼。混炼的目的是借助机械力的作用使各种配合剂均匀地分散在胶料中。配合剂主要包括硫化剂、硫化促进剂、助促进剂、防老剂、增强剂、填充剂、着色剂等。注意，在硫化工序之前许多配合剂并不发挥作用。

凡能使橡胶由线型结构转变为体型结构，使之成为弹性体的物质，均称为硫化剂。为了缩短硫化时间，需要添加使硫化剂活化的物质，即硫化促进剂，它们大多是一些有机化合物。凡能提高橡胶力学性能的物质称为增强剂，也称活性填充剂，最常用的是炭黑。填充剂主要起增容作用以降低成本，常用的有碳酸钙、硫酸钡等。

（3）成型　成型是将混炼胶通过压延机制成一定厚度的胶片，或者通过螺旋压出机制成具有一定断面的半成品，如胶管、胎面胶和内胎等，然后再把各部件按橡胶制品的形状组合起来，最后就可进行硫化。

（4）硫化　成型品在一定温度、压力下形成网络结构（体型结构）的过程称为硫化，其结果使制品永久失去塑性，同时获得高弹性。注意硫化过程使用的"硫化剂"不一定是硫化物。只是在橡胶成型品转化为体型结构的过程中，最常用的是通过硫原子形成硫桥，因而称为"硫化"，实际上与橡胶是否"硫化"没有必然关系。

橡胶硫化的机理随生胶的化学结构和硫化剂而异。分子结构中含有 $C = C$ 的生胶，一般用硫黄作硫化剂。硫化过程中，由于形成硫桥（单硫或多硫）而使大分子交联。对于饱和的二元乙丙橡胶，则需采用金属氧化物、过氧化物（如过氧化二苯甲酰）等非硫硫化剂。分子中含有某些功能基的生胶，则可根据功能基的性质，采用适当的化合物使之硫化。

2. 胶乳制品的生产

天然胶乳和合成胶乳都可制造胶乳制品。生产时也要加入各种配合剂，并要加入分散剂、稳定剂等专用配合剂。

三、纤维

（一）主要的天然纤维

纺织纤维包括天然纤维和化学纤维两大类。常见的天然纤维有棉、羊毛、蚕丝、麻等。

棉纤维和麻纤维的主要成分是纤维素（葡萄糖组成的大分子多糖）。棉纤维呈外观有些扭曲的空心纤维状，其保暖性、吸湿性和染色性好，纤维间抱合力强，所以纺织性能好。

羊毛由两种吸水能力不同的成分所组成，表面有鱼鳞状的鳞片层。其主要成分是蛋白质，所以是蛋白质纤维。羊毛具有稳定的卷曲性，具有良好的蓬松性和弹性。蛋白质是一种由氨基酸分子组成的有机化合物，旧称"朊"。氨基酸则是含有一个碱性氨基和一个酸性羧基的有机化合物。

蚕丝的主要成分也是蛋白质（丝胶和丝素），同属天然蛋白质纤维。蚕丝由两根呈三角形或半椭圆形的丝素外包丝胶组成，其横截面呈椭圆形。蚕丝具有柔和的光泽和舒适的手感。

值得注意的是，纤维和纤维素是两个截然不同的概念。可以看出，纤维材料不一定由纤维素组成，只有棉、麻等植物纤维的化学成分才是纤维素。

棉、羊毛、蚕丝所具有的优良性能都与它们的形态有关。因而了解这些纤维的形态特征，对制备具有相似性能的化学纤维很有启发。

（二）化学纤维的种类

化学纤维一般包括两部分：一部分是由天然高分子物质经化学处理而制得的人造纤维，又称再生纤维；另一部分是由合成聚合物制得的合成纤维。

人造纤维是用天然聚合物为原料，经化学方法制成的，与原聚合物在化学组成上基本相同的化学纤维。人造纤维具有与天然纤维素、蛋白质相同的化学组成。包括再生纤维素纤维（黏胶纤维）和再生蛋白质纤维两类。另外，有时再生纤维也指利用某些在化学纤维生产过程中产生的废丝（或废旧纤维制品）为原料，经再加工所制得的纤维材料。该纤维材料大都用于制作非织造布。再生纤维是人造纤维最大宗的产品，其中黏胶纤维产量最大，应用最广，是最主要的品种。

合成纤维的主要品种是涤纶、锦纶、腈纶、维纶、丙纶、氯纶，最主要的是前三种，它们的产量占世界合成纤维总产量的90%以上，其中涤纶高居首位。

按照外观形式，化学纤维成品又可分为长丝（单丝及复丝）和短纤维。鬃丝、帘子线和丝束是一些特殊的形式。

1. 黏胶纤维

黏胶纤维以棉短绒、木材、甘蔗渣、芦苇等天然纤维素材料为原料，经分离提纯制得 α-纤维素含量为90%～95%的浆粕，用浓碱液处理使之生成碱纤维素，再与 CS_2 反应得到纤维素黄原酸钠，然后溶于 $NaOH$ 水溶液中生成黏胶液，将黏胶液纺丝，在 $35\sim40{}^\circ\!C$ 下置于硫酸浴中，最终形成黏胶纤维。

黏胶纤维是一种再生纤维素纤维，因而某些性能与棉纤维类似，如吸湿性和染色性好，宜于用作衣着纤维。但由于纤维素在制造过程中经受了一系列化学处理，致使所得黏胶纤维的聚合度和取向度均比天然棉纤维低。这样，就使黏胶纤维浸水后的体积膨胀率高，湿态强度低，缩水率大。如改变工艺，可制得取向度高、结构均匀的富强黏胶纤维，俗称富纤，它比普通黏胶纤维的性能要优良得多。

在民用方面，黏胶纤维长丝就是人造丝，毛型黏胶短纤维俗称人造毛，棉型黏胶短纤维俗称人造棉。人造棉在工业上可用作轮胎帘子线。

2. 涤纶

涤纶的化学组成是对苯二甲酸乙二醇酯。其特点是挺括不皱，强度高，耐热性好，耐日光稳定性仅次于腈纶，耐磨性稍逊于锦纶。但由于吸湿性差，因而对服用性有一定影响。涤纶在民用上大量制作纯纺和混纺衣料，工业上用于制造轮胎帘子线、传送带、渔网、帆布、缆绳等。

3. 锦纶（尼龙）

锦纶是我国聚酰胺类纤维的商品名称，作为纺织纤维的主要品种是锦纶 66 和锦纶 6。耐磨是其突出性能，优于其他任何纺织纤维；另一特点是高强度。它的吸湿性虽比涤纶、腈纶好，但仍不够理想。保暖性、耐热性、耐光性也不够好。锦纶用于制造袜子和衣料，也用于制造帘子线、渔网、绳索、传送带和降落伞等。

20 世纪 70 年代初发展起来的芳香族聚酰胺纤维，是一种高强度、高模量、低延伸率的特种纤维，能耐高温、耐辐射，可用于制造特种服装，如飞行服、宇宙服、原子能工业的防护服、防弹衣等。还可用作飞机、人造卫星等结构材料中的增强材料及高速轮胎的帘子线。

4. 腈纶

腈纶即聚丙烯腈纤维。其主要特点是蓬松柔软，保暖性好，性能极似羊毛，故有"人造羊毛"之称。它的耐光性也很好，强度虽不如涤纶和锦纶，但比羊毛要高 1～2.5 倍。由于均聚合聚丙烯腈纤维容易发脆和难以染色，目前市场上的腈纶都是加有少量第二、第三单体的共聚物，以改善其脆性和染色性。其主要缺点是耐磨性差，甚至不及羊毛和棉花。腈纶大量用于生产绒线和仿毛制品，也用于制造混纺衣料。聚丙烯腈纤维还是制造碳素纤维和石墨纤维的原料。

5. 维纶

维纶的化学组成是聚乙烯醇缩甲醛。因分子中含有羟基，故是合成纤维中吸湿性最大的一个品种。其主要缺点是耐水性不够好，在湿态下加热到 115℃ 就会发生显著的收缩，弹性也较差。除民用外，维纶还可制造帆布、滤布、输送带等。

6. 丙纶

丙纶是由等规聚丙烯纺丝而成的。其强度可与涤纶、锦纶相比，密度只有 $0.91 g/cm^3$，是化学纤维中最轻的一种。丙纶的吸湿性极小，但易洗、快干。可制作袜子、蚊帐、运动衣、包装带、包装袋等。

7. 氯纶

氯纶是聚氯乙烯纤维，其强度与棉花接近，耐磨性却优于一般天然纤维，保暖性比棉花高 50%。氯纶较易带正电，所以贴身穿着对关节炎患者有一定辅助疗效，也适合做防尘口罩。

8. 氨纶

氨纶即聚氨酯纤维，其分子链是由柔性的聚酯或聚醚链段和刚性的芳族二异氰酸酯链段相嵌而成的，柔性链段间又通过交联形成网状结构。由于柔性链段间相互作用力小，受外力可自由伸缩，因而氨纶具有高伸长性能，伸长率可达 $600\% \sim 750\%$。柔性链段中的交联结构使氨纶呈现高回弹性，因而适宜制作内衣、游泳衣、松紧带、腰带等。

（三）化学纤维的纺丝

纺丝方法主要有熔体纺丝和溶液纺丝两大类。后者又可分为湿法纺丝和干法纺丝。工业上熔体纺丝用得最多，其次是湿法纺丝，而干法纺丝用得最少。

1. 熔体纺丝

凡能加热熔融或转变为黏流态而不发生显著分解的聚合物，均可采用熔体纺丝法进行纺丝，如涤纶、锦纶、丙纶等。

图 8-10 为熔体纺丝。聚合物切片在螺杆机压机中熔融后被压至纺丝部位，经纺丝泵定量地送入纺丝组件。熔体在组件中经过滤，然后从喷丝板的毛细孔中压出而形成细流。这种熔体细流在纺丝甬道中被空气冷却成型，再卷装成一定的形状。

2. 湿法纺丝

图 8-11 为湿法纺丝。将聚合物溶于适当溶剂中制成纺丝液，通过纺丝泵计量，经烛形过滤器、连接管（俗称鹅颈管），再从喷丝头将原液细流压入凝固浴。在凝固浴中，原液细流内的溶剂向凝固浴扩散，而凝固浴中的沉淀剂向细流内渗透，使聚合物在凝固浴中成丝析出，形成纤维。腈纶、维纶和黏胶纤维可采用该法纺丝。

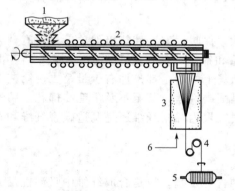

图 8-10　熔体纺丝示意图

1—料斗；2—螺杆机压机；3—纺丝甬道；

4—导丝器；5—卷丝筒；6—空气入口

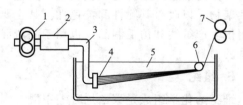

图 8-11　湿法纺丝示意图

1—纺丝泵；2—烛形过滤器；3—鹅颈管；

4—喷丝头；5—凝固浴；6—导杆；7—导丝辊

3. 干法纺丝

图 8-12 为干法纺丝。干法纺丝时，从喷丝头毛细孔中压出的原液细流，进入有热空气流动的纺丝甬道中。此时由于热空气流的作用，原液细流中的溶剂迅速蒸发并被热空气带走，同时原液细流凝固形成纤维。腈纶、维纶和氯纶可用干法纺丝。

4. 纺丝后加工

由上述各种纺丝法得到的纤维，分子链排列不规整，力学性能差，不能直接用于织物加

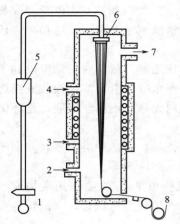

图 8-12　干法纺丝示意图
1—纺丝泵；2—空气入口；
3—蒸汽出口；4—蒸汽入口；
5—过滤器；6—喷丝头；
7—空气及溶剂出口；8—卷丝筒

工。为此，必须进行一系列后加工，以改进显微结构，提高其性能。后加工一般包括上油、拉伸、卷曲、热定形、切断、加捻、络丝等多道工序，具体应视纤维的品种和形式而定。其中拉伸和热定形对所有化学纤维的生产都是必不可少的。

拉伸使高分子链沿纤维轴取向排列，以加强分子链间作用力，从而提高纤维强度，降低延伸率。拉伸要在玻璃化温度以上和冷结晶温度以下的范围内进行。

热定形可消除纤维的应力，提高纤维的尺寸稳定性，并进一步改善其力学性能，使拉伸和卷曲的效果得以保持。热定形的温度范围在冷结晶温度以上和熔融温度以下，并辅以湿度、张力等的适当配合。

四、涂料

涂料是指涂装于物体表面，并能与表面基材很好地黏结，形成完整坚韧保护薄膜的材料。涂料可使被涂物体表面与大气隔离，起保护、装饰、标识等作用及其他特殊作用（示温、发光、导电、感光等）。涂料有有机涂料和无机涂料。涂料不仅可使物体表面美观，更主要的是可以保护物体，延长其使用寿命。有些涂料还具有防水、防火等特殊功能。水泥墙面、钢铁、木材表面都常使用涂料来达到装饰、防锈、防腐、防水等目的。

涂料按用途大致分为建筑涂料（主要以装饰为目的，兼具防护功能）、防护涂料（用于制品表面，主要以防护为目的，兼具装饰功能）。

近年来发展起来的各种新型环保型涂料，不含有害挥发物，并具有致密、美观、耐磨、易清洁等功能。

新型的外墙涂料，则具有疏水功能、疏油功能、疏水疏油功能（双疏）、自洁功能等，用于外墙装饰，不容易沾污，容易清洗，并容易通过天然降雨过程自然清洁，受到市场的普遍欢迎。外墙涂料用于墙面装饰，具有投资较少、施工方便、色彩丰富、混搭容易、更新简便等优点，在欧美等国家应用较多，我国文化传统崇尚含蓄稳重，外墙装饰变化较少，故外墙涂料的应用较少。从成本低廉、使用方便及性能优越等方面考察，外墙涂料社会和经济效益非常显著，值得在国内大力推广。

1. 涂料的组成

涂料由多种物质混合而成，实际上是一种复合材料（无颜料和填料的则为纯聚合物体系）。组成涂料的物质可分为基料（成膜物质）、颜料、溶剂（稀料）、助剂、填料五类。

（1）基料　是主要的成膜物质，也是决定膜性能的主要成分。基料将涂料中各组分黏结成整体，牢固地附着在被涂物质表面，形成坚韧的保护膜。基料包括乳液、树脂。现在多使用耐碱、耐水及硬度高、光泽好的合成树脂。

（2）颜料　将一些固体粉末均匀地分散于涂料中，赋予涂料特定的颜色，并可增加涂膜的机械强度和降低成本。一般使用无机颜料，有机颜料（统称染料）因其易于见光分解而遭颜色退化，故较少使用。

颜料根据其所起作用分为着色颜料、体质颜料、防锈颜料、特种颜料。着色颜料主要有氧化铁红（Fe_2O_3）、钛白粉（TiO_2）、铬绿（Cr_2O_3）、炭黑、群青 [$Na_6Al_6(SiO_2)_6 \cdot Na_2SO_4$]、甲苯胺红（$C_{17}H_{13}NO_3$）等；体质颜料主要有重晶石粉（$BaSO_4$）、大白粉（$CaCO_3$）、石膏（$CaSO_4 \cdot 2H_2O$）、滑石粉（$3MgO \cdot 4SiO_2 \cdot H_2O$）等；防锈颜料有红丹（$Pb_3O_4$）、锌粉等。

（3）溶剂　包括有机溶剂和水。溶剂是辅助成膜物质，其作用是降低涂料的黏度以利于涂装。常用的有机溶剂包括汽油、丙酮、乙酸乙酯、甲苯、香蕉水等。有机溶剂涂装成膜后挥发到大气中，既造成了污染，又浪费了资源和能源。水性涂料无毒、不燃、价廉，是环保涂料品种发展的方向。

（4）助剂　也是辅助成膜物质。其作用是改善涂料和涂膜性质。助剂种类繁多，如催干剂、固化剂、增塑剂、防老剂、防霉剂等。水性涂料有乳化剂、防冻剂等。

（5）填料　适用于需要一定厚度的涂层（如墙体装饰需找补填平），主要作用是构成一定厚度的涂层，是涂层的骨架，并可大大降低涂料成本。主要的填料有钛白粉、大白粉、石膏粉、滑石粉等。

2. 常用涂料介绍

（1）醇酸漆　主要成膜物质为醇酸树脂。醇酸树脂具有价格便宜、施工方便、对施工环境要求不高、涂膜丰满坚硬、不易老化、装饰性和保护性都比较好等优点；缺点是干燥较慢，涂膜外观不易达到较高要求，不适宜于高装饰性的场合。醇酸漆主要用于一般木器、家具及家庭装修的涂装和一般金属装饰及防腐装饰等，是使用量很大的一类涂料。

（2）不饱和聚酯漆　是一种无溶剂涂料，它是由不饱和二元酸与二元醇经缩聚制成聚酯树脂，再以单体稀释而成，在引发剂的作用下，交联成固化膜。

不饱和聚酯漆涂膜装饰作用良好，具有良好的外观和较高的硬度，坚韧耐磨，耐水性、耐热性、耐油性、耐酸碱性、耐溶剂性、耐化学药品性较好，是目前国内理想的木器涂料。主要用作家具、木质地板清漆、金属表面防腐涂料等。

（3）环氧漆　其主要成膜物质是环氧树脂。主要品种是双组分涂料，树脂和固化剂两个组分在使用时混合。环氧树脂在乙二胺等固化剂的作用下，环氧基进一步交联成体型结构。

环氧漆的主要优点是对水泥和金属等无机材料有很强的附着力，力学性能优良，耐磨性、耐冲击性、耐腐蚀性突出；主要缺点是耐候性不好，装饰性较差，通常作为底漆和内用漆。环氧树脂涂料主要用于金属防腐、地坪涂装等。环氧树脂地坪涂料涂膜厚，耐磨损，耐油，耐化学品腐蚀，是建筑上常用的地坪涂料。

（4）丙烯酸漆　以丙烯酸树脂为主要成膜物质，具有极好的耐光性和户外耐老化性，力学性能优异，耐腐蚀性强，是发展很快的一种涂料。丙烯酸漆品种很多，有传统的溶剂型漆，还有水性漆、粉末涂料、光固化漆等新型丙烯酸漆。

溶剂型丙烯酸漆（有机溶剂为溶剂）主要用于建筑涂料、塑料涂料、道路划线涂料（路标漆）、汽车涂料、电器涂料、木器涂料等；乳胶漆是将合成树脂乳化分散在水中，成为水包油型乳液（油包水型则是油溶性而非水溶性），再加入颜料、水、助剂等制成。丙烯酸乳胶漆是水性漆（水为溶剂）。丙烯酸乳胶漆成本适中，耐候性优良，有机溶剂释放极少（水分多，成膜均匀），主要用于建筑物的内外墙涂装、皮革涂装等。

五、胶黏剂

（一）胶黏剂的种类

胶接是物体与物体的一种连接方式。凡具有良好胶接能力的物质均可作为胶黏剂，有天然的，也有合成的，有有机的，也有无机的。目前胶黏剂仍以合成有机聚合物为主。

作为合格的胶黏剂，首先应能润湿被胶接物体的表面，然后在适当条件下可转变为固态聚合物。胶黏剂在胶接作用发生前后应该是产生了化学变化，而且这种变化是不可逆的。某些水溶性的胶接料在胶接时失水固结不发生化学变化，遇潮时胶接层吸水使胶接作用失效，这种胶接作用是可逆的。

胶黏剂有以下三种类型：在胶接条件下能够聚合的液态单体；具有活性基团的低聚物，在胶接过程中发生固化反应而转变为体型聚合物；线型聚合物。其中线型聚合物使用时必须制成溶液或水乳液，在胶接时，随着溶剂或水分的挥发而发生胶接；或受热熔化，胶黏剂布满物体表面，冷却后转变为固态物质而发生胶接；或制成低熔点固态溶液（主要适用于橡胶类胶黏剂），在压力下使之润湿物体表面而发生胶接。

（二）胶接机理

有关胶接机理的问题，众说纷纭，提出了许多理论，现简单介绍如下。

1. 吸附理论

根据物理化学的研究，任何固体的表面都存在着吸附现象，能吸附气体、液体和固体。究其本质，是由于物体界面存在着包括偶极力、诱导力、色散力和氢键力在内的分子间作用力。这是胶黏剂与被粘物之间能够牢固结合的普遍原因。通常，即使经过精密抛光，两个固体界面之间真正接触的面积还不到总面积的 1%，因而它们之间次价力的总和很小，胶黏剂就能起到媒介的作用。胶黏剂能够润湿两种固体界面，因此可以非常紧密地与两个界面接触，产生很强的次价力，从而将两物体胶接在一起。胶接强度取决于胶黏剂与两种物体表面次价力的强弱，同时也与胶黏剂本身的拉伸强度有关，在胶黏剂本身拉伸强度不是很高的情况下，应使胶接面处胶黏剂的厚度尽量变小（但应保持连续，以保证较大的润湿接触面积），如此尽量使胶接面处的胶黏剂分子，与被粘物体的作用，更多地处于分子间力的作用范围。这也是大多数胶黏剂使用时尽量压紧胶接面以使胶黏剂层尽量薄的原因。

2. 机械理论

任何用肉眼看起来十分光滑的固体表面，实际上还是凹凸不平且十分粗糙的。黏结剂浸渗到被粘物体表面的这些凹孔深处，凝固后就与被粘物机械地粘成一体，同时凹孔内的黏结剂起到嵌锁锚固作用。所以要求黏结剂在黏结前应具有流动性，而且有时为得到良好的胶接效果，还要人为地对被粘物体表面进行粗糙化处理。

3. 化学理论

实验表明，许多胶黏剂和被粘物之间有化学键形成。如硫化橡胶与镀黄铜的金属之间的胶接，电子衍射法已经证明，黄铜表面上形成一层硫化亚铜，通过硫原子与橡胶分子紧密结合在一起。

如用不饱和聚酯胶黏剂胶接玻璃，玻璃表面先用乙烯基氯硅烷（CH_2＝CH—SiR_2Cl）处理，则在胶接过程中，玻璃表面上的极性基团与胶黏剂中的反应基团发生反应而形成化学键。

一些难粘材料，如聚乙烯、聚丙烯、聚四氟乙烯等，表面经过氧化处理后，能使胶接强度大大提高，很可能与这些材料获得了反应活性有关。

4. 扩散理论

某些场合，尤其被粘物是高分子材料时，在一定条件下由于胶黏剂分子和被粘物分子能互相扩散，在界面处发生互溶。这样，界面消失，出现了一个胶黏剂分子与被粘物分子互相渗透的过渡区域。此时，为了获得良好的胶接效果，应采用溶度参数与被粘物尽可能相近的胶黏剂。此外，还应掌握好胶接的温度和时间，以便能有效地进行扩散。

上述各种理论都存在着一定的局限性，迄今为止，还没有一套完整而成熟的理论能对胶接现象做出令人满意的解释。或许，胶接过程在微观上具有不同的方式，因此对应着不同的胶接机理。

（三）胶接工艺

胶接效果的好坏，与胶黏剂的化学结构和被粘材料的性质有关。所以首先应根据被粘材料的种类来选择合适的胶黏剂。但胶接的成败，不仅取决于胶黏剂本身，而且还与工艺过程的各种因素有关。如胶接接头的设计，其重要性并不亚于黏结剂的选择；而当确定了胶黏剂的种类和胶接接头的形式后，被粘物的表面处理，又往往是胶接成功与否的关键。

由于被粘材料多种多样，目前人们还不能根据现有的胶接理论去确定各种材料最合适的表面处理方法，同时也没有一种万能的处理方法。一般认为表面处理的作用主要有三方面：除去妨碍胶接的表面污物及疏松层；使胶黏剂能充分润湿被粘物表面；增加能与胶黏剂实际接触的表面积。

常用的处理方法有：溶剂清洗，根据被粘材料的表面状况，分别采用不同的溶剂进行蒸汽脱脂，或用脱脂棉花、干净布块浸透溶剂后进行擦洗；机械处理，可采用喷砂法，也可用机械或手工打磨（用砂布、砂纸、钢丝刷等）；化学处理，将被粘物体的表面浸于碱液、酸液或某些无机盐溶液中，在室温或加热条件下除去其疏松的氧化物或其他污物，或使其活化。

以上三种方法可单独使用，若联合使用效果更好。某些材料的脱脂溶剂和化学处理方法见表 8-3。

表 8-3　某些材料的脱脂溶剂和化学处理方法

被粘材料	脱脂溶剂	化学处理方法
铝及铝合金	乙酸乙酯 高级汽油 丙酮 甲乙酮	在 $15\sim30℃$，于下述溶液 H_3PO_4 7.5g、CrO_3 7.5g、C_2H_5OH 5.0g、HCHO（37%）80g 中浸 $10\sim15min$ 后于 $60\sim80℃$ 水洗，干燥
铜及铜合金	丙酮 甲乙酮 乙酸乙酯	在 $60\sim70℃$，于下述溶液浓硫酸 40g、$FeSO_4$ 450g、H_2O 3.8L 中浸 10min 后水洗，$60\sim70℃$ 干燥
不锈钢	丙酮 苯 甲乙酮 乙酸乙酯	在 10% 盐酸中于 50℃ 下浸 5min 后，在 10% 磷酸中于 $65\sim70℃$ 浸 $5\sim10min$，水洗，70℃ 干燥
普通碳钢及碳合金	丙酮 苯 乙酸乙酯 汽油 无水乙醇	在 20℃，于下述溶液盐酸（37%）1L、水 1L 中浸 $5\sim10min$ 后冷水洗，蒸馏水洗，93℃ 干燥 10min
聚乙烯、聚丙烯、聚过氯乙烯、聚氯乙烯	丙酮 甲乙酮	在 20℃，于下述溶液 $Na_2Cr_2O_7$ 5g、浓 H_2SO_4 100g、H_2O 8L 中处理 90min 后冷水洗，室温干燥
氟塑料	苯 甲苯 丙酮 甲乙酮 环己酮	将精萘 128g 溶于 1L 四氢呋喃中，在搅拌下 2h 内加入金属钠 23g，温度不超过 $3\sim5℃$，继续搅拌至溶液呈蓝黑色为止，在氮气保护下将氟塑料放入处理 5min，水洗，蒸馏水洗，暖空气烘干
玻璃	丙酮 甲乙酮	在下述溶液 CrO_3 1g、H_2O 3L 中室温下浸 $15\sim20min$ 后水洗，烘干

处理好的表面涂胶后即可进行胶接，但要注意掌握好温度、压力和时间。

还可利用热塑性聚合物可溶可熔的特点进行溶接或熔接。溶接就是将一定量的聚合物粉末溶解在合适的溶剂里，配成 5%～40% 的胶液，用它与塑料胶接在一起。某些热塑料也可直接用溶剂溶解其表面层来达到胶接的目的，但效果较差。在溶接时应选择适当的溶剂，最好用挥发快和慢的两种甚至多种混合溶剂，效果远比单一溶剂为好。熔接一般是指塑料表面熔化后自身进行胶接，或者与其他金属或非金属材料进行镶嵌连接，待冷却后便牢固地连接在一起。

六、功能高分子材料简介

功能高分子材料是一类在外部环境作用下，敏锐地表现出高选择性和特异性能的高分子化合物和高分子材料。功能高分子材料是近代发展起来的具有某种特殊功能的高分子材料，种类很多，用途也非常广泛，如光敏高分子材料、导电高分子材料、高分子膜材料、离子交换树脂、高分子吸水性材料、高分子液晶材料、高分子电池材料、医用功能高分子材料等。功能高分子材料与新技术研究的前沿领域有着密切的关系。

1. 高分子液晶材料

液晶是一种特殊的物质状态。既像晶体一样具有各向异性（近程范围内），又具有液体的流动性。液晶的结构会随着外场（电、磁、热、力）的变化而变化，从而导致其各向异性性质的变化。

光电效应是液晶最有用的性质之一。所谓光电效应是指在电场作用下，液晶分子的排列方式会发生改变，从而使液晶光学性质发生变化。绝大多数液晶显示器的工作原理都是基于这种效应。液晶显示的驱动电压低（通常为几伏），可靠性高，外界光线越强，显示反而越清晰，这些都是它的独特优势所在。液晶显示无闪烁，不产生有害辐射，非常适宜于电视和电脑的显示屏。

高分子液晶是指在一定条件下能以液晶态存在的高分子。高的分子量和液晶相序的有机结合使液晶高分子具有一些优异特性，如很高的强度和模量、低膨胀系数、优良的电光性质等。高分子液晶材料品种非常多，其在光信息存储、非线性光学和色谱领域具有应用价值，还可用于制备一些高强度、高模量的结构材料，如芳香族聚酰胺可制成"梦幻纤维"。

2. 导电高分子材料

导电高分子材料是 20 世纪 70 年代中后期发展起来的新型功能材料。由于导电高分子材料的结构特征和独特的掺杂机制，使其具有优异的物理化学性质。与金属相比，导电高分子材料具有重量轻、易成型、可通过分子设计调节电阻率等特点，在光电子器件、电磁屏蔽、隐身技术、传感器、分子器件、生命科学等技术领域都有广阔的应用前景。

导电高分子材料按导电机理可分为结构型和复合型。结构型是指那些本身能导电或经过掺杂处理后能导电的高分子材料，其分子结构为大共轭体系，其中的 π 电子容易被激发活化而导电；复合型是以绝缘高聚物为基体与导电性颗粒或细丝（银、铜、炭黑等）通过共混、层压等复合手段而制得的材料。

例如，1977 年发现的掺杂型聚乙炔是世界上第一个导电有机聚合物，它具有类似金属的电导率，是很有发展前途的蓄电池高分子材料。掺杂聚乙炔蓄电池具有重量轻、体积小、容量大、能量密度高、不需维修、加工简便等优点。它比传统的铅蓄电池轻，放电速度快，其最大功率密度为铅蓄电池的 10～30 倍，可以反复充放电近万次。

3. 光敏高分子材料

光敏高分子材料是指在光的作用下能够显示特殊性能的聚合物，如感光材料、光刻胶、光固化涂料等。例如，用于制版技术的感光材料是利用高分子材料在光照下固化或分解，将图形文字制成底片。现在常用的凸版印刷、胶版印刷、凹版印刷、丝网印刷四种印刷方式都可通过感光树脂来方便地实现，尤其是激光照排（计算机制版），可以用不同的底片在感光树脂上直接制版，是印刷技术的一次飞跃性革命，已得到广泛应用。常用的感光树脂有重氮盐类、聚乙烯醇肉桂酸盐、光聚合型聚合物等。

4. 生物医用高分子材料

生物医用高分子材料是指用于生物体或治疗过程的高分子材料，按来源可分为天然高分子材料和人工合成高分子材料。生物医用高分子材料的种类很多，应用范围十分广泛，可用于组织修复、人工器官、治疗用器械、靶向药物（定向给药）、药物缓释等。

用于人工器官和植入体的高分子材料，如用硅橡胶等弹性材料制成的人工心脏（又称人工心脏辅助装置）可在一定时间内代替自然心脏的功能，成为心脏移植前的一项过渡性措施；用可降解的高分子材料制作的骨折内固定器植入体内后不需再取出，可使患者避免二次手术的痛苦；有机玻璃可修复损伤的颅骨和面部；高密度聚乙烯、尼龙材料可制作关节和骨骼；人造皮肤、人造角膜、人工血浆等也可以用高分子材料来制造；用高分子水凝胶可开发制作创伤覆盖片、头部保冷帽、水凝胶型一次性隐形眼镜片；用具有高润滑性表面的高分子材料可制作手术缝合线、止血材料、创伤覆盖材料等。

5. 离子交换树脂

（1）种类　离子交换树脂是一种不溶、不熔的体型高分子化合物，分为阳离子交换树脂和阴离子交换树脂。前者的分子中含有活泼的酸性基团，能交换阳离子；后者含有活泼的碱性基团，能交换阴离子。按活性基团的酸碱性强弱，阳离子交换树脂分为强酸性（如含有 $-SO_3H$ 等）、中等酸性（如含有 $-PO_3H_2$ 等）、弱酸性（如含有 $-COOH$ 等）；阴离子交换树脂分为强碱性〔如含有 $RCH_2N^+(CH_3)OH^-$ 等〕、弱碱性〔如含有 $RCH_2N(CH_3)_2$ 等〕。

（2）交换作用　通常，把离子交换树脂装在交换柱中进行离子交换反应。当含有其他阳离子（Ca^{2+}、Mg^{2+} 等）或阴离子（Cl^- 等）的溶液流经交换柱时，这些阳离子或阴离子就和树脂上的 H^+ 或 OH^- 发生交换反应。以 R—代表交换母体，则交换反应可表示为：

阳离子交换反应

$$2R-SO_3H + Ca^{2+} \rightleftharpoons (R-SO_3)_2Ca + 2H^+$$
$$2R-SO_3H + Mg^{2+} \rightleftharpoons (R-SO_3)_2Mg + 2H^+$$

阴离子交换反应　　$R-CH_2N(CH_3)_3OH + Cl^- \rightleftharpoons R-CH_2N(CH_3)_3Cl + OH^-$

交换下来的 H^+ 和 OH^- 结合生成水，交换过后的水中含电解质很少。

（3）再生　当离子交换树脂使用一段时间后，树脂上的 H^+ 或 OH^- 逐渐减少，就会失去交换能力，称为"失活"。这时，就需要"再生"处理，就是用强的无机酸或强碱溶液浸泡已失去交换能力的树脂，使其发生离子交换反应的逆过程，即用 H^+ 或 OH^- 再将树脂上的阳离子（Ca^{2+}、Mg^{2+} 等）或阴离子（Cl^- 等）交换出来。通常用盐酸或硫酸溶液处理阳离子交换树脂使其再生，用氢氧化钠溶液处理阴离子交换树脂使其再生。经过再生处理的离子交换树脂，洗净后可继续使用。

离子交换树脂广泛用于离子分离，水的净化、软化，工业废水处理及金属回收等。

第五节　典型的高分子材料品种

一、聚烯烃

聚烯烃包括聚乙烯、聚丙烯、聚丁烯等。聚丁烯、聚丙烯和聚乙烯皆为经常使用的塑胶材料。

1. 聚乙烯（PE）

聚乙烯按合成法分为低压、中压、高压聚乙烯。它是化学结构最简单的塑料。

（1）低压聚乙烯 支链少，分子量高，结晶度高，密度高，刚硬，耐磨性、耐蚀性、绝缘性好。

应用于塑料管、板、绳及承载不高的零件，如齿轮、轴承等。

（2）中压聚乙烯 又称高密度聚乙烯。密度为 $0.95\sim0.98g/cm^3$，软化点为 $130℃$，结晶度为 90%。由乙烯在压力低于 $5MPa$、温度为 $130\sim150℃$ 条件下，以硅酸铝为载体，三氧化铬为催化剂，进行溶液聚合而制得。

在高压、中压、低压三种聚乙烯中，中压聚乙烯耐化学品性最好，耐溶剂性、透气性、透湿性较高，电性能优良，力学性能最好。用于制作吹塑制品、管材、电气绝缘材料等。

（3）高压聚乙烯 较柔软。

应用于日用工业、塑料薄膜、软管、塑料瓶、包装食品、药品、包覆电缆和金属表面。

2. 聚丙烯（PP）

聚丙烯的链上有侧基，不利于规整度和柔性，刚性大，质地轻，耐热（$150℃$），绝缘性好（特别是在高频下），强度、弹性模量、硬度等都高于低压聚乙烯。它是最轻且价格低的塑料。

应用于法兰、齿轮、风扇叶轮、泵叶轮、接头、把手、方向盘调节盖、化工容器配件、电视机外壳、纺织品等。

3. 聚丁烯（PB）

聚丁烯主要是由混合丁烯聚合而成的一种高分子惰性聚合物。是以异丁烯为主和少量正丁烯共聚而成的，从结构上讲是异丁烯和正丁烯的共聚物，分子量较低，是一种黏稠液体。主要作为合成润滑油使用。低分子聚丁烯，因其不含蜡状物质而具有良好的电气特性，因此广泛用作电绝缘油。由于它在 $300℃$ 左右能全部分解而不留下残余物，可作为高温无积炭润滑油基础组分。

聚丁烯广泛应用到二冲程发动机油、电绝缘油、润滑冷却液和生产低密度聚乙烯过程中的超高压压缩机气缸油；油品添加剂、油品添加剂的中间体；润滑油、黏结剂、增塑剂的原料；本身也可直接用作润滑剂、高压电缆中的浸渍油、压缩机油；由于无臭、无毒，可用于与食品接触纸张的处理；也用作口香糖的基质原料。

4. 聚氯乙烯（PVC）

聚氯乙烯的链中有极性氯原子，增大分子间力，阻碍单键内旋，刚度、强度高于PE。它是第一种热塑性全能塑料。

（1）硬质聚氯乙烯 不加增塑剂，密度很低，拉伸强度高，耐水，耐油，耐化学品，性能优于PE。

应用于化工、纺织工业、废气排污排毒塔、气液输送管、塑料板（常温下易加工，热成型性好）。主要用于自来水管、热水管与暖气管等管道的管壁材料。

（2）软质聚氯乙烯 加入增塑剂。

应用于薄膜、工业包装、农业育秧、雨衣、台布，因有毒不能包装食品。

5. 聚苯乙烯（PS）

聚苯乙烯是典型的线型（带支链）无定形高分子，带苯环，位阻较大，结晶度低，刚度大。它是着色最鲜艳且成型性能好的塑料。

聚苯乙烯密度低，常温下透明，几乎不吸水，耐蚀，电阻高，隔声，防震，防潮，高频绝缘，耐冲击性差，不耐沸水，耐油性有限（可改性）。

应用于纺织纱管锭、线轴、电子仪表零件、外壳、化工管件、车辆灯罩、透明窗、小农具、日用小商品。还用于隔声、包装、打捞、救生。

二、丙烯腈-丁二烯-苯乙烯共聚物

丙烯腈-丁二烯-苯乙烯三元共聚物（ABS）具有"硬韧刚"混合特性，综合力学性能好。尺寸稳定，易电镀，易成型，耐热，耐蚀，耐低温（-40℃），性能可调（改变单体分数），强韧易成型。

增加丙烯腈含量，有利于耐热、耐蚀、提高表面硬度。增加丁二烯含量，可提高弹性、韧性。增加苯乙烯含量，可促进电性能、成型性。

将丙烯腈和苯乙烯接枝到氯化聚乙烯支链上，得 ACS，可提高耐候性、耐冲击性。

以丙烯酸丁酯代替丁二烯得 AAS，耐候性略次于 ACS，耐热，流动性好，绝缘好。

ABS 应用于齿轮、泵叶轮、轴承、把手、管道、储槽内衬、电机外壳、仪表壳、仪表盘、蓄电池槽、水箱外壳、汽车挡泥板、扶手、热空气调节导管、小轿车车身。

ABS 的优势为原料易得，综合性能好，价廉，适宜于用作工程塑料。

三、聚酰胺

1. 脂肪族聚酰胺

通称锦纶或尼龙（PA，既可制成塑料，又可制成纤维，用途甚广），有两种基本结构，品种有尼龙-610、尼龙-66、尼龙-6、尼龙-1010、尼龙-9、尼龙-11、尼龙-12，是应用较广的工程塑料。

其耐磨性、润滑性突出，力学性能好，韧性好，强度高，耐蚀，耐水，耐油，耐溶剂和药剂，抗毒，抗菌，无毒，成型性好，但耐热性不高（<100℃），蠕变值大，导热性差，吸水性高，成型收缩大。

应用于耐磨耐蚀的某些承载和传动零件、轴承、齿轮、螺钉、螺母及其他小型零件。

2. 芳香族聚酰胺

引入芳环结构，增加热稳定性，是另一大类液晶高分子（可制成溶致型液晶）。

其具有高强度，拉伸强度高于钢材，低密度，只有钢材的 1/8，耐热，阻燃，高模量。

应用于高模量、耐热和阻燃的纤维、轮胎帘子线和特种服装。

四、聚甲醛

聚甲醛（POM）分为均聚甲醛、共聚甲醛。

其综合性能好，摩擦系数低而稳定，弹性模量高，硬度高，抗蠕变，韧性好，耐疲劳，耐有机溶剂，电性能好。但耐热性差，收缩率大。

均聚甲醛，结晶度、强度、软化点高；共聚甲醛，耐热、耐酸碱。工业上常用共聚甲醛。

应用于机械、仪表、化工部门、塑料手表等。

五、氟塑料

氟塑料是一种含氟塑料。品种包括聚四氟乙烯（F-4）、聚三氟乙烯（F-3）、聚偏氟乙烯（F-2）、聚氟乙烯（F-1）、聚全氟乙丙烯（F-46）。

其既耐高温又耐低温，耐蚀，耐老化，绝缘性高，吸水性和摩擦系数低，尤以 F-4 最突出（可用作陶瓷模具）。

F-4 俗称塑料王。在−180～260℃范围内长期使用，极耐蚀（王水煮沸），摩擦系数为0.04，既不沾水也不吸水，是目前介电常数和介电损耗最小的固体绝缘材料。缺点是强度低，冷流性强。

物体在拉伸载荷和压缩载荷下表现出蠕变现象；橡胶在自重影响下向四周底部流散的现象称为冷流，速度很小，时间很长。

应用于减摩密封零件、化工耐蚀零件、热交换器、高频及潮湿条件下的绝缘材料。

F-3 的成型加工性较 F-4 有所改善；F-2 的耐候性较好；F-1 的抗老化能力较强。

六、聚砜

聚砜（PSE）是主链上含有砜基 $\left(-\overset{\overset{\displaystyle O}{\|}}{\underset{\underset{\displaystyle O}{\|}}{S}}-\right)$ 的高分子材料。根据原料不同，可有双酚 A 型聚砜、非双酚 A 型聚芳砜（聚苯醚砜）。

其具有优良的耐热性，耐寒耐候，抗蠕变，尺寸稳定，强度高，抗冲击，可在−65～150℃长期使用，耐酸、碱及有机溶剂，在水、空气和高温下仍能保持高的介电性能，能自熄，易电镀，透明。

聚芳砜可在−240～260℃长期使用，保持优良的力学性能、电性能，硬度高，能自熄，耐辐射，耐老化，但不耐极性溶剂。可铸、挤、压成型。

应用于高强、耐热、抗蠕变构件和电绝缘件。

聚芳砜填充改性后用作高温轴承，可自润滑，高温绝缘，是超低温结构材料。

七、聚甲基丙烯酸甲酯

聚甲基丙烯酸甲酯（PMMA），即有机玻璃，典型的线型无定形结构，分子键上带极性基团。它是最透明的树脂。

其透明度比无机玻璃高（气泡少，杂质少），透光率为 92%，密度低，力学性能高得多（与温度有关），拉伸强度为 50～80MPa，冲击韧性为 1.6～27kJ/m^2。耐稀酸、稀碱、润滑油和碳氢燃料，在自然条件下老化慢，80℃软化，105～150℃塑性好，可成型加工。

缺点是表面硬度低，易擦伤，导热性差，线胀大，表面或内部易产生微裂纹（银纹），较脆，溶于有机溶剂。

应用于航空、汽车、仪表、光学工业、风挡、舷窗、雷达显示器屏幕、仪表护罩、外壳、光学元件、透镜（眼镜）。

八、酚醛塑料

酚醛塑料（PF）由酚类和醛类在碱性催化剂作用下缩聚合成酚醛树脂，再加入添加剂制成。它是合成塑料的鼻祖。

热固性酚醛树脂是压塑粉（胶木粉）形式。不稳定，加热时反应并交联成体型结构，不可逆。它具有一定强度和硬度，耐磨，绝缘性好，击穿电压＞10kV，耐热，耐蚀。缺点是性脆，不耐碱。

应用于电信器材和电木制品、插头、开关、电话机、仪表盒、刹车片、皮带轮、无声齿轮、耐酸泵、各种日用器皿（非食品）。

热塑性酚醛树脂，即线型酚醛树脂，它不含进一步缩聚的基团，加固化剂并加热，才能固化。

九、环氧塑料

环氧塑料（EP）由环氧树脂加固化剂制成，属于热固性塑料。

其强度高，韧性好，尺寸稳定，耐久，绝缘性好，耐热，耐寒（−80～155℃），化学稳定性好。缺点是具有一定毒性。

环氧树脂应用于胶黏剂，对各种材料（金属、非金属）黏结力强。

环氧塑料应用于磨具、精密器具、灌封电气及电子仪表、飞机漆、油船漆、罐头涂料、电气绝缘印刷线路、各种复合材料。

十、饱和聚酯

1. 脂肪族聚酯

（1）聚对苯二甲酸乙二醇酯（PET）　也称涤纶。应用于纺织纤维、胶卷、胶片、磁带的片基和工程塑料。

（2）聚对苯二甲酸丁二醇酯（PBT）　是典型线型缩聚物。弹性好，用作半弹性纤维、工程塑料。

2. 芳香族聚酯

芳香族聚酯是由芳香族单体制备的聚酯，是一类液晶高分子，工业上有重要应用。

3. 聚碳酸酯

聚碳酸酯（PC），俗称透明金属，具有优良的综合性能。

其具有突出的冲击韧性和延性，弹性模量高（不受温度影响），绝缘性好，耐热耐寒（−60～120℃）。缺点是自润滑性差，耐磨性低，对碱、氯代烃、酮和芳香烃的耐蚀性差，长期在沸水中水解破裂，应力开裂，疲劳抗力低。

应用于机械工业、电子仪器、仪表、航空航天工业。

十一、聚酰亚胺及其他耐高温高分子

特点是刚性大，熔点高，耐热性好（在250～300℃长期使用）。

应用于宇航和电子工业。

十二、聚苯醚

其耐热性、耐水解性、力学性能均优于聚碳酸酯、聚芳砜。

应用于机械零件结构材料，和聚苯乙烯或高抗冲聚苯乙烯共混使用，降低成本，二者几乎完全互容。

十三、有机硅

有机硅，即聚有机硅氧烷。具有很高的耐热性、柔性、弹性、可塑性、抗水性、介电性，耐寒、耐蚀。

应用于各种塑料（如层压塑料）、橡胶、清漆、涂料、黏合剂、润滑油。其特点是易燃易爆。

十四、其他

其他高分子材料还有腈纶、维纶、氨纶、聚异戊二烯橡胶、丁苯橡胶、氯丁橡胶、丁腈橡胶、乙丙橡胶、顺丁橡胶、硅橡胶、氟橡胶、各种有机胶黏剂、各种涂料。

第九章

复合材料

第一节　概　　述

一、复合材料的发展背景

科技的发展，特别是航空、航天、能源、建筑工程、交通工程、军事技术的发展，对工程材料提出了越来越高的要求，而且有些要求之间甚至是相互矛盾的。单一材料如金属材料、陶瓷材料、高分子材料不能满足这种多样化的要求，于是各种高性能复合材料应运而生。

高性能复合材料科学自 20 世纪 30～40 年代产生以来，获得了快速发展和广泛应用，目前已渗透到国民经济和高科技领域的方方面面，并成为很多高科技领域如航空、航天、军事、信息技术等研究发展的关键材料和瓶颈材料。

二、复合材料的含义

复合材料，是指两种或多种物理和化学性质不同的物质，经人工组合而成的，具有新的新能和更高性能的多相固体材料。

复合材料是一类混合物，没有固定的组成和复合工艺，不能概括它的范围，关键是它也不是一种均相材料，不可能确定某种材料的化学组分，也不能用单一的物理模型来描述它的微观结构。因此，严格来讲，复合材料不是严格意义上的一种材料，因为我们不能像对待金属材料、有机高分子材料、无机非金属材料那样精确地描述它。

但由于复合材料性能优异、应用很广，对现代社会生活和科技发展影响巨大，而且它的发展潜力无穷，人们必须给它应有的地位，因而人们将它与金属、高分子、陶瓷三大材料并列，使之成为四大材料之一。而实际上复合材料在性能、发展、范畴、应用等方面在四大材料中当之无愧地居于领先地位。

复合材料作为一门单独的学科是近代建立的，高性能复合材料的发展也只是近几十年的事情。但复合材料古已有之，而且人类自久远的古代就一直在利用天然的复合材料，人类在长期的生产实践活动中也早就能够利用自然出产的物质，用一些简单的方法制备复合材料。例如，自然界中的天然复合材料，如木材、竹子（纤维素＋木质素，其中纤维素抗拉强度高，起承载作用，木质素起黏结作用）；古人发明且人们一直在用的简单人工复合材料，如土坯（黏土＋稻草或麦糠等）、混凝土（水泥＋水＋砂＋石或沥青＋砂＋石）等。

复合材料的命名方法是：一般按增强材料-基体顺序。如玻璃纤维增强聚丙烯基复合材料、玻璃纤维聚丙烯复合材料、玻璃纤维/聚丙烯复合材料。还有一些是习惯叫法，如玻璃钢为玻璃纤维和不饱和聚酯树脂组成的复合材料。

三、复合材料的组成部分——增强体和增强相

1. 复合材料的多相结构

复合材料是多相结构的混合物，按其相组成可分为两个基本组分：一个是基体相，即基体材料，一般为连续相，在基体相中分散排布着被隔离的另一种物质（增强相）；另一个是增强相，即增强材料，凡能提高复合材料力学性能的均称增强相，一般为分离相，它是不连续的，被基体相所分割，呈独立分散状态，可以是纤维、颗粒或弥散的填料。

所谓"相"，就是物理化学性质和微观上结构均一的部分（有时可以是连续渐变的）。比如一块冰，在任何部位取样分析，它们的性质都是一样的，而且微观结构上都是由氢键组成的六边形结构；把冰块和水混在一起，系统中的冰和水尽管化学组成相同，但它们的流动性、密度等性质均不相同，微观上水分子呈无规则排列，而冰分子是有规则的晶格排列，所以冰和水是两个相。均相材料就是一个相（无论是否连续），非均相结构就是至少存在两个相。一般来讲，相与相之间有明显的界面。

组成复合材料的两种物质（增强相、基体相），物理和化学性质都是有差别的，微观结构也不相同（若没有了这种差别和不同，也就失去了"复合"的意义），因此复合材料是多相结构（非均相结构）。

2. 基体相

基体主要起三种作用：把增强材料黏结在一起；向增强材料传递均衡载荷；保护增强材料不受环境损伤。

高分子聚合物是使用最早、用得最广的基体材料。作为复合材料基体的聚合物种类很多，应用最多的是热固性聚合物中的不饱和聚酯树脂、环氧树脂、酚醛树脂，近年来热塑性树脂发展很快，也已在应用上占有一定比例。目前用作复合材料基体的金属有铝及铝合金、镁合金、钛合金、镍合金、铜与铜合金、锌合金、铅、铅铝和镍铝金属间化合物等。用作复合材料基体的无机非金属材料品种繁多，主要有陶瓷、玻璃、水泥、石膏、水玻璃等。

3. 增强相

按照材料的形态，复合材料所用的增强材料有纤维（长纤维、短纤维）、晶须、颗粒、片状、织物、毡状等，其中织物和毡状是纤维经过加工而成。

（1）纤维增强体　增强纤维一般可分为金属纤维、合成纤维（高聚物纤维、无机非金属纤维）、晶须等。复合材料中增强纤维排布主要有如图 9-1 所示的三种方式。其中图 9-1（a）为连续长纤维，如金属纤维、玻璃纤维等；图 9-1（b）为不连续短纤维，包括高强度晶须等；图 9-1（c）为编织纤维，可用来制造具有层状构造的复合材料。

一般连续纤维（长纤维）增强时，多采用纤维束或纤维织物浸渍的方法，不能采用搅拌成型的方法。因为很难将长纤维搅拌均匀，搅拌过程中易结团，同时搅拌后长纤维为无规则

(a) 连续长纤维　　　　　(b) 不连续短纤维　　　　　(c) 编织纤维

图 9-1　复合材料中增强纤维排布的横截面形态

取向（后续定向是不可能的），难以发挥长纤维尺度大和各向异性的优势。如必须采用搅拌成型方法时（此时长纤维不能发挥优势），需将长纤维剪切成短切纤维，一方面便于搅拌均匀，另一方面为施加后续取向措施提供条件。纤维生产过程中大多数得到的都是长纤维，而复合材料生产用的短纤维大多都是由长纤维剪切而得。

增强材料是主要的承力组分，在复合材料中起增强作用，使复合材料的力学性能得到大大提高。如聚苯乙烯塑料加入玻璃纤维后，拉伸强度可从 600MPa 提高到 1000MPa，弹性模量可从 3000MPa 提高到 8000MPa，热变形温度可从 85℃ 提高到 105℃，－40℃ 下的冲击强度可提高 10 倍。

用作增强材料的纤维种类很多，有玻璃纤维、碳纤维、有机纤维、金属纤维、陶瓷纤维等。纤维的形态有连续长纤维、短纤维、晶须、纤维编织材料。例如，玻璃熔融后可以拉成玻璃纤维，玻璃纤维和玻璃纤维织物是用量最大、使用最普遍的增强纤维。碳纤维是一种以 C 为主要成分的纤维状材料，是由有机纤维在惰性气体中经高温炭化制得的。有机纤维在炭化时，失去部分碳和其他非碳原子，形成以碳为主要成分的纤维状物（已变为无机非金属材料）。碳纤维具有低密度、高强度、耐高温、耐化学腐蚀、低电阻、高热导率、低热膨胀系数、耐辐射等优异性能，是比较理想的增强材料，可用来增强塑料、金属和陶瓷。

（2）颗粒增强体　除了纤维外，金属基复合材料和陶瓷基复合材料也使用颗粒材料作为增强体。它们是一些具有高强度、高模量、耐热、耐磨、耐高温性能的陶瓷等无机非金属颗粒，主要包括 Al_2O_3、SiC、Si_3N_4、TiC、B_4C、石墨等。在基体中引入第二相颗粒，使复合材料的力学性能改善，提高基体材料的断裂功。当材料受到破坏应力时，裂纹尖端与增强颗粒作用可以引发相变增韧、微裂纹增韧的补强机制，而且第二相颗粒还可以使裂纹扩展路径发生改变而获得增韧效果。颗粒增强体的形貌、尺寸、结晶完好程度以及加入量等均可影响复合材料性能。增强材料颗粒越细，复合材料的硬度和强度就越高。

颗粒增强体可有天然颗粒和人工颗粒。根据其自身性能，可分为延性颗粒和刚性颗粒。延性颗粒增强体主要是加入陶瓷、玻璃、微晶玻璃等脆性基体中的一些金属颗粒，如 Al、Ni、Ti、Nb、Mo、Zr 等，可使陶瓷等脆性基体韧性增加 1～9 倍，如 20%Al 作为增强体强化 Al_2O_3 陶瓷，断裂韧性为 $20MPa \cdot m^{1/2}$，比基体 Al_2O_3 提高 8 倍左右，但高温力学性能会有所下降；刚性颗粒增强体主要是陶瓷颗粒，其特点是高弹性模量、高抗拉强度、高硬度、高的热稳定性和化学稳定性。刚性颗粒增强的复合材料具有良好的高温力学性能，是制造切削刀具（如 WC/Co 复合材料）、高速轴承零件、热结构零部件等的优良材料。

（3）片状增强体　复合材料中增强组元或功能组元为长与宽尺度相近的薄片。片状增强体可以是天然、人造、在复合材料工艺过程中自生长的。天然的片状增强体的典型代表是云母；人造的片状增强体有玻璃、铝、铍、银以及二硼化铝（AlB_2）等；自生长片状增强体如 $CuAl_2$-Al 二元共晶合金中的 $CuAl_2$ 晶片等。晶片的生长方法有水热法、晶种法、气固法等。复合材料中天然和人造片状增强体的含量可以在很大范围内变化，甚至几乎可以构成整个复合材料。

晶片增强体具有高强度、高弹性模量、化学稳定性好和热稳定性好等优点，并且易分散、价格便宜、对人体健康无害。片状增强体在片的方向上表现出各向均衡的性能，由于片状增强体的性质以及与基体的组合不同，所获得的复合材料可具有不同的性能特点。如云母、玻璃片复合材料由于片状增强体紧密堆叠，可具有防渗漏、隔热、防腐蚀、电绝缘等特点，金属片紧密堆叠也可提供防渗漏和防腐蚀性能，而且在晶片平行方向上具有导电、导热性能，垂直于晶片的方向还具有电磁波屏蔽功能。金属片还可以产生表面装饰效果和调节复合材料的透光度。制造这类材料面临的问题主要有片状体生产过程中尺寸和形状的控制、筛分，复合过程中晶片的取向等。

某些结晶完整、晶粒宽度与厚度之比大于 5 的片状单晶体，又称晶板，可在陶瓷基复合材料、金属基复合材料、高聚物基复合材料中起增强增韧作用，改善复合材料的力学性能和耐磨性能。晶板增强复合材料是 20 世纪 80 年代末发展起来的，主要有 SiC、B_4C、ZrB_2、Al_2O_3 晶板等。晶板增强体具有与晶片增强体同样的优点，陶瓷基复合材料和金属基片层复合材料通常采用厚 $2\mu m$、宽 $25\sim50\mu m$ 的晶板，高聚物基复合材料采用厚 $10\mu m$、宽 $230\mu m$ 的晶板。晶板增强体因其独特的优异性能，将具有广泛的应用前景。

（4）织物增强体 是复合材料增强体的一种重要结构形式。由纤维束（纱）纺织而成，可有布、带、管等多种类型，分为机织布、纺织布、针织布、无纺织布等。按照材料设计适应不同方向的性能要求，经向和纬向纤维的密度和强度可以相同，也可以不同，平行铺层表现为二维增强。织物增强体也可以制成无纬布，它仅由相互平行的经向纱组成，纤维之间用黏结剂相互黏结成片，能够在纤维方向上提供最高强度。织物增强体常用作压层复合材料。按照设计要求，还可以制成多维织物增强体，即纤维方向可为三向、四向、五向、七向等。纤维束保持准直，各方向互不交织（即任意三个方向的纤维均不在同一平面上），因此每个维（方）向均能发挥纤维的最佳性能。三向织物增强体由经、纬、纵三个方向的纤维互成 90°排列；四向织物增强体由四组纤维沿立方体的四个对角线方向排列；七向织物增强体可由上述两种纤维束方向复合而成。多向织物增强体的维数和各方向上纤维密度、强度，可根据不同用途的复合材料性能要求进行设计调节。

（5）毡状增强体 是由短纤维或连续纤维制成的毡状无纺制品，可由短纤维作无序平面分布，并用黏结剂黏结成毡片，也可用连续纤维机缝而成。为了提高复合材料某方向的性能，还可在毡片叠压后在该方向上用针刺工艺穿织连续纤维束来增强。即将多层纤维网叠合在一起，通过成百上千枚有倒钩的刺针一方面压入纤维网，另一方面上下运动，将纤维网上部的纤维通过钩刺刺进纤维下层网内，经几十次至上百次针刺作用，使纤维与纤维互相紧密缠连在一起而形成一块结实的毡。纤维网不断叠加就成为所需厚度的块状毡。通过特制的针刺机，在模衬上不断叠加纤维网并针刺，针刺时纤维网不断地旋转，即可得无接缝、拼缝不分层的筒形或锥体的异形毡。

如果短纤维呈三维无序分布并用黏结剂黏合，可制成整体毡增强体，常利用气流喷射将短纤维和黏结剂沉积于与复合材料制作形状相应的筛模上经干燥制成。毡状增强体是通过自身纤维网中的纤维上下连接而互相增强的。由于整体毡增强体与复合材料制件的形状相应，纤维能够保持原有方向而不随基体组元流动，因此可减少纤维在复合材料制备过程中的损伤。整体毡增强体能提供复合材料各方向均匀的性能，毡状增强体的研究始于 20 世纪 60 年代后期，制成的整体毡和异形毡，成为重要的航天耐烧蚀材料，适于制作火箭头锥、发动机喷管喉部、刹车片等。

复合材料中的基体相和增强相之间，可以是机械混合，即两种物质不发生化学反应，不会产生新的物质。有时候，基体相和增强相在两种物质的接触面（界面）上，会发生一定的化学反应，这种化学反应有时会进一步提高复合材料的性能，有时会对高性能复合材料有不利的影响，人们会根据需要采取措施促进或抑制这种界面反应。但基体相和增强相不会完全反应，因为完全反应后就成了一个均一的相，就不是复合材料了。均相结构不是复合材料，尽管它可能是一种新的材料。不希望基体相和增强相强烈反应，否则会破坏增强相的表面结构和强度，同时不利于基体相与增强相之间形成适宜的界面结合状态。

复合材料的组分材料，绝大多数为人工制造或可人工制造，不会产生资源枯竭问题。

四、复合材料最显著的优势特点

复合材料的组分材料虽保持其相对的独立性，但复合材料的性能却不是组分材料性能的简单叠加，而有着重要改进。复合材料之所以性能优异，最主要的是由于以下两点。

第一，发挥基体材料和增强材料"取长补短"的功能。取长补短不仅仅是关于强度方面的（一般增强相都能增加强度，但某些不以增强强度为目的），在其他物理性能（光、热、磁、电、声等）和化学性能以及各种独特功能方面，都可以取长补短，为材料设计开辟新途径。

第二，产生新的功能。组分间"协同作用"，有时会产生令人们意想不到的奇妙功能，这也是复合材料具有无限魅力的一大特点，因为人们永远不会知道材料经过复合后，会产生什么样的奇妙效应。

能够产生新的功能的原因在于，在复合材料界面上有时会产生界面化学反应，生成人们不了解的新物质（新的化学组成）和新结构。化学组成和微观结构是物质宏观性能的唯一决定因素，人们通过研究物质的组成和结构可以确定物质将会具有什么性能；人们为了使材料具备某种性能（尤其是现代材料就是人类改造自然和发挥创造力的必需工具），也会设计材料使之具有相应的微观结构。问题是人类科技还远未发展到，可以按照自己的意志，通过制造技术实现人们设计的任何材料结构，如果能做到这一点，材料将无所不能，科技将无所不能。人类的想象力是无限的，但材料的制造技术却很受限制。

有些新功能人们是可以预料到的，人们也可以采取措施促进这些新功能的出现；有些新功能是难以预测的，甚至新功能出现以后人们大多无法解释。因为界面反应（界面化学）是一个非常复杂的问题，作用范围小，作用机制复杂，尽管有专门的界面化学、界面工程研究，但人们对界面的情况还是所知甚少。界面现象又是非常普遍的，对现代科技具有重要影响，其机理又不容易研究，有时人们将其称为协同效应、协同理论（协同的意思简单说就是相互作用，协同的机制千差万别）。

界面研究是当前复合材料研究最突出的问题。

五、复合材料分类

1. 按增强体（增强相）分类

按增强体（增强相）分，宏观层面有颗粒增强、板状（层叠）增强、纤维增强及晶须增强复合材料等。纤维增强复合材料应用最广。前述片状增强体仍在颗粒增强范围内，织物、毡状增强体则包含在纤维增强中。至于晶须，实质是超短纤维，但为晶体构造且表面缺陷极少，性能与纤维差别很大，故可单列之。

（1）颗粒增强复合材料　坚硬微粒均匀分散，促进基体抗位错能力，提高强度和刚度，但增大脆性。

按颗粒大小分为弥散强化和粒子强化。

宏观上均匀，各向同性，微观上不均匀，界面上存在缺陷、微裂纹，不同于各向同性的金属材料和工程材料。

（2）板状（层叠）增强复合材料　薄片面内任意两个方向都起增强作用，x、y方向同性。力学性能不如纤维增强复合材料，故很少用作结构材料。

（3）纤维增强复合材料　分为短纤维增强和长纤维（连续纤维）增强，具有不同特点和用途。

纤维均匀分散，在纤维方向增强基体，纤维起主要承载作用。

基体起黏结纤维作用，保持纤维相对位置，使之起协同作用，保护纤维免受化学腐蚀和机械损伤，并减少环境影响，传递和承载剪切力，在垂直纤维的方向承受拉应力、压应力等。

（4）晶须增强复合材料 可归入纤维增强范围，晶须作为增强体弥散分布于基体材料中。晶须一般较细，结晶程度高，机械强度大（接近于理论强度），故其增强增韧效果较好。

无论是颗粒增强还是纤维（晶须）增强，增强体在基体材料中的均匀分散都是至关重要的，不能良好分散则不能起到应有的作用，严重分散不均匀时，甚至会起到相反的效果，这在工程施工时尤应注意。纤维（晶须）增强复合材料，还与纤维（晶须）的定向分布有关，纤维（晶须）与受力方向平行定向分布时，得到的复合材料强度最大，制作时应采取措施使之最大程度地与受力方向平行定向分布。

（5）层叠和层状结构复合材料 这是一类新发展起来的具有很大潜力的复合材料，其基体相和增强相叠层布置，层内基体相和增强相都是连续相，但在整个结构中又都是分散隔离相。

2. 按基体材料分类

按基体材料分，有聚合物基（树脂基）、金属基、无机非金属基（陶瓷基）复合材料。树脂基复合材料应用最广。

（1）聚合物基复合材料 应用最广，工艺成熟，价格便宜，但使用温度低。

（2）金属基复合材料 可用于高温，优点突出，在高技术中不可或缺。但工艺复杂，影响质量和性能，价格昂贵。

（3）无机非金属基复合材料 本身强硬，模量较高，耐高温，但性脆，断裂应变小，抗拉伸性和抗冲击性差；加入延伸率较大的纤维，可明显改善韧性和耐冲击性。是高科技和航空航天、军事工业中的关键材料。

3. 按使用性能（用途）分类

按使用性能（用途）分，有结构复合材料、功能复合材料、智能复合材料等。

（1）结构复合材料 应用于工程结构和机械结构，主要利用其力学性能，以承受载荷为主要目的，作为承力结构使用。其在生产科研中应用最广。主要有树脂基复合材料、金属基复合材料、陶瓷基复合材料、水泥基复合材料等。

（2）功能复合材料 具有某种特殊的物理性能或化学性能，即具有除力学性能以外的其他性能，电、磁、光、热、声、摩擦、阻尼及化学分离性能等。主要有导电导磁功能复合材料、换能功能复合材料、阻尼吸声功能复合材料、屏蔽功能复合材料、摩擦磨耗功能复合材料等。

（3）结构功能复合材料 结构材料功能化，功能材料结构化、多功能化、智能化，如仿生材料等。

4. 按增强纤维类型分类

按增强纤维类型分，有碳纤维、玻璃纤维、有机纤维、复合纤维、混杂纤维复合材料等。

第二节 复合材料的性能特点

复合材料的优点是强度高，韧性好，取长补短，产生新的功能。除此之外，还可以降低材料生产能耗（较其他材料的生产），减少材料消耗和装配工作量，减少磨蚀磨损，缩短生产周期，提高部件和产品性能，延长使用寿命。

复合材料可以是基体加一种增强体，也可以是基体加多种增强体。

决定复合材料性能的主要因素有基体材料、增强材料、界面，作为产品还与成型工艺和结构设计有关。

1. 比强度高、比模量高（比刚度大）

（1）比强度　是抗拉强度与密度之比。

（2）比模量　是弹性模量与密度之比。弹性模量是材料刚度的度量。

比强度和比模量的物理意义是：质轻高强，同样质量性能高。可使构件体轻、小巧，尤其对航空、航天等有重要意义，如碳（石墨）纤维增强复合材料构件，比采用金属材料质量减轻达 $20\% \sim 38\%$。

表9-1列出常用金属材料与复合材料的性能对比。

表 9-1　常用金属材料与复合材料的性能对比

材料	密度 $\rho/(g/cm^3)$	抗拉强度 σ_b/MPa	弹性模量 E/GPa	比强度 (σ_b/ρ)	比弹性模量 (E/ρ)
碳纤维/环氧	1.6	1800	128	1125	80
芳纶/环氧	1.4	1500	80	1071	57
硼纤维/环氧	2.1	1600	220	762	105
碳化硅纤维/环氧	2.0	1500	130	750	65
石墨纤维/铝	2.2	800	231	364	105
钢	7.8	1400	210	179	27
铝合金	2.8	500	77	179	28
钛合金	4.5	1000	110	222	24

2. 抗疲劳与断裂安全性能好

疲劳破坏是材料在交变载荷作用下，裂纹形成和扩展造成的低应力破坏。复合材料在纤维方向受拉时疲劳特性好，纤维增强，强度高，抗疲劳，破坏前有明显预兆，能及时发现并采取措施。

增强纤维缓解材料缺口和裂纹尖端应力集中（敏感性），抑制裂纹扩展，使裂纹尖端变钝或改变裂纹方向以消耗断裂功。图9-2为纤维增强复合材料抑制裂纹扩展原理。复合材料疲劳强度较高，图9-3为三种材料疲劳性能比较。

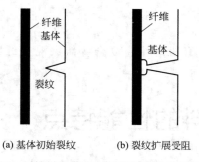

(a) 基体初始裂纹　　(b) 裂纹扩展受阻

图 9-2　纤维增强复合材料抑制裂纹扩展原理

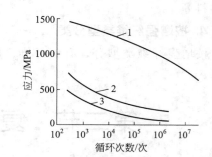

图 9-3　三种材料疲劳性能比较

1—碳纤维复合材料；2—玻璃钢；3—铝合金

纤维增强复合材料含有大量相对独立的增强纤维，当构件由于过载而使部分纤维断裂时，载荷会重新分布到未断裂的纤维上，延迟破坏时间，降低裂纹扩展速度，故有良好的断裂安全性。

3. 良好的减振性能

（1）复合材料自振频率高，不易发生共振。多相组成，振动频率不一，振动滞后，较强振动下才能共振。

（2）复合材料（大量）界面吸收振动能量，阻尼性好，使振动很快衰减，如图 9-4 所示。

（3）聚合物基基体具有黏弹性，微裂纹和脱黏处存在摩擦力，黏弹性和摩擦力使一部分动能转化为热能，增强抗裂性。

应用于精密控制和精密检测的仪表、仪器。

4. 良好的高温性能、抗蠕变能力强

增强相一般有高的熔点，无机非金属增强纤维的熔点一般都在 2000℃ 以上，而且在高温条件下仍能保持较高的高温强度，如图 9-5 所示，因此其复合材料具有较高的高温强度和弹性模量。例如，高性能树脂基复合材料使用温度可达 200～300℃，金属基复合材料耐热温度为 300～500℃，而陶瓷基复合材料的有效承载温度可达 1000℃ 以上。复合材料的使用温度远远高于单一的基体材料。例如，铝合金在 400℃ 时强度大幅度下降，仅为室温强度的 6%～10%，而用碳纤维或硼纤维增强铝，400℃ 的强度和弹性模量几乎与室温下相同。

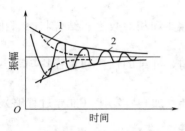

图 9-4　碳纤维增强复合材料与钢
的振动衰减特性比较
1—碳纤维增强复合材料；2—钢

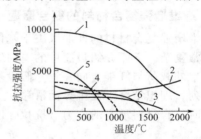

图 9-5　几种纤维的高温强度
1—Al_2O_3 晶须；2—碳纤维；3—SiC 纤维；
4—硼纤维；5—玻璃纤维；6—钨纤维

5. 成型工艺好

聚合物基复合材料成型工艺简单，而金属基复合材料成型工艺非常复杂。玻璃钢等可手工或机械成型。

聚合物基复合材料可一次成型，减少零件、紧固件和接头数目，减少装配工作量，显著减轻结构质量，并减少工时。

6. 材料性能可以设计

复合材料和产品（结构部件），在制造时同步完成设计。成分组成、材料参数和几何参数均影响性能，因此在基体材料和增强材料确定后，仍可设计出具有不同性能的复合材料。

7. 破坏安全性能好

由于基体的黏结作用和对力的传递作用，纤维材料对应力承受的均匀度比单纯的纤维束高，个别纤维断裂，不会引起连锁反应和灾难性的急剧破坏。

在沿纤维方向受拉时，各纤维的应变基本相同。已断裂的纤维由于基体传递应力的结果，除断口处及断口附近一小段部分不发挥作用外，断裂纤维的其余绝大部分依旧发挥作

用；断裂了的纤维周围的邻近纤维，除在局部需多承受一些由断裂纤维通过基体传递过来的应力而使应力略有升高外，各纤维在宏观意义上说几乎同等受力。各纤维间所受应力的不均匀性大大降低，其平均承受应力的水平将大大高于没有基体的纤维束的应力承受水平，因而增加了平均应变。安全性能得到提高。

8. 耐蚀性能好

很多种复合材料都能够耐酸碱腐蚀，如玻璃纤维增强酚醛树脂复合材料，在含氯离子的酸性介质中能长期使用，可用来制造耐强酸、盐、酯和某些溶剂的化工管道、泵、阀、容器、搅拌器等。

复合材料尚存在一些缺点，如断裂伸长较小（聚合物基角度），抵抗冲击载荷能力较低，成本高，价格贵，可靠性相对较差（不一定）。

第三节　复合材料的复合理论和增强增韧机理

一、复合原理

1. 纤维增强复合材料的复合原理（混合定律）

纤维增强复合材料的性能取决于基体和增强体的性能和相对数量、结合状态、排列方式等，非常复杂。下面介绍最简单的单向纤维增强的情况。

（1）外载荷与纤维方向一致　假设基体连续、均匀，纤维的性质和直径均匀，并且平行连续排列，理想结合不发生界面滑移。

此时复合材料承受的应力（抗拉强度）σ_c 遵守混合（加和）定律（推导过程略）：

$$\sigma_c = \sigma_f \varphi_f + \sigma_m \varphi_m$$

式中，角标 c、f、m 分别代表复合材料、纤维、基体；σ 为抗拉强度；φ 为质量分数。如 σ_f 为纤维所能承受的抗拉强度指标，以此类推。

σ_c 与 φ_f 的关系如图 9-6 所示。该图是包覆 SiC 的硼纤维增强铝基复合材料的抗拉强度和弹性模量与纤维体积分数之间的关系，由图可知，复合材料中纤维含量越高，抗拉强度和弹性模量越大。

复合材料弹性模量 E_c 也遵守混合（加和）定律：

$$E_c = E_f \varphi_f + E_m \varphi_m$$

此式反映了图 9-7 单向连续纤维增强复合材料的应力-应变曲线中弹性变形阶段（Ⅰ阶段），复合材料的弹性模量所遵循的规律。

外载荷过大时，基体塑性变形，复合材料不再遵循虎克定律，其应力-应变曲线也不再保持线性关系，处于图 9-7 中Ⅱ阶段，此时基体对复合材料的刚度贡献很小，弹性模量可近似表示为：

$$E_c \approx E_f \varphi_f$$

图 9-7 中Ⅲ阶段为复合材料断裂失效阶段。

（2）外载荷与纤维方向垂直　此时，受力情况为 $\sigma_c = \sigma_f = \sigma_m$，推导得复合材料弹性模量与纤维弹性模量、基体弹性模量的关系为：

$$1/E_c = \varphi_f / E_f + \varphi_m / E_m$$

单向连续纤维增强复合材料只是纤维增强材料排列最简单、最理想的情况，受力方向垂直或平行于纤维方向也是最简单的受力情况。纤维以正交、无规则、交叉的方式排列的复合材料，情况非常复杂，复杂情况的混合定律（复合原理）远非如此简单，目前还在不断研究中。

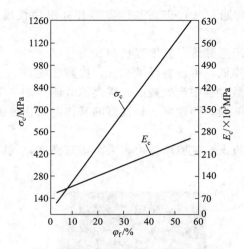

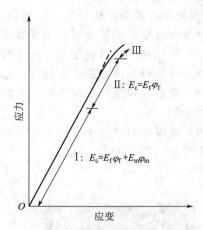

图 9-6　硼纤维增强铝基复合材料的抗拉强度和
　　　　弹性模量与纤维体积分数的关系

图 9-7　单向连续纤维增强复合材料
　　　　的应力-应变关系

（3）复合定律在纤维复合材料物理性能方面的应用　上述给出的混合定律，适用于单向连续纤维、简单受力的情况，当将其应用于复合材料物理性能计算时，也仅适用于最简单的情况。利用混合定律可以对复合材料某些物理量进行计算。

密度为：

$$\rho_c = \rho_f \varphi_f + \rho_m \varphi_m$$

热导率为：

$$k_c = k_f \varphi_f + k_m \varphi_m$$

磁导率为：

$$\kappa_c = \kappa_f \varphi_f + \kappa_m \varphi_m$$

2. 颗粒增强复合材料的复合原理

颗粒增强复合材料的密度也可用混合定律表示：

$$\rho_c = \rho_p \varphi_p + \rho_m \varphi_m$$

刚性纯颗粒（微米级）弹性模量为：

上限　$E_c = E_p \varphi_p + E_m \varphi_m$

下限　$E_c = E_p E_m / (E_p \varphi_m + E_m \varphi_p)$

但刚性纯颗粒（微米级）的强度等性能，不符合复合定律，这是由于该类复合材料的强度不仅与增强颗粒、基体数量和性能有关，而且与颗粒大小及分布状态、两者结合力有关。因此根据基体材料的品种，颗粒材料的大小、形状、分布、数量，基体与颗粒界面结合情况等，人们提出了各种可能的复合理论，这也是目前研究的热点之一。

二、增强机理

复合材料的增强机理、增韧机理是复合材料研究的另一大热点。

1. 纤维增强

纤维增强是指由高强度、高弹性模量、脆性纤维与韧性基体（树脂、金属）或脆性基体（陶瓷）复合的情况。

此类复合材料的设计目标是：纤维/金属（树脂）基，提高基体室温和高温弹性模量；纤维/陶瓷基，提高基体韧性，即增韧。

对于纤维增强的复合材料承受载荷的主体是增强纤维，其增强机理如下。

（1）细化纤维，直径细小，产生裂纹的概率降低，可改善纤维脆性、提高强度。

（2）纤维被基体包裹，不易受伤，不易在承载过程中产生裂纹，提高承载能力。

（3）复合材料受较大应力时，有裂纹、纤维断裂，塑性好和韧性好的基体能阻止裂纹扩展（图 9-8）。

（4）纤维断裂时，不在同一个平面上，纤维拔出，克服摩擦力，大大提高强度，同时断裂韧性增加（图 9-9）。

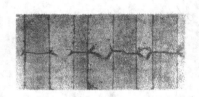

图 9-8　钨纤维铜基复合材料中的裂纹在铜基体中扩散受阻　　图 9-9　碳纤维环氧树脂复合材料断裂时，纤维断口不在同一个平面上（扫描电子显微镜照片）

其中，纤维对裂纹的阻止作用和纤维拔出消耗断裂功是其主要机理。

在增强纤维与基体复合时还应注意以下有关强化的几个问题。

（1）纤维强度和弹性模量应比基体高，充分发挥纤维作用，保证承受载荷材料是增强纤维。

（2）基体与纤维黏结，应有适当结合强度，保证应力界面传递。结合强度太小，难以传递载荷；结合强度太大，不能拔出，消耗能量过程消失，降低强度，发生脆性断裂。

（3）纤维应有合理的含量、尺寸和分布，即为复合材料设计问题。

措施有：直径细小，使之缺陷少，强度高，比表面积大，结合力大；连续纤维优于短切纤维；纤维排列方向应符合构件受力要求，平行或交叉层叠。

Si_3N_4 纤维的最大抗拉强度与直径的关系如图 9-10 所示。

（4）膨胀系数匹配应相近。对于脆性基体（陶瓷、热固性树脂），纤维略高，使基体受压应力；韧性基体，纤维略低，使纤维受压应力。

（5）纤维与基体良好相容（或惰性），不发生化学反应，不产生腐蚀和损伤。

注意：纤维在复合过程中要避免损伤；控制纤维取向和均匀分布。

纤维带磁性时，可实现定向排列（磁场取向）；不同磁场强度取向不同纤维，实现交叠取向。

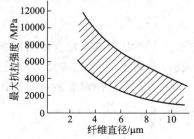

图 9-10　Si_3N_4 纤维的最大抗拉强度与直径的关系（纤维长 625mm）

2. 颗粒增强

按颗粒尺寸大小，分为弥散增强（10～250nm）和真正颗粒（纯颗粒、微米级）增强复合材料。

（1）弥散增强复合材料　增强相为金属氧化物、碳化物、硼化物、Al_2O_3、TiC、SiC；基体为金属或合金。

机理是：阻碍位错，显著强化。与合金析出强化类似，基体仍是承受载荷的主体，但由于无机颗粒高温特性比金属中的相变析出颗粒好，故其增强效果明显优于基体金属或合金。

增强相要求颗粒坚硬、稳定，与基体化学惰性，考虑尺寸、形状、体积分数、与基体结合能力等。

（2）纯颗粒增强复合材料　受颗粒大小影响。较小颗粒，均匀分布。颗粒太大而不规则，会引起应力集中成为裂纹源。

机理是：对邻近颗粒的基体的运动变形有限制作用，达到强化，颗粒承担部分载荷，结合力越大，增强越好。基体与增强颗粒的比例与增强效果关系密切。

三、增韧机理

韧性与脆性是相对的。脆性是材料受力时（尤其是冲击力）突然断裂失效的现象；韧性则是材料抵抗外力不使其迅速破坏的能力。裂纹的扩展是材料失效破坏的主要原因之一，由于杠杆效应，裂纹尖端产生应力集中现象，应力强度超过一定临界值时化学键断裂，裂纹扩展，最终材料断裂失效。脆性材料在结构内部对应力集中现象没有抵抗或缓冲的机制（金属材料则会通过原子滑移缓冲和分散应力），因此会产生由应力集中引起的裂纹爆发性快速扩展，玻璃和陶瓷是典型的脆性材料。脆性大则韧性低，韧性好则脆性低。韧性和强度不是一回事，强度高不一定韧性好，但人们进行增韧往往通过增强来实现（或伴随着增强），因此至少增韧和增强是密切相关的。

增韧的目的是克服材料的脆性。增韧的出发点就是赋予材料应对裂纹尖端集中应力的抵抗或缓冲能力。

1. 纤维增韧

在陶瓷基体中加入纤维，定向、取向、无序分布，都可提高韧度。

（1）单向排布长纤维增韧　各向异性，沿纤维长度方向性能较高。加工时纤维排布方向要与实际工件使用要求一致，即主要使用其纵向性能。图 9-11 为纤维增韧材料的显微结构。图 9-12 为垂直于纤维的裂纹扩展情况。从图 9-12 可看出，受力方向与纤维平行、与裂纹扩展方向垂直，裂纹扩展遇纤维受阻，纤维破坏后裂纹才能继续扩展；提高应力水平时，陶瓷基体与纤维界面解离，此时纤维强度高，成为主要受力体，纤维自基体中拔出（过程中消耗拔出功），至一临界值时纤维断裂，裂纹继续扩展。实际上裂纹断裂时并不在同一平面，裂纹扩展过程中也会发生裂纹转向，这些都增加扩展阻力使断裂能提高。图 9-13 为纤维自陶瓷材料断口拔出形貌。图 9-14 为断口侧面，为裂纹转向情况。

图 9-11　C_f/Si_3N_4 复合材料
平行于纤维方向的组织

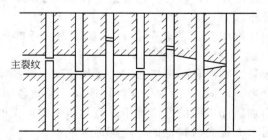

图 9-12　C_f/Si_3N_4 复合材料中裂纹
垂直于纤维方向扩展示意图

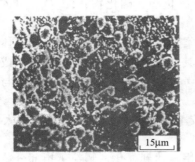

图 9-13　C_f/Si_3N_4 复合材料断口形貌的 SEM 照片　　　图 9-14　C_f/Si_3N_4 复合材料断口的侧面形貌

增韧机理和断裂过程可表述为：裂纹扩展→受阻于纤维→基体与纤维分离→纤维拔出→消耗能量（增韧）→纤维断裂→裂纹继续扩展。

裂纹扩展必须克服拔出功与断裂功。

（2）多维多向排布长纤维增韧　适于二维或三维受力结构材料，实际工程中多为该种情况。

纤维布呈二维分布，平面二维方向上性能优越，而在垂直于纤维排布面的方向上性能薄弱，如图 9-15 所示，适宜于平板构件或曲率半径较大的壳体构件。

纤维分层单向排布，层间成一定角度（45°等），如图 9-16 所示，可根据构件形状用纤维浸浆缠绕法制成所需形状的壳体构件。

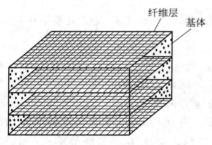

图 9-15　纤维布层压复合材料示意图

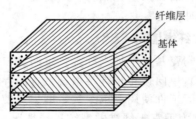

图 9-16　多层纤维按不同角度层压（或缠绕）复合材料示意图

机理是：同单向纤维（纤维断裂、拔出、裂纹转向）。

（3）短纤维、晶须增韧　长纤维增韧有其优越性，但长纤维与基体不易混合均匀，也不易纤维定向排列，制备工艺复杂，技术难度大。短纤维、晶须、颗粒增韧，则易于使增强体均匀分布。

短纤维增韧工艺较简单，可表述为：纤维剪短（<3mm）→与基体分散混合→热压烧结。

短纤维在混合时随机取向，受压成型（或流动、挤出）时，短纤维沿压力方向转动（受压→变形→取向），沿加压面择优取向，导致各向异性。

沿加压面方向的性能优于垂直加压面方向上的性能。应用时使受力方向与加压面方向一致，可大大提高材料性能，发挥最大效益。

短纤维增韧机理与长纤维相同，即韧性提高来自三方面贡献：纤维拔出、纤维断裂、裂纹转向。

　　图 9-17 为碳纤维增韧玻璃陶瓷复合材料中短纤维的分布。若将混合粉料制成浆料，在带有微孔的模具中挤压，可使短纤维定向排列。

　　图 9-18 为短切碳纤维增强 Pyrex 玻璃复合材料中碳纤维的平行排列。

　　图 9-19 为复合材料断裂功与碳纤维质量分数之间的关系。图中 CP 表示碳纤维增强 Pyrex 玻璃。由图可看出，纤维的质量分数适当时复合材料的断裂功显著提高，即断裂韧性提高，而且当纤维取向（定向）排布时，可在高纤维体积分数时获得更高的断裂功，即断裂韧性更高，而无序分布时峰值减小（与纤维分布均匀性和基体纤维间结合程度有关），断裂韧性较低。纤维取向（定向）排布时，在断裂面中纤维拔出的数量多，裂纹在扩展过程中受到的阻力大，裂纹转向多，裂纹更加曲折，消耗的断裂功多，断裂韧性高；而短纤维无序分布时，在断裂面上纤维拔出的数量少、纤维断裂的数量少，裂纹在扩展过程中受到的阻隔作用小，裂纹转向少，裂纹的曲折程度下降，因而消耗的断裂功少，断裂韧性低。因此取向分布时比无序分布时性能大大提高。

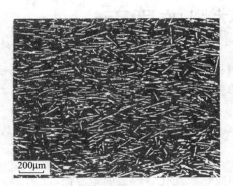

图 9-17　碳纤维增韧玻璃陶瓷复合
材料中的纤维分布情况

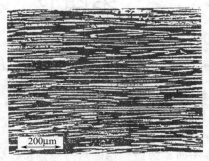

图 9-18　碳纤维增强 Pyrex 玻璃复合材料
中的纤维定向排列情况

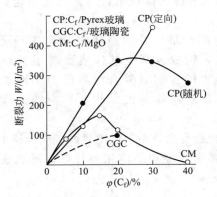

图 9-19　碳纤维含量对碳纤维增韧
玻璃陶瓷复合材料断裂功的影响

(a) 晶须拔出桥连　　　　(b) 裂纹转向

图 9-20　晶须拔出桥连及裂纹转向的 SEM 照片

　　晶须增韧机理大体与纤维增韧相同，即主要靠晶须的拔出桥连与裂纹转向机制提高韧性。晶须的增韧效果更加突出。

　　图 9-20 给出晶须拔出桥连及裂纹转向的 SEM 照片。研究结果表明，界面结合强度直接影响拔出桥连机制。界面强度过高，晶须与基体同时断裂，没有晶须拔出过程，也就不能发

挥拔出过程中晶须与基体的协同受力作用（接触面上此作用很大，这种协同受力是基体对纤维施加的援助，相当于大大增加了纤维的强度），因而晶须与基体同时断裂减小了晶须拔出机制对韧度的贡献；界面强度过低，则使晶须拔出功变小，同样对提高韧性不利。因此界面强度应有一最佳值。

2. 颗粒增韧

（1）相变增韧　受温度控制。

ZrO_2增韧机理是：温度和应力场作用→马氏体相变[t-ZrO_2（亚稳四方相）→m-ZrO_2（单斜相）]→体积膨胀（$3\%\sim5\%$）→产生压应力→抵消外加应力→阻止裂纹扩展。

（2）裂纹转向与分叉增韧　裂纹尖端遇高强颗粒发生偏转、分叉，缓解应力集中，实现增韧。

与相变增韧不同，裂纹转向与分叉增韧不受温度控制。

第四节　复合材料的界面

复合材料中除了基体和增强体之外，在基体相和增强相之间还存在复合工艺过程中形成的界面。界面协同作用，也是影响复合材料性能的关键之一。

一、树脂基复合材料的界面

1. 界面的形成

分为两个阶段：接触与浸润；树脂固化，物理或化学变化，形成固定界面。

界面层性质包括以下几个。

（1）结合力　两相之间，产生复合效果和界面强度。其包括宏观结合力和微观结合力。宏观结合力是指材料的几何因素、表面凹凸、裂隙、孔隙；微观结合力是指化学键、次价键，化学键是最强的结合，通过化学反应产生。

（2）界面及其附近区域（厚度）　性能、结构都与基体及增强体组分本身不同，界面层由界面和两表面薄层（主要是基体表面薄层）构成，其中基体表面薄层的厚度约为增强纤维表面薄层的数十倍，它在界面层中所占的比例对复合材料的力学性能有很大影响。增强纤维表面薄层不能太厚，否则破坏了纤维本身的结构，影响增强纤维性能的发挥。

（3）界面层微观结构　一般要求结构致密，结合强度高，不至于使界面层成为整个复合材料的薄弱点。界面层的作用主要是传递应力，要求纤维和基体相容性好，形成完整界面层。

2. 界面作用机理

界面作用机理即发生作用的微观机理。界面对力学性能极为重要。

（1）界面浸润理论　是完全浸润。1963年Zisman首先提出，认为增强纤维被液体树脂良好浸润非常重要，浸润不好时会在界面上产生间隙，不仅影响结合效率，更重要的是会产生应力集中，在界面层中产生缺陷。完全浸润才能使界面层结合强度大于基体强度，更好地发挥复合材料性能。

对于玻璃纤维/聚烯烃（聚乙烯、聚丙烯等）复合材料，由于聚烯烃类缺乏活性，与玻璃纤维浸润性差，为获得较好的性能，必须对纤维和基体改性，提高浸润性，加强界面黏结。在纤维和基体之间引入接枝极性基团的改性聚烯烃，此种改性聚烯烃具有两亲结构，改性聚烯烃的基本部分与基体聚烯烃结构相近，亲和性好，相容性高，而接枝部分的极性基团与玻璃纤维表面的 Si—OH 形成化学键。相当于通过改性聚烯烃在纤维及基体两个表面上的润湿代替了纤维和基体之间的不润湿，结果是提高了复合界面的浸润性。

此外，还可通过稀盐酸和硫酸对玻璃纤维表面进行刻蚀，改善浸润性（结合性）。但刻蚀后易使纤维产生表面缺陷，增加表面裂纹源。

（2）化学键理论　通过偶联剂促进纤维和基体结合，偶联剂具有两亲结构的官能团，可分别与纤维和基体发生表面化学反应，从而改善界面结合。这实际上是另一种表面改性。如使用乙基三氯硅烷和烯丙基烷氧基硅烷作偶联剂，可显著改善玻璃纤维与不饱和树脂复合材料的性能。无偶联剂存在时，若基体和纤维表面能发生表面化学反应，也能形成牢固界面。

化学键理论的实质即是强调增加界面的化学作用是改进复合材料性能的关键。但该理论不能解释为什么有的处理剂官能团不能与树脂反应，却仍有较好的处理效果（相似相容，结构相似导致基体与官能团结合）。

（3）物理吸附理论　纤维与基体之间的结合属于机械铰合和基于次价键作用的物理吸附。这是对化学键理论的补充。

用电化学等方法对碳纤维表面进行刻蚀，可增大表面粗糙度和界面黏结面积，增加机械铰合力。

（4）变形层理论　纤维与基体存在线膨胀系数差异，固化成型后界面上会有残余应力，此应力过大时影响复合材料性能；载荷作用下界面上出现应力集中，若界面化学键被集中应力破坏，会产生微裂纹，使复合材料性能恶化。

措施有：处理纤维表面，形成塑性层，减少和松弛界面应力（线膨胀系数差引起或载荷引起）。

中外学者均证实了变形层理论。J. A. Nairn 提出，界面柔性层降低基体固化过程中残余应力形成的开始温度，从而降低残余热应力；柔性层的存在，还可通过变形消除部分残余应力。在玻璃纤维/聚丙烯体系中引入柔性橡胶层，可提高耐冷热循环性。

（5）减少界面局部应力作用理论　加入纤维处理剂，形成"自愈能力"化学键，载荷下存在"自愈"化学键的不断形成与断裂的动态平衡，导致应力松弛缓解应力集中。低分子物质（主要是水）的应力侵蚀会使界面化学键断裂，而在应力作用下处理剂能沿增强纤维表面滑移，使已断裂的化学键重新结合。这一原理可用于智能材料的自修复。

（6）其他理论　还有拘束层理论、扩散层理论等。

二、金属基复合材料的界面

金属基复合材料中往往在界面处生成化合物，基体相与增强相互扩散形成扩散层，以及增强相表面涂层，使界面成分结构更加复杂。

1. 界面的类型

比树脂基复杂得多。表 9-2 为纤维增强金属基复合材料界面的类型。Ⅰ类界面上不存在反应物和扩散层，除原组分外，不含其他物质，实际上就是没有界面层；Ⅱ类界面是由原组成成分构成的溶解扩散型界面（形成界面层，但没有反应）；Ⅲ类界面则含有亚微米级左右的界面反应物质（界面反应层）。

表 9-2　　纤维增强金属基复合材料界面的类型

类型Ⅰ	类型Ⅱ	类型Ⅲ
纤维与基体互不反应,也不溶解	纤维与基体不反应,但相互溶解	纤维与基体相互反应,形成界面反应层
钨丝/铜 Al_2O_3纤维/铜 Al_2O_3纤维/银 硼纤维(表面涂 BN)/铝 不锈钢/铝 SiC 纤维(CVD)/铝 硼纤维/铝 硼纤维/镁	镀铬的钨丝/铜 碳纤维/镍 钨丝/镍 合金共晶体丝/同一合金	钨丝/铜-钛合金 碳纤维/铝($>580℃$) Al_2O_3纤维/Ti B 纤维/Ti B 纤维/Ti-Al SiC 纤维/Ti SiO_2纤维/Al

2. 界面的结合

（1）机械结合　指借助纤维表面凹凸不平的形态而产生的机械铰合，以及借助基体收缩应力裹紧纤维产生的摩擦阻力结合，与扩散和化学作用无关，而与纤维表面粗糙度有关。例如，用经过表面刻蚀处理的纤维制成的金属基复合材料，结合强度比光滑纤维高2～3 倍。

（2）溶解和浸润结合　表 9-2 中Ⅱ类界面，此种相互浸润作用是短程的，作用范围只有若干原子间距。浸润作用与温度有关，液态铝在较低温度下不能浸润碳纤维，在 1000℃ 以上可浸润。纤维表面常存在氧化膜阻碍浸润，超声波等预处理可破坏表面氧化膜，促进浸润与互溶，提高界面结合力。

（3）反应结合　表 9-2 中Ⅲ类界面，其特征是形成新的化合物层——界面反应层，往往是多种反应产物，界面层有一最佳厚度，太薄时结合不牢，太厚时由于反应产物多为脆性，界面上残余应力会使脆性材料破坏。

此外，某些纤维表面吸附空气发生氧化反应，有利于反应结合，例如用硼纤维增强铝，首先硼纤维与氧生成 BO_2，由于铝的还原性很强，它与 BO_2 接触时可使 BO_2 还原生成 Al_2O_3，从而形成氧化结合；但有时纤维氧化会降低纤维强度，无益于界面结合。

（4）混合结合　其最常见、最重要。Ⅰ类界面最普遍，而常常伴随Ⅱ类、Ⅲ类界面，例如用硼纤维增强铝，制造温度低时，硼纤维表面氧化膜不破坏，则形成机械结合；材料若在500℃热处理，可发现在机械结合的界面上出现了 AlB_2，这说明表面热处理过程中界面上发生了化学反应，形成了反应结合。

三、陶瓷基复合材料的界面

在陶瓷基复合材料中，同样有机械结合、溶解和浸润结合、反应结合、混合结合。

1. 改变增强材料表面的性质

利用纤维表面化学气相沉积（CVD）、物理气相沉积（PVD），在 SiC 晶须表面形成富碳结构，施以 BN 或碳的涂层。目的如下。

（1）防止增强材料与基体发生反应，从而获得最佳界面力学特性。

（2）改变纤维与基体结合力（沉积不均匀造成表面性质差别，增加结合力）。例如，对SiC 晶须进行表面化学处理后，经 X 射线电子能谱分析（XPS），晶须表面有些地方存在SiO_2，有些地方不存在 SiO_2，利用这种表面性质的差别可以增加结合力；反之，完全除去表面 SiO_2，有可能会减弱结合力。

2. 向基体内添加特定元素

高温制造时添加助剂可以促进烧结，另一些助剂则可促使适度反应以控制界面，形成界面新相，抑制界面裂纹，提高韧度。例如，在 SiC 纤维强化玻璃陶瓷（LAS）时，若采用通常的 PAS 成分的基体，晶化处理时会在界面上产生裂纹，而添加很少量的 Nb 后，热处理过程中发生反应，在界面形成数微米的 NbC 相，获得最佳界面，提高了韧度，改善了脆裂性能。

3. 在增强材料表面施以涂层

此法是实施界面控制的有效方法之一。

方法主要有 CVD 法、PVD 法、喷镀和喷射法。

玻璃和陶瓷为基体时，可喷涂 C、BN、Si、B；为玻璃基体时，还可喷涂铝。

机理是：使增强相不受化学侵蚀，阻碍增强相与基体间化学扩散和界面反应，提高界面剪切强度。

第五节　树脂基复合材料

以高分子材料为基体的复合材料称为聚合物基复合材料（PMC），包括树脂基复合材料（RMC）和橡胶基复合材料（树脂与橡胶英文首写字母相同，故一般不缩写）。PMC 是最成熟的先进复合材料，研究最早、发展最快、性能优良，广泛用于汽车、交通运输、建筑化工、通信、电子电气、机械、船舶、航空、航天、轻工等工业部门及农业、文教、体育、卫生等。

PMC 最突出的优点是聚合物黏结性好，可以把纤维等牢固黏结起来，使载荷均匀分布、传递到纤维上去，聚合物与增强体的良好复合使其具有一系列优异性能。比强度、比模量高，碳纤维环氧复合材料比强度为普通钢的 5～8 倍，铝合金的 4～6 倍，钛合金的 3～5 倍，比模量是钢、铝、钛的 4～6 倍。减轻结构重量，改善耐热性，耐疲劳性好，耐高温烧蚀、破损安全性好，减震性好，工艺性能好，工艺简单，多为一次成型等。

下面重点介绍树脂基复合材料（RMC）。其以有机合成树脂为基体，工作温度低于 425℃。

一、概述

绝大部分聚合物基复合材料都是以树脂为基体的，通常树脂基复合材料又称聚合物基复合材料，用量最大。

1. 按基体分类

（1）热固性树脂　具有黏弹态、玻璃态、橡胶态相转变和明确的玻璃化温度。常用的有环氧、酚醛、不饱和聚酯、有机硅树脂。

（2）热塑性树脂　没有明显相变过程，成型过程通常无化学反应。常用的有尼龙（聚酰胺）类、聚烯烃类、聚苯乙烯类、聚醚酮类、热塑性聚酯类树脂。

RMC 的最大特点是成型容易，适合制作大面积的复杂型面结构件，模具工装成型条件可以实现，投入较少。

缺点是使用温度受一定限制。好在使用温度满足大多数民用和大部分军用产品要求。

复合材料研究的主要问题包括基体、增强体、界面等，RMC 也不例外，主要研究树脂基体、增强体、树脂与各类增强体之间的界面问题。同样地，在 RMC 中，增强体形成分散相，基体树脂形成连续相，并形成界面。

2. 按增强体分类

按增强体，可分为纤维增强树脂基复合材料和颗粒增强树脂基复合材料。主要品种有玻璃纤维、碳纤维、硼纤维、碳化硅纤维、芳纶、晶须、颗粒（粉体）增强树脂基复合材料。增强体主要有玻璃纤维、碳纤维、芳纶、硼纤维。

二、纤维增强树脂基复合材料

1. 玻璃纤维及其增强的树脂基复合材料

（1）玻璃纤维　玻璃很脆，但玻璃纤维具有一定柔韧性，可纺织成纱和各种形式的玻璃布。

性能特点是抗拉强度高，越细越高，但弹性模量低，因而复合材料刚度也不高；耐热性低（<250℃），不宜增强金属基；化学稳定性高，耐化学介质（氢氟酸和浓碱除外）；脆性大，延伸率为 3%，表面光滑，不易与基体结合，需表面处理；价廉，广泛用于玻璃钢。

（2）玻璃纤维增强的树脂基复合材料　即玻璃钢，年增长率为 25%～30%。可制成直径数十米、高十几米的大型反应塔（山东东营）。

突出特点是重量轻，强度高，相对密度为 1.6～2.0，比金属铝还轻，强度有的高于高级合金钢，耐腐蚀，绝缘性能好。

最大缺点是刚性差，并且会老化，但老化速率比普通塑料慢。

常用于制造飞机、火车、汽车、农机的零部件，轻型船舶的船体、导轨、齿轮、轴承等机器构件，电机和电器的绝缘零件，化工设备和管道，储油罐和输油管，玻璃钢氧气瓶、液化气罐等。玻璃钢还具有保温、隔热、隔声、减震等性能，是一种理想的建筑材料，常被用作承力结构、围护结构、冷却塔、水箱、卫生洁具、门窗等。玻璃钢不受电磁作用影响，不反射无线电波，微波透过性好，可用来制造扫雷艇和雷达罩。

热固性玻璃钢是由玻璃纤维和热固性树脂制成的。

特点是工艺简单，强度高，密度低，耐腐蚀，介电性高，耐热性高。

缺点是弹性模量低，刚性差，工作温度低于 250℃，易蠕变，易老化。几种热固性玻璃钢性能特点见表 9-3。

表 9-3　几种热固性玻璃钢性能特点

材料	密度 /(g/cm³)	抗拉强度 /MPa	抗压强度 /MPa	抗弯强度 /MPa	性能与特点
酚醛树脂玻璃钢	1.80	100		110	耐热性较高,在 150～200℃ 下可长期工作,耐瞬时超高温,价格低廉;工艺性较差,需在高温、高压下成型,收缩率大,吸水性大,固化后较脆
环氧树脂玻璃钢	1.73	341	311	520	机械强度高,收缩率小(<2%),尺寸稳定性和耐久性好,可在常温(或加温)、常压(或加压)下固化;成本高,某些固化剂毒性较大
不饱和聚酯树脂玻璃钢	1.75	290	93	237	工艺性好,可在常温下固化,常压下成型,对各种成型方法有广泛适应性,能制造大型构件,可机械化连续生产;耐热性较差(<90℃),机械强度不如环氧树脂玻璃钢,固化时体积收缩较大,成型时气味和毒性较大
有机硅树脂玻璃钢		210	61	140	耐热性较高,长期工作温度可达 200～250℃,具有优异的憎水性(不被水润湿,吸湿性极低),耐电弧性好,防潮,绝缘;与玻璃纤维的黏结力差,固化后强度不太高

应用于机器护罩、复杂构件、车身、配件、耐蚀耐压容器和管道等，可大量节约金属并提高性能。

热塑性玻璃钢是由玻璃纤维和热塑性树脂制成的。

特点是与热塑性塑料相比，强度和疲劳强度提高 2～3 倍，冲击韧性提高 2～4 倍（脆性塑料时），抗蠕变能力提高 2～5 倍，刚度、强度、减摩性好。例如，40％玻璃纤维增强尼龙的强度超过铝合金而接近镁合金，刚度、强度、减摩性方面，可代替非铁金属制造轴承、轴承架和齿轮等精密零件，还可制造电工部件和汽车上的仪表盘、前后车灯；玻璃纤维增强聚苯乙烯类树脂广泛用于汽车内装饰品、磁带录音机底盘、空气调节器叶片等；玻璃纤维增强聚丙烯的强度、耐热性和抗蠕变性好，耐水性优良，可用于制造转矩变压器、干燥器壳体等。

2. 碳纤维及其增强的树脂基复合材料

（1）碳纤维　碳纤维是由有机纤维经高温炭化而成的。它是一种优质材料、高技术材料、关键材料，发展前景很大，但近几年遇到很多困难而进展受阻。目前工业上广泛应用聚烯腈纤维、黏胶纤维和沥青纤维制造碳纤维。

碳纤维有如下特点：密度较玻璃纤维低，一般为 $1.33～2.0g/cm^3$；弹性模量比玻璃纤维高几倍，达 $2.8×10^4～4×10^4MPa$；抗拉强度比玻璃纤维高，可达 $6.9×10^5～2.8×10^6$ MPa；高温、低温力学性能好，在惰性气体中，随温度增高，强度不仅不降低，还略有升高，直到 2000℃，强度变化不大，此外，在 -180℃ 低温时，脆性也不增高；高的耐蚀性、导电性以及低的摩擦系数。

主要缺点是脆性大，表面光滑，与树脂结合力极差，常需表面处理。

（2）碳纤维增强的树脂基复合材料　基体树脂多用环氧树脂、酚醛树脂、聚四氟乙烯。

特点是密度比铝低，强度比钢高，弹性模量比铝合金和钢大，耐疲劳，冲击韧性高，化学稳定，耐腐蚀，低摩擦，自润滑，导热性好，耐温性好。比玻璃钢的性能普遍优越，重量更轻，强度更高。

应用于航空航天、军事、工业、体育器材等领域。新型结构材料包括宇宙飞行器外层材料、人造卫星和火箭支架、壳体和天线构架、机器的齿轮、轴承等受载、磨损件。制成长途客车车身，重量为钢车身的 1/4～1/3，比玻璃钢车身还轻 1/4；抗冲强度特别高，不到 1cm 厚的碳纤维增强塑料板，在十步远的地方用手枪射击也不能击穿。

碳纤维增强塑料是目前最受重视的高性能材料之一。是火箭、人造卫星、导弹、飞机、汽车的机架和壳体最理想的材料，重量比金属轻得多，可节省大量燃料；能源工业中，制造太空太阳能发电站的构件、分离 ^{235}U 的离心机高速转筒、风力发电机的桨叶等；制造滑雪板、高尔夫球棒、网球拍、跳板、钓鱼竿、体育赛艇等。

3. 硼纤维及其增强的树脂基复合材料

（1）硼纤维　由硼气相沉积在钨丝上并向芯部扩散而制取。外面为硼，芯部为硼化钨，直径为 0.1mm。

特点是密度为 $2.68g/cm^3$，抗拉强度高达 $3.45×10^3MPa$，弹性模量为 $4.14×10^5MPa$，比强度接近玻璃纤维，比模量比玻璃纤维高 5 倍，耐热性高。

缺点是密度大，直径大。

（2）硼纤维增强的树脂基复合材料　基体树脂有环氧树脂、聚酰亚胺树脂、聚苯并咪唑。

特点是抗压强度很高（是碳纤维的 2～2.5 倍），抗剪强度很高，抗蠕变，硬度高，弹性模量高，疲劳强度很高（达 $340\sim390MPa$），耐辐射，化学稳定（对水、有机溶剂、润滑剂都很稳定），导热性和导电性好，硼纤维具有半导性。

应用于航空航天器、宇航器的翼面、仪表盘、转子、压气机叶片、直升机螺旋桨叶的传动轴。

4. 聚芳酰胺纤维及其增强的树脂基复合材料

（1）聚芳酰胺纤维　商业名为芳纶。本身为聚合物，由苯二酰氯和对苯二胺缩聚而成。

特点是抗拉强度低于碳纤维，但为铝合金的 5 倍；密度低，仅为 $1.44\sim1.45g/cm^3$，比强度特别高，为钢丝的 5 倍，超过玻璃纤维、碳纤维、硼纤维；韧性好，温度特性好，即使在 $-196℃$ 也不变脆，$180℃$ 时仍保持室温性能；抗蠕变，承受 90％ 极限应力，其蠕变量仍保持初始值不变；耐疲劳，易加工，耐磨蚀，电绝缘。

（2）聚芳酰胺纤维增强的树脂基复合材料　该纤维本身为聚合物，因此相容性好、结合力强，可形成理想界面。

特点是抗拉强度大于玻璃纤维增强，接近碳纤维增强；塑性与金属类似；抗冲击性很好，超过碳纤维增强；减震性好，是玻璃钢的 $4\sim5$ 倍，耐疲劳性比玻璃钢好；价格低于碳纤维增强和硼纤维增强。

缺点是抗压强度低。

应用于航空航天、造船、汽车工业。

5. 高性能天然纤维及其增强的树脂基复合材料

（1）高性能天然纤维　是指麻（苎麻、黄麻、亚麻、剑麻、凤梨麻）、竹类天然纤维。

特点是抗拉强度比玻璃纤维稍低，麻的比强度（尤其是苎麻）与玻璃纤维接近，竹的性能可与单向玻璃纤维聚酯板和中碳钢媲美，价廉，可降解，可再生，环保。

（2）高性能天然纤维增强的树脂基复合材料　基体材料主要有环氧树脂、脲醛树脂。

应用于轿车内饰件、吸噪声板和轮罩。国内以模压板材为主，主要用于建筑装饰、家具面板、游艇和器皿。

6. 晶须及其增强的树脂基复合材料

（1）晶须　是直径小于 $30\mu m$、长度为几毫米的针状单晶体，晶体内无位错，强度高，接近理论强度。

金属晶须有铁晶须、铜晶须、镍晶须、铬晶须。

陶瓷晶须的强度极高，密度低，弹性模量高，耐热性好，工艺复杂，成本高。目前主要有 SiC 晶须、Al_2O_3 晶须、BC 晶须、SiO_2 晶须、BeO 晶须、石墨晶须。常用晶须的物理性能和力学性能见表 9-4。

表 9-4　常用晶须的物理性能和力学性能

晶须种类	密度 $/(g/cm^3)$	熔点 $/℃$	抗拉强度 /MPa	弹性模量 /MPa
氧化铝	3.90	2082	$(13.8\sim27.6)\times10^3$	$(6.89\sim24.13)\times10^5$
氮化铝	3.30	2199	$(13.8\sim20.7)\times10^3$	3.45×10^5
氧化铍	1.80	2549	$(13.8\sim13.9)\times10^3$	6.87×10^5
氮化硼	2.50	2449	6.9×10^3	4.48×10^5
石墨	2.25	3592	20.7×10^3	9.79×10^5

续表

晶须种类	密度 /(g/cm³)	熔点 /℃	抗拉强度 /MPa	弹性模量 /MPa
氧化镁	3.60	2799	24.1×10^3	3.10×10^5
α-碳化硅	3.15	2316	$(6.9 \sim 34.5) \times 10^3$	4.83×10^5
β-碳化硅	3.15	2316	$(0.69 \sim 34.5) \times 10^3$	$(6.89 \sim 10.34) \times 10^5$
氮化硅	3.20	1899	$(3.4 \sim 10.3) \times 10^3$	3.79×10^5
铬	7.20	1890	9.0×10^3	2.40×10^5
铜	8.91	1080	3.3×10^3	1.20×10^5
铁	7.83	1540	13.0×10^3	2.00×10^5
镍	8.97	1450	3.9×10^3	2.10×10^5

（2）晶须增强的树脂基复合材料　价格昂贵，主要用于金属基复合材料。树脂基复合材料中应用不多，而且掺加量较少。氮化硅晶须/环氧树脂的抗拉强度、弹性模量大幅度提高，用量为百分之几。

钛酸钾晶须价廉，用于树脂基复合材料，耐热、绝热。

三、颗粒增强树脂基复合材料

颗粒增强树脂基复合材料是由树脂和非纤维状颗粒制成的。

其强度、弹性模量等力学性能比纤维增强稍差，但仍有独特性能，并具有改性作用；不存在各向异性问题，性能只取决于增强颗粒的数量、形状及其与树脂的结合程度等。增强颗粒以无机物为主。

1. 合成木材

（1）钙塑材料　以无机颗粒增强（改性）。

常用增强颗粒为碳酸钙颗粒等。其是由热塑性树脂和碳酸钙颗粒制成的。可代替木材并优于木材。

特点是吸水率比木材低（5%～15%）；耐蚀，耐腐，保温，吸声，抗震；可一次成型加工，无边角废料；可钉、锯、刨、钻；原料广，价廉，成本低。

品种有聚乙烯钙塑材料、聚氯乙烯钙塑材料、聚丙烯钙塑材料；其他还有以 ABS 树脂、低压聚乙烯为基体的。

应用于地板、墙板、家具、车辆内装饰、船舶内装饰、房屋内装饰、保温板、隔声板。

（2）新型合成木材　以有机物颗粒或粉体增强（改性）。

其是由热固性树脂或热塑性树脂加入有机填料（木粉、木屑、稻草壳、稻草屑）制成的。

特点是填料量大，树脂量少，密度低，价廉，保温性好，防火，防蛀，防腐蚀。

应用于门芯板、天花板、家具和车船的隔板。

2. 耐磨材料

耐磨材料有热固性酚醛树脂与合成橡胶加石棉、石墨、硫酸钡、氧化铝、高岭土等。其耐磨性好。

应用于合成闸瓦，摩擦系数比铸铁闸瓦高，耐磨性好，使用寿命提高 3 倍。以酚醛树脂加石棉、高岭土等制成的塑料，可制造飞机、汽车、地铁车辆的刹车片、摩擦垫板和离合盘等耐磨件。

四、树脂基功能复合材料

1. 具有电波透过功能的复合材料

具有电波透过功能的复合材料的例子是玻璃纤维或玻璃布/环氧树脂或不饱和聚酯复合材料。特点是电波透过性好，有一定强度，耐候性良好，耐蚀。

应用于雷达天线罩、飞机、船舶、地面固定雷达、抛物面天线保护罩。

2. 具有隐身功能的复合材料

具有隐身功能的复合材料主要是利用热塑性树脂的介电特性，用碳纤维增强。具有吸收电磁波隐身功能，能避过雷达，是高性能结构材料，用于先进战斗机、侦察机的隐身材料。

3. 具有导电功能的复合材料

具有导电功能的复合材料是由环氧树脂为基体，加入碳纤维、碳粉、石棉纤维制成的。耐蚀，耐热，集尘效果好，用于强度较高的电集尘器的集尘板、电极。碳纤维表面电阻比碳粉更小。

4. 具有形状记忆功能的复合材料

一定形状的制品，在变形后保持形状，在加热条件下，回复初始形状，称为具有形状记忆功能。

具有形状记忆功能的复合材料是由聚氨酯加碎玻璃纤维、单向芳纶、编织玻璃制成的。

特点是成本低，化学稳定性好，可无限期存放，损伤容限大，自适应性强。

用途有医疗、建筑、玩具、传感元件和汽车缓冲器。

5. 具有磁性功能的复合材料

热塑性树脂基体有聚乙烯、聚丙烯、聚氯乙烯、聚酰胺（尼龙）；热固性树脂基体有环氧树脂、酚醛树脂、三聚氰胺。

添加剂有铁氧体磁粉、稀土类磁粉。

应用于录音带、录像带、家用电器、电子仪器仪表、医疗设备、精密电机、微型电机、通信设备的传感器。

6. 具有压电功能的复合材料

具有压电功能的复合材料是指外力作用于晶体（不对称、绝缘体），产生形变，引起不对称中心偏移和极化，材料带电荷。由压力而致材料带电为正压电效应，反之，由外加电压而致变形为逆压电效应。

产生压电性的条件是：晶体结构不对称；是绝缘体（防止多余电荷流失）。

高极化强度压电陶瓷（$BaTiO_3$）混入树脂，极化后可得到树脂基压电材料。用于制造柔性机电换能器。

7. 具有自控发热功能的复合材料

具有自控发热功能的复合材料是将导电粉末（碳粉等）分散在高分子树脂中，构成导电通道。

应用于制成扁形电缆，即可缠绕在管道外面通电加热，可制作恒温装置，广泛用于石油、化工。

恒温调节原理是：通电后材料发热使高分子膨胀，拉断一些导电粉末通道，加大电阻降低发热，收缩后接通导电粉末通道又增加发热达到恒温控制。

8. 具有绝缘功能的复合材料

具有绝缘功能的复合材料是由酚醛树脂加各种粒状填料改性制成的。

要克服基体脆性，加入木粉；要提高电绝缘性和耐热性，加入云母粉、石棉粉、石英粉。有时加入其他助剂。

应用于加热成型成为各种电工绝缘器件，广泛用于低压电电信工业、蓄电池绝缘结构件。

五、热固性树脂基复合材料

热固性树脂基复合材料是以各种热固性树脂为基体，加入各种增强纤维复合而成。

材料的强度、刚度主要由纤维承担；树脂起黏结纤维、传递应力作用，并决定层间剪切强度、压缩强度、耐热性、耐老化性及成型工艺性。

早期有热固性酚醛树脂、糖醇树脂、聚酯树脂等；后来发展有环氧树脂、聚酰亚胺树脂、双马来酰亚胺树脂等。

产品设计、结构设计、材料设计、工艺设计，皆与树脂基体的各种性能及特点有关。

1. 环氧树脂复合材料

先进复合材料所用树脂中，环氧树脂占 90% 以上。

根据固化剂类型，固化工艺有高温固化、中温固化、室温固化，制得的复合材料也相应有三种不同使用温度。例如，美国的 5028 环氧树脂体系属于高温固化，可在 170℃ 下使用。

缺点是环氧树脂较脆，冲击后压缩性能低，耐热与耐湿热性能不高，不能适应高使用寿命和损伤容限设计要求，特别是高应变碳纤维的发展，更迫切要求具有高应变、高耐湿热性能的树脂基体与之匹配。

2. 聚酰亚胺树脂基复合材料

属于耐高温芳杂环高聚物，具有优良的高温力学性能。

单体原位聚合（PMR）聚酰亚胺是将单体反应物直接溶解于溶剂中，用以浸渍纤维制备预浸料，然后在复合材料成型时利用单体反应物在增强纤维表面上原位聚合成低分子量预聚物，最后通过封端其中不饱和键和加成聚合反应，形成交联结构的方法。PMR 方法优越，为一大类热氧化稳定性好而工艺性差的耐热聚合物提供了制造低孔隙率、高质量复合材料的可能。

PMR 聚酰亚胺具有重要意义。由于它克服了传统的缩聚型聚酰亚胺成型工艺性差的弱点，因而在高技术中得到广泛应用。

应用于飞机涡轮发动机、先进战略防御系统的热结构、巡航导弹弹体、战术导弹天线罩及航天飞机。如用 HTS/PMR-15 制造的超高速发动机压气机叶片及 F101DFE 发动机内环框圈，用 Kevlar 纤维织物/PMR-15 制造的 DC9 飞机的减阻力整流罩等。

3. 双马来酰亚胺树脂复合材料

聚酰亚胺树脂复合材料综合性能好，但成型固化温度高，黏结性能低；环氧树脂工艺性能好，但耐湿热性、耐高温性远低于聚酰亚胺树脂。20 世纪 60 年代，法国首先开发双马来酰亚胺（BMI）树脂，综合上两者优点，使其越来越重要，发展极快。

其适用性广，与同类树脂及各种类型树脂共混改性，因此可开发出各种层次、适用于多种领域的树脂基体。还可用作胶黏剂和绝缘材料等。

BMI 树脂复合材料特性是耐燃（低烟、低毒），高的耐湿热性和抗冲击性。

热塑性塑料增韧 BMI 时，BMI 树脂工艺性好，但固化交联后密度过高而很脆，热塑性塑料韧性极好，但成型工艺性很差，二者结合可取长补短。主要增韧相有聚醚砜、聚醚亚胺、聚乙内酰脲等热塑性树脂（塑料），以及用液体端羧基丁腈橡胶（CTBN）增韧。可显著提高 BMI 的断裂性、断裂伸长率、冲击强度、剪切强度等，并能保持较好的耐热性。

增韧机理是：与环氧树脂类似，两组分固化时形成微观上的两相结构形态，橡胶相诱发基体的耗能过程，提高基体的屈服变形能力，从而实现增韧。

BMI 树脂复合材料优势是综合性能优异、原料丰富、工艺易行。

应用于航空航天飞行器的一般承力件及主承力结构，如美国的 F-16XL 飞机的主承力结构等。基体树脂、改性 BMI 树脂是先进复合材料所用树脂研究的重点。

六、热塑性树脂基复合材料

热塑性树脂是一类线型高分子化合物，可以溶解在溶剂中，也可以在加热时软化和熔融变成黏性液体，冷却后又硬化变成固体。

热塑性树脂加热发生软化、熔融和冷却变硬，可重复进行。熔融状态下的稳定性使其易于成型加工和再生使用。

热塑性树脂品种有聚烯烃类、聚酰胺类、聚碳酸酯、聚甲醛、聚砜类、聚苯硫醚、聚醚酮类等。

用作基体时的优点是：断裂伸长率大，达 20%～30%，屈服应力下延伸率大于 60%（而热固性树脂仅 0.5%～7%），使其断裂韧性大、损伤容限大；工艺简单，制造周期短，本身已有一定的分子量和分子量分布，可直接在一定温度和压力下模压或挤出、注射等快速成型，其预浸料也不需冷储存，工艺过程也不需复杂的固化和后固化；制品的损伤容易修补，零部件连接方便；废料和边角料可回收利用；热塑性树脂吸水性小；热变形强度较高，有的高于 260℃，而且还可以在成型后采用电子束、γ 射线、等离子体辐射等方法使它们交联，进一步提高耐热性。

缺点是由于基体分子量高，对纤维浸润性差，特别是用其浸渍纤维缠绕高压容器和固体发动机壳体等制品的缠绕成型更困难。

应用于航空领域、汽车工业等。

第六节　金属基复合材料

一、概述

航天、航空、电子、电气、机械、汽车及先进武器系统对耐热性及其他性能的要求日益提高，促使金属基复合材料快速发展。目前在上述领域得到广泛应用，经济技术效果明显。

金属基复合材料 MMC 是以金属及其合金为基体的复合材料。其具有各种高性能、特殊性能及优异的综合性能。包括高性能增强纤维、晶须、颗粒增强的 MMC、金属晶体中反应自生成增强体、层板 MMC 等类型。

金属基复合材料特点是：高强度，高弹性，线膨胀小，工作温度高，强度和硬度更高，不燃，导热性、导电性、热稳定性好，抗电磁干扰，抗辐射，良好的抗蠕变性，耐磨性好，可控的密度和热膨胀系数，良好的疲劳和断裂性能，不吸潮，不老化，尺寸稳定，气密性好，可机械加工或常规方法连接，高温下不放出有味、有害气体，环保，横向力学性能好，层间抗剪强度高。

缺点是密度高，成本高，某些工艺复杂，界面易发生反应。

1. 按用途分类

（1）结构复合材料 特点是高比模量，高比强度，良好的尺寸稳定性和耐热性。用途有航天、航空、汽车、先进武器系统等高性能结构。

（2）功能复合材料 特性是高导热性，高导电性，低膨胀，高阻尼，高耐磨性等。用途有电子、仪器、汽车等工业。

2. 按基体类型分类

分为铝基、镁基、锌基、铜基、钛基、铅基、镍基、银基、耐热合金基、金属间化合物基等。以铝基、镁基、钛基发展较成熟，广泛应用于航空、航天、电子、汽车等行业。

3. 按增强体类型分类

分为长纤维（连续纤维）增强型、短纤维增强型和晶须增强型、颗粒增强型、层板MMC、原位复合材料。颗粒、短纤维、晶须增强型又统称为非连续增强 MMC。

常见基体的 MMC 见表 9-5。根据增强体类型划分的三种 MMC 如图 9-21 所示。

表 9-5 常见基体的 MMC

基体材料	特点	典型用途	典型材料
铝	性能良好，可用常规方法加工，同多种增强体相容，适合于工业化生产	航天飞机轨道飞行器的机身结构部件、管状桁架室、微电子电路的载波多层盘的冷板	B/Al 复合材料
镁	刚度高，重量轻，热膨胀系数低	宇航结构、汽车发动机和发动机部件及电子包套材料	石墨/Mg、短纤维 Al_2O_3/Mg、不连续 B_4C/Mg
钛	耐蚀性好，室温和室温以下的比强度高，高温强度比铝高，但与许多增强体发生强反应	等离子喷涂制成的钛基复合材料已用于飞机结构件，如机翼壁板和压缩机叶片	SiC_f/Ti
铜	高的热导率、高温强度	火箭发动机燃烧室内衬材料	液相渗透法加工的钨纤维/Cu 在 925℃下强度还很高
超合金	复合材料的高温抗拉强度、应力-断裂强度、蠕变性能、低周和高周疲劳强度、冲击强度、抗氧化性和导热性均得到改善	制作一级对流冷却涡轮叶片	铁、镍、钴基 MMC，超合金包括钨、钼、钽、铌纤维，钨合金纤维强度最高，在 1095℃超过 2070MPa

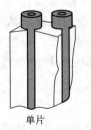

单片　　　　晶须/纤维　　　　颗粒

图 9-21 根据增强体类型划分的三种 MMC 示意图

二、基体及增强体材料

1. 基体

基体在 MMC 中所占体积分数很大，显著影响复合材料物理性能和力学性能。

基体金属有铝及铝合金、镁合金、镍合金、铜及铜合金、锌合金、铅、银、钛铝金属间化合物、镍铝金属间化合物等。

结构用 MMC 的基体包括：轻金属，如铝基、镁基复合材料，使用温度在 450℃ 左右，钛合金及钛铝金属间化合物，工作温度在 650℃ 左右；耐热合金，如镍基、铁基复合材料，工作温度达 1200℃。

功能用 MMC 的基体有铝、铜、镁、锌、铅、银及其合金等。

（1）根据合金特点和复合材料用途选择基体　航空、航天、飞机、卫星、火箭等的壳体和内部结构要求重量轻，比强度、比模量高，尺寸稳定性好。可选镁合金、铝合金等轻金属合金作为基体。

高性能发动机要求高比强度，高比模量，优良的耐高温性能，能在高温、氧化环境下工作。可选钛合金、镍合金、金属间化合物作为基体。

汽车发动机中零件要求耐热、耐磨、导热，具有一定高温强度，成本低廉，适于批量生产。可选铝合金作为基体。

集成电路需要高导热、低膨胀的材料制作散热元件和基板。可选高热导率银、铜为基体，高导热性、低膨胀、超高模量石墨纤维、金刚石纤维、碳化硅颗粒为增强体。

（2）选择基体时还要考虑复合材料类型　连续纤维增强型，纤维是主要承载体（强度高、模量高），基体的主要作用是充分发挥纤维性能，要求基体与纤维有良好的相容性和塑性，不要求很高强度。

非连续纤维（颗粒、晶须、短纤维）增强型，基体强度有决定性影响，应选高强度合金。

（3）考虑基体与增强体相容性　在高温复合过程中，应考虑不同程度界面反应。

2. 高性能增强体

高性能增强体为关键组成部分。多为陶瓷、碳纤维、石墨、硼等无机非金属材料，有时也用金属丝。主要有连续纤维、短纤维、晶须、颗粒、金属丝等。

选择增强体时，考虑强度、刚度、制造成本、与基体适应性、高温性能、导热性、导电性等。

所用主要纤维增强体包括碳纤维、硼纤维、碳化硅纤维、氧化铝纤维、芳纶、金属丝（高强钢丝、不锈钢丝、钽和钨等难熔金属的连续丝和不连续丝）。

所用主要晶须包括 SiC、Al_2O_3、硼酸铝、碳化钛、氮化钛、氮化硅等晶须。

所用主要增强颗粒包括 Al_2O_3、SiC、Si_3N_4、TiC、B_4C、石墨等颗粒。其中，Al_2O_3、SiC、B_4C、石墨等颗粒主要增强铝基、镁基，TiC、TiB_2 等颗粒增强钛基。

三、纤维增强金属基复合材料

纤维增强金属基复合材料，是由高性能纤维和金属合金（特别是轻金属）组成的先进复合材料，在 20 世纪 50 年代末开始研究和发展起来。既可保持金属原有的耐热、导电、传热等性能，又可提高强度和模量，降低相对密度。

金属合金是各向同性材料，纤维是各向异性的，纤维增强金属基复合材料也是各向异性，而且其各向异性的程度取决于纤维的分布和方向。

增强纤维具有高强度、高模量，是主要的承载组元；基体能固结纤维、传递载荷。

复合材料性能决定因素有纤维和基体类型、纤维含量和分布、界面结构和性能、制造工艺。

常用增强体有连续纤维、短纤维和金属丝。连续纤维有硼纤维（单丝）、碳（石墨）纤维、氧化铝纤维、碳化硅纤维（单丝）、碳化硅纤维（束丝）。短纤维有氧化铝纤维、氧化铝-氧化硅纤维、氮化硼纤维。金属丝有钨丝、钼丝、钢丝。三种增强体均有很高的强度和弹性模量。

硼纤维应用最早、最成功的实例是用作航天飞机机舱主框架构件。碳（石墨）纤维的产量最大，品种最多，强度和模量最高。

许多金属均可作为基体，但考虑航天、航空、电子、机械等领域的需要及制备的可能性，常用铝基、镁基、钛基、铜基、铅基和高温合金，其中铝基发展最快、最成熟，应用最广。

主要应用于航天、航空、先进武器和汽车等领域。

由于具有良好的导热性、导电性和低膨胀系数，MMC 在电子工业中应用广泛，可用作大功率、大规模集成电路元件基板，与硅材料膨胀系数相当，可避免热应力造成的硅片损伤和器件失效，提高集成电路元件的可靠性。

纤维增强 MMC 在体育、纺织、汽车等民用工业中应用，特别是汽车工业，制造内燃机活塞、连杆、活塞销等发动机零件可有效减轻运动部件的重量，提高发动机效率和零件的使用寿命。用氧化铝、硅酸铝短纤维增强铝合金活塞是 MMC 在民用工业中应用的范例，由于在铝合金中加入了氧化铝短纤维，有效地提高了合金的高温强度和耐磨性，降低膨胀系数，使发动机效率提高约 5%，寿命提高 5 倍以上。

局限是制造技术复杂，成本高昂，使其应用基本局限于航空航天和军事领域。进一步改进制造方法和制造工艺将是今后的研究重点。

研究方向是：制造方法和工艺，特别是纤维增强高温金属间化合物（用于新型发动机高温部件）基复合材料的研究；民用工业制备工艺，采用常规铸造、锻压、挤压、轧制等进行低成本制作和批量生产；以短纤维增强 MMC 等。

1. 长纤维增强金属基复合材料

长纤维增强金属基复合材料组成为高性能长纤维/金属或其合金。高强度、高弹性模量的纤维起承载作用，金属起固结和传递载荷作用。

该类复合材料呈各向异性，其程度取决于纤维数量、分布和排列。

常用的增强纤维有碳（石墨）纤维、氧化铝纤维、碳化硅纤维；主要的基体有铝、镁、钛、铜、铅及其合金、高温合金、金属间化合物。

（1）硼/铝复合材料　是最早研究成功和应用的纤维增强金属基复合材料。

硼纤维特点是高温强度高，1500℃蠕变速率比钨低，500℃以上易氧化致强度降低，表面涂覆 SiC、B_4C 可防氧化，造价高。

硼/铝复合材料特点是质地轻，比强度高，比模量高，耐疲劳性优异，耐蚀性良好，应用广泛。

应用于主承力构件，做成航天飞行桁架结构、飞机结构支柱、导弹支架、载人飞船加压舱和太阳能电池支撑板等。还可用于航空、先进武器系统，做成 B1 飞机垂直尾翼、发动机风扇叶片、导弹构件等。硼/铝复合材料管柱用于航天飞机机舱框架结构（一般为 243 根），比用铝制造的减重 44％。利用硼纤维高的中子吸收性，硼/铝复合材料可用于核能装置和核燃料储运设备。

（2）石墨/铝复合材料　特点是高的比强度和比模量，接近于零的膨胀系数，良好的尺寸稳定性，导电性好，低摩擦，耐腐蚀。$200\sim500℃$ 时轴向高温抗拉强度高达 690MPa，500℃ 时轴向比强度为钛合金的 1.5 倍。通过石墨纤维表面沉积 Ti/Bi 涂层改善界面浸润性差的问题，并控制了界面反应，保证其高性能。

应用于航天结构件、飞机蒙皮、直升机旋翼叶片、涡轮发动机压气机叶片等。

（3）石墨/镁复合材料　密度低（$1.9g/cm^3$），零膨胀，尺寸稳定性好，在金属基复合材料中比强度和比模量最高，价格昂贵。

工艺措施是在石墨纤维表面沉积一层 TiB_2，改善与镁的润湿性。

应用于航空航天、人造卫星 10m 直径抛物线天线及支架、航天飞机大面积蜂窝结构蒙皮、飞机天线支架、L 频带平面天线、空间望远镜、照相机波导和镜筒、红外反射镜、人造卫星抛物面天线等。

（4）碳化硅/钛复合材料　复合材料性能尤其是高温强度明显高于基体合金。

SiC 纤维特性是比强度高，比模量高，高温下保持高强度，耐热，耐氧化，与金属反应小，润湿性好。

应用于飞机发动机部件、涡轮叶片、火箭发动机箱。

（5）Al_2O_3/铝复合材料　特点是高强度，高刚度，氧化气氛中稳定，高温下保持高强度和高刚度，硬度高，耐磨，抗蠕变，抗疲劳。

应用于汽车发动机活塞、其他发动机零件。

（6）碳/铜复合材料　具有良好的导电性和耐烧蚀性，做成的单极惯性电动机电刷可通过 $1000A/cm^2$ 的大电流，在粒子束武器中有重要应用。

碳/铅复合材料可用作大型蓄电池极板用于核潜艇。

（7）其他长纤维增强的金属基复合材料　有钨丝/镍、钨丝/铜、钨丝/钛、碳化硅纤维/Ti_3Al（TiAl、Ni_3Al 等金属间化合物）等高温金属基复合材料。

特点是强度高，抗蠕变，抗冲击，耐热疲劳。

应用于燃气轮机、火箭发动机中。这些 MMC 具有良好的高温强度、抗蠕变性、抗冲击性、耐热疲劳性等优良的高温性能，用于制造燃气轮机叶片、传动轴等高温零件，可明显提高发动机效率。长纤维增韧铜基、铅基复合材料，作为特殊导体和电极材料，用于电子行业、能源工业。

2. 短纤维增强金属基复合材料

主要的短纤维增强体有 Al_2O_3、Al_2O_3-SiO_2、BN；主要的增强晶须有 SiC、Al_2O_3、Si_3N_4 晶须。

复合材料特点是比强度高，比模量高，耐高温，耐磨，线膨胀小等，特别是可采用常规设备制备和二次加工，增强材料混杂无序分布的复合材料，呈各向同性特点。

主要的基体金属有 Al、Mg、Ti、Ni 等。

（1）Al_2O_3/Al 复合材料　是较早研制和应用的。

特点是高温强度高，弹性模量高，线膨胀低，耐磨。

应用于汽车制造、汽车发动机零件。

（2）SiC/Al 复合材料　根据不同使用要求，选用纯铝、铸铝、锻铝、硬铝、超硬铝、铝锂合金，以多种方法（粉末冶金、挤压铸造）制备。

特点是具有良好的综合性能，比强度高，比模量高，线膨胀低，成本高。

应用于航天、航空。

（3）Al_2O_3/Ni 复合材料　Al_2O_3 晶须密度低，熔点高，高温强度优异（<900℃变化不大）。

特点是高温性能好，但晶须与基体线膨胀差别大，复合困难，晶须价格昂贵，应用有限。

3. 晶须增强金属基复合材料

晶须增强金属基复合材料是以晶须为增强材料，以金属为基体材料。

优点是比模量高、耐高温和耐磨损，尤其是可用常规设备和方法制造加工。

晶须增强 MMC 的研究始于 20 世纪 60 年代末期，一些学者探索用蓝宝石晶须和碳化硅晶须（SiC_w，下标 w 表示 whisker）等增强各种金属基体，但由于晶须昂贵，限制了其作为工程结构材料的应用。1970 年，美国的 Cutter 发明了用稻壳为原料生产廉价的 SiC 晶须技术，重新激活了晶须增强 MMC 的研究。1980 年，一些发达国家，尤其是美国和日本，对晶须增强 MMC 的制造和加工技术以及结构与性能方面的研究已相当成熟，并且已应用在航天、航空及汽车等领域。中国自 1985 年开始研究碳化硅晶须增强铝合金。

晶须增强 MMC 的性能，如高的比强度和比刚度，很好的耐高温性、耐磨性，较低的冲击韧性。有些晶须增强 MMC 后还具有较好的焊接性。例如，对 SiC_w/Al 复合材料进行熔焊后，其焊缝强度可高于基体合金强度，如果进行扩散焊，也可得到较好的焊缝强度。这种焊接性能，扩大了晶须增强 MMC 作为结构材料的应用范围。另外，与非金属基复合材料相比，晶须增强 MMC 一般具有较好的热膨胀、热传导和导电性能，这些特性使其在某些特定场合可以得到应用，当然与基体合金和钢铁材料相比，这些性能都较低。

最突出的优点是可以进行二次加工，一般采用热挤压、热轧制和热旋压等手段，可消除孔洞等缺陷，提高晶须分布的均匀性，提高强度的同时显著改善材料塑性。

晶须增强 MMC 的二次加工和应用研究在美国和日本开展较早，发展较成熟，已可将它像金属材料一样进行各种成型加工，并在许多方面得到应用。在航空航天方面，用于飞机的支架、壳体和加强筋等及直升机的构架、挡板和推杆等；汽车方面，用于推杆、框架、弹簧和活塞杆、活塞环等；体育器械方面，用作网球拍、滑雪板、滑雪台架、钓竿、高尔夫球杆、自行车和摩托车车架等；在纺织工业中，可用来制造梭子。晶须增强 MMC 以其优异的力学性能和物理性能，正在越来越广泛的领域得到应用，并发挥作用。

四、颗粒增强金属基复合材料

颗粒增强金属基复合材料由金属材料与一种或多种金属、非金属或陶瓷颗粒弥散强化后制成。主要有铝基、镁基、钛基、镍基、各种金属间化合物基复合材料。

性能影响因素有颗粒增强相的种类、数量、形状、尺寸、基体金属成分及制备工艺。研究表明，颗粒尺寸越小，增强效果越大，膨胀系数越小。

增强相复合方法是从外部加入或经化学反应生成增强相。

增强相要求高模量，高强度，抗磨及良好的高温性能，并在物理、化学性能上与基体匹配。

常用增强相有 SiC、Al_2O_3、TiC、SiO_2、TiB_2、TiB 和石墨等，以及 W、Mo、Cr 等金属颗粒。可具有球状、多角状、片状等形态。

常用基体有 Al、Mg、Ti 及其合金和金属间化合物。铝和镁及其合金最常用，钛和金属间化合物应用于高温条件。

根据基体的种类、成分及制备方法选择合适的颗粒增强相是复合材料制备时必须遵循的原则之一。主要目的是保证增强相和基体有适当的物理和化学相容性。例如，SiC 与铝结合适当，界面强度高，而与钛经过高温制备后，却剧烈反应形成宽的界面区，显著降低材料性能；又如，TiB_2 是 TiAl 金属间化合物较理想的增强相，但 TiAl 基体的成分对界面的反应有很大影响。

通过增强相对复合材料性能的调节可达到增加弹性模量、提高拉伸强度、改善高温蠕变性、提高耐磨性、调节膨胀系数等目的。

使颗粒在基体内分布均匀，减少颗粒间接触和团聚，以改善受载时内部应力分布，这一点是保证复合材料具有良好性能的关键之一。改善应力分布的措施是，提出新的复合材料设计概念。如混合型的增强相，即在基体内同时加入起不同作用的多种增强相。例如，在基体中加入细小颗粒改善强度，加入晶须或短纤维提高蠕变抗力，加入弹性软相改善韧性等。

与纤维增强相比的优势是：制备容易，成本低，并可用热压、热挤压、热轧等常规热加工；颗粒在基体中弥散分布，呈各向同性，适用于复杂应力状态。弥补了长纤维增强相价格昂贵、工艺复杂、各向异性等限制。

尤其是陶瓷颗粒增强轻金属（Al、Mg、Ti），成本低，模量、强度、耐磨性高，易于制造，发展迅速。在航空航天、汽车工业及其他结构工业中大量应用。

目前以氧化物、氮化物、碳化物、硅化物等硬质陶瓷颗粒增强，具有优异的耐磨性、高强度、低密度、高耐摩擦磨损性等，在摩擦磨损领域中前景广阔。

金属陶瓷是指由陶瓷粒子和黏结金属组成的非均质的复合材料。例如，用碳化物陶瓷粒子增强 Ti、Cr、Ni 等金属。这种金属陶瓷又称硬质合金，目前已广泛应用于切削刀具。其组成特点是把耐热性好、硬度高但不耐冲击的陶瓷相黏结在一起，从而弥补了各自的缺点。

1. 碳化硅/铝复合材料

碳化硅/铝复合材料在金属基复合材料中研究最多、比较成熟，最早实现大规模产业化。

碳化硅颗粒（SiC_p，下标 p 表示 particles）和铝有良好的界面结合强度，铝基体经 SiC_p 增强后可显著提高材料的弹性模量、拉伸强度、高温性能和耐磨性，粉末冶金法和铸造法都是常用的制备方法。

碳化硅/铝复合材料特点是比模量高，高温性能好，抗磨损。密度仅为钢的 1/3、钛合金的 2/3，与铝合金相近；强度高于中碳钢，与钛合金相近；弹性模量高于钛合金，比铝合金高很多；耐磨性好，比铝合金高一倍；最高使用温度达 300～350℃。

应用于汽车工业、机械工业，用作大功率汽车发动机和大功率柴油发动机的活塞环、连杆、刹车片、火箭和导弹构件、红外及激光制导系统的结构件、激光反射镜、超轻空间望远镜、精密航空电子器件封装材料、坦克履带板。SiC_p/Al 复合材料的膨胀系数随 SiC_p 含量的变化可在一定范围内调节，因此在光学仪表和航空电子元件领域也具有应用前景。

SiC 颗粒（SiC_p）成本低廉、来源广泛，用于增强铸造铝基复合材料，其工艺简单、成本低、易于规模化生产，和普通铸造铝合金一样可重熔铸造成型，可通过现有的各种铸造工艺（如砂型、金属型、熔模铸造、压铸、消失模等）生产复合材料铸件。例如，已开发 SiC_p/Al 复合材料的铸锭商品及其各种型材和构件、SiC_p/铝合金复合材料的活塞、连杆和缸套等汽车内燃机零部件（美国、日本、印度等），SiC_p、Al_2O_3 颗粒增强 MMC 制造的制动盘用于日本的新干线和德国的 ICE 高速列车，它的最大特点是耐磨、密度小、导热性好、热容量大，是高速和超高速列车的理想材料。美国 Specialized 公司加利福尼亚州分公司以 Al_2O_3 陶瓷颗粒与 6061-T6 铝合金烧结的一种 MMC，用于制造自行车架，获得了空前的效果，它比纯铝合金车架的强度和刚度提高了 70%，质量只有 1.18kg，整车质量 8.5kg。

超细 SiC 颗粒/铝复合材料可用作理想的精密仪表用高尺寸稳定材料和精密电子器件的封装材料。

2. TiC/Ti 复合材料

TiC/Ti 复合材料是在 Ti 中加入 10%～25% 超硬 TiC 与钛合金粉末，用粉末冶金法复合而成。

铝基复合材料在温度高于 300℃后，强度迅速下降，极限工作温度大致在 350℃，不能满足高温高性能结构与动力装置用材料的要求。20 世纪 80 年代中期，人们开始研制钛基等高温金属基复合材料。美国于 1989 年 7 月报道了 TiC 颗粒增强钛合金的 Cermet Ti 系列产品，采用冷热等静压工艺生产不同含量碳化钛颗粒（TiC_p）增强的钛合金基（Ti-6Al-4V）复合材料。中国学者于 1990 年采用更为简化的真空热压-热挤压工艺研制成功性能相当的复合材料，不连续增强钛基复合材料的弹性模量比基体高 25%，550℃时抗拉强度为 616MPa，比美国的 Cermet Ti-10 约高 150MPa。对材料的显微组织进行评定指出，TiC_p 和钛基体结合良好，存在窄的界面反应区，TiC_p 和钛基体的泊松比相近，热膨胀系数差较小，密度差较小，与基体能很好地匹配。

TiC/Ti 复合材料特点是强度、弹性模量、抗蠕变性均好，使用温度达 500℃。

应用于美国生产的 TiC_p 增强的 Ti-6Al-4V 的导弹壳体、导弹尾翼和发动机部件的原型件。研究结果还表明，选用新的陶瓷增强相或改进钛合金成分，可进一步提高钛合金复合材料的高温强度和使用温度。

3. 颗粒增强金属间化合物基复合材料

颗粒增强金属间化合物基复合材料主要有 TiB_2/NiAl、TiB_2/TiAl，使用温度在 800℃以上。

五、原位复合材料

采用定向凝固法，液态金属和合金在有规则温度梯度场中冷却凝固，自身析出晶体，得到晶须增强复合材料，也称自增强金属基复合材料。原位复合材料优势在于：晶须为自身析出，两相界面结合牢固，界面强度高，避免润湿性、化学反应和相容性等问题；高温近平衡下缓慢形成，热稳定性好；纤维分布均匀，不存在不均匀及纤维损伤问题；易于加工，能直接铸成所需结构。

特点是性能超过基体本身，接近共晶温度时，仍保持很高的强度和抗蠕变性。

应用于航天飞机、燃气轮机。

六、片层叠合金属基复合材料

片层叠合金属基复合材料详细内容详见本章第八节。

七、金属基功能复合材料

1. 具有导电功能的复合材料

具有导电功能的复合材料是以铜为基体，氧化铝颗粒弥散强化。

特点是耐热性好，强度高，电性能几乎不下降。

应用于导电材料。

为提高导线强度，以钢替代部分铜，制成高强度钢-铜导线，用于输电线、架空地铁线、通信线。

2. 具有超导功能的复合材料

超导性受直径限制，直径应小于 $30\mu m$，过粗不能保证超导性，但直径为 $20\sim30\mu m$ 时仅可通过几安培电流，而且易折断，难以使用。

将超导线埋入铜、铝等低电阻合金中，挤压制成结构稳定的超导线材。这就是具有超导功能的复合材料。

极低温时铜的剩磁和传热特性受限，考虑使用铝更好。先以高纯铝（铝含量≥99.99%）包覆极细超导纤维，再将其埋入铜基体中，通过包覆、挤压方法使三者结合成一体。这种结合体包覆前后临界电流（导致超导性破坏所需电流）基本不变，而电压的变化趋缓，说明经铝包覆后超导线稳定性增强，若作为常导体，这种稳定导线可实现分流功能。

3. 具有智能的复合材料

具有智能的复合材料既有保持高强、耐磨、耐蚀特点，又可改善疲劳、龟裂、蠕变损伤。

智能复合材料特点是检测自身损伤，抑制裂纹并自修复，确保可靠性。

硼颗粒/铝合金复合材料在破坏时发出声波，可被接收并查出位置。

ZrO_2颗粒/钼复合材料在受载荷产生裂缝时，裂纹尖端在高应力下诱发 ZrO_2 相变 t-ZrO_2→m-ZrO_2），体积膨胀，裂纹闭合，抑制裂纹发展，提高断裂韧度。

第七节　陶瓷基复合材料

陶瓷基复合材料（CMC）是以高性能陶瓷纤维增韧陶瓷基体形成的复合材料，是在陶瓷基体中引入第二相材料，使之增强、增韧的多相材料，又称多相复合陶瓷或复相陶瓷。其目的是发挥陶瓷材料抗氧化、耐热、耐磨、耐蚀的优点，克服脆性大、韧性差的弱点，使强度和韧性都得到很大改善。

增强相有碳纤维、氧化铝纤维、碳化硅纤维、碳化硅晶须、氧化铝晶须、碳化硅颗粒、碳化钛颗粒。

应用于人造卫星、航天飞机、星际探测器、大型运载火箭和飞机上耐高温、耐冲刷、密度低、强度高结构件。

一、陶瓷基复合材料特性

陶瓷基复合材料具有如下优点。

（1）保持陶瓷优点（高强度、高模量、高硬度、耐高温、耐腐蚀），克服弱点脆性，获得高韧性、高冲击阻力、低密度，获得对航空航天很重要的高比强度和高比模量。

（2）性能可设计性是重要优点。考虑不同组分间化学相容性和物理相容性，使人们可根据要求设计材料。不同组分和不同复合方式可产生不同性质的材料，这为人们进行材料设计提供了巨大空间。

（3）性能的各向异性和非灾难性破坏模式。

从应用角度讲，主要考虑高温应用。如高温耐久性、高温强度、高温疲劳和蠕变以及减震功能。用于动态结构时的抗冲击性和耐磨性很重要。总之，根据不同使用要求，选定对其常规力学性能的要求。

陶瓷复合材料仍属于脆性材料，脆性材料不耐冲击。因拉伸强度低，易受拉应力而破坏。脆性材料的抗冲击性是最重要指标，但只有对冲击韧性的简易评价方法而很难规范测试；抗拉强度是另一个重要指标，但操作困难；因此一般把抗弯强度作为脆性材料主要的力学性能指标。力学性能指标的评价将随应用需求的发展以及材料技术和测试技术的进步而不断调整。

二、陶瓷基复合材料类型

1. 纤维（或晶须）增韧（或增强）CMC

要求尽量满足纤维（晶须）与基体陶瓷的化学相容性和物理相容性。

（1）化学相容性　指在制造和使用温度下纤维与基体不发生强烈化学反应（有时微弱化学反应不可避免且有利于结合）及不引起性能退化。

（2）物理相容性　指两者热膨胀系数和弹性匹配。一般使纤维热膨胀系数略高，使基体承受残余压应力。

化学相容性要求材料性质不要太近；物理相容性要求材料性质不要太远。既要有良好结合，又不要过度反应造成性能退化（反应导致性能优化时可以，如原位生长等）。

2. 异相颗粒弥散强化 CMC

异相即在主晶相基体中引入第二相。异相颗粒均匀弥散于陶瓷基体中，起增强增韧作用。

（1）刚性（硬质）颗粒　又称刚性颗粒增强体。是高强度、高硬度、高热稳定性和化学稳定性的陶瓷颗粒。

其可有效提高材料断裂韧性，具有很好的高温力学性能，是制造切削刀具、高速轴承和陶瓷发动机部件的理想材料。

（2）延性颗粒　主要是金属颗粒，其高温性能不如陶瓷基体。延性颗粒制备的 CMC 高温力学性能不好，但可显著改善中低温时的韧性。可用于耐磨部件。

3. 原位生长 CMC

又称自增强复相陶瓷。

特点是第二相不是预先单独制备的。原料中加入可生成第二相的单质（或化合物），控制生长条件，使陶瓷基体在致密化过程中，直接通过高温化学反应或相变，在基体各个位置同时原位生长出均匀分布的晶须或高长径比的晶粒或晶片，即增强相，自然形成 CMC。

优点是不存在相容性问题。因此，室温和高温力学性能均优于同组分的其他类型复合材料。

4. 功能梯度 CMC

早期为陶瓷-金属梯度复合；后来发展了陶瓷-陶瓷梯度复合。

梯度材料由两种或两种以上的组分组成，一类组分的含量从材料的一侧至另一侧，渐次由 100% 减少至 0，而另一侧则从 0 渐次增加到 100%。即材料的成分连续变化（另一种成分可以不为零）。通过这种成分的连续变化（单向变化，指单向增加或减少，反复变化没有意义），实现材料性能的连续变化，其目的是适应部件两侧的不同工作条件和环境要求，并减少可能发生的热应力。

材料组成和结构连续变化，性能和功能则连续变化，形成非均质体，减少和克服结合部位的性能不匹配。

这类复合材料模糊了材料-结构、微观-宏观、基体-第二相的界限，是传统复合材料概念的延伸和新推广。

5. 纳米 CMC

陶瓷基体中含有纳米粒子第二相。

（1）基体晶体内弥散纳米粒子第二相（包晶）。

（2）基体晶粒间弥散纳米粒子第二相。

（3）基体与第二相同为纳米晶粒。

以上第一、第二条可改善室温和高温力学性能；第三条可产生某些新的功能，如可加工性和超塑性。

三、陶瓷基复合材料各论

（一）纤维增强陶瓷基复合材料

典型的陶瓷基复合材料是纤维增强陶瓷。陶瓷材料耐高温、耐磨、耐腐蚀性能优越，但其脆性限制了它的使用范围。采用纤维复合可大大提高材料的韧性和抗疲劳性。

1. 长纤维增强陶瓷基复合材料

（1）碳纤维（C）/陶瓷基复合材料　特点是高温强度高，弹性模量高，韧度较高。

C/Si_3N_4 可在 1400℃ 长期工作；C/SiO_2 的冲击韧性比纯石英陶瓷大 40 倍，抗弯强度大 5～12 倍，比强度、比模量成倍提高，能经受 1200～1500℃ 高温气流冲击。

应用于喷气飞机涡轮叶片。

（2）SiC 纤维/陶瓷基复合材料　以化学气相沉积法获得 SiC 纤维，再与多种陶瓷复合。

SiC 纤维/SiC 陶瓷特点是断裂韧度提高 5～6 倍，抗弯强度提高 50%，纤维与基体具有良好的相容性和结合性。

应用于喷气发动机喷嘴。

SiC 纤维/Al_2O_3 陶瓷、SiC 纤维/ZrO_2 陶瓷可提高断裂韧度和抗弯强度。

（3）C_f/C 复合材料　由碳纤维骨架和碳基体组成。碳纤维性能优异，可增强碳材料。是一种新型特种工程材料，全部由 C 组成。

以聚合物（酚醛树脂、环氧树脂、沥青）浸渍 C_f，固化成型，在无氧条件下树脂高温裂解，得到碳（或石墨）基体（陶瓷基体），从而获得 C_f/C 复合材料。实际上可看成是由纤维增强树脂基复合材料转化而来，属于广义的陶瓷基复合材料。

特点是重量轻，是高温结构材料中最轻的材料。强度、刚度好，在 1000℃ 以上比强度和比刚度无可匹敌，用于宇航、航空和国防。抗热冲击、韧性、耐烧蚀、耐高速摩擦，能承受极高温和极高加热速度，1000～2000℃ 强度不降反升，高温力学性能比低温时还好，耐热性最好，使用温度最高。在 2200℃ 高温下保持强度。超耐热不锈钢，室温时强度比 C_f/C 复合材料高，接近 1000℃ 时强度迅速下降至零。化学稳定性好，耐蚀性最好，对酸碱盐及有机溶液惰性。

失效形式为非脆性断裂。耐热冲击，密度低，为高温合金的 1/4、陶瓷的 1/2。

纤维可连续或非连续。通过控制 C_f/C 复合材料在不同方向上的强度与模量，即获得满足各不同使用要求的各向异性。

高性能碳纤维，弹性模量超过 700GPa，强度为 3～4GPa，直径为 6～8μm。

高性能碳纤维制备方法是：原料为有机聚合物聚丙烯腈 PAN、石油沥青或人造黏胶等，经纺丝、不熔化处理、炭化、石墨化等工序制备。

基体碳制备方法是：按不同制造方法和步骤，可以在一定条件下调节基体碳特性。一个极端情况下，基体碳可以是玻璃态，由细小、随机取向的石墨微晶和乱层石墨组成；另一个极端情况下，基体碳可由高度取向、高度石墨化的较大晶粒组成；一般情况下，基体碳的微观结构处于上述两种之间。

图 9-22 为以沥青和酚醛树脂制造 C_f/C 复合材料的工艺流程。

研究热点是高导热沥青基碳纤维及其 C_f/C 复合材料。如美国 Amoco 公司生产的 K-1100 牌号沥青基碳纤维轴向热导率达 $900W/(m \cdot ℃)$，是铜的 2～3 倍、铝的 5 倍。国内差距较大，主要用于高功率电子装置散热器。

欧洲动力公司发明针刺 C_f/C 预制体技术，即碳纤维切短，制毡后预制。工艺简单、产品形状、厚度不受限制，而且制品性能优异。在欧美大量用于固体火箭发动机喷管喉衬、延伸锥、刹车盘。

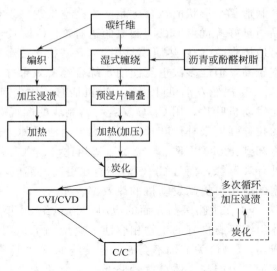

图 9-22　以沥青和酚醛树脂制造 C_f/C 复合材料的工艺流程

特别适合用作宇航材料、固体火箭喷嘴、航天飞机头罩和前缘、超声速飞机减速板、重返大气层导弹外壳。利用其耐蚀性，在化工管道、各种反应器、热交换器、喷气发动机进气部件及火箭推进器系统中（接触高温腐蚀性气体）使用。

① 在宇航方面的应用　主要用作烧蚀材料和热结构材料，其中最重要的用途是用作洲际导弹弹头的鼻锥帽、固体火箭的喷管、航天飞机的鼻锥帽和机翼前缘，热结构 C_f/C 复合材料还可用于航天飞机的方向舵和减速板、副翼和机身挡遮板等（图 9-23）。这种防热/结构一体化的设计，将会大大降低飞机的结构质量。

② 刹车片　C_f/C 复合材料重量轻、耐高温、吸收能量大、摩擦性能好，1970 年以来已广泛用于高速军用飞机和大型超声速民用客机作为飞机的刹车片。飞机使用 C_f/C 刹车片后，其刹车系统比常规钢刹车装置减小质量 680kg。C_f/C 刹车片不仅轻，而且特别耐磨，操作平稳，当飞机起飞遇到紧急情况需要及时刹车时，能够经受住摩擦产生的高温，而钢刹车片在 600℃ 制动效果就急剧下降。

③ 发热元件和机械紧固件　许多在氧化气氛下工作的 1000～3000℃ 高温炉装配有石墨发热体，石墨发热体强度较低、性脆，加工、运输困难。C_f/C 发热元件机械强度高而不易破损，电阻高能提供更高的功率，可以制成大型薄壁发热元件，更有效地利用炉膛的容积。如高温热等静压机中采用的 2m 的 C_f/C 发热元件，壁厚只有几毫米，可工作在 2500℃。C_f/C 复合材料制成的螺钉、螺栓、垫片在高温下作为紧固件，效果良好，可以充分发挥 C_f/C 复合材料的高温拉伸强度。

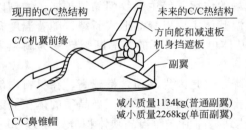

图 9-23　C_f/C 复合材料在航天飞机上的应用

④ 吹塑模和热压模　C_f/C 复合材料另一个新的应用领域是代替钢和石墨制造超塑成型的吹塑模和粉末冶金中的热压模。采用 C_f/C 复合材

料制造复杂形状的钛合金超塑成型空气进气道模具，具有重量轻、成型周期短、成型出的产品质量好等优点。德国制成的这种 C_f/C 模具，最长达 5m，但重量很轻，两个人就可以轻易地搬走。C_f/C 热压模具用于 Co 基粉末冶金中，比石墨模具使用次数多、寿命长，虽然成本较高，但能多次重复使用，综合经济效果好。

⑤ 涡轮发动机叶片和内燃机活塞　代表当前工艺水平的 C_f/C 复合材料应用是 C_f/C 涡轮发动机叶片。用 C_f/C 复合材料制成的燃气涡轮机陶瓷叶片的外环，充分利用了碳纤维高的拉伸强度来补偿叶片的离心力，由于 C_f/C 复合材料的高温氧化问题，C_f/C 外环需要气体冷却到 400℃ 以下。与金属活塞相比，C_f/C 活塞的热辐射率高，热导率低，又可去掉活塞外环和侧缘，而且 C_f/C 活塞能在更高的温度和压力下工作。在汽车工业中，C_f/C 内燃机活塞的应用可提高发动机的热效率。

⑥ 在生物医药方面的应用　20 世纪 80 年代，生物实验反复证明了 C_f/C 复合材料与人体组织具有良好的生物相容性。典型例子是用 2D C_f/C 复合材料制造的人工髋关节使用很成功。C_f/C 关节轴不会遇到像传统的钢轴那样的侵蚀问题，并且即使在外科移植时不用黏结剂，也能与人体自然骨骼形成一个灵活的、柔韧的连接点。

⑦ 其他　C_f/C 复合材料还可用于氦冷却核反应堆热交换管道、化工管道和容器衬里、高温密封件及轴承等。

2. 短纤维及晶须增强陶瓷基复合材料

（1）C/玻璃陶瓷复合材料　短切碳纤维为增强体。

特点是韧度高，C 纤维定向分布时断裂韧度更高。

C/硼（锂）硅酸盐玻璃陶瓷强度达到铸铁水平。

（2）晶须/陶瓷基复合材料　陶瓷晶须（直径 $0.3\sim1\mu m$、长度 $30\sim100\mu m$ 的陶瓷小单晶）位错少、强度高，是理想的陶瓷强韧化材料。

常用陶瓷晶须有 SiC、Si_3N_4、Al_2O_3 晶须；常用基体有 Al_2O_3、ZrO_2、SiO_2、Si_3N_4、莫来石。

① 碳化硅晶须增强氧化铝（SiC_w/Al_2O_3）　组成及工艺是：采用商品 $\gamma\text{-}Al_2O_3$ 粉，经 1250℃ 煅烧后，Al_2O_3 的质量分数大于 99.966%；SiC 晶须直径为 $0.3\sim1\mu m$，长径比为 $50\sim100$。将 SiC 晶须球磨分散成无团聚的晶须悬浮液；在 SiC 晶须悬浮液中按组成比例加入 $\gamma\text{-}Al_2O_3$ 粉，球磨后烘干、过筛，即可得到均匀分散的混合粉料。热压烧结制得 SiC_w/Al_2O_3 复合材料。

SiC_w/Al_2O_3 特点是内部有较大的残余应力，由于基体 Al_2O_3 的热膨胀系数（$7\times10^{-6}℃^{-1}$）比增强晶须 SiC_w 的热膨胀系数（$4.9\times10^{-6}℃^{-1}$）大，因此室温下复合材料中 SiC_w 所受的热残余应力为压应力，而 Al_2O_3 受拉应力。

SiC_w/Al_2O_3 的增韧机制包括晶须拔出、晶须桥联、界面解离、裂纹偏转。在不同的温度下表现出不同的增韧机制。室温下由于残余应力场的作用，使主裂纹朝晶须扩展，增韧以晶须桥联和晶须拔出为主，裂纹偏转也较明显，室温基体主要以穿晶形式断裂；随着温度升高（如在 1200℃），界面解离成为主要增韧机制，基体也由室温下的穿晶断裂转变为高温下的沿晶断裂。

随着晶须含量的增加，复合材料的相对密度下降，这是因为晶须含量越高，在材料内部加长了传质途径，使烧结速率降低，并使气孔难以排除，因而密度降低。当晶须的体积分数为 30% 时，SiC_w/Al_2O_3 的弯曲强度和断裂韧性均达到最高值。而当晶须体积分数超过 30% 时，由于晶须的均匀分散变得相当困难，复合材料的强度和断裂韧性下降。

SiC_w（体积分数 30%）/Al_2O_3 的抗弯强度与烧结温度和烧结气氛有关，当烧结温度在 1600～1800℃ 范围内时，随温度升高复合材料强度升高，这可能是由于烧结温度升高导致密度增大、缺陷减少，同时也改善了晶须/基体的界面结合，因而力学性能得到改善。此外，氩气保护烧结的复合材料的抗弯强度明显高于 N_2 保护。

SiC_w/Al_2O_3 可用作结构材料，磨料、磨具、刀具、造纸工业用刮刀，耐磨的球阀、轴承及内燃机喷嘴、缸套、抽油阀门和内衬等。

② 碳化硅晶须增强氮化硅（SiC_w/Si_3N_4）　SiC_w/Si_3N_4 复合材料的制备工艺流程如图 9-24 所示。

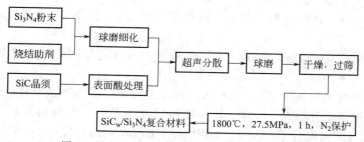

图 9-24　SiC_w/Si_3N_4 复合材料的制备工艺流程

SiC_w/Si_3N_4 复合材料是人们最为看好的结构陶瓷材料体系，以其良好的高温性能和低密度作为结构陶瓷取代高温合金用于发动机。利用其耐高温、耐磨损性能，在陶瓷发动机中可用作燃气轮机的转子、定子，无水冷陶瓷发动机中的活塞顶和燃烧器，柴油机的火花塞、活塞罩、气缸套等。利用其抗热震、耐腐蚀、摩擦系数低、热膨胀系数小等特点，在冶金和热加工中被广泛用于测温热电偶套管、铸模、坩埚、烧舟、马弗炉炉膛、燃烧嘴、发热体夹具、炼铝炉炉衬、铝液导管、铝包内衬、铝电解槽衬里、热辐射管、传送辊、高温鼓风机零部件、阀门等。利用其耐腐蚀、耐磨损、良导热等特点，在化工工业中用于球阀、密封环、过滤器、热交换器部件等。

3. 钢纤维增强混凝土

水泥混凝土的缺点是其抗压强度高而抗拉强度低（仅为抗压强度的 20%），属于脆性材料。若做成板、梁构件受到垂直于板梁的力后（自重等），即受弯曲力，下部受拉，上部受压，在受拉区产生裂缝，影响结构强度和使用寿命。钢纤维增强混凝土（SFRC）是在混凝土中均匀掺入一定规格（具有各种外形，长径比为 50～100）、一定比例（体积掺入量为 0.5%～2%，高性能者可掺 4%～12%）的钢纤维，主要使用低碳钢、不锈钢等金属纤维，采取一定工艺措施改善纤维与基体之间黏结状态。钢纤维抗拉强度很高，在混凝土中承受拉应力，可提高混凝土的力学性能。钢纤维增强混凝土具有优良的抗拉、抗弯、抗冲击、阻裂、耐疲劳等性能。抗弯强度可提高 1.5～2.5 倍，抗拉强度提高 1.5～2 倍，韧性可提高 10～15 倍，同时其抗冲击性、抗疲劳性、抗渗性、抗冻融收缩性均有大幅度提高，可用于浇筑桥面、公路路面、机场跑道等，高性能钢纤维增强混凝土因其成本较高，主要用于抗冲击、抗爆炸、抗地震等有较高要求的工程上。金属玻璃纤维（一定成分的熔融金属液经淬火急冷制成非晶态金属玻璃纤维）可制作储藏核废料容器和抗爆构筑物。

（二）颗粒增强陶瓷基复合材料

对于 CMC，颗粒增强效果虽不及纤维和晶须，但原料易混合均匀，而且烧结致密化容易，易于制备形状复杂产品，因此应用和发展前景良好。

增强体为 SiC 和 TiC 颗粒时，基体选用 Si_3N_4 和 Al_2O_3 （价格低，应用广泛）。

颗粒种类、粒径、含量与基体匹配得当，会改善高温抗蠕变性和韧性。

主要应用于高温材料和超硬高强材料。在高温领域可用作陶瓷发动机中燃气轮机的转子、定子和涡形管、无水冷陶瓷发动机中的活塞顶盖，还可制作燃烧器、柴油机的火花塞、活塞罩、气缸套、副燃烧室以及活塞-涡轮组合式航空发动机的零件等。

1. 碳化硅颗粒 SiC_p 增强氮化硅 Si_3N_4——最典型的颗粒增强 CMC

制备工艺如下：可采用 SiC 颗粒与基体超细粉末的坯件成型结合剂混合的方法。预成型坯件采用冷压和冷等静压制造。坯件烧结可采用常压烧结（氮气、氧气或真空中）、热压烧结、热等静压烧结或气压烧结等。若采用有机前驱体 SiC_p/Si_3N_4 纳米复合材料，其方法有两种。

（1）用有机前驱体热解得到 Si-C-N 复合粉末，再与适量的烧结助剂均匀混合并热压烧结。

（2）用有机前驱体与亚微米 Si_3N_4 粉末混合，加适量的烧结助剂热压烧结。SiC_p/Si_3N_4 复合材料，当颗粒体积分数为 5％ 时，其强度和韧性均最高。该材料还具有较好的高温性能，在 1200℃ 的弯曲强度为 720MPa，比相同原料的 Si_3N_4 陶瓷提高了 50％。在超硬、高强材料方面，SiC_p/Si_3N_4 复合材料已用来制造陶瓷刀具、轴承滚珠、工具模、柱塞泵等。

2. ZrO_2/陶瓷基复合材料

将 ZrO_2 颗粒添加到陶瓷中，利用 ZrO_2 相变增韧原理，提高断裂韧度。

ZrO_2/Al_2O_3 的断裂韧度提高 $1\sim1.4$ 倍；ZrO_2/莫来石的强度、断裂韧度均提高。

应用于发动机部件的绝热材料。

3. 氧化钇（Y_2O_3）/陶瓷基复合材料

晶粒组织非常细小，为高温高韧复合陶瓷。是韧度最接近金属的复合陶瓷之一。

应用于日本陶瓷刀具、喷嘴、导向装置和泵。日本初期开拓陶瓷刀具市场时，免费向消费者赠送几十万把陶瓷刀具以扩展市场。南京工业大学留日博士郭露村教授，是国内较早制作陶瓷刀具者。

（三）陶瓷层状复合材料 LCMC

陶瓷层状复合材料 LCMC 详细内容详见本章第八节。

（四）陶瓷基功能复合材料

1. 具有磁性功能的复合陶瓷

铁氧体是典型的磁性陶瓷。铁氧体加一种或多种金属氧化物，构成复合氧化物磁性材料。

特点是电阻率比金属磁性材料高，交变磁场中涡流损耗和集肤效应小，原料丰富，工艺简单，成本低。

应用于永磁、高频软磁、磁记录材料。

2. 具有导电功能的复合陶瓷

具有导电功能的复合陶瓷由碳化硅系陶瓷粉碎物料加少量碳粉及沥青，经加压、加热成型而制成。改变碳比率即可改变电阻率，具有电阻随电压变化的非线性特征。

应用于电阻炉电热体（使用温度比镍铬电阻丝高得多）的压（电压）敏电阻，其特征是在某一临界电压（压敏电压）以下电阻值非常高，超过压敏电压，电阻急剧变化，并有电流通过，用于稳定电子电路和异常电压控制元件。

3. 具有医用生物功能的复合陶瓷

具有医用生物功能的复合陶瓷是羟基磷灰石和生物活性微晶玻璃复合材料等。

特点是化学稳定，生物活性，$400\mu m$ 微孔，便于人体骨组织向内部长入，与骨组织活性结合，有效解决人工关节松动下垂问题。

应用于长碳纤维涂覆热解碳，使其具有韧带恢复功能；碳/碳复合材料，具有良好的生物相容性和力学性能，弹性模量接近人体骨骼，适用于医用生物体材料；等离子喷涂生物陶瓷涂层，用于人工骨骼、人工骨盆、人工肘关节、人工膝关节等。

（五）纳米陶瓷（基）复合材料

纳米陶瓷（基）复合材料是指陶瓷基体中含有纳米粒子第二相的复合材料。金属材料、有机高分子材料、无机非金属材料（陶瓷）都可以作为基体制备复合材料，但只有陶瓷基体才能较容易地接纳纳米粒子，形成纳米复合材料。20 世纪 80 年代后期，日本研制出纳米级颗粒补强陶瓷基复合材料，使材料的力学性能大幅度提高。一般可有三种类型：晶粒内弥散纳米粒子第二相；晶粒间弥散纳米粒子第二相；纳米晶基体和纳米粒子第二相复合而成。前两种类型中由于纳米粒子第二相弥散分布，改善了材料的室温和高温力学性能以及耐用性，如 5％SiC 纳米颗粒弥散于 Al_2O_3 基体内，复合材料强度为纯 Al_2O_3 的 3 倍，达 1500MPa。第三种类型可产生某些新功能，如可加工性和超塑性等。制备方法是：先制备纳米级粉体，再经特殊烧结方法获得纳米陶瓷复合材料，或控制热处理条件使基质晶沉淀析出纳米晶第二相。品种有 Al_2O_3/纳米 SiC、Al_2O_3/纳米 Si_3N_4、Al_2O_3/纳米 TiC、莫来石/纳米 SiC、B_4C/纳米 SiC、B_4C/纳米 TiB_2、Si_3N_4/纳米 SiC 等。

第八节　层叠复合材料和层状结构复合材料

通常复合材料是由连续相（基体）和分散相（增强相、分离相）组成的，按照增强体的形态主要有纤维增强（长纤维、短纤维）、颗粒增强、晶须增强、原位生长增强等形式。后来又受到自然界天然材料的启发，认识到复合材料除了连续相＋分散相的组合方式之外，也可以有多层结构的组合方式，即复合材料由具有不同化学组成和性能的片层材料叠合而成，同样能产生取长补短并可产生新功能的作用，并且这种组合方式有时还会产生更加奇妙的效能。可将这类材料称为多层结构复合材料。

多层结构复合材料，按照多层结构的简繁和工艺制备复杂程度，可以分为简单的层叠复合材料、结构型重复的层状复合材料。

一、层叠复合材料

层叠复合材料是由两层或多层不同材料复合，可使材料的刚度、强度、耐磨、耐蚀、绝热、隔声、自重等性能改善。

1. 双层金属复合材料

双层金属复合材料是将性能不同的两种金属，用胶合或熔合（铸造、热压、焊接、喷涂）等方法复合在一起，以满足某种性能要求。最简单的双层金属复合材料是将两块线膨胀系数不同的金属板胶合在一起，组成悬臂梁，当温度发生变化后，由于膨胀系数不同而产生预定的翘曲，可作为测量和控制温度的简易恒温器。

我国生产的不锈钢-碳素钢复合钢板、合金钢-碳素钢复合钢板，可认为是层叠复合材料。

2. 塑料-金属多层复合材料

SF 型 3 层复合材料就是以钢为基体、烧结铜网或铜球为中间层、塑料为表面层的一种自润滑复合材料，如图 9-25 所示。

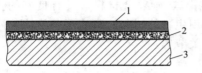

图 9-25　SF 型 3 层复合材料
1—塑料层（0.05～0.3mm）；2—多孔铜（0.2～0.3mm）；3—钢（0.5～3mm）

较厚的底层基体提供材料物理性能、力学性能；表面层塑料决定材料摩擦磨损性能，常用聚四氟乙烯、聚甲醛；中间层多孔性青铜使三层之间获得可靠的结合力，用于一般喷涂层或黏结层。这种材料用于轴承件，即使塑料磨损，露出青铜，也不致严重磨伤轴颈。

特性是比单一的塑料承载能力高 20 倍，导热能力高 50 倍，线膨胀低 75%，尺寸稳定。

应用于高应力（140MPa）、高温（270℃）、低温（－195℃）、无油润滑条件下的各种轴承，还用于汽车、矿山、化工机械行业。

3. 夹层结构复合材料

夹层结构复合材料由两层薄而强的面板（蒙皮）夹一层轻而弱的芯子，面板和芯子可用胶黏剂黏结或焊接（用于金属材料连接）。

面板由抗拉强度和抗压强度高、弹性模量大的材料组成，如金属、玻璃钢、增强塑料等。

芯子有实心的或蜂窝格子的，根据性能要求，常用泡沫、塑料、木屑、石棉、金属箔、玻璃钢等。

夹层结构特点是密度低，自重小，刚度高，抗压稳定性好。可按需要选择制作面板、芯子的材料，以得到绝热、隔声、绝缘等性能。

性能影响因素有面板厚度、夹芯高度、蜂窝格子大小和夹层的性能等。

蜂窝夹层结构适用于结构尺寸大、强度高、刚度好、耐热性好的受力构件。泡沫塑料夹层结构适用于刚性好、尺寸小、受力不太大的受力构件。

应用于飞机的天线罩隔板、机翼、火车车厢、运输容器等。

4. 聚合物基层状复合材料

（1）聚合物基复合材料层压板　常用树脂基体有热固性不饱和聚酯树脂、酚醛树脂、环氧树脂、氨基树脂以及某些热塑性树脂。增强材料为纤维及其织物，有玻璃纤维、碳纤维等，也有用纸张、木材等片状材料的。金属基和陶瓷基也有做成层压板的，但树脂基层压板成型工艺简单，比强度高，断裂韧性好，化学稳定性和介电隔热性优良，同时具有良好的性能可设计性，应用更为广泛。可通过浸胶、裁剪、叠合、压制（在多层油压机上较高温度和压力下）等工序制成。广泛应用于机械、电器、建筑、化工、交通运输、航空航天工业中，还可作为透波、耐腐蚀、耐烧蚀性材料以及某些功能材料。

（2）蜂窝夹层结构复合材料　是由面板（蒙皮）与轻质蜂窝芯材，用浸渍树脂液改性环氧胶黏剂或改性酚醛胶黏剂黏结而成的具有层状复合结构的材料。夹层结构面板可用强度较高的铝、不锈钢、镁、钛板或碳纤维、玻璃纤维、芳纶复合材料板，常用蜂窝芯材可为铝箔、玻璃布、芳纶纸板、牛皮纸板等（根据不同性能要求）片材黏结成六角形、菱形、矩形等格子的蜂窝状作为夹层结构，正六角形蜂窝芯材稳定性高、制作简便、应用广泛。夹层结构的特点是弯曲刚度大，可充分利用材料的高强度、重量轻、化学稳定性好的优点。一根铝蒙皮蜂窝夹芯梁的质量仅为同等刚度的实心铝梁的 1/5。常用来制造飞机雷达罩、舵面、壁板、翼面和直升机旋翼桨叶等，使用温度范围为 $-60\sim150℃$，还可用于火车、地铁、汽车上各种隔板、赛艇、游船、冲浪板等体育用品以及建筑墙板等。

（3）泡沫夹层复合材料　是由面板（蒙皮）与轻质泡沫芯组成的层状复合材料，面板材质与上述蜂窝夹层结构复合材料相同。泡沫芯一般用泡沫塑料，即由气孔填充的多孔轻质高分子材料，常用的有聚氨酯、聚苯乙烯、酚醛泡沫塑料等。泡沫塑料具有容重小、强度高、热导率低、耐油、耐低温、防震隔声等优良性能，而且能与多种材料黏结。泡沫夹层结构的性能取决于面板材料和泡沫芯材料，一般硬质泡沫夹层材料的力学性能较好。新型"组合泡沫塑料"的泡沫芯，是利用直径为 $20\sim250\mu m$ 的中空玻璃微珠、中空陶瓷微珠或中空塑料微珠，加入配料后搅拌均匀，借助固化剂固化而成，这种泡沫芯与面板有较好的匹配。这类材料由于比强度和比模量高，是航空航天结构的主要选材对象。表 9-6 列出了波音 747 飞机上采用的几种夹层复合材料。此外，泡沫夹层材料还可用于民用，如隔声、隔热、减震构件和体育器械等。

表 9-6　波音 747 飞机上采用的几种夹层复合材料

部位	零件	复合材料
机翼	前缘 后缘 控制表面（扰流器等）	玻璃纤维增强树脂 玻璃纤维增强树脂 铝包覆的玻璃纤维塑料蜂窝芯夹层板
机体	地板	铝外壳连接聚氯乙烯泡沫芯板 铝黏结聚氯乙烯泡沫芯板
垂直尾翼	方向舵	玻璃纤维蜂窝芯层压板
水平稳定器	升降机	玻璃纤维蜂窝芯层压板
发动机	热冲击换向器	inconel（因科镍）625 钎焊蜂窝结构
支柱	覆盖层	2024 铝粘成的层压板
内面		玻璃纤维层压板
空气调节	分配器	塑料和玻璃纤维

5. 核壳结构复合材料

核壳结构复合材料的主要形式是，一种材料被另外一种材料包裹，发挥两种材料各自的性能和优势。

2016 年由山东黄河河务局和山东交通学院共同研发了核壳结构黄河泥沙免蒸免烧备防石，用压实的黄河泥沙立方块体为芯，以钢筋混凝土箱体为外壳，生产黄河防汛抢险用的人工石材，代替天然石材备防石。该人工石材很好地利用了复合材料的原理，最大限度地发挥了材料各自的性能。

二、层状结构复合材料

1. 陶瓷基层状复合材料 LCMC

LCMC 由层片的陶瓷结构单元（基体）和界面分隔层两部分组成。此种复合材料与传统复合材料不同，复合材料中两部分都不是连续相，又都可看成连续相。尽管结构单元可称为基体，但界面分隔层部分并不能称为增强体，结构单元和界面分隔层两部分都可起到增强的作用。实际上 LCMC 的增强主要是结构层面的增强，与化学组成有一定关系，但更主要地取决于两部分的结构特征。

LCMC 的性能由两部分各自性能和二者界面结合状态决定。许多性能比已有陶瓷基复合材料优良,尤其是增韧方面有独到之处。

LCMC 的研制源于仿生。人们发现在贝壳珍珠层中,无机质霰石的含量达 99%,不到1% 的有机质就能将不同尺寸的霰石晶片按特殊的层状结构黏结起来,构成了层状结构的复合材料,结构和性能十分完美。其断裂功比纯霰石晶片高出 3000 倍以上。受自然界生物材料特殊组织结构的启发,人们在材料研究中引入仿生结构的思想。在陶瓷制备中采用仿生构思来设计材料的结构,具有特殊结构而不是特殊组分的 CMC,以期从理论上获得类似生物材料的一些特性。这样就为彻底改善陶瓷的脆性、克服脆断等陶瓷固有的弱点提供了一条崭新的途径。值得指出的是,目前人类研制的仿生材料,从结构和性能上讲,尚远远不及天然生物材料,人为赶不上造化,大自然的鬼斧神工是人类的创造力所难以企及的。

Clegg 首先将仿生思想引入材料研究。他将一些 0.2mm 厚的 SiC 薄片叠压起来,并采用石墨作为薄片的分隔材料构成具有简单层状结构的陶瓷基复合材料,它的抗断裂和抗冲击性能是以前的 CMC 所无法比拟的,断裂韧性达 15MPa·m$^{1/2}$,断裂功达 4652J/m^2,是常规 SiC 陶瓷材料的几十倍。自此以后,LCMC 研究形成热潮。Claussen 等研究了 ZrO$_2$ 体系的层状结构,同样获得了较高的韧度。还有人对 Si$_3$N$_4$ 体系的层状陶瓷进行了研究,实测的断裂功可达 6500J/m^2 以上,同时还对 Si$_3$N$_4$/BN 陶瓷基层状复合材料进行了研究,结果表明,材料断裂韧性高达 28MPa·m$^{1/2}$,断裂功高达 4000J/m^2,比常规的 Si$_3$N$_4$ 材料分别提高了数倍和数十倍。人们在陶瓷基层状复合材料的研究中,已经在材料制备、断裂行为和增韧机制、拉伸与剪切性能、抗热冲击性能等众多方面从实验到理论提出了许多观点,也从各个角度揭示了层状结构增韧的优越性,取得了很多很好的成果。

在 LCMC 结构中,陶瓷结构单元和界面分隔层两部分都很重要。陶瓷结构单元一般选用高强结构陶瓷材料,承受较大的应力,并有较好的高温力学性能。应用较多的是 SiC、Si$_3$N$_4$、Al$_2$O$_3$、ZrO$_2$ 等,用来作为基体材料。此外,还加入少量烧结助剂以促进烧结致密化。界面分隔材料的选择和优化也很关键,正是这一层材料形成了整体材料特殊的层状结构,才使承载过程发挥设计的功效。

一般来说,不同基体材料选择不同的界面分隔材料。选择原则有以下几方面:应选择具有一定强度,尤其是高温强度的材料,以保证常温下正常应用及高温下不发生太大蠕变;界面分隔层要与结构单元(基层)适中结合,既要保证两者不发生或少发生反应,以便很好地分隔结构单元,使材料具有适宜的宏观结构,又要能够将结构单元适当地"黏结"而不发生分离;界面层和结构单元膨胀系数匹配,使材料中的热应力不对材料造成破坏。

在界面分隔材料的选择中,处理好分隔材料与基体材料的结合状态和匹配状态尤为重要,这样将直接影响材料层状的宏观结构所起作用的程度。由于基体材料不同,选择的界面材料差别也很大。目前研究较多的是以石墨(C)作为 SiC 的夹层材料(SiC/C 陶瓷基层状复合材料)、以氮化硼(BN)作为 Si$_3$N$_4$ 的夹层材料(Si$_3$N$_4$/BN 陶瓷基层状复合材料)。此外,对 Al$_2$O$_3$/Al$_2$O$_3$-ZrO$_2$、Al$_2$O$_3$/Ni、TZP/Al$_2$O$_3$、Ce-TZP/Ce-TZP-Al$_2$O$_3$ 等材料体系也有一定研究。

LCMC 材料性能优异,改进性能的潜力巨大,研究工作远未达到预期目的,尚存在诸多需要解决的问题。

发展方向如下:结构设计方面更趋于仿生化、复杂化,以达更高综合性能;制备工艺更趋实用化、简单化,以满足工业大规模应用;开展疲劳、蠕变、耐久性等使用性能研究,探讨其失效机理和使用寿命预测,为安全使用提供理论指导;开展 LCMC 强韧化机制和设计理论研究。

2. 片层叠合金属基复合材料

片层叠合金属基复合材料是由纤维树脂预浸料和薄金属板组成的层间复合材料。

浸渍纤维/铝层叠材料是一类具有优异性能的新材料，于 20 世纪 80 年代问世。基本工艺为：浸渍树脂＋薄铝合金板→交叠铺层→热压→层间超混杂复合材料。它将纤维复合材料和铝合金的良好性能融为一体，具有高强度、低密度、抗冲击、耐高温、抗雷击、耐老化等特性，应用前景广阔。国外在 F-27、F-50、C-17 等飞机上进行了机翼下蒙皮、机身圆筒段蒙皮、货舱门等设计，也可用于其他军工和民用产品。

3. 纯粹有机高分子层状结构复合材料

层状结构复合材料的理论和实践是受生物材料的启发而发展的。虽然贝壳珍珠层是由无机的霰石层和有机的黏结剂组成的，但它应该具有有机材料的特性，并且应该属于有机材料的范畴。尽管目前仅由不同的有机高分子片层材料叠合而成的生物材料发现得较少，但人们有理由相信，这种有机高分子层状结构复合材料肯定会有许多独特的性能。

自然界中天然的有机材料难以形成层状复合结构的原因，可能是由于，不同的片层机体要结合在一起，必须具有生物相容性，而具有生物相容性的片层机体相接触时，又很难在结构、成分和性能等方面保持各自的独立，因而天然形成的有机层状结构复合材料较少。自然界天然有机材料是进化而成的，材料内部的结构处于平衡状态，层状结构复合材料是非均质结构，处于非平衡状态。通过人工复合的方式，人们已经实现了将不同结构、成分和性能的有机高分子材料，以基体相和分散相的形式组合在一起形成复合材料。同样，人们也可以将不同结构、成分和性能的片层有机高分子材料，相互叠合组成有机高分子层状结构复合材料。这种复合材料会具有优越的取长补短的高性能，也将产生人们意想不到的奇妙功能。这应该是复合材料发展中一个重要的研究方向。

第九节　复合材料的制备

相对于传统的金属、有机高分子、无机非金属三大材料，复合材料是一大类新型的材料，发展历史短，但速度很快，目前仍在快速发展中，有关复合材料方面的理论和实践还在不断快速地更新。

复合材料的制备方法很多，也在不断发展，一般情况下，复合材料的制造工艺首先取决于基体材料的特性。如对于颗粒和短纤维增强复合材料，可以借用基体材料相应的制备和成型加工方法；长纤维或连续纤维在成型加工时要考虑其在基体中的分布和排列（定向），则需要一些特殊方法。通常树脂基复合材料的成型方法较方便，树脂在固化前具有一定的流动性，而且温度低，增强体材料容易加入，依靠模具容易形成所需要的形状和尺寸。有的树脂基复合材料制备可以使用廉价简易设备和工具，不用加热和加压就可以制成大尺寸的制品，这对单件或小批量生产尤为方便。对于金属基复合材料和陶瓷基复合材料，由于基体熔点高，增强体不易与基体实现很好的相容和结合，它们的成型过程比较困难，设备也复杂。

除纤维等一些增强材料要预制外，许多复合材料本身的制备（合成）与制品的成型是同时完成的，复合材料本身的生产过程也就是复合材料制品的生产过程。在复合材料制品的生产过程中，增强材料的性状一般变化不大，但基体的性状却有较大变化。制品的成型工艺水平将直接影响材料本身的性能。

一、纤维的制备

合成纤维是现代复合材料中最常用的增强材料。当把材料制成很细的纤维时，其内部的裂纹等各种微观缺陷将会大大降低，强度可接近材料的理论强度，表 9-7 中玻璃纤维的直径与拉伸强度的关系充分说明了这一点。合成纤维包括有机纤维和无机纤维两大类。有机纤维主要有 Kevlar 纤维、尼龙纤维、聚乙烯纤维等；无机纤维主要有玻璃纤维、碳纤维、硼纤维、碳化硅纤维等。制备高质量、低成本的纤维状材料是复合材料发展和应用的一个关键因素。目前已经能进行工业化生产的纤维状材料已有多种，而且新型的纤维材料也在不断地得到开发和应用。作为示例，下面介绍玻璃纤维、碳纤维、晶须、纤维制品的制备。

表 9-7   玻璃纤维的直径与拉伸强度的关系

纤维直径/μm	4	5	7	9	11	块状
拉伸强度/MPa	3000～3800	2400～2900	1750～2150	1250～1700	1050～1250	20～120

1. 玻璃纤维

玻璃纤维是由各种金属氧化物的硅酸盐类，经熔融后以极快的速度抽丝而成。生产玻璃纤维的主要方法有坩埚法拉丝和池窑漏板法拉丝，图 9-26 为坩埚法拉丝。首先依据性能要求，按一定比例将硅砂、石英、硼酸等原料熔制成一定成分的玻璃球，然后再将玻璃球放入坩埚内熔化成液态，熔化的玻璃（约 1200℃）靠自重和卷绕拉伸力由坩埚底部的漏丝板流出，在迅速冷却的同时，以 1000～3000m/min 的高速卷绕拉伸，制成直径为 3～20μm 的玻璃纤维。池窑法发展较晚，其特点是省去了制球工艺，直接将配料放入池窑内熔融，然后拉丝。

玻璃纤维是目前使用量最大的一种增强纤维，价格便宜，品种多。用它可以纺织成各种织物，耐蚀性和耐高温性好，但不耐磨，易折断，易受机械损伤。

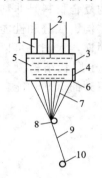

图 9-26   坩埚法拉丝
示意图
1—加料孔；2—铂针；3—坩埚；4—电极板；5—玻璃液；6—漏板；7—玻璃纤维单丝；8—集束轮；9—玻璃纤维原纱；10—拉丝卷筒

2. 碳纤维

碳纤维是指纤维中碳的质量分数在 95％左右的碳纤维和 99％左右的石墨纤维。碳纤维不能像有机纤维或玻璃纤维那样用溶液法或熔融法直接拉丝，它是以有机物为原料采用高温烧成的方法制造的。

以人造丝为原料制备碳纤维的工艺如下：

$$\boxed{\text{人造丝}} \xrightarrow[\text{200~400℃}]{\text{高温分解}} \boxed{\text{炭化}} \xrightarrow[\text{2700~3000℃}]{\text{石墨化(热伸)}} \boxed{\text{碳纤维}}$$

目前 PAN（丙烯腈）纤维是一种非常重要且发展很快的有机纤维，用 PAN 制备碳纤维的制备过程如下：

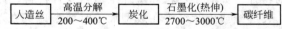

$$\boxed{\begin{array}{c}\text{PAN}\\\text{纤维}\end{array}} \xrightarrow[\text{200~280℃}]{\text{预氧化2h}} \boxed{\begin{array}{c}\text{预氧化}\\\text{纤维}\end{array}} \xrightarrow[\text{1100℃}]{\substack{\text{气体保护}\\\text{炭化1h}}} \boxed{\begin{array}{c}\text{碳纤维}\\\text{(高强度)}\end{array}} \xrightarrow[\text{2100℃}]{\substack{\text{气体保护}\\\text{石墨化1min}}} \boxed{\begin{array}{c}\text{石墨纤维}\\\text{(高模量)}\end{array}}$$

PAN 纤维是线型高分子结构，耐热性差，高温时会发生分解。预氧化作用是为了促进 PAN 分子结构变化，生成带有共轭环的梯形结构，提高 PAN 的热稳定性，从而能经受住后续高温炭化处理。炭化处理是在氮气保护下或真空中高温加热，使纤维中的氢、氮、氧等逸出，形成碳纤维（此时碳含量为 75％～95％），这种纤维称为高强度碳纤维（也称 Ⅱ 型碳纤维），即此时纤维强度最高。石墨是在氩气保护下于更高温度下加热，进一步提高碳的质量分数（98％以上），并使碳转变成石墨晶体。具有石墨晶体结构的纤维称为石墨纤维（又称 Ⅰ 型碳纤维），其强度低于 Ⅱ 型碳纤维，但弹性模量比 Ⅱ 型碳纤维高，这一点在某些技术领域更为重要，故又称高模量碳纤维。

3. 晶须

晶须是在人工控制条件下形成的一种单晶体纤维组织，其长径比一般大于 10，截面积小于 $5.2 \times 10^{-5} cm^2$（直径为 $0.1 \mu m$ 至几微米），长度一般为数十微米至数千微米。真正有实用价值的晶须直径为 $1 \sim 10 \mu m$，长径比在 $5 \sim 1000$ 之间。由于晶须是在严格控制下形成的单晶体，直径又非常小，这就使得晶须内部的缺陷极少，强度接近于完整晶体的理论强度（由化学键理论计算而得），因此由晶须增强的复合材料就有可能达到很高的强度。

已开发的晶须种类很多，如金属晶须、陶瓷晶须、氧化物晶须、氮化物晶须、硼化物晶须、无机盐晶须等。晶须的制备方法有化学气相沉积（CVD）法、溶胶-凝胶法、气液固（VLS）法、液相生长法、固相生长法、原位生长法等。目前制备晶须的主要方法是金属卤化物的还原和气相沉积法。陶瓷晶须一般是用气相沉积法制造的，制造成本很高，只有碳化硅晶须等可以成吨生产。在金属晶须中，已批量生产的是铁晶须，它是由五羰基铁 $[Fe(CO)_5]$ 分解并在磁场中结晶成铁晶须的。

4. 纤维制品——各类织品

制备出的纤维，有些可直接用于复合材料的成型，还有一些可通过捻纱、编织得到纤维绳、纤维带、纤维布，或通过粘压制成纤维毡，或编织成各种编织物，如图 9-27 所示。

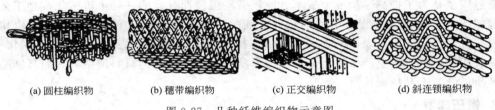

(a) 圆柱编织物　　　(b) 穗带编织物　　　(c) 正交编织物　　　(d) 斜连锁编织物

图 9-27　几种纤维编织物示意图

以上半成品的制备，一方面方便了复合材料成型过程中的操作，另一方面有利于纤维在复合材料中的合理分布和排列，满足所需性能要求。为了改善纤维与基体材料的化学相容性和结合性能，往往还需对各种纤维进行各种表面处理。

二、树脂基复合材料的制备

复合材料的性能在纤维与树脂体系确定后，主要取决于成型固化工艺。所谓成型固化工艺包括两个方面：一是成型，就是将预浸料根据产品的要求，铺置成一定的形状，一般就是产品的形状；二是固化，使已铺置成一定形状的叠层预浸料，在温度、时间和压力等因素影响下使形状固定下来，并能达到预计的性能要求。

复合材料及其制件的成型方法是根据产品的外形、结构与使用要求，结合材料的工艺性来确定的。已在生产中采用的成型方法有手糊成型（湿法铺层成型）、真空袋压成型、压力袋成型、树脂注射和树脂传递成型、喷射成型、真空辅助树脂注射成型、夹层结构成型、模压成型、注射成型、挤出成型、纤维缠绕成型、拉挤成型、连续板材成型、层压或卷制成型、热塑性片状模塑料热冲压成型、离心浇注成型等。

1. 手糊成型

手糊法是先在敞开的模具上涂刷含有固化剂的树脂混合料，再在上面铺一层按要求剪裁好的纤维织物，用刷子、压轮或刮刀压挤织物，使其均匀浸胶并排出气泡后，再涂刷树脂混合料和铺第二层纤维织物，反复上述过程直到达到所需厚度为止。然后经固化、脱模、修整，即得复合材料。工艺流程如图 9-28 所示。

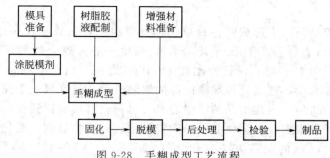

图 9-28　手糊成型工艺流程

手糊法所用工具和设备简单，不受制品尺寸限制，可在不同部位任意增补增强材料，制品树脂含量较高，耐腐蚀性好。但手糊工艺操作技术性强，产品质量不稳定，而且劳动条件差，生产率低，产品性能稳定性不高，力学性能较低。该方法适宜于单件或小批量、大尺寸、品种变化多、形状复杂的制品的生产。通常用于性能和质量要求不高的玻璃钢制品，如制造普通船体、车身、储罐等。

2. 喷射成型

喷射成型是为了提高手糊成型效率、减轻劳动强度而开发的一种半机械化成型工艺。基本原理如图 9-29 所示。将混有引发剂和促进剂的两种树脂分别从喷枪两侧喷出，使其与树脂均匀混合，沉积在模具表面上，用手轮压实排出空气，使树脂浸透纤维，然后固化成型。与手糊法相比，喷射法生产率高，易于成型形状复杂的产品。但材料浪费大，而且制品厚度和纤维质量分数不易精确控制。

3. 模压成型

模压成型对热固性树脂和热塑性树脂都适用。与高聚物成型的模压法相似，不过在成型物料中，除树脂外还加入定量的短纤维或直接使用片状模塑料等半成品。图 9-30 为流动模压成型。将定量的剪裁好的片状模塑料或颗粒状树脂与短纤维的混合物（按一定方向铺叠），在高于树脂熔点 10～20℃ 条件下短时间预热，放入敞开的金属对模中，闭模后加热使其熔化，并在高压下充满模腔，再经加热使树脂进一步发生交联反应而固化，脱模后即得复合材料制品。工艺流程如图 9-31 所示。

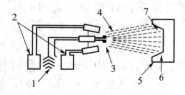

图 9-29　喷射成型示意图
1—连续纤维；2—含催化剂树脂；3—喷枪；4—短切纤维；
5—模具；6—凝胶涂层；7—复合材料

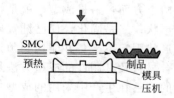

图 9-30　流动模压成型示意图

模压成型工艺出现较早，20 世纪初就出现了酚醛塑料模压成型，它具有较高的生产效率，制品尺寸精确，表面光洁，多数结构复杂的制品可一次成型，无须有损制品性能的二次加工，制品外观和尺寸的重复性好，容易实现机械化和自动化生产。主要缺点是模具设计制造复杂，压机及模具投资高，制品尺寸受设备限制，一般只适合制造批量大、小型的制品。

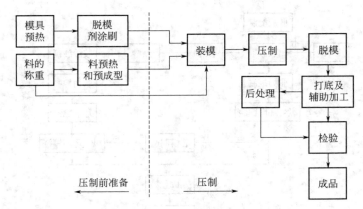

图 9-31　模压成型工艺流程

　　由于具有上述优点，模压工艺已成为重要的复合材料成型方法，比例上仅次于手糊/喷射成型和连续成型而居第三位，目前已实现专业化、自动化和高效率生产。模压制品主要用作结构件、连接件、防护件、电气绝缘件等，广泛用于工业、农业、交通运输、电气、化工、建筑、机械等领域，并在飞机、导弹、卫星和其他兵器上得到了应用。

4. 缠绕成型

　　缠绕成型可实现机械化作业，是目前应用较多的玻璃钢成型方式。将连续纤维或布带浸渍树脂后，按一定规律缠绕到芯模上，达到一定厚度后，通过固化脱模得到制品，如图 9-32 所示。工艺流程如图 9-33 所示。

　　连续纤维缠绕技术制作复合材料制品有干法缠绕和湿法缠绕，干法选择预浸纱带（可预浸纱带）在缠绕机上经加热软化至黏流态后缠绕到芯模上，湿法是将无捻粗布（或布带）浸渍树脂胶液后直接缠绕在芯模上。

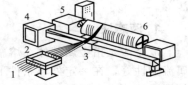

图 9-32　缠绕成型示意图
1—连续纤维；2—树脂槽；
3—纤维输送架；4—输送架驱动器；
5—芯模驱动器；6—芯模

　　纤维缠绕所用的增强材料大多是玻璃纤维，主要为无碱无捻粗纱、中碱无捻粗纱、高强纤维及碳纤维、丙纶等，基体体系由合成树脂和各种助剂组成，适用环境和用途不同，树脂基体的种类也不同。常温使用的内压容器，一般采用双酚 A 型环氧树脂；高温使用的容器，则采用酚醛型环氧树脂或脂肪族环氧树脂；一般管道和储罐，多采用不饱和聚酯树脂；航空航天制品，采用具有突出断裂韧性与耐湿热性的双马来酰亚胺树脂。

　　用纤维缠绕技术制备复合材料制品的优点包括：纤维按预定要求排列的规整度和精度高；通过改变纤维排布方式、数量，可以实现等强度设计，制品的整体性强，纤维分布合理，能在较大程度上发挥增强纤维抗张性能优异的特点；制品结构合理；比强度和比模量高；质量比较稳定和生产效率高；纤维缠绕角度和方式可通过计算机控制等。其主要缺点是设备投资大，只有大批量生产时才可能降低成本。

　　纤维缠绕法适于制作承受一定内压的中空形容器，如固体火箭发动机壳体、导弹防热层和发射筒、压力容器、大型储罐、各种管材等。后来发展的异形缠绕技术，可以实现断面为矩形、方形或不规则形状中空件的成型。

　　纤维缠绕法中需要使用纤维缠绕机。纤维缠绕机的种类很多，新老并存，主要有最早使用的机械控制纤维缠绕机、数字程序控制纤维缠绕机、微机控制纤维缠绕机等，各有特点。

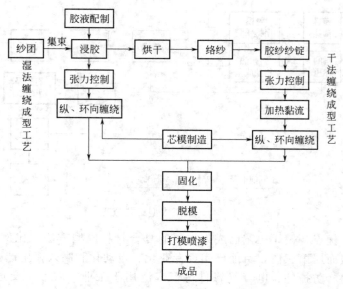

图 9-33　缠绕成型工艺流程

三、金属基复合材料的制造方法

金属基复合材料的制造方法主要有液态法、固态法、原位反应法、沉积法、其他方法等。

1. 液态法

液态法是指金属基体在熔融状态下与固体增强体复合在一起，也称熔铸法。熔融态的金属流动性好，在一定外界条件下易于进入增强体间隙中。若金属基体与增强体浸润性差，可加压浸渗。也可通过纤维、颗粒表面涂层处理使金属液与增强体自发浸润。液态法的加工温度高，易发生强烈的界面反应，严重时影响复合材料性能，有效控制界面反应是液态法的关键。液态法可用来直接制造复合材料零件，也可用来制造复合丝、复合带、锭坯等作为二次加工成零件的原料。液态法主要包括铸造法、压铸法、半固态复合铸造法、液态金属浸渍法、液态渗透法、真空压力浸渍法、喷射沉积法等。

2. 固态法

固态法是指在整个工艺过程中，金属基体和增强体均处于固体状态，金属与增强体之间的反应不严重。金属基复合材料的固态制备工艺包括固态扩散法和粉末冶金法，以及热压法、热等静压法、轧制法、拉拔法等。

（1）固态扩散法　是将固态的纤维与金属基体片，用预热的二维复合带（经过剪切）按一定方式排列和堆叠，或放在特别设计的模具中，然后在惰性气体保护下加热、加压，使它们之间在界面处相互扩散，紧密地结合成一定形状的制品。

（2）粉末冶金法　是将金属粉末或金属箔与纤维、颗粒、晶须等增强体以一定的含量、分布、方向混合排布在一起，再经加热、加压，将金属基体与增强体复合烧结成型。原则上粉末冶金法可以用来制造各种增强体增强的金属基复合材料，但实践中主要用它制造非连续体增强复合材料。生产中基体粉末与增强体之间的均匀混合是重要工艺环节，后续的压制和烧结过程通常同时进行。

3. 原位反应法

原位反应法，又称反应自生成法，是利用两种或两种以上的物质（可以是属于基体的物质，也可以是外加物质）在基体中相互反应生成硬质相（新的晶体——增强体），达到强化基体的作用。通过控制工艺参数获得所需的增强体含量和分布。反应自生成法制得的复合材料中的增强体不是外加的，而是在高温下金属基体中不同成分反应生成的化合物，与金属基体自然融合在一起，不存在其他复合材料中基体与增强体之间的相容性问题。

原位反应法是一种新型而独特的复合工艺，与其他方法相比有如下优点。

（1）基体和增强体的比例可以在较大范围内调节，能制备在 $2\%\sim85\%$ 范围内各种体积分数的复合材料。

（2）增强体与基体结合好，界面干净。

（3）增强体表面无尖角，呈球形，尺寸在 $1.0\mu m$ 以下，并均匀弥散分布在合金基体中。

（4）其工艺方法有固相烧结法和液相烧结法两种，可根据烧结工艺不同，分别采用铸造挤压、锻造热轧等方法获得力学性能优异的复合材料，制备工艺简单，成本低廉。

（5）在同等条件下，利用原位反应法制备的 MMC，其力学性能一般都高于其他强制混合法制备的复合材料。

原位反应法包括等温沉积法（XD 法）、气液合成法（VLS 法）、自蔓延高温合成法（SHS 法）等。

4. 复合镀法

复合镀法是通过电沉积法或化学液相沉积法，将一种或多种不溶性固体颗粒与基体金属一起均匀地沉积在工件表面上形成复合材料镀层。该过程在水溶液中进行，制备温度低（在 $90℃$ 以下），可选用的颗粒类型较广，主要有 SiC、Al_2O_3、TiC、石墨、金刚石等颗粒。复合镀法可用于制造纤维复合材料，但技术上难度较大。

5. 热喷涂法

热喷涂法是运用等离子焰或氧-乙炔焰将金属颗粒和增强颗粒加热，并共同沉积在工件或衬底板上形成复合材料。等离子喷涂法可以用来制造硼纤维、碳纤维、碳化硅纤维增强金属的预制片，但是这种方法工艺成本高，效率低，复合材料致密性差。等离子喷涂法是制备复合材料涂层的好方法，特别是制备梯度复合材料。等离子喷涂法也可用来制备耐热复合材料涂层和耐磨复合材料涂层。在铁基、镍基金属中加入 SiC、Al_2O_3 等陶瓷颗粒以提高耐热性和耐磨性。

6. MMC 的后续加工

MMC 的后续加工是在 MMC 中加入增强体，由于增强体硬度高、耐磨，使得 MMC 后续加工困难。不同类型的 MMC 构件的加工要求和难度有很大差别，对连续纤维增强 MMC 构件一般在复合过程中完成成型过程，辅以少量的切削加工和连接即成构件，而短纤维、晶须、颗粒增强 MMC 则可采用铸造、挤压、超塑成型、焊接、切削加工等二次加工制成实用的 MMC 构件。

金属基复合材料应用于航空航天等高科技领域，针对某些金属材料基体发展了一些特殊的制备工艺。铝基复合材料的制备，主要有挥发性黏合剂工艺、等离子体喷涂工艺；镍基复合材料的制备，主要采用扩散结合法以及电镀法、液态渗透法、粉末冶金法等，尚待研究；钛基复合材料的制备，尚有很大研究空间。

四、陶瓷基复合材料的制备工艺

CMC 基体有氧化物陶瓷、氮化物陶瓷、碳化物及碳陶瓷、硼化物陶瓷、硅化物陶瓷及一些玻璃和玻璃陶瓷（微晶玻璃）等。由于这些基体的性质差异很大，相应地复合制备工艺也不相同。

CMC 增强体有纤维、晶须、晶片、颗粒、纳米颗粒等。

CMC 基体原料形态包括：气态，适于化学气相沉积（CVD）和化学气相渗透（CVI）等工艺；液态，适于前驱有机聚合物转化、溶胶-凝胶法等工艺；固态，适于热压烧结、热等静压烧结、固相反应烧结等工艺；气-液-固态，适于直接氧化沉积工艺等。

制造方法有 CVD、CVI、前驱体法、料浆浸渍、热压烧结、气压烧结、热等静压烧结、固相反应烧结、自蔓延燃烧合成、直接氧化沉积、溶胶-凝胶法、原位生长等。CMC 制备即是将基体与增强体组合为一体，方法很多。

1. 粉末冶金法

粉末冶金法，也称压制烧结法或混合压制法，是广泛用于制备特种陶瓷及某些玻璃陶瓷的简便方法。对陶瓷基复合材料来说，将基体材料陶瓷粉末与增强材料和黏结剂混合均匀后，压制成所需形状，然后进行烧结或直接热压烧结制成陶瓷基复合材料。这种方法存在的主要问题是基体与增强材料不易混合均匀。另外，晶须和纤维等增强材料在压制过程中易折断，这些会导致烧结过程中产生裂纹。

2. 料浆浸渍法

工艺过程如图 9-34 所示。将增强材料浸渍含有陶瓷粉末的聚合物溶液，缠绕、切断制成预制件，按要求的形状和尺寸堆叠，加压烧结后得到复合材料制品。在烧结过程中聚合物热分解使陶瓷基体成为连续相。为了增加材料的密度，改善力学性能，可以采用多次浸渍-热分解的方法。

3. 熔体浸透法

如图 9-35 所示，在外加压力作用下使熔融的陶瓷基体向纤维或预制件浸透、复合、冷却、脱模后得到陶瓷基复合材料。这种方法适用于熔点较低的陶瓷基体，如玻璃等。

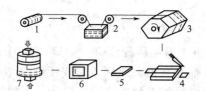

图 9-34　料浆浸渍缠绕工艺示意图

1—供料辊筒；2—料浆槽；3—卷绕辊筒；4—切断；

5—堆叠；6—烧结；7—加热加压处理

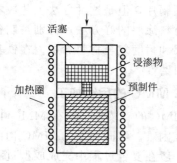

图 9-35　熔体浸透法示意图

4. 前驱体法

（1）原理及一般工艺　前驱体有机聚合物转化制备 CMC，也称液相浸渍法、聚合物裂解法或前驱体浸渍裂解法。采用前驱体有机聚合物转化为陶瓷来制备陶瓷,并进而形成 CMC。各种材料转化为陶瓷基体时流程大致相同,只是坯件成型方法有区别。

前驱体法颗粒增强 CMC 一般制备流程如下:混料→成型坯体→交联固化→裂解→致密化→成品。

制备纤维增强 CMC 的前驱体包括用聚硅烷制取 SiC、聚碳硅烷制取 SiC、聚硅氮烷制取 SiNC、低分子环硼氮烷制取 BN、聚硼硅氮烷制取 SiBCN、烯丙基氢化聚碳硅烷制取 SiC 等。

(2)单向纤维增强 SiC 单向纤维增强具有很多优点,在受力方向与复合材料纤维方向一致时,可以最大限度发挥增强体纤维的力学性能优势。制备单向纤维增强复合材料可采取多种方法,采用传统混合制备方法时,一般要对纤维进行定向处理,长纤维不易定向,即便是短纤维进行良好定向也不容易。若要制备较好的单向纤维增强复合材料,比较方便的方法是采用纤维浸渍法(前驱体转化法),该种方法主要是针对长纤维,一般生产出的长纤维是定向排布的,可以直接浸渍保持其定向排列。对于圆筒状制品,通过缠绕等措施使纤维方向固定。基体一般采用聚碳硅烷(PCS)作为前驱体。工艺流程如图 9-36 所示。制得的样品断口形貌如图 9-37 所示。

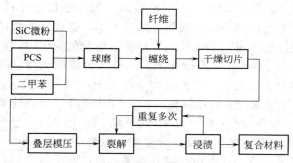

图 9-36 单向纤维复合材料制备工艺流程

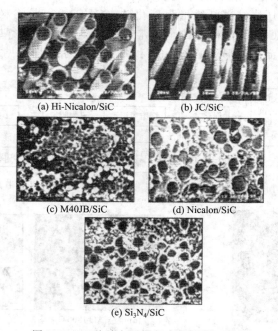

(a) Hi-Nicalon/SiC
(b) JC/SiC
(c) M40JB/SiC
(d) Nicalon/SiC
(e) Si$_3$N$_4$/SiC

图 9-37 五种单向纤维复合材料断口形貌

对五种碳化硅基复合材料拉伸断口进行观察，Hi-Nicalon/SiC 断口〔图 9-37（a）〕界面的图像非常清晰，基体与纤维之间无反应痕迹，断裂面上显现较明显的纤维拔出，而且拔出长度相当长（30～50μm），说明界面结合适中，既充分发挥了纤维的增强作用，又在一定应力下通过界面解离和纤维拔出发挥了界面结合的作用（消耗拔出摩擦功），以及使复合材料整体受力并避免脆性断裂（纤维断裂后纤维和基体仍能同时承受载荷）。同时可见基体比较致密，纤维分布比较均匀，这种复合材料具有较高的强度和断裂韧性。

JC/SiC 断口〔图 9-37（b）〕同样呈现大量纤维拔出，拔出长度比较均匀，但拔出的纤维表现附着少许基体材料的颗粒，说明纤维和基体之间存在一定的化学反应，纤维的外形比较圆整，没有发现明显缺陷，这种材料的界面结合也比较适中，其性能比 Hi-Nicalon/SiC 略差。

M40JB/SiC 断口〔图 9-37（c）〕较平整，纤维与基体之间的界面不如前两种清晰，而且断裂面上出现比较集中的孔洞，单根纤维拔出数量少，而且有由数十根或数百根纤维一起拔出后留下的大的孔洞，这可能是由于 M40JB 的束丝较大（为 6k），在浸渍 PCS 时，丝束内部的纤维不易全部被料浆浸透，而 JC 纤维丝束为 1k，较易被料浆浸透。未浸透的 M40JB 碳纤维与基体结合差，在较低的应力水平下即被成簇拔出，留下孔洞，使得这种材料的性能较前两者低。

Nicalon/SiC 断口〔图 9-37（d）〕为平整镜面，表面断口属于脆断，没有发现纤维拔出的痕迹。这说明纤维与基体之间反应强烈，结合太牢，造成纤维直接在裂纹处断裂，不能消耗拔出功，纤维断裂过程中也未能发挥复合材料整体受载的作用，这种复合材料的强度明显低于前三者。此外，由于 Nicalon 纤维比 Hi-Nicalon 纤维的氧含量高，而且高温抗氧化性能差，因此在复合材料制备过程中，工艺温度导致 Nicalon 纤维的降级比 Hi-Nicalon 纤维严重，因而由 Nicalon 纤维增强的复合材料较由 Hi-Nicalon 纤维增强的要低。

Si_3N_4/SiC 断口〔图 9-37（e）〕也属于平断口，断裂面上看不到纤维拔出，与 Nicalon/SiC 类似，纤维与基体之间界面结合较强。但与 Nicalon/SiC 不同的是，Si_3N_4 纤维与 SiC 基体的界面反应更严重，这可由纤维外周颜色灰白的反应产物看出。界面反应对纤维造成的损伤和腐蚀，导致这种材料的性能极低。

（3）前驱体转化-热压烧结碳纤维增强碳化硅（C_f/SiC）　是将料浆浸渍-热压法与前驱体转化法相结合。C_f/SiC 复合材料是目前研究最多的纤维增强陶瓷基复合材料之一。工艺流程如图 9-38 所示。样品断口形貌如图 9-39 和图 9-40 所示。性能见表 9-8。

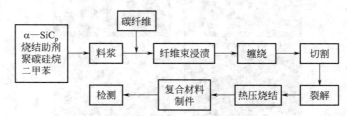

图 9-38　前驱体转化-热压烧结法制备 C_f/SiC 复合材料的工艺流程

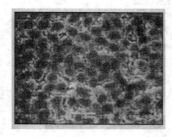

图 9-39　C_f/SiC 复合材料的显微结构

(a) 烧结温度1800℃　　　　(b) 烧结温度1850℃

图 9-40　C_f/SiC 复合材料的断口形貌

表 9-8 C_f/SiC 复合材料的力学性能 (1850℃烧结)

纤维涂层	弯曲强度/MPa	断裂韧性/MPa·m$^{1/2}$	密度/(g/cm^3)
无	569.7	13.1	2.39
PyC	723.5	18.8	2.32

C_f/SiC 复合材料应用于航空航天发动机结构件和原子反应堆领域。法国用 C_f/SiC 和 Si_3N_4/SiC 复合材料制成的喷嘴和尾气调节片已用于幻影 2000 战斗机的 M53 发动机和狂飙 Rafale 战斗机的 M88 航空发动机上。用 C_f/SiC 复合材料制作的抗烧蚀表面隔热瓦,在航天飞行器再入大气层与空气摩擦产生高热时构成了有效的防热体系。图 9-41 为用 C_f/SiC 复合材料制作的隔热瓦。用 C_f/SiC 复合材料可制作重复使用的热结构部件,如导弹的鼻锥、整流罩、机翼和盖板等。图 9-42 为用 C_f/SiC 复合材料制作的飞机整流罩。用 C_f/SiC 复合材料制作涡轮发动机部件(如喷管),可以提高发动机的燃烧温度和涡轮机的效率,同时,由于 C_f/SiC 复合材料的密度比高温合金低,可以减轻发动机的重量。图 9-43 为用 C_f/SiC 复合材料制作的涡轮发动机喷管。

图 9-41 用 C_f/SiC 复合材料制作的隔热瓦

图 9-42 用 C_f/SiC 复合材料制作的飞机整流罩

图 9-43 用 C_f/SiC 复合材料制作的涡轮发动机喷管

5. 化学气相渗透法

传统制备技术,陶瓷颗粒须经高温(或兼高压)烧结成基体,会造成纤维性能退化(高温)或机械磨损(高压)。例如,作为预成型体材料的 Nicalon 纤维,当温度超过 1100℃ 时性能将严重退化(降级),而作为基体的 SiC 颗粒须在 1900℃ 才能烧结。另外,许多高模量的增强纤维对机械应力都非常敏感。因此传统热压烧结技术难以适应大多数陶瓷基复合材料的制造。为避免上述不利因素,新工艺方法应能降低其成型温度和压力。不再经过高温烧结,在较低温度下将有机前驱体转化为陶瓷基体。因此发展了化学气相渗透(CVI)技术。CVI 是气态前驱体渗透,比液态前驱体法有更好的渗透性。

CVI 基本原理是:将气态前驱体渗入多孔隙的纤维编织预成型体中的纤维表面(多数是纤维纺织件),经过经典的 CVD 过程,在其上发生化学反应,生成不挥发产物并沉积形成陶瓷基体,与预成型体中的纤维一起构成复合材料。CVI 技术是从较成熟的涂层技术化学气相沉积(CVD)技术延伸发展而成。CVD 与 CVI 主要区别仅在于,前者主要从外表面开始沉积,而后者通过孔隙渗入内部沉积。

由于产品外形和尺寸主要取决于预成型体,因此有可能用于净成型,免去二次再加工。

6. 碳/碳复合材料的制备

碳/碳复合材料性能格外优异,不仅在民用领域独树一帜,在航空航天和军事工业中也独领风骚。对其制备方法的研究很多，并且还在不断发展中。各种工艺过程大致可归纳为图9-44 所示的几种方法。

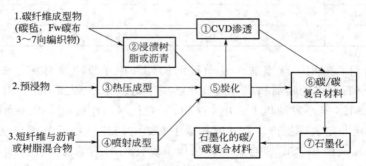

图 9-44　碳/碳复合材料的成型加工方法

五、共晶复合材料的制备

共晶复合材料是指基体材料成分为共晶或接近共晶成分，增强相以共晶形式从基体中凝固析出而形成的复合材料。共晶复合材料属于原位自生成复合材料，其主要的特点是基体与增强相之间的相容性好，结合牢固，不存在基体与增强相之间的润湿和界面反应问题。最典型的共晶复合材料是金属基定向凝固共晶复合材料。这种复合材料是共晶合金在凝固过程中，通过控制冷凝方向，在基体中生长出排列整齐的类似纤维的条状或片状共晶增强体而得到的金属基复合材料。定向凝固共晶复合材料的原位生长必须满足三个条件：有温度梯度的加热方式；满足平面凝固条件；两相的成核和生长要协调进行。生产中定向凝固共晶复合材料的制备方法主要有精密铸造法、连续浇注法、区域熔炼法等。

定向凝固共晶复合材料主要作为高温结构材料使用，如用于发动机叶片、涡轮叶片等，也可用于制作磁、电和热相互作用的功能元器件以及磁阻无触点开关等。

第十章

新材料综述

第一节　新材料导言

较之漫长的古代，近代科技迅速发展，其标志就是三次产业革命（又称工业革命、科技革命），即18世纪中期到19世纪第一次（以纽可门、卡利、瓦特蒸汽机的发明和使用为主要标志，纺织工业突破）、19世纪最后几十年第二次（电力革命，代表人物为法拉第，以电力的广泛应用为主要标志，以石油开发和新能源使用为突破口）、20世纪40年代至今第三次（以费米、爱因斯坦为代表，以电子计算机、原子能、空间科学技术的发明和应用为主要标志）。但有学者认为科技革命与产业革命、工业革命不同，也有学者认为产业革命与工业革命的概念也有区别。实际上三次工业革命都与材料有关，尤其是最近半个多世纪，新材料的作用更加凸显，可以说现代科学、技术和工业的发展强烈地依赖于新材料技术，材料问题往往成为科学技术发展的瓶颈和关键，每一种新材料的问世都会引起数个技术领域的大幅度进步，世界各国尤其是发达国家都把发展新材料技术作为国际竞争和科技发展的重要战略。

自20世纪中叶以后的几十年中，不断地有人发出新一轮产业革命的呼声，首先有20世纪70年代末的"材料、能源、信息为现代三大技术革命支柱"，其次有20世纪90年代的"新型材料、生物工程、信息技术为新一轮产业革命标志"，再次有新世纪之交的"纳米科技将引发新一轮产业革命"，再到如今的"我们正面临新一轮产业革命的前夜"和"智能制造是新一轮产业革命的核心"等，时代不断呼唤新一轮产业革命的到来，虽然公认的新一轮产业革命尚处于朦胧之中，但科学实践的确也引起许许多多的重大技术创新，而这些成就无一不与新材料的发展密切相关。21世纪美国确立的三大经济发展重点是：信息产业、生物产业、纳米技术产业。其两大支柱是材料和先进制造技术。三大产业都以材料科学为基础。根据材料的功能进行分类如图10-1所示。

对于新材料并没有公认的确切定义，简短的、不太严格的说法可以表述为"在最近将达到实用化的高性能/高功能材料"。或者说，新材料是新近（现代、当代）发现的在成分、组织结构和性能上不同于以往传统材料、具有优异性能或性能不断发展的材料。有些材料早就被发现了，但一直未能达到实际应用的阶段，就不能叫做新材料。"新材料"一词的出现是为了与传统材料加以区别，"新"与"旧"相对应，也是相对而言的。今天是新材料，明天可能就成了传统材料；昨天的传统材料，在今天被赋予了新的功能，也可能变成了新材料。

一般认为新材料有晶须材料、非晶材料、非晶合金、超塑性合金、形状记忆材料、功能陶瓷、功能有机材料、超导材料、碳材料、碳纤维、能量转换材料、纳米材料、生物材料、智能材料、环境材料等。新材料发展的重点已经从结构材料转向功能材料。1986年我国制

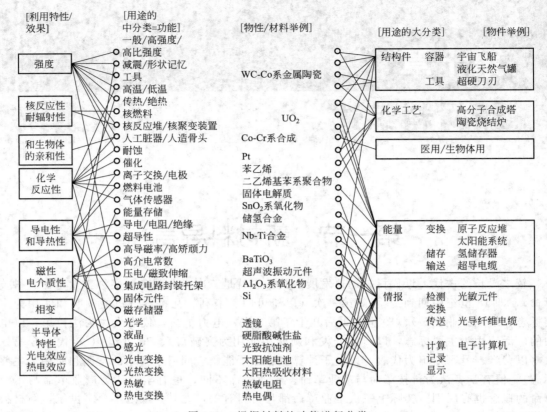

图 10-1　根据材料的功能进行分类

定了《高技术发展计划纲要》，被评选列入的七个技术群是生物技术、信息技术、激光技术、航天技术、自动化技术、新能源技术和新材料技术。包括新材料技术在内的高技术代表着科学技术发展的前沿，它在社会进步和经济发展中发挥着巨大的作用，并对增强综合国力有着重要意义。科学技术是第一生产力的观点，就是前述看法的高度概括和科学论断。新材料可粗略地分为两类：一类是将以前从未结合在一起的元素设法结合成新材料；另一类是改进现有的材料使之具备新的功能。

新型材料，也称高性能材料、先进材料，一般指现代科技中使用的工程材料，包括结构材料和功能材料。关于结构材料，我国学术界一般的定义是主要发挥力学性能和热学性能的材料。日本学者铃木朝夫给出的定义更易理解，把在常温和高温条件下需要"强度"时使用的材料称为结构材料，即在需要对抗诸如压缩、拉伸、弯曲、扭转等各种应力时所使用的材料。功能材料是用于重视特殊功能的材料。力学性能也是一种功能，因此严格来讲结构材料也是一种功能材料，将其特别提取出来，以区别于其他的功能材料。美国把"功能材料"统称为非结构材料。包括磁学性质、导电性质、绝缘性质、光学性质、耐蚀、吸附催化剂性质等化学性质等。

当今世界，在科技发展和国力竞争中起主要作用的当首推能源技术、信息技术、航空航天技术、生物医学技术、环境技术等，而对这些新技术领域起支撑作用的就是新材料技术，因此能源材料、信息材料、航空航天材料、生物医学材料、环境材料等十分重要，其他如纳米材料、富勒烯材料、石墨烯材料、铁电材料、压电材料、热释电材料、储氢材料、超导材料、金属间化合物材料、非晶材料、高分子新材料、智能材料等也在新材料领域中各具特色，在现代科技发展中起着巨大作用。

主要功能材料的特性及应用示例见表 10-1。

表 10-1 主要功能材料的特性及应用示例

种类	功能特性	应用示例
导电高分子材料	导电性	电极电池、防静电材料、屏蔽材料
超导材料	导电性	核磁共振成像技术、反应堆超导发电机
高分子半导体	导电性	电子技术与电子器件
光电导高分子	光电效应	电子照相、光电池、传感器
压电高分子	力电效应	开关材料、仪器仪表测量材料、机器人触感材料
热电高分子	热电效应	显示、测量
声电高分子	声电效应	音响设备、仪器
磁性高分子	导磁作用	塑料磁石、磁性橡胶、仪器仪表的磁性元器件、中子吸收、微型电机、步进电机、传感器
磁性记录材料	磁性转换	磁带、磁盘
电致变色材料	光电效应	显示、记录
光功能材料		
光纤材料	光的曲线传播	通信、显示、医疗器械
液晶材料	偏光效应	显示、连接器
光盘的基板材料	光学原理	高密度记录和信息存储
感光树脂、光刻胶	光化学反应	大规模集成电路的精细加工、印刷
荧光材料	光化学作用	情报处理、荧光染料
光降解材料	光化学作用	减少化学污染
光能转换材料	光电、光化学	太阳能电池
分离膜与交换膜	传质作用	化工、制药、环保、冶金
高分子催化剂与高分子固定酶	催化作用	化工、食品加工、制药、生物工程
高分子絮凝剂	吸附作用	稀有金属提取、水处理、海水提铀
储氢材料	吸附作用	化工、能源
高吸水树脂	吸附作用	化工、农业、纸制品
人工器官材料	替代修补	人体脏器
骨科材料、齿科材料	替代修补	人体骨骼
药物高分子	药理作用	药物
降解性缝合材料	化学降解	非永久性外科材料
医用黏合剂	物理与化学作用	外科和修补材料
功能陶瓷		
功能性玻璃 微晶玻璃 光导玻璃纤维 非线性光学玻璃 生物玻璃	耐高温、耐热冲击 光传导 非线性光学特性 生物、生理功能	天文望远镜、化工管道、通信 激光技术、图像处理 生物材料
铁电性金属		
铁磁性金属		

第二节　新材料品种概要

一、能源材料

传统能源是指煤、石油、天然气等矿物能源和水利资源。

新能源是指太阳能、生物质能、核能、风能、地热能、海洋能等一次能源和二次能源中的氢能。

新能源材料是指正在发展的可能支撑新能源系统的建立，满足各种新能源及节能技术要求的一类材料。如太阳电池材料、储氢材料、燃料电池材料、核能材料、热电转换材料、化学电池材料等。

可持续发展更加重视能源技术、环境技术、低碳生活（绿色、环保、自然、生态、节能、健康）。

新能源材料的种类有核能材料、太阳电池材料、储氢材料、燃料电池材料、热电转换材料、新型二次电池材料等。

二、信息材料

信息材料本身并不具备收集、存储、处理、传输和显示信息的功能，而是组成器件来实现各种功能。材料按照在器件工作过程中所起的作用，大致可以分为以下两类：专用信息材料和通用信息材料。像存储器和传感器这类信息功能器件具有存储或传感功能，主要是基于信息材料的物理或化学变化来实现的。这类信息材料的特点是，它们在器件工作过程中发生某种变化而直接发挥某种具体作用。类似地，显示器件中的液晶材料、发光材料等信息显示材料和光通信器件中的光导纤维等材料也具有这样的特点，它们的作用比较直观。这类信息材料称为专用信息材料。

另一类材料，例如半导体激光器材料，作为半导体激光器的基质材料、有源区势阱或势垒材料等，它们似乎与信息的收集、存储、处理、传输和显示等并无直接关系。例如，在光通信中，光信息的传感、存储、处理、通信、显示等功能并不是基于半导体激光器材料在外场的作用下发生某种物理或化学变化来实现的，但所有这些功能又都必须有半导体激光器所产生的激光的参与才能实现。因此可以认为，半导体激光器是实现所有这些光信息功能的核心器件和通用器件，半导体激光器材料则是光电子信息功能器件和系统中的通用信息材料。

在微电子信息技术中也有类似的情况，各种集成电路是各种微电子信息功能器件的心脏，硅材料则是最重要的集成电路材料。虽然硅材料并不一定直接参与实现某种信息功能，但几乎所有微电子信息功能都是在硅材料构成的各种集成电路的参与下实现的，因此可以认为硅材料是一种通用微电子信息材料。

其他一些材料，例如集成电路芯片的封装材料、印制电路板材料（包括导电部分和绝缘部分）等，也是信息器件中不可缺少的重要组成部分，它们在信息器件中主要对电信号起连接、传导和隔绝作用，对核心信息元件起保护、支撑作用，它们在几乎所有的信息技术产品中被广泛使用，故也可以归类于通用信息材料。

综上所述，信息材料主要包括专用信息材料和通用信息材料。专用信息材料直接参与信息的收集、存储、处理、传输和显示等，并实现其中某一种信息功能。换言之，含有专用信息材料的信息功能器件都是基于专用信息材料在外界作用下发生某种独特的物理或化学变化来实现其专项信息功能的。通用信息材料并不一定直接参与实现信息的收集、存储、处理、传输和显示等，但以它们为主构成的器件直接参与实现这些功能，信息材料本身是否发生某种物理或化学变化与信息器件实现其功能无直接关联。

三、航空航天材料

航空是指飞行器在地球大气层的航行活动，航天是指飞行器在大气层外宇宙空间的航行活动。航空材料、航天材料具有类似的性能要求，但由于所使用的环境不同，因此性能要求不完全相同，也各有自己的侧重面，一般来讲，航天材料的性能要求更高些。

航空主要包括民用航空和军事航空，航天一般是用于外空间探索，现在也大量用于军事目的。

四、生物医学材料

生物医学材料是指与生命系统相接触和发生相互作用的，并能对其细胞、组织器官进行诊断、治疗、替换修补或诱导再生的一类天然或人工合成的特殊功能材料。包括人工生物材料、天然生物材料、克隆生物材料。

产品有心脏起搏器、人工心脏瓣膜、人工血管、人工心脏、介入性治疗导管与血管内支架、人工关节、功能性假体、生物降解材料、药物传递和控释、手术缝合线、各种人工器官、各种避孕器件。

按基体性质分类，可分为医用金属材料、生物陶瓷材料、医用高分子材料、医用复合材料。

按用途分类，可分为硬组织修复与替换材料（牙齿、骨骼、关节）、软组织修复与替换材料（皮肤、肌肉、心、肺、肝、胃、肾、膀胱）、心血管病医疗材料（人工血管、人工心脏瓣膜、心血管内插管、介入性治疗血管内支架与导管）、医用膜材料（血液透析、过滤、超滤、体内气体与液体分离、物质选择性交换和角膜接触镜）及黏合剂与手术缝合线、药物载体与控释、临床诊断与生物传感器、口腔科医用材料。

特点是要求良好的生物相容性。生物材料植入人体后，会产生宿主反应和材料反应，对一种合格的生物材料，既要求所引起的宿主反应能够保持在可接受的水平，又要求其材料反应不致造成材料本身破坏，这就是生物相容性，它表示材料在特殊的生理环境应用中引起适当的宿主反应和产生有效作用的能力。

五、环境材料

材料既给人类带来了物质丰富并推动了人类文明的进步，也同时在开发与生产新材料过程中消耗大量资源和能源，又带给我们环境污染的负面作用，在一定程度上阻碍了人类文明的进步。21世纪是可持续发展的世纪，社会、经济的可持续发展要求以自然为基础，与环境承载能力相协调。由于在材料的加工、制备、使用及废弃过程中对生态环境造成很大的破坏，使全球环境污染问题变得日益严峻，加重了地球的负担。因此，对材料的生产和使用而言，资源消耗是源头，环境污染是末尾。材料的生产和使用与资源和环境有着密不可分的关系。

环境材料是环境科学与材料科学相结合形成的一门新的交叉学科。环境材料的倡导者——日本东京大学以山本良一为首的研究小组在研究了使用的材料与环境之间的关系后，最先提出环境材料的概念，认为环境材料是对环境友好的材料，它不会给环境带来太多的负面作用，自此引起许多人的关注。

六、纳米材料

纳米是一种长度单位。$1nm = 10^{-9} m$，$1nm = 10\text{Å}$，1Å 则与原子的尺度相当。非但肉眼，就连普通光学显微镜也不能观察到纳米尺度，观察纳米尺度要用到扫描电子显微镜等微观表征手段。

人们发现，材料中相互分离的相，尺度小到一定程度时，会使其某些性能发生突变，这种相互分离的相可以是晶体也可以是非晶体。尺度在 $10\sim100nm$（或 $1\sim100nm$）范围内的材料，称为纳米材料。这种尺度可以是三维、二维或一维方向上的，即在三维、二维或一维方向上处于纳米尺度，则对应的纳米材料称为零维、一维或二维纳米材料。例如，在三维方向上均处于纳米尺度范围内时，这样的颗粒实际上肉眼是看不到的，故称零维纳米材料，或称量子点；在二维方向上均处于纳米尺度范围内时，只能在一维方向上处于肉眼可观察到的范围，故称一维纳米材料，或称纳米线（实际上由于太细还是看不到）；仅在一维方向上处于纳米尺度范围内时，可以在二维方向上用肉眼观察到（平面方向），故称二维纳米材料，也就是纳米薄膜。另外，在三维方向上用肉眼可观察得到的称为纳米块体材料，它包括纳米晶体材料、纳米结构材料（引入缺陷）、纳米复合材料（即把纳米材料分散到常规材料或其他纳米材料中，有 0-0 复合、0-2 复合、0-3 复合，不存在 0-1 复合、1-1 复合、2-1 复合、3-3 复合，但应存在 1-0 复合、1-2 复合、1-3 复合、2-0 复合、2-2 复合、2-3 复合）。实际上三维方向都可见了就已经不是纳米尺度了，这里的纳米块体材料指的是由颗粒或晶粒尺寸为 $1\sim100nm$ 的粒子聚集而成的三维块体，因其基本结构单元是纳米粒子，故也显示纳米材料的特性并有块体纳米材料的新的性能，纳米块体材料的实质还是零维纳米材料，同时由于纳米微粒的协同作用等而增加了一些新的性能。

七、富勒烯材料

20 世纪 80 年代，除金刚石和石墨外，碳的又一种同素异构体——富勒烯家族的发现是世界科技史上的重要事件。富勒烯又称巴基球、C_{60}、足球烯等（因形似足球而得名）。

富勒烯（fullerenes）是笼状碳原子簇的总称。包括 C_{60}/C_{70}（Buckminster fullerene）分子、碳纳米管（elongated giant fullerenes）、洋葱状（onion-like）富勒烯、包含金属微粒的富勒烯等。

应用于超导、非线性光子、催化剂、纳米复合材料，可解决关键问题的、可能的、诱人的潜在应用。其是前沿性多学科交叉课题，涉及物理、化学、材料等领域。

研究热点是宏量制备、结构表征、物性测试和实际应用。

八、石墨烯

20 世纪 80 年代，人们发现了碳的另一种形态——富勒烯，20 世纪 90 年代，人们制备出了碳纳米管，富勒烯系列材料和碳纳米管的出现曾在科技史上引起震撼，因为它们具有超级优异而独特的性能。正当人们还沉浸在富勒烯和碳纳米管发现的喜悦之中并逐步开展相关研究和应用工作时，2004 年科学家又发现了碳元素的最新形态——石墨烯，这是一种神奇的材料，并很快证明了它潜在的、较之富勒烯和碳纳米管更加强大的功能和应用前景。

2004 年，英国曼彻斯特大学的两位科学家安德烈·海姆和克斯特亚·诺沃肖洛夫发现，能用一种非常简单的方法得到越来越薄的石墨薄片，而证实它可以单独存在。在实验室中他们从石墨中剥离出石墨片，然后把薄片的两面粘在一种特殊的胶带上，撕开胶带，就能把石墨片一分为二。不断地这样操作，于是薄片越来越薄，最后，他们得到了仅由一层碳原子构成的薄片，这就是石墨烯。海姆和诺沃肖洛夫认为，石墨烯晶体管已展示出优点和良好性能，因此石墨烯可能最终会替代硅，而当今正处于硅时代，这有可能引起我们这个社会的革命性变化。由于成果要经得起时间考验，许多诺贝尔科学奖项都是在获得成果十几年或几十年后才颁发。而石墨烯材料制备成功后仅6年，人们发现，把石墨烯带入工业化生产的领域已为时不远。因此，两人因"在二维石墨烯材料的开创性实验"在2010年获得诺贝尔物理学奖。

九、压电材料

压电材料是受到压力作用时会在两端面间出现电压的晶体材料。利用压电材料可实现机械振动（声波）和交流电的互相转换。当人们点燃煤气灶或热水器时，就有一种压电陶瓷已悄悄地服务了一次。生产厂家在这类压电点火装置内，装着一块压电陶瓷，当用户按下点火装置的弹簧时，传动装置就把压力施加在压电陶瓷上，使它产生很高的电压，进而将电能引向燃气的出口放电。于是，燃气就被电火花点燃了。压电陶瓷的这种功能就叫做压电效应。利用压电材料的这些特性可实现机械振动（声波）和交流电的互相转换。因而压电材料广泛用于传感器元件中，例如地震传感器，力、速度和加速度的测量元件，以及电声传感器等。压电材料可以因机械变形产生电场，也可以因电场作用产生机械变形，这种固有的机电耦合效应使得压电材料在工程中得到了广泛的应用。例如，压电材料已被用来制作智能结构，此类结构除具有自承载能力外，还具有自诊断性、自适应性和自修复性等功能，在未来的飞行器设计中占有重要的地位。

1880年，法国物理学家P. 居里和J. 居里兄弟发现，把重物放在石英晶体上，晶体某些表面会产生电荷，电荷量与压力成比例。这一现象被称为压电效应。随即，居里兄弟又发现了逆压电效应，即在外电场作用下压电体会产生形变。1894年沃伊特指出，介质具有压电性的条件是其结构不具有对称中心。而在32类点群中只有20类点群不具有对称中心，属于这20类点群的电介质才可能是压电体。

石英是压电晶体的代表，利用石英的压电效应可以制成振荡器和滤波器等频控元件。在第一次世界大战中，居里的继承人朗之万为了探测德国的潜水艇，用石英制成了水下超声探测器，从而揭开了压电应用史的光辉篇章。

除了石英晶体外，罗息尔盐、$BaTiO_3$陶瓷也付诸应用。1947年美国的罗伯特在$BaTiO_3$陶瓷上加高压进行极化处理，获得了压电陶瓷的压电性。随后，美国和日本都积极开展应用$BaTiO_3$压电陶瓷制作超声换能器、音频换能器、压力传感器等计测器件以及滤波器和谐振器等压电器件的研究，这种广泛的应用研究一直进行到20世纪50年代中期。

1955年美国的B. 贾菲等发现了比$BaTiO_3$的压电性优越的锆钛酸铅，即PZT压电陶瓷，大大加快了应用压电陶瓷的速度，使压电的应用出现了一个崭新的局面。$BaTiO_3$时代难以实用化的一些应用，特别是压电陶瓷滤波器和谐振器以及机械滤波器等，随着PZT压电陶瓷的出现而迅速地实用化了。应用压电材料的SAW滤波器、延迟线和振荡器等SAW器件，20世纪70年代末期也已实用化。20世纪70年代初引起人们注意的有机聚合物压电材料（PVDF），现在也已基本成熟，并已达到了生产规模。如今，随着环保的需要，为了造福子孙，实现可持续发展，无铅压电材料也正在研究中。

十、热释电材料

热释电材料是一种具有自发极化特性的电介质。极化强度随温度改变而表现出的电荷释放现象，宏观上是由于温度的改变使材料两端出现电压或产生电流。在某些绝缘物质中，由于温度的变化引起极化状态改变的现象称为热释电效应。

自发极化是指由于物质本身的结构在某个方向上正负电荷中心不重合而固有的极化。一般情况下，晶体自发极化所产生的表面束缚电荷被吸附在晶体表面上的自由电荷所屏蔽，当温度变化时，自发极化发生改变，从而释放出表面吸附的部分电荷。晶体冷却时电荷极性与加热时相反。热释电材料是压电材料中的一类，是不具有对称中心的晶体。晶体受热时，膨胀是在各个方向同时发生的，所以只有那些有着与其他方向不同的唯一的极轴时，才有热释电性。

红外探测器是将入射的红外辐射信号转变成电信号输出的器件。红外辐射是波长介于可见光与微波之间的电磁波，人眼察觉不到。要察觉这种辐射的存在并测量其强弱，必须把它转变成可以察觉和测量的其他物理量。一般来说，红外辐射照射物体所引起的任何效应，只要效果可以测量且足够灵敏，均可用来度量红外辐射的强弱。现代红外探测器所利用的主要是红外热效应和光电效应。这些效应的输出大都是电量，或者可用适当的方法转变成电量。

不同种类的物体发射出的红外线波段是有其特定波段的，该波段的红外线处在可见光波段之外。因此人们可以利用这种特定波段的红外线来实现对物体目标的探测与跟踪。将不可见的红外辐射探测出并将其转换为可测量的信号的技术就是红外探测技术。

具有热释电效应的材料约有上千种，但广泛应用的不过十几种，主要有硫酸三甘肽（TGS）、锆钛酸铅镧（PLZT）、透明陶瓷和聚合物薄膜（PVF2），工业上可用作红外探测器件、热摄像管以及国防上的某些特殊用途。优点是不用低温冷却，但灵敏度比相应的半导体器件低。

十一、铁电材料

所谓铁电材料，是指材料的晶体结构在不加外电场时就具有自发极化现象，其自发极化的方向能够被外加电场反转或重新定向。铁电材料的这种特性被称为"铁电现象"或"铁电效应"。铁电材料是指具有铁电效应的一类材料，它是热释电材料的一个分支。材料的铁电性可用于信息技术中的记忆元件，比硅元件性能更好、功能更强大，因此有可能替代硅用于计算机技术中，如此产生的效益将是难以估量的，因此铁电材料引起人们的极大关注。铁电材料可以用于集成电路存储器和晶体管的制造。

铁电材料具有高介电常数、低耗散和宽响应频域特性，可以制成高性能电容器等电子器件。铁电材料具有压电特性，若在其上施加电的作用，可以通过逆压电效应将电能转换为机械能；或者相反，若在其上施加机械作用，可以通过正电效应将机械能转换为电能。应用铁电材料的电光和磁光效应，可制成各种光学器件并广泛用于光学工程和激光技术中，如电控光闸、光存储器和固体显示器等。铁电材料的热释电效应被用来探测红外线的辐射，在各种热成像装置中得到十分广泛的应用。

铁电材料具有良好的铁电性、压电性、热释电性以及非线性光学等特性，是当前国际高新技术材料中非常活跃的研究领域之一，其研究热点正向实用化发展。铁电材料是具有驱动和传感两种功能的机敏材料，可以块材、膜材（薄膜和厚膜）和复合材料等多种形式应用，在微电子机械和智能材料与结构系统中具有广阔的潜在应用市场。

铁电陶瓷一定具有压电性，但压电体不一定具有铁电性。因为压电体中一定存在自发极化，而铁电体不仅要求陶瓷中有自发极化的偶极子，还要求偶极子可以跟随外加电场转向。所以铁电体一定具有压电性。

十二、储氢材料

储氢材料（hydrogen storage materials）是某些过渡族金属、合金、金属间化合物，由于其特殊的晶格结构等原因，氢原子比较容易透入金属晶格的四面体或八面体间隙位中，并形成金属氢化物，这类材料可以储存比其体积大 1000～1300 倍的氢。

氢能是人类未来的理想能源。氢能具有的热值高，如燃烧 1kg 氢可发热 $1.25 \times 10^6 kJ$，相当于 3kg 汽油或 4.5kg 焦炭的发热量；资源丰富，地球表面有丰富的水资源，水中氢含量达 11.1%；干净、无毒，燃烧后生成水，不产生二次污染；应用范围广，适应性强，可作为燃料电池发电，也可用于氢能汽车、化学热泵等。因此，氢能的开发和利用成为世界各国特别关注的科技领域。氢能的储存是氢能应用的前提，进入 20 世纪 90 年代以来，许多国家在研究制氢技术和氢能应用技术的同时，对储氢技术的研究极为重视。如美国能源部将全部氢能研究经费中的 50% 用于储氢技术。日本已将储氢材料的开发和利用技术列入 1993～2020 年的"新阳光计划"，其中氢能发电技术（高效分解水技术、储氢技术、氢燃料电池发电技术）一次投资就达 30 亿美元。德国对氢能开发和储氢技术的研究也极为重视。我国科学技术部也将储氢材料及应用工程技术的研究开发列入"九五"规划，浙江大学、南开大学、石油大学、有色金属研究总院等科研院所在储氢材料及其应用技术方面进行了大量的研究工作，取得了一大批可喜的成果。

十三、超导材料

超导是指一些材料在一定温度下电阻突然变为零的现象。超导体的基本物理性质是零电阻特性和完全抗磁性。并不是每种材料都具备超导现象。

1. 零电阻效应

零电阻效应是指一些材料在温度降低到一定程度时电阻突然消失变为零的现象。

（1）临界温度 T_c　是指电阻突然消失的温度。各种超导材料的 T_c 不同，T_c 与样品纯度无关，但纯净样品电阻陡降尖锐。

（2）临界磁场 $H_c(T)$　$T < T_c$ 时材料具有超导性，但受外加磁场影响，$H_c(T)$ 时超导性破坏。

$H_c(T) = H_{c0}(1 - T^2/T_c^2)$，其中，$H_{c0}$ 是绝对零度时的临界磁场（绝对零度时，任何材料的电阻都为零，即都具有超导性，此时破坏超导性的临界磁场达到最大值）。临界温度 T_c 时，$H_c(T)$ 为零。温度高于 T_c 时，材料无超导性，也就无所谓超导性的破坏，即不能谈 $H_c(T)$。

（3）临界电流 $I_c(T)$　超导性还受电流强度影响（电流产生磁场，电、磁可相互转化）。$I_c(T)$ 为导致破坏超导性的电流。在临界温度 T_c，临界电流 $I_c(T_c)$ 为零。同样，T_c 以上不能谈 $H_c(T)$。

磁场破坏超导性是指，电流在样品表面产生磁场，随电流增大，感生磁场增大，因电流所产生的磁场增大达 $H_c(T)$ 时，即为临界电流 $I_c(T)$。

临界温度、临界磁场和临界电流都是产生超导现象的上限值。常规情况下，需要采取措施促使降低温度至 T_c 以下以获得超导性，需要将磁场和电流控制在 H_{c0} 和 $I_c(T)$ 以下才能保持超导性。

2. 完全抗磁性

超导性与电阻无限小的理想导体有本质区别。区别在于超导体具有完全抗磁性。

迈斯纳效应如图 10-2 所示。超导体内磁感应强度总是零，这称为迈斯纳效应或完全抗磁性。

迈斯纳效应的意义在于否定将超导体等同于理想导体，指明超导态为热力学平衡态，与途径无关。超导现象是一种宏观的量子现象。

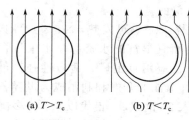

(a) $T > T_c$　　(b) $T < T_c$

图 10-2　迈斯纳效应

（当 $T < T_c$ 时，磁通被完全排斥出超导体）

零电阻现象和迈斯纳效应是超导态的两个独立的基本属性，二者都是超导性的必要条件。

关于超导应用，特别要提到的是磁悬浮列车（属于强电方面的应用）。磁悬浮列车是一种没有车轮的陆上非接触式有轨交通工具，时速可达 500km/h。它的原理是利用常导或超导电磁铁与感应磁场之间产生相互吸引力或排斥力，使列车"悬浮"在轨道下面或上面，作无摩擦的运行，从而克服了传统列车车轨黏着限制、机械噪声和磨损等问题，并且具有启动快、停车快、爬坡能力强等优点。

目前主要有两大系统：一种是以德国为代表的 EMS（常导磁吸型）系统，是利用常规的电磁铁与一般铁性物质相吸引的基本原理，把列车吸附上来悬浮运行；另一种是以日本为代表的 DES（排斥式悬浮）系统，则是用超导的磁悬浮原理，使车轮与钢轨之间产生排斥力，使列车悬空运行。我国上海磁悬浮列车属于常导磁吸型，它西起上海地铁 2 号线龙阳路站，东到浦东国际机场，全长 30km，设计最高时速为 431km/h，单线运行时间为 7 分 20 秒，是世界上第一条投入商业运行的高速磁悬浮铁路。

十四、金属间化合物材料

大家熟悉的化学键的类型是离子键、共价键、金属键、氢键、分子键，金属内部存在自由电子而形成金属键，一般来讲，不同的金属之间结合时不会产生新的化学键，即仍然是自由电子存在的金属键，由于金属键的存在，金属具有导热性、导电性、延展性好和金属光泽等特殊的金属性质。

1963 年舒尔滋发现某些情况下的某些金属与金属原子之间会产生不同于金属键的化学键型（当然更不同于离子键、共价键、氢键、分子键），导致这类新发现的物质具有许多特殊的性能，人们将这类化合物称为金属间化合物，把这种键型有时称为超晶格键。

金属间化合物与合金完全不同，除了化学键类型的根本不同外，一般合金没有固定的化学组成，而金属间化合物化学组成固定（有时可形成组成连续渐变的系列金属间化合物，但仍视为有固定化学组成）。

合金有各种情况。金属和金属之间、金属与非金属之间都会产生合金现象，只要它们之间不产生新的键型，如铜锌合金、铜镍合金、铁碳合金（不同于 Fe_3C，不是铁的碳化物或氮化物），这类合金也不同于金属氧化物（如 Al_2O_3）和金属化合物（如 NaCl）。

合金还分为多相合金和单相合金。多相合金是纯混合物，微观下组成合金的两种物质组成不同的相区域；单相合金中两种物质则组成均一的相，以一种物质为主，另一种物质主要以间隙相形式存在，形成间隙型固溶体。

十五、非晶材料

金属具有非常优异的性能，是因为它的特殊的化学键和晶体结构。一般来讲，金属材料结晶非常快，以至于很难形成非晶态或玻璃态，而许多氧化物材料却相反，很容易形成非晶态或玻璃态。实际上晶态和非晶态各有其独特的性能，尤其是金属的非晶态（可通过超速急冷的方法获得），更是具有常规材料所不具有的独特性能，因此引起人们的极大关注。材料科学中研究的非晶态大多是金属材料的非晶态。氧化物易形成玻璃，其他较难用常规方法获得玻璃态，需特殊工艺。

制备非晶态的关键是使气态或液态在温度降低时来不及调整为晶态结构就固定下来。要有足够高的冷却速度，或者提高材料非晶形成能力（使分子难以移动调整）。

合金比纯金属易形成非晶态，需 10^6℃/s 的冷却速度。从热力学角度，为提高合金非晶形成能力，一般要求：尺寸效应，诸元素半径差超过 10%，构成较低无序堆积；合金化效应，电负性差值在一定范围内，过大形成稳定化合物，过小不形成非晶体；熔点较低，结构复杂；提高非晶态的玻璃化温度（可看成固化温度），使之容易过冷而不结晶；增大熔体黏度和提高结构复杂性，提高原子迁移激活能；降低非均匀成核率。

十六、高分子新材料

1. 高分子分离膜

传统上分离物质的化工技术，不论筛分、沉淀、过滤、蒸馏、结晶、萃取、吸附，还是离子交换，都需要消耗大量能量，而且分离效果往往不令人满意。近代高分子分离膜不仅能以可改变的孔径大小来分离大小不同的粒子，更由于某些特有的功能而能有效地进行物质分离。

除一般膜的隔离作用外，功能性膜还可选择性传递能量和传递物质。分离膜即较成熟和最具实用价值的一类。高分子分离膜是一种有重大发展前途的材料。

制备高分子分离膜的原材料有聚砜、聚烯烃、纤维素酯类和有机硅。膜的形式有多种，一般为平膜和中空纤维。

2. 磁性高分子材料

磁性高分子材料是由铁氧体磁粉和塑料或橡胶经混炼而成的。

优点是密度低，易加工成尺寸精确和形状复杂的制品，与其他元件一体成型。

基体原料高分子聚合物有天然橡胶、丁腈橡胶、聚丁二烯橡胶、聚乙烯、聚丙烯、聚氯乙烯、乙烯-醋酸乙烯共聚物、氯化聚乙烯、聚酰胺（尼龙）、聚苯硫醚、甲基丙烯酸类树脂、环氧树脂、酚醛树脂、三聚氰胺等。

若将磁粉涂布于高分子带上，即制得录音带或录像带。

3. 光功能高分子材料

光功能高分子材料是能对光传播、吸收、存储、转换的高分子材料。

应用于安全玻璃、透镜、棱镜、塑料光导纤维、塑料-石英复合光导纤维、光盘、感光树脂、光固化涂料、黏合剂、光导电材料、光致变色材料、光弹性材料。

4. 导电高分子材料

导电高分子材料是在高分子材料中混入导电颗粒（钼粉、银粉、碳粉）制成的。如导电塑料、导电橡胶。

应用于半导性、自动恒温、热敏、压敏元件。

真正的导电高分子，在共轭双键中，电子可以链中运动。如掺杂的聚乙炔。

缺点是稳定性不高，易受空气中湿气侵蚀。

应用于大功率蓄电池。

5. 化学功能高分子材料

（1）离子交换树脂　是在交联结构的高分子基体上结合着许多连续可离解的离子可交换基团。

离子交换树脂连续交换后可反复再生，使用寿命在 5 年左右。例如苯乙烯-乙烯苯共聚物、丙烯酸系共聚物、苯酚-甲醛缩聚物、环氧系缩聚物。

（2）高吸水性树脂　是在分子中含极强的亲水基团，不溶于水，但可吸收达自重数十倍至数百倍甚至数千倍的水。

一般有两种：一种是在淀粉或纤维素骨架上接以亲水性高分子，如丙烯腈在玉米淀粉上接枝聚合再水解；另一种是合成的交联聚丙烯酸钠。

（3）高分子催化剂　比较有代表性的是经过固化处理的固定化酶。

6. 医用高分子材料

医用高分子材料在生命科学领域应用于人工心脏瓣膜、人工肺、人工肾、人工血管、人工血液、人工皮肤、人工骨骼、人工关节等，以及药用高分子及高分子材料制作的手术器械、医护用品等。

性能要求如下。

（1）生物体适应性　化学稳定，无毒副作用，耐老化，耐疲劳。

（2）生物相容性　无异物反应、抗血凝性，被机体分解、吸收或迅速排出（缝线、药物、组织黏合剂）。

（3）抗血凝性　自卫能力，排他作用，表面形成血凝。

十七、梯度功能材料

梯度功能材料（functionally gradient materials，FGM）是应现代航空航天工业等高技术领域的需要，为满足在极限环境（超高温、大温度落差）下能反复地正常工作，而发展起来的一种新型功能材料（一般特指热防护用）。

虽然 FGM 出现的时间不长，但很快引起世界各国科学家的极大兴趣和关注。日本、美国、德国、俄罗斯、英国、法国、瑞士等许多国家相继开展了对 FGM 的研究。自 1990 年 10 月在日本举行第一届国际 FGM 研讨会以来，迄今已召开了四届 FGM 国际研讨会。1993 年美国国家标准技术研究所（NIST）开始了一个以开发超高温耐氧化保护涂层为目标的大型 FGM 研究项目。近 10 年来，我国的一些大专院校和科研院所亦在积极进行 FGM 的研究，并且将 FGM 的研究和开发列入国家高技术"863"计划。随着 FGM 的研究和发展，其应用不再局限于宇航工业，已扩展到核能源、电子材料、光学工程、化学工业、生物医学工程等领域。

十八、隐身材料

人们要探索物质世界，就需要去发现材料，尽量探索材料的细微部分。但有时人们也需要使材料或物体不被发现，这就需要隐身。

隐身材料首先是一种航空航天材料，也是一种军事国防材料。其实，隐身材料也可以用于民用工业和生产生活。

文学作品中经常描述"隐身术"，就是指在白天（日光或可见光下）行动不被人发现。隐身是古代人们的梦想，在现代科技的帮助下隐身可能会变为现实。

隐身材料是实现武器隐身的物质基础。武器装备如飞机、舰船、导弹等使用隐身材料后，可大大减小自身的信号特征，提高生存能力。

隐身的机理有多种。例如，吸收电磁波，透过电磁波，使电磁波发生弯曲绕过物体，改变光线折射率，采用负折射率的"左手材料"等，或降低飞机发动机喷气的温度或采取隔热、散热措施，减弱红外辐射。基本上是使电磁波不反射回来而不被人眼或探测器接收到，从而达到隐身的目的。但随着隐形技术的发展，各国相当重视反隐形技术，相继有五个国家拥有了反隐形技术。除此之外，还有其他的可以达到隐身效果的方法。

隐身材料按频谱可分为声隐身材料、雷达隐身材料、红外隐身材料、可见光隐身材料、激光隐身材料；按材料用途可分为隐身涂层材料和隐身结构材料。并且正在发展纳米隐身技术和智能隐身技术（智能蒙皮），以及电路模拟隐身材料、手征隐身材料、红外隐身柔性材料、红外隐身服等。

十九、智能材料和机敏材料

智能材料（intelligent marerials，IM）是指一种能感知外部刺激，能够判断并适当处理且本身可执行（响应和处理后能适应环境）的新型功能材料。它是一种融材料技术和信息技术于一体的新概念功能材料。智能材料是继天然材料、合成高分子材料、人工设计材料之后的第四代材料，是现代高技术新材料发展的重要方向之一，将支撑未来高技术的发展，使传统意义下的功能材料和结构材料之间的界线逐渐消失，实现结构功能化、功能多样化。科学家预言，智能材料的研制和大规模应用将导致材料科学发展的重大革命。一般来说，智能材料有七大功能，即传感功能、反馈功能、信息识别与积累功能、响应功能、自诊断能力、自修复能力和自适应能力。

其他新型材料如下。

（1）形状记忆合金　在一定条件下加工成一定形状，变形后，若回到原来的条件，则材料恢复原来的形状。具有遗传性。起因于马氏体相变。还有有机高分子记忆材料和陶瓷记忆材料。恢复原形状过程中表现出的性能，是物质内部的力，是名副其实的大力士，可举自重的 100 倍，电机驱动力为自重的 50 倍，蚂蚁可托举自重的 20 倍，而人一般只能举起自重的 2 倍。

（2）光纤通信和光纤材料　利用光信号通信比利用电信号，从可靠性、高速度、大容量、低损耗、低成本等方面都具有无比的优越性。重要通信和远距离通信均已被光纤通信所取代。光学材料中光色材料（光致变色）和红外材料等也很重要。

（3）多孔材料　用于过滤分离和利用孔隙，如过滤器、多孔电极、灭火装置、防冻装置、发汗材料等，包括气体和液体过滤、净化分离、化工催化载体、高级保温材料、生物工程、生物植入材料、吸声减震和传感器材料等。其他用途有多孔密封材料、多孔炮弹箍等。

（4）介孔材料　纳米级微孔，可用来实现分子分离、吸附和催化等。

（5）蜂窝陶瓷　具有超低密度、超高强度，用途广泛。

（6）仿生材料　生物材料具有最优异的性能，是亿万年进化的结果，是最好的智能材料，自修复是难点中的难点，或许仿生材料自修复的实现仅仅是人类美好的梦想。贝壳的成分 95% 是石膏，但其强度却为无机物石膏的 3000 倍，原因就是贝壳是由一种黏性的蛋白质把微粒级的石膏片组合在一起，在受力产生微小裂纹后，会在蛋白质处止裂，因此强度高。

（7）烧蚀防热材料　可使宇航飞行器返回大气层时，经受的上亿度高温降至 300℃，能安全返回并重复使用。

（8）超高强度钢　特种钢材。

（9）超硬材料、耐磨材料　人造金刚石、立方 BN 等。

（10）超塑性合金　一定组织结构（如微晶化）、一定温度、较慢应变速率下，低速变形至极大形变，不产生加工硬化。可以是细晶超塑性、相变超塑性（动态超塑性）或相变致塑性。

（11）超合金　超级高温性能，超级耐腐蚀性能，良好的加工性能。分为镍基、铁基、钴基。材料和加工成本必须是经济的。

（12）高温合金、高熔点金属基合金、超低温合金　用于极限环境。

（13）耐热钢　超级耐热性能。

（14）海绵金属和"无声"合金　泡沫金属，可消声、隐身，具有超高强度和超高比强度。

（15）热电材料和热电转换技术　很有吸引力的新型能源——热电发电和热电冷却，很有发展前途，但仍需做大量工作。

（16）电子浆料　用于厚膜技术，是将金属、氧化物等功能性微粒子加入有机载体中调制成浆料，再通过印刷或涂布、浸渍、离子展层等方式成膜的方法，适应 IT 产业轻薄短小和数字化、高速、高频、高可靠性、高性能与组装生产自动化的要求。

（17）薄膜技术　具有电子传导机制、磁各向异性、量子尺寸效应等。用于信息产业。

（18）电池材料、燃料电池材料　用于高效新能源技术。

（19）碳素材料　包括碳（非石墨质碳）和石墨材料。按原料和生产工艺分为石墨制品、碳制品、碳素纤维、特种石墨制品等。其品种繁多，广泛用于民用、高科技、军工、航空航天等领域，是许多技术的关键材料。

（20）单晶材料　具有独特的光学性能和功能特征。

（21）液晶材料 LED　液晶显示屏、智能交通系统、道路交通诱导系统等。

（22）二硅化钼陶瓷　用于特殊用途的发热元件和高温结构材料。

（23）左手材料　是指一种介电常数和磁导率同时为负值的材料。也称双负介质材料、负折射系数材料，简称负材料。电磁波在其中传播时，波矢 k、电场 E、磁场 H 之间的关系符合左手定律（而几乎其他所有材料符合右手定律），故称为"左手材料"。在固体物理、材料科学、光学和应用电磁学领域，前景广阔。可应用于通信系统以及资料存储媒介的设计，用来制造更小的移动电话或者是容量更大的存储媒体，减小尺寸、拓宽频带、改善性能，将在无线电通信和飞行技术、军事技术、隐身技术中大展身手。

（24）折变率材料　光折变效应是指一种特殊的光感生折射率变化现象。在介质里出现光感生电场。光感生电场再通过介质的电光效应产生折射率变化。但折射率变化不是即时发生，而需要一定的建立时间。即使是弱光，只要照射时间足够长也可产生明显的光折变效应。只有在介质里空间分布不均匀的光场中才能产生光折变效应，而一旦出现光折变，可在黑暗里保持很长时间。光折变晶体是众多晶体中最奇妙的一种晶体。具有在弱光作用下就可表现出明显的效应。可以滤去静止不变的图像，专门跟踪刚发生的图像改变。甚至还可以模拟人脑的联想思维能力。

（25）高分子合金　一般而言，两种高分子共混很多是非相容体系，过去认为是不可能结合的体系。严格来讲，高分子合金是利用现代制造技术中的相容化技术，得到的高分子共混物中完全相容状态或者形成稳定的微观相分离结构的高分子混炼体系。高分子合金使得高分子材料的性能产生质的飞跃，并使之更加多功能化。

（26）医用高分子材料　用于液体药剂容器，输血用血液袋，输血、输液套具，注射器，检查室用品；还用于几乎所有的人体组织，如人工心脏、人工瓣膜、人工血管、人工肾脏、人工肺、血浆交换膜、血浆透析膜、血浆分离膜、裹伤布、人工骨、人工关节、人工食道、人工胰脏、人工皮肤、隐形眼镜、假肢、假牙、缝合线等。

（27）可降解高分子材料　适应可持续发展的要求。

（28）高分子光学材料　光学性能和制造性能优异。

（29）自发光材料　短时间经受日光照射后即可长时间发光。

（30）抗菌材料　具有自动灭菌、杀菌、消毒、抑菌、防腐、抗菌等作用。主要有无机抗菌剂、有机抗菌剂、天然抗菌剂、高分子抗菌剂等类别。可制成抗菌塑料、抗菌纤维和织物、抗菌陶瓷、抗菌金属、抗菌涂层等，应用于医疗卫生、建筑材料、精细化学品、日常生活等领域，对提高人们生活水平和健康卫生水平意义重大。

（31）导电塑料　导电性与铜、银等最好的金属相当，强度高，重量很轻，同时具有防静电、防雷击、防电磁干扰、电导率可调节等功能。在一些高分子聚合物如聚乙炔、聚苯硫醚、聚吡咯、聚噻吩、聚噻唑中加入掺杂剂制成。用于蒙皮结构、塑料电池。由于导电塑料的电导率可以调节，把不同电导率的层板黏合到一起组成智能雷达吸波材料，用微电脑控制电压的变化和通/断转换，就可根据对防雷达频率和波长的变化自动相应吸波，从而大大提高飞机的隐身能力。

（32）纳米磁性液体　磁性胶体粒子（纳米颗粒）均匀稳定地分散在基载液中形成。属于高科技纳米材料。既具有磁性，又具有流动性，使其得到很多独特的应用，例如无摩擦无间隙机械密封、医疗技术中的纳米导航（对治疗癌症、糖尿病、脑血栓、心血管病等许多奇难杂症有奇效和特效）、电子技术、宇航技术等很多领域。

（33）超级钢铁材料　强度、寿命均提高 2 倍。日本最新研制，抗拉强度，普通碳钢达 800MPa，超强钢达 1500MPa；超耐热 650℃铁素体耐热钢，超临界条件下服役，耐海水腐蚀。

（34）超级金属技术　日本最新研制。通过晶粒超细化和微晶化大幅度改善材料强度、韧性及耐蚀性等。

参考文献

[1] 谭毅，李敬锋．新材料概论．北京：冶金工业出版社，2004.
[2] 杨瑞成，蒋成禹，初福民．材料科学与工程导论．哈尔滨：哈尔滨工业大学出版社，2002.
[3] 郝士明．材料图传——关于材料发展史的对话．北京：化学工业出版社，2014.
[4] 徐晓红．材料概论．北京：高等教育出版社，2010.
[5] 许并社．材料概论．北京：北京工业大学出版社，2003.
[6] 周祖新．工程化学．北京：化学工业出版社，2011.
[7] 曹文聪，杨树森．普通硅酸盐工艺学．武汉：武汉工业大学出版社，2009.
[8] 张金升，王美婷，许凤秀．先进陶瓷导论．北京：化学工业出版社，2007.
[9] 耿保友．新材料科技导论．杭州：浙江大学出版社，2007.
[10] 齐宝森，张刚，栾道成．新型材料及其应用．哈尔滨：哈尔滨工业大学出版社，2007.
[11] 袁晓燕．材料概论．天津：天津大学出版社，2006.
[12] 杜彦良，张光磊．现代材料概论．重庆：重庆大学出版社，2009.
[13] 戴金辉，葛兆明．无机非金属材料概论．哈尔滨：哈尔滨工业大学出版社，1999.
[14] 祁景玉．材料科学与技术．上海：同济大学出版社，2008.
[15] 黄培彦．材料科学与工程导论．广州：华南理工大学出版社，2007.
[16] 杨瑞成，丁旭，陈奎．材料科学与材料世界．北京：化学工业出版社，2005.
[17] 王放民．材料家族的发展．上海：上海科学技术文献出版社，2000.
[18] 雅菁．材料概论．重庆：重庆大学出版社，2006.
[19] 耿文范．神奇的现代新材料．北京：兵器工业出版社，1991.
[20] 谢宇．奇特的新材料：材料科学．南昌：百花洲文艺出版社，2010.
[21] 王高潮．材料科学与工程导论．北京：机械工业出版社，2006.
[22] 谢长生．人类文明的基石：材料科学技术．长沙：华中理工大学出版社，2000.
[23] 文学敏，文翠兰，李昶．新材料及其应用．北京：科学技术文献出版社，1988.
[24] 蒋民华．神奇的新材料．济南：山东科学技术出版社，2007.
[25] 严东生，冯瑞．材料新星：纳米材料科学．长沙：湖南科学技术出版社，1997.
[26] 徐菁利，王继虎，王锦成．畅游材料世界．上海：上海科学普及出版社，2007.
[27] ［白俄罗斯］韦连科 B A．路用新材料．汪福卓译．北京：人民交通出版社，2008.
[28] 邵云．陶瓷．济南：山东友谊出版社，2010.
[29] 吴隽．陶瓷科技考古．北京：高等教育出版社，2012.
[30] 周思中．中国陶瓷设计思想史论．武汉：武汉大学出版社，2012.
[31] 周思中，陈宁，侯铁军．中国陶瓷经典名著选读．武汉：武汉大学出版社，2013.
[32] 朱晓敏，章基凯．有机硅材料基础．北京：化学工业出版社，2013.
[33] 高濂，李蔚．纳米陶瓷。北京：化学工业出版社，2002.
[34] ［英］罗伯特 W 康．走进材料科学．杨柯等译．北京：化学工业出版社，2008.
[35] 周达飞．材料概论．北京：化学工业出版社，2009.
[36] 广东轻工业学校．日用陶瓷工厂机械装备．北京：轻工业出版社，1982.
[37] 西北轻工业学院．玻璃工艺学．北京：轻工业出版社，1983.
[38] 华南工学院，南京化工学院，武汉建筑材料工业学院．陶瓷工艺学．北京：中国建筑工业出版社，1984.
[39] 冯先铭．中国陶瓷．上海：上海古籍出版社，2015.